石油天然气类专业规划教材

油气储运设施腐蚀与防护技术

徐晓刚 主 编
贾如磊 副主编
郑建国 主 审

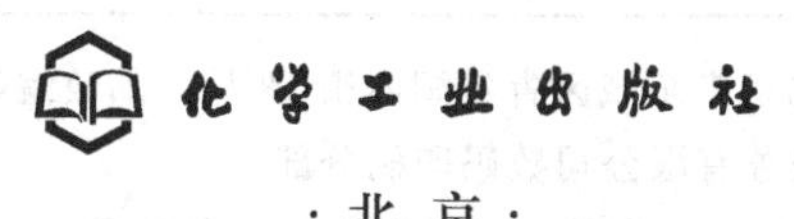

·北京·

内容提要

本书重点介绍了油气储运设施防腐的基本原理、基本方法和基本技能。全书分为两大部分，第一部分金属腐蚀理论概述介绍金属电化学腐蚀的基本原理、金属的局部腐蚀、金属在典型环境中的腐蚀；第二部分腐蚀控制方法，主要介绍金属防腐方法的确定、正确选材与合理设计（包括常用金属和非金属材料的选用）、覆盖层保护、电化学保护、介质处理（缓蚀剂）等各种防腐方法以及储运设施（油罐、长输管道等）防腐技术。

本书是高等院校、高等职业技术学院（校）油气储运技术专业使用的专业教材，也可作为其他相关专业用教材以及有关工程技术人员参考。

图书在版编目（CIP）数据

油气储运设施腐蚀与防护技术/徐晓刚主编．—北京：化学工业出版社，2013.7（2025.7重印）

石油天然气类专业规划教材

ISBN 978-7-122-17353-9

Ⅰ.①油…　Ⅱ.①徐…　Ⅲ.①石油与天然气储运-机械设备-防腐-高等学校-教材　Ⅳ.①TE988

中国版本图书馆CIP数据核字（2013）第101198号

责任编辑：高　钰　　　　文字编辑：向　东

责任校对：蒋　宇　　　　装帧设计：刘丽华

出版发行：化学工业出版社（北京市东城区青年湖南街13号　邮政编码100011）

印　　装：北京科印技术咨询服务有限公司数码印刷分部

787mm×1092mm　1/16　印张15½　字数384千字　2025年7月北京第1版第9次印刷

购书咨询：010-64518888　　　　售后服务：010-64518899

网　　址：http：//www.cip.com.cn

凡购买本书，如有缺损质量问题，本社销售中心负责调换。

定　　价：48.00元

前　　言

本书是在学习了众多基础课和专业基础课的基础上开设的，是一门综合性和实用性均很强的专业技术学科。本课程的任务是着重研究结构材料（主要是金属材料）的腐蚀机理、腐蚀产生原因和影响因素及其在各种使用条件下的防腐方法。通过对本课程的学习，要求学生不仅要掌握腐蚀的基本概念、理论和规律，更重要的是注重应用，要掌握各种常见防腐方法的应用，最终为防腐技术服务。

本书结合了作者多年从事金属防腐的实践经验和研究成果，经过不断总结和创新。本书具有以下特色：

1. 在进行本课程内容建设时，结合油气储运生产的特点，将企业生产实际中应用的新知识、新技术、新工艺、新方法反映到教学内容中去。

2. 在课程内容设置上，在保留必要的理论知识的同时，将理论部分进一步简化，强化学生对各种防腐方法应用能力的培养，同时注重对学生分析问题、解决问题能力的培养。

参加本书编写的有：徐晓刚（绪论、第一章、第二章、第三章第一～四节、第八章）、贾如磊（第三章第五节、第六章、第七章、第九章）、黄斌维（第四章、第五章）；全书由徐晓刚主编，天华化工机械及自动化研究设计院郑建国高级工程师（教授级）主审。

本书是高等院校、高职高专油气储运技术专业使用的教材，也可作为化工设备维修专业或其他与材料科学相关专业使用的教材以及相关工程技术人员的参考用书。

由于时间仓促、编者水平有限，书中缺点和不足之处在所难免，恳请指正，不胜感激。

编者

2013 年 3 月

目　录

第一部分　金属腐蚀理论概述

第二部分 腐蚀控制方法

第一部分

金属腐蚀理论概述

绪　论

一、腐蚀的危害性及防腐的重要意义

腐蚀现象几乎遍及国民经济的一切领域，大量的金属材料、构件和设备因腐蚀而损坏报废。随着工业的迅速发展，腐蚀问题越来越严重。腐蚀给国民经济带来巨大的损失和危害。据统计，全球每年因腐蚀而报废的金属设备和材料相当于全年金属产量的20%～40%，其中部分金属尚可回炉重新熔炼，剩下的约有10%的金属材料因腐蚀散失掉而无法收回。可见腐蚀造成了资源的极大浪费。

腐蚀对石油化工、储运等企业的危害极大，不仅在于金属资源受到损失，更严重的还在于正常生产受到影响，因腐蚀造成设备的跑、冒、滴、漏，污染环境而引起公害，甚至发生火灾、爆炸、中毒等恶性事故，对职工人身安全也会带来严重的威胁。

腐蚀损失主要根据金属和非金属的消耗、防腐蚀费用、事故损失、停产损失等进行调查统计。

腐蚀造成的经济损失可分为直接损失和间接损失两类。

1. 直接损失

包括因腐蚀造成的金属材料的损耗、金属加工成设备的费用、更换已腐蚀的设备和部件等所耗用的金属和非金属材料费用和制造费用，防腐蚀所需要的材料费和施工维修费等，统称为直接损失。往往由于腐蚀而破坏金属设备，使设备提前报废，而金属设备的造价远远超过金属材料本身的价格。

2. 间接损失

除直接损失外，因腐蚀涉及造成的其他损失称为间接损失。有些间接损失不易计算，往往被忽视，但它相对于直接损失来说危害更大。

间接损失主要由以下几方面组成。

(1) 停工停产　现代石油化工、化纤、冶金等生产装置的特点是大型化、连续化和自动化，在生产中设备因腐蚀造成系统停车会中断生产，造成损失。

(2) 物料损失　因设备或管道腐蚀使反应物料泄漏造成的损失很大，不仅造成原料损失，而且还会引起火灾、爆炸、中毒、环境污染等，腐蚀性物料还会引起化工建筑物、地面、地沟、设备基础的严重腐蚀。见图0-1～图0-3。

(3) 产品污染　因腐蚀影响产品质量，例如化纤产品因腐蚀物污染，色泽出现变化，使产品降低等级，甚至造成废品。

(4) 效率降低　因腐蚀产物及结垢，会使换热器导热效率降低，从而增加水质处理和设备清洗的费用；管路因锈垢堵塞而不得不增大泵的容量；锅炉因腐蚀及结垢耗能损失增大。

(5) 过剩设计　当难以预测腐蚀速率或尚无有效的防腐措施时，为了确保设备预期使用寿命，大多增加设备腐蚀裕量，从而造成设计过剩，增大了设备费用。

据一些工业发达国家的统计（见表0-1），每年由于腐蚀造成的经济损失约占国民生产

(a) 爆炸

(b) 泄漏

图 0-1　腐蚀引起的管道爆炸及泄漏

图 0-2　输油管线出现的严重腐蚀

图 0-3　油罐罐底出现点蚀导致泄漏

总值（GNP）的1%～4%。调查表明：1998年美国总的腐蚀损失为2757亿美元，占当年GNP的2.76%，其中直接经济损失为1379亿美元；英国和德国的年腐蚀损失分别占GNP的3.5%和3%；根据2003年出版的《中国腐蚀调查报告》，我国的年腐蚀损失为5000多亿元人民币。以2000年为例，我国GNP为10710亿美元，年腐蚀损失约占GNP的6%。日本国是腐蚀损失比较小的国家，目前大约占GNP的1%～2%。这一方面得益于重视腐蚀问题，另一方面也客观说明腐蚀是可以控制的。

表0-1 一些国家的年腐蚀造成的经济损失

国家名称	年份	年腐蚀造成的经济损失额	占国民经济总产值/%
英国	1957～1969年	6亿～135亿英镑	3.5
美国	1975年 1982年 1995年 1998年	700～800亿美元 1260亿美元 3000亿美元 2757亿美元	4.2～4.9
日本	1974～1976年	25509亿日元	2～3
日本	1997年	52580亿日元	2～3
德国	1968～1969年 1982年	190亿马克 450亿马克	3～3.5
中国（大陆）	2000年 2004年	5019亿人民币 8190亿人民币	5～6

国内外腐蚀损失实例：

① 据美国杜邦公司两年数据统计，两年共发生设备事故560例，其中因腐蚀造成的破坏313例，占事故总数的56%；

② 在20世纪70年代开发四川某气田时，由于硫化氢腐蚀造成管道破裂产生井喷，大量天然气放空，持续6天后遇雷击引起火灾，造成经济损失6亿元；

③ 国内西部某油田，设计寿命为15年的原油罐有时只能使用5～8年，设计寿命为10年的污水罐有时只能使用3～5年，每年因腐蚀穿孔导致的储罐、管线大修费用就达5亿元；

④ 华北某油田一个采油厂因腐蚀造成储罐管线的更换维修费用每年近1亿元（2010年）。

由此可见腐蚀给国民经济带来的极大损失和危害，因此，各国、各行业都高度重视腐蚀问题。腐蚀问题的解决与否，往往会直接影响新技术、新工艺、新材料的应用。搞好防腐工作对节省原材料、延长设备使用寿命、提高效率、保证安全生产、减少环境污染、促进新技术的应用和发展有着重大意义。一般认为，只要充分利用现有的防腐技术，就可使腐蚀损失降低25%～30%。每一种防腐技术都有其适用范围和条件，只有掌握了它们的原理、技术和工程应用条件，才能获得令人满意的防腐效果。

学习和研究腐蚀理论的目的最终要为防腐技术服务，努力克服腐蚀造成的危害、减少腐蚀损失是各工矿企业和广大工程技术人员所共同关心的问题和面临的紧迫任务。腐蚀与防护学科的任务是研究结构材料的腐蚀过程和腐蚀控制机理，并采取相应措施延长其使用寿命。所谓结构材料是指用于承载目的的，能承受外加载荷而保持其形状和结构稳定的材料。这类材料须具有优良的力学性能，主要用来制造结构件。

正确地选用材料和采取防护措施是本学科的重要课题，这对于增产节约提高企业经济效益有十分明显的现实意义。由于当前实际应用的结构材料仍以金属为主，而使用最多的仍为普通碳钢和铸铁，所以本学科研究的主要对象也仍是以金属为主，其内容着重于研究结构材料（重点是金属材料）的腐蚀机理及在各种使用条件下的防腐方法。

腐蚀与防护学科基本上是以金属学与物理化学为基础的，同时还与冶金学、工程力学、机械工程学等学科有密切关系，因此是一门综合性很强的边缘学科，也是一门实用性很强的技术学科。

二、腐蚀的基本概念和本质

1. 腐蚀的定义

我们经常看到的自然现象中，例如钢铁生锈变为褐色的氧化铁（化学成分主要是Fe_2O_3）、铜生锈生成铜绿［化学成分主要是$CuCO_3 \cdot Cu(OH)_2$］等就是一般所谓金属的腐蚀。

但是腐蚀并不是单纯指金属的锈蚀。一方面，腐蚀不仅仅发生在金属材料上，非金属材料也会发生腐蚀。随着工业的发展，各种非金属材料越来越广泛地在工程领域得到应用，它们与某些介质接触同样会被破坏或发生变质；另一方面，有些金属腐蚀时并不生锈（或腐蚀形态肉眼观察不到，如不锈钢的晶间腐蚀）。因此，从广义的角度可将腐蚀定义为：材料（包括金属和非金属）由于与它们所处的环境的作用而引起的破坏或变质。这里所指的环境的作用包括化学作用、电化学作用，也包括化学-机械、电化学-机械以及生物、射线、电流等作用，但不包括单纯机械作用所引起的材料的破坏。比如砖石的风化，木材的腐烂，橡胶、塑料的老化、龟裂、溶解、溶胀等现象都可认为是腐蚀。不过目前习惯上所说的腐蚀，大多是指金属腐蚀，这是因为金属及其合金至今仍然是最重要的结构材料，无论从使用的数量、腐蚀损失的价值还是从腐蚀学科研究的内容来说，金属材料仍占主导地位，因此金属腐蚀是研究的重点。金属腐蚀可定义为：金属表面与其周围环境（介质）发生化学或电化学作用而产生的破坏或变质。

在此应注意以下几点。

① 材料腐蚀的概念应明确指出包括材料和环境两者在内的一个反应体系，即必须说明材料在什么“介质”中，因为不同材料在同一介质中或同一材料在不同介质中耐蚀性可能完全不同。例如碳钢在稀硫酸中腐蚀很快，但在浓硫酸中相当稳定；而铅则正好相反，它在稀硫酸中很耐蚀，而在浓硫酸中则不稳定。

② 单纯的机械破坏并不属于腐蚀的范畴，但在环境介质的共同作用下就可认为是腐蚀。从导致金属设备或零件损坏而报废的主要原因来看有三个方面，即机械破坏、磨损和腐蚀。机械破坏从表面看来似乎仅是纯粹的物理变化，但是在相当多的情况下常包括由于环境介质与应力联合作用下引起的所谓应力腐蚀破裂。磨损中也有相当一部分是摩擦与腐蚀共同作用造成的，例如一些在流动的河水中使用的金属结构常受到泥沙冲刷发生磨损，同时也可能受到腐蚀。这就是说在材料的大多数破坏形式中都有腐蚀产生的作用。

③ 腐蚀的作用是发生在材料/介质相界面上的反应。

④ 生锈是腐蚀，但腐蚀不一定都生锈。

2. 金属腐蚀过程的本质

在自然界中大多数金属常以矿石形式，即金属化合物形式（稳定状态）存在，而腐蚀则是一种金属（不稳定状态）回到自然状态的过程。例如，铁在自然界中大多为赤铁矿（主要成分Fe_2O_3），而铁的腐蚀产物——铁锈主要成分是Fe_2O_3，可见，铁的腐蚀过程正是回到它的自然状态——矿石的过程。

由此可见，腐蚀的本质就是：单质状态的金属在一定的环境中经过反应自发地回到其化合物状态的过程。

从能量变化的观点来看，既然金属化合物通过冶炼还原出金属的过程（如炼铁）是吸热过程，那么根据能量守恒定律，在腐蚀环境中金属变为化合物（如生锈）时必然是放出能量的过程。金属在遭到腐蚀后，把存在于金属内部的化学能转变成热能放出，结果是金属的能量降低了。显而易见，能量上的差异是产生腐蚀反应的推动力。这样，从热力学的角度腐蚀过程可表述为：在一般条件下，单质状态的金属比其化合态具有更高的能量，因此就存在着释放能量而变为能量更低的稳定状态化合物的倾向，这时能量将降低，过程自发地进行。此过程正好与冶炼过程相反。可用下式概括：

$$\text{金属材料}+\text{环境介质}\underset{\text{冶炼}}{\overset{\text{腐蚀}}{\rightleftharpoons}}\text{腐蚀产物(化合物)}+\text{热量}$$

金属腐蚀的倾向也可以从矿石中冶炼金属时所消耗能量的大小来判断；冶炼时，消耗能量大的金属较易腐蚀，例如铁、铅、锌等。消耗能量小的金属，腐蚀倾向就小，像金这样的金属在自然界中以单质状态（砂金）存在。但是，也有一些金属是例外，如铝冶炼时需要消耗大量的电能，但它在大气中却比铁稳定得多。这是由于铝在大气中会形成一层致密的氧化铝保护膜覆盖在铝的表面，而氧及水汽可以渗透铁的锈层而继续腐蚀铁。

三、腐蚀的分类

如前所述，腐蚀的现象与机理比较复杂，因此腐蚀分类方法也多种多样。首先，按照使用材料的不同，把腐蚀分为金属材料腐蚀和非金属材料腐蚀。

由于通常所说的腐蚀，大多是指金属腐蚀，为了便于了解规律、研究腐蚀机理，以寻求有效的腐蚀控制途径，现将金属腐蚀分类方法介绍如下。

1. 根据腐蚀过程的特点和机理分类

一般可分为化学腐蚀和电化学腐蚀。

(1) 化学腐蚀　化学腐蚀是因金属表面与非电解质直接发生纯化学作用而引起的破坏或变质，其特点是在作用过程中没有电流产生。化学腐蚀又分为两类。

① 气体腐蚀　金属在干燥或高温气体中（表面上没有湿气冷凝）发生的腐蚀，称为气体腐蚀。如铁在干燥的大气中。

② 在非电解质溶液中的腐蚀　这是指金属材料在不导电的非电解质溶液（如无水的有机物介质）中的腐蚀。例如铝在四氯化碳、三氯甲烷或无水乙醇中的腐蚀。

(2) 电化学腐蚀　电化学腐蚀是因金属表面与电解质发生电化学作用而引起的破坏或变质，其特点是在作用过程中有电流产生。

电化学腐蚀是最普遍、最常见的腐蚀，将在后面重点讨论。

2. 按照腐蚀环境分类

可分为自然环境下的腐蚀和工业介质中的腐蚀。这种分类方法帮助我们按照金属材料所处的周围环境去认识腐蚀规律。

(1) 自然环境下的腐蚀　主要包括大气腐蚀、海水腐蚀和土壤腐蚀、微生物腐蚀。

(2) 工业介质中的腐蚀　主要包括酸、碱、盐及有机溶液中的腐蚀；高温高压水中的腐蚀。

3. 按照腐蚀破坏的形式（或外观形态）分类

可以把腐蚀分为两大类：全面（均匀）腐蚀和局部腐蚀。

(1) 全面腐蚀　全面腐蚀是腐蚀分布在整个金属表面上，它可以是均匀的，也可以是不均匀的，但总的来说，腐蚀的分布相对较均匀。其特点是：重量损失较大但危险性较小，因为全面腐蚀容易被发现且易于测量，可按腐蚀前后重量变化或腐蚀深度变化来计算年腐蚀速率，并可依据腐蚀速率预测使用寿命或进行防腐蚀设计（如在工程设计时可预先考虑留出腐蚀余量）。

（2）局部腐蚀　局部腐蚀是腐蚀作用仅局限在一定的区域，而金属其他大部分区域则几乎不发生腐蚀或腐蚀很轻微。其特点是：腐蚀的分布、深度和发展很不均匀，常在整个设备较完好、没有事故先兆的情况下，发生局部穿孔或破裂而引起严重事故，所以危险性很大。据统计，局部腐蚀通常占总腐蚀的80%左右。

局部腐蚀又可分为：

① 小孔腐蚀（又称点蚀）　在金属某些部分被腐蚀成为一些小而深的圆孔，有时甚至发生穿孔，不锈钢和铝合金在含氯离子溶液中常发生这种破坏形式。

② 缝隙腐蚀　发生在铆接、螺纹连接、焊接接头、密封垫片等缝隙处的腐蚀。

③ 电偶腐蚀　两种不同电极电位的金属相接触，在一定的介质中发生的电化学腐蚀称为电偶腐蚀。电位较负的金属加速腐蚀，如热交换器的不锈钢管和碳钢管板连接处，碳钢在水中作为电偶对的阳极而被加速腐蚀。

④ 应力腐蚀破裂　石油化工设备因应力腐蚀破裂造成的损坏尤为突出，它在局部腐蚀中居前列。应力腐蚀破裂是指金属材料在拉应力和介质的共同作用下所引起的破裂，英语缩写为SCC。

⑤ 晶间腐蚀　这种腐蚀发生在金属晶体的边缘上，金属遭受晶间腐蚀时，它的晶粒间的结合力显著减小，内部组织变得松弛，从而机械强度大大降低。通常晶间腐蚀出现于奥氏体不锈钢、铁素体不锈钢和铝合金构件中。

⑥ 磨损腐蚀　由于介质运动速度大或介质与金属构件相对运动速度大，致使金属构件局部表面遭受严重的腐蚀损坏，称为磨损腐蚀。如海轮的螺旋推进器，磷肥生产中的刮刀，冷凝器的入口管及弯头、弯管等，在生产过程中都遭受不同程度的磨蚀。磨蚀是高速流体对金属表面已经生成的腐蚀产物的机械冲刷作用和对新的裸露金属表面的侵蚀作用的综合结果。

⑦ 其他局部腐蚀类型　除上述局部腐蚀类型外，选择性腐蚀、氢脆、微振腐蚀、浓差腐蚀、丝状腐蚀等也属于局部腐蚀之列。

4. 按腐蚀温度分类

根据腐蚀发生的温度可分为常温腐蚀和高温腐蚀。

（1）常温腐蚀　常温腐蚀是指在常温条件下，金属与环境发生化学反应或电化学反应引起的破坏。常温腐蚀到处可见，如金属在干燥的大气中腐蚀是一种化学反应；金属在潮湿大气或常温酸、碱、盐中的腐蚀，则是一种电化学反应，导致金属的破坏。

（2）高温腐蚀　高温腐蚀是指在高温条件下，金属与环境发生化学反应或电化学反应引起的破坏。通常把环境温度超过100℃的腐蚀规定为高温腐蚀的范畴。

四、金属腐蚀程度表示方法及耐蚀性评定

（一）腐蚀速率

任何金属材料都可能与环境相互作用而发生腐蚀，同一金属材料在有的环境中被腐蚀得快一些，而在另外的环境中被腐蚀得慢一些；不同的金属在同一环境中的腐蚀情况也不一样。因此，表示及评价金属的腐蚀速率就非常重要。

金属遭受腐蚀后，其质量、厚度、力学性能以及组织结构等都会发生变化，这些物理和

力学性能的变化率均可用来表示金属的腐蚀程度。在均匀腐蚀的情况下，金属的腐蚀速率可以用质量指标（重量法）来表示，也可用深度指标（年腐蚀深度）表示。

1. 重量法

重量法是以腐蚀前后的质量变化来表示，分为失重法和增重法两种。失重是指腐蚀后试样的质量减少；增重是指腐蚀后试样质量增加。有些金属腐蚀后腐蚀产物（膜）紧密地附着在试样的表面，往往难以去除或不需要去除。

（1）失重法　当腐蚀产物完全脱离金属试样表面或能很好地除去而不损伤主体金属（如金属在稀的无机酸中）时用这个方法较为恰当，其表达式为

$$V^{-}=\frac{m_0-m_1}{St} \tag{0-1}$$

式中　V^{-}——金属腐蚀失重速率，$g/(m^2 \cdot h)$；

m_0——腐蚀前金属的质量，g；

m_1——腐蚀后金属的质量，g；

S——暴露在腐蚀介质中的表面积，m^2；

t——试样的腐蚀时间，h。

（2）增重法　当金属腐蚀后试样质量增加且腐蚀产物完全牢固地附着在试样表面（如金属的高温氧化）时，可用增重法表示，其表达式为

$$V^{+}=\frac{m_2-m_0}{St} \tag{0-2}$$

式中　V^{+}——金属腐蚀增重速率，$g/(m^2 \cdot h)$；

m_2——腐蚀后带有腐蚀产物的试样质量，g。

必须指出，金属的腐蚀速率一般随时间而变化，金属在腐蚀初期的腐蚀速率与腐蚀后期的腐蚀速率往往是不一样的。重量法测得的腐蚀速率是整个腐蚀实验期间的平均腐蚀速率，而不反映金属材料在某一时刻的瞬时腐蚀速率。

2. 深度法

对于密度不同的金属，尽管质量（重量）指标相同，但腐蚀速率则不同，对于重量法表示的相同腐蚀速率，密度大的金属被腐蚀的深度比密度小的金属为浅，因而用腐蚀深度来评价腐蚀速率更为合适。工程上，腐蚀深度或构件腐蚀变薄的程度直接影响该构件的寿命，从材料腐蚀破坏对工程性能（强度、断裂等）的影响看，确切地掌握腐蚀破坏的深度更有其重要的意义。深度法就是以腐蚀后金属厚度的减少来表示腐蚀速率。

当全面腐蚀时，腐蚀深度可通过腐蚀的质量变化，经过换算得到

$$V_L=\frac{24\times 365}{1000}\times\frac{V^{-}}{\rho}=8.76\,\frac{V^{-}}{\rho} \tag{0-3}$$

式中　V_L——腐蚀深度，mm/a；

ρ——金属的密度，g/cm^3。

显然，知道了金属的密度，即可进行质量指标和深度指标的换算。

（二）金属耐蚀性的评定

金属材料在某一环境介质条件下承受或抵抗腐蚀的能力，称为金属的耐蚀性。对均匀腐蚀的金属材料，常以腐蚀速率的深度指标来评价金属的耐蚀性。表 0-2 和表 0-3 分别列出了我国金属耐蚀性四级标准和金属耐蚀性十级标准。

表 0-2　金属耐蚀性四级标准

级别	腐蚀速率/(mm/a)	耐蚀性评定	级别	腐蚀速率/(mm/a)	耐蚀性评定
1	<0.05	优良	3	0.5～1.5	可用，腐蚀较重
2	0.05～0.5	良好	4	>1.5	不适用，腐蚀严重

表 0-3　金属耐蚀性十级标准

耐蚀性分类		耐蚀性等级	腐蚀速率/(mm/a)
Ⅰ	完全耐蚀	1	<0.001
Ⅱ	很耐蚀	2	0.001～0.005
		3	0.005～0.01
Ⅲ	耐蚀	4	0.01～0.05
		5	0.05～0.1
Ⅳ	尚耐蚀	6	0.1～0.5
		7	0.5～1.0
Ⅴ	欠耐蚀	8	1.0～5.0
		9	5.0～10.0
Ⅵ	不耐蚀	10	>10.0

思考练习题

1. 什么是腐蚀？

2. 什么是金属腐蚀？金属腐蚀的实质是什么？

3. 防腐的重要意义是什么？

4. 腐蚀按照其反应的机理是如何划分的？

5. 什么是化学腐蚀？什么是电化学腐蚀？

6. 腐蚀按照其腐蚀的环境是如何划分的？

7. 腐蚀按照其破坏形式（或外观特征）是如何划分的？

8. 什么是全面腐蚀？有什么特点？

9. 什么是局部腐蚀？有什么特点？常见的局部腐蚀形态有哪些？

10. 表示腐蚀速率的指标有哪些？

11. 导出腐蚀速率 mm/a 与 $g/(m^2 \cdot h)$ 之间的一般关系式。

12. Mg 在海水中的腐蚀速率为 $1.45g/(m^2 \cdot d)$，问每年腐蚀多厚？若 Pb 也以这个速率腐蚀，其 V_L (mm/a) 多大？已知 Mg 的密度为 $1.74g/cm^3$，Pb 的密度为 $11.35g/cm^3$。

13. 已知铁在某介质中的腐蚀速率为 0.5mm/a，问铁在此介质中的耐蚀性如何？

14. 已知铁的密度为 $7.87g/cm^3$，铝的密度为 $2.7g/cm^3$，当两种金属的腐蚀速率均为 $1.0g/(m^2 \cdot h)$ 时，求以腐蚀深度指标 (mm/a) 表示的两种金属的腐蚀速率。

第一章

金属电化学腐蚀的基本原理

金属与电解质溶液发生电化学作用而遭受的破坏称为电化学腐蚀。这是金属中最常见的、最普通的腐蚀形式。金属材料在各种工业环境和自然环境内发生的腐蚀，就其机理而言大多数属于电化学腐蚀。工业环境是指金属材料在工业生产过程中服役时所接触的环境，环境介质中只要有（哪怕是很少量的）凝聚态的水存在，金属材料的腐蚀就以电化学腐蚀的过程进行。自然环境指大气、海水和江河湖泊的淡水、土壤等由非工业介质组成的环境。实际上，大部分的工业环境和自然环境都含有凝聚态的水，所以电化学腐蚀过程非常普遍。

第一节　金属电化学腐蚀的基本概念

一、电化学腐蚀的特点及过程

和化学腐蚀相比，电化学腐蚀过程具有以下特点。

① 介质为电解质。这里所说的电解质溶液，简单地说就是能导电的溶液，它是金属产生电化学腐蚀的基本条件。几乎所有的水溶液，包括雨水、淡水、海水及酸、碱、盐的水溶液，甚至从空气中冷凝的水蒸气都可以成为构成腐蚀环境的电解质溶液。

金属在电解质溶液中的腐蚀与电化学有关，或者说金属与外部介质发生了电化学反应。

② 金属电化学腐蚀历程与化学腐蚀不同。化学腐蚀时，氧化与还原是直接的、不可分割的，即被氧化的金属与环境中被还原的物质之间的电子交换是直接的；而电化学腐蚀过程中，金属的氧化与环境中物质的还原过程是在不同部位相对独立进行的，电子的传递是间接的。

电化学腐蚀过程可认为由四个部分组成：电子导电的金属（电子导体）、离子导电的电解质溶液（离子导体）以及氧化、还原反应。

在腐蚀学科中，把金属氧化的反应即金属放出电子成为阳离子的反应通称为阳极反应，把还原反应即接受电子的反应通称为阴极反应。金属上发生阳极反应的表面区域称为阳极（区），发生阴极反应的表面区域称为阴极（区）。很多情况下，电化学腐蚀是以阴、阳极过程在不同区域局部进行为特征的。这是区分电化学腐蚀与纯化学腐蚀的一个重要标志。

③ 电化学腐蚀过程中，在金属与介质间有电流流动。

图 1-1 为锌在盐酸中腐蚀时的电化学反应过程示意图。

图 1-1 中表明，浸在盐酸中的锌表面的某一个区域被氧化成锌离子进入溶液并放出电

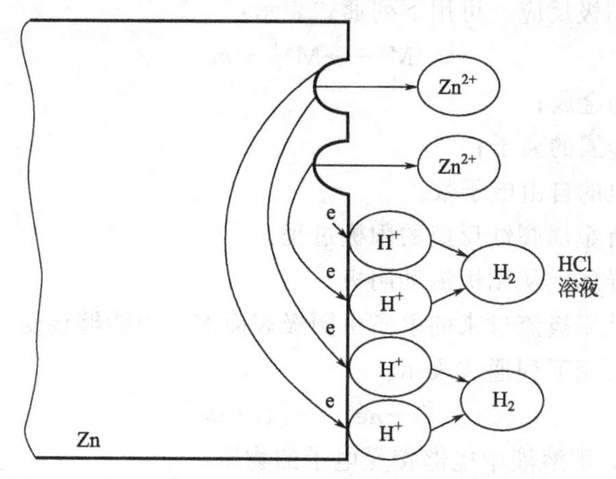

图 1-1　锌在无空气的盐酸中腐蚀时发生的电化学反应

子，电子通过金属传递到锌表面的另一个区域被氢离子所接受，并还原成氢气。锌溶解的这一个区域称为阳极，受腐蚀，而产生氢气的这一区域称为阴极。从阳极传递电子到阴极，再由阴极进入电解质溶液。这样一个通过电子传递的电极过程就是电化学腐蚀过程。

综上所述可见：①腐蚀电化学反应实质上是一个发生在金属和溶液界面上的通过电子传递的多相界面反应；②金属电化学腐蚀是由至少一个阳极反应和一个阴极反应构成的，此二反应相对独立但又必须同时完成，并具有相同的速度（即得失电子数相同）。

二、金属腐蚀的电化学反应式

1. 腐蚀过程表达式

金属在电解质溶液中发生的电化学腐蚀虽然是一个复杂的过程，但通常可以看作一个氧化还原反应过程。所以也可以用化学反应式表示。

如：锌等活泼金属在稀盐酸或稀硫酸中会被腐蚀并放出氢气，其化学反应式如下：

$$Zn + 2HCl \longrightarrow ZnCl_2 + H_2\uparrow$$

上述反应虽然表示了金属的腐蚀反应，但未能反映其电化学的特征。因此需要用电化学反应式来描述金属电化学腐蚀的实质。

由于盐酸、氯化锌均是强电解质，所以上述反应式可写成离子形式：

$$Zn + 2H^+ + 2Cl^- \longrightarrow Zn^{2+} + 2Cl^- + H_2\uparrow$$

在这里，Cl^- 反应前后没有发生变化，实际上没有参加反应，因此可简化为：

$$Zn + 2H^+ \longrightarrow Zn^{2+} + H_2\uparrow$$

该式表明，锌在盐酸中腐蚀，实际上是锌与氢离子发生的反应，其实质是锌失去电子被氧化成锌离子，同时在腐蚀过程中，氢离子得到电子，还原成氢气。所以该式也称为腐蚀反应式，并可分为独立的氧化反应和独立的还原反应。

氧化（阳极）反应　　$Zn \longrightarrow Zn^{2+} + 2e$

还原（阴极）反应　　$2H^+ + 2e \longrightarrow H_2\uparrow$

这两式共同构成了锌在盐酸中发生电化学腐蚀的电化学反应式。

2. 电化学反应式通式

电化学腐蚀过程由以下三个环节组成。

(1) 阳极过程　金属发生溶解，变成相应的金属离子进入溶液，并把相应的电子留在金属上，这个反应称为阳极反应。可用下列通式表示：

$$M \longrightarrow M^{n+} + ne \tag{1-1}$$

式中 M——被腐蚀的金属；

M^{n+}——被腐蚀金属的离子；

n——金属放出的自由电子数。

该通式适用于所有金属腐蚀反应的阳极过程。

（2）电子在电子导体上从阳极流到阴极。

（3）阴极过程 从阳极流过来的电子由阴极表面溶液中能够接受电子的物质所获得，即发生阴极还原反应。可用下列通式表示：

$$D + ne \longrightarrow [D \cdot ne] \tag{1-2}$$

式中 D——去极剂，即溶液中能够接受电子的物质；

[D·ne]——去极剂接受电子后生成的物质；

n——去极剂消耗的电子数，等于阳极放出的电子数。

阴极反应可以归纳为以下几类。

① 溶液中阳离子的还原，例如：

$$2H^+ + 2e \longrightarrow H_2$$

$$Cu^{2+} + 2e \longrightarrow Cu$$

$$Fe^{3+} + e \longrightarrow Fe^{2+}$$

② 溶液中阴离子的还原，例如：

$$NO_3^- + 2H^+ + 2e \longrightarrow NO_2^- + H_2O$$

$$Cr_2O_7^{2-} + 14H^+ + 6e \longrightarrow 2Cr^{3+} + 7H_2O$$

$$S_2O_8^{2-} + 2e \longrightarrow 2SO_4^{2-}$$

③ 溶液中中性分子的还原，例如：

$$O_2 + 2H_2O + 4e \longrightarrow 4OH^-$$

$$Cl_2 + 2e \longrightarrow 2Cl^-$$

可见，去极剂的种类有很多，其中，常见的去极剂有三类。

第一类去极剂是氢离子，还原生成氢气，所以这种反应又称为析氢反应：

$$2H^+ + 2e \longrightarrow H_2\uparrow$$

第二类去极剂是溶解在溶液中的氧，在中性或碱性条件下还原生成 OH^-，在酸性条件下生成水。这种反应常称为吸氧反应或耗氧反应：

中性或碱性溶液

$$O_2 + 2H_2O + 4e \longrightarrow 4OH^-$$

酸性溶液

$$O_2 + 4H^+ + 4e \longrightarrow 2H_2O$$

第三类去极剂是金属高价离子，这类反应往往产生于局部区域，虽然较少见，但能引起严重的局部腐蚀。这类反应一般有两种情况，一种是金属离子直接还原成金属，称为沉积反应。

$$M^{n+} + ne \longrightarrow M\downarrow \quad \text{如：} Cu^{2+} + 2e \longrightarrow Cu\downarrow \tag{1-3}$$

另一种是还原成较低价态的金属离子。

$$M^{n+} + e \longrightarrow M^{(n-1)+} \quad \text{如：} Fe^{3+} + e \longrightarrow Fe^{2+} \tag{1-4}$$

上述三类去极剂的五种还原反应为最常见的阴极反应。

在以上这些阴极反应中，有一个共同的特点，就是它们都消耗电子。

所有的腐蚀反应都是一个或几个阳极反应与一个或几个阴极反应的综合。如铁在水中或潮湿的大气中的生锈，就是由两式的综合。

氧化——阳极反应　$2Fe \longrightarrow 2Fe^{2+} + 4e$

还原——阴极反应　$+) O_2 + 2H_2O + 4e \longrightarrow 4OH^-$

$$2Fe + O_2 + 2H_2O \longrightarrow 2Fe^{2+} + 4OH^-$$

$$\downarrow$$

$$2Fe(OH)_2 \downarrow$$

在实际腐蚀过程中，往往会同时发生一种以上的阳极反应和一种以上的阴极反应，如铁-铬合金腐蚀时，铬和铁二者都被氧化，它们以各自的离子形式进入溶液。同样，在金属表面也可以发生一种以上的阴极反应，如含有溶解氧的酸性溶液，既有析氢的阴极反应，又有吸氧的阴极反应：

$$2H^+ + 2e \longrightarrow H_2 \uparrow$$

$$O_2 + 4H^+ + 4e \longrightarrow 2H_2O$$

因此，含有溶解氧的酸溶液一般来说比不含溶解氧的酸腐蚀性要强，其他的去极剂如三价铁离子也有这样的效应。工业盐酸中常含有杂质 $FeCl_3$，在这样的酸中，因为两个极反应，即析氢反应　$2H^+ + 2e \longrightarrow H_2 \uparrow$

三价铁离子的还原反应　$Fe^{3+} + e \longrightarrow Fe^{2+}$

所以金属（如锌片）在这样的酸中腐蚀会严重得多。

第二节　金属电化学腐蚀倾向的判断

为什么不同金属在同一介质中的腐蚀情况不同？为什么同一金属在不同介质中腐蚀情况也不相同？造成金属这种电化学腐蚀不同倾向的原因是什么？这些问题在研究腐蚀问题中是至关重要的。

金属的电化学腐蚀，从本质上来说是由金属本身固有的性质与环境介质条件决定的，即决定于金属单质与其化合物之间的能量差值。事实上，此能量差是很难测量的，但此能量差却与金属的电极电位有着定量的关系。金属的电极电位是表示金属本身性质的重要参数之一，可以很容易测出。根据金属电极电位的正、负及其正、负的程度，可以进行金属电化学腐蚀倾向性的热力学判断。

一、电极电位

（一）双电层结构与电极电位

金属浸入电解质溶液中，在金属和溶液界面可能发生带电粒子的转移，电荷从一相通过界面进入另一相内，结果在两相中都会出现剩余电荷，并或多或少地集中在界面两侧，形成了一边带正电另一边带负电的“双电层”。例如，金属 M 浸在含有自身离子 M^{n+} 的电解质溶液中，金属表面的金属离子 M^{n+} 由于水的极性分子作用，将发生水化，有向溶液迁移的倾向；溶液中金属离子 M^{n+} 也有从金属表面获得电子而沉积在金属表面的倾向。

若水化时所产生的水化能足以克服金属晶格中金属离子与电子之间的引力，则金属表面的金属离子能够脱离下来进入溶液并形成水化离子。本来金属是电中性的，现由于金属离子进入溶液而把电子留在金属上，所以这时金属带负电；然而，在金属离子进入溶液时也破坏了溶液的电中性，使溶液带正电。由于静电引力，溶液中过剩的金属离子紧靠金属表面，形成了金属表面带电负电、金属表面附近的溶液带正电的离子双电层［图 1-2(a)］。锌、铁等较活泼的金属在其自身盐的溶液中可建立这种类型的双电层。

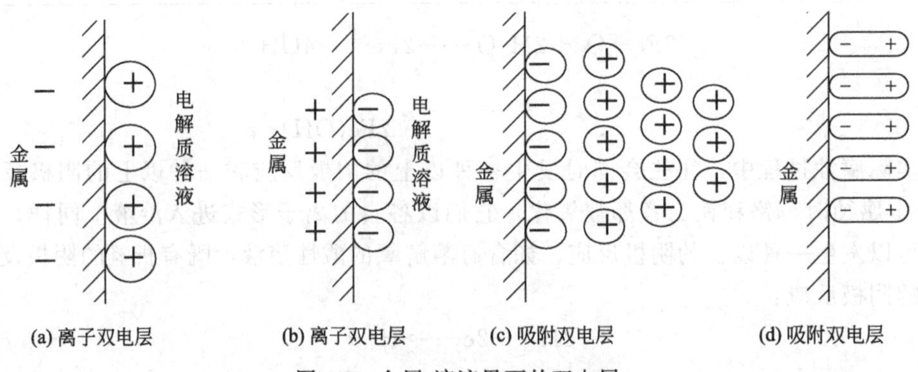

图 1-2 金属-溶液界面的双电层

相反，若金属离子的水化能不足以克服金属晶格中金属离子与电子之间的引力，即晶格上的键能超过离子水化能时，则金属表面可能从溶液中吸附一部分正离子，溶液中的金属离子将沉积在金属表面上，使金属表面带正电，而溶液带负电，建立了另一种离子双电子层［图 1-2(b)］。铜、铂等不活泼的金属在其自身盐的溶液中可建立这种类型的双电层。

以上两种离子双电层的形成都是由于作为带电粒子的金属离子在两相界面迁移所引起的。

此外，由于某种离子，极性分子或原子在金属表面上的吸附还可形成另一种类型的双电层，称为吸附双电层。如金属在含有 Cl^- 的介质中，由于 Cl^- 吸附在表面后，因静电作用又吸引了溶液中的等量的正电荷从而建立了如图 1-2(c) 所示的双电层。极性分子吸附在界面上用定向排列，也能形成吸附双电层如图 1-2(d) 所示。依靠吸附溶解在溶液中的气体（如氢气、氧气等）也可以形成双电层。

无论哪一种类型双电层的建立，都将使金属与溶液之间产生电位差。通常，把浸在电解质溶液中且其界面处进行电化学反应的金属称为电极，而将该电极体系中金属与溶液之间的电位差称为该电极的电极电位。

当金属一侧带负电时，电极电位为负值；金属一侧带正电时，电极电位为正值。电极电位的大小，是由双电层上金属表面的电荷密度决定的。它与很多因素有关，首先取决于金属的化学性质，此外金属晶格的结构、金属表面状态、温度以及溶液中金属离子的浓度等都会影响电极电位。

（二）平衡电极电位与非平衡电极电位

1. 平衡电极电位

由上述可知，当金属电极浸入含有自身离子的盐溶液中，参与物质迁移的是同一种金属离子，由于金属离子在两相间的迁移，将导致金属/电解溶液界面上双电层的建立。对应的电极过程为

$$\underset{\text{金属晶格中的金属离子}}{M^{n+}\cdot ne}+mH_2O \rightleftharpoons \underset{\text{溶液中的金属离子}}{M^{n+}\cdot mH_2O}+\underset{\text{留在金属上的电子}}{ne} \tag{1-5}$$

当这一电极过程达到平衡时，电荷从金属向溶液迁移的速度和从溶液向金属迁移的速度相等。同时，物质从金属向溶液迁移的速度和从溶液向金属迁移的速度也相等。即不但电荷是平衡的，而且物质也是平衡的。此时，在金属和溶液界面建立起一个稳定的双电层，其电极电位不随时间变化，称为金属的平衡电极电位（E_e），也称为可逆电位。

平衡电极电位的数值主要决定于金属本身的性质，同时又与溶液的浓度、温度等因素有关。

平衡电极体系是不腐蚀的，但在各种不同的物理、化学因素的影响下，电极过程的平衡将会发生移动。例如在上式中，如果溶液中的金属离子或留在金属上的电子被移走（或被用于进行别的反应），则上述平衡被破坏而不断向右移动，结果金属开始腐蚀。

2. 标准电极电位

如果上述平衡是建立在标准状态下，即纯金属、纯气体、气体分压为 1.01325×10^5 Pa (1atm)、温度为 298K（25℃）、溶液中含该种金属的离子活度为单位活度 1，则得到的金属的平衡电极电位为标准电极电位（E^0）。

电极电位的绝对值至今无法直接测出，也无必要。只需用相比较的方法测出相对的电极电位就够了。比较测定法就像我们测定地势高度用海平面的高度作为比较标准一样，可以用一个电位很稳定的电极作基准（称为参比电极）来测量任一电极的电极电位相对值。目前测定电极电位采用标准氢电极作为比较标准。

标准氢电极是把镀有一层铂黑的铂片放在氢离子为单位活度的盐酸溶液中，在 25℃时不断通入压力 1.01325×10^5 Pa 的氢气，氢气被铂片吸附，并与盐酸中氢离子建立平衡：

$$H_2 \rightleftharpoons 2H^+ + 2e$$

这时，吸附氢气达到饱和的铂和氢离子为单位活度的盐酸溶液间所产生的电位差称为标准氢电极的电极电位。我们规定标准氢电极的电极电位为零，即 $E^0_{H^+/H_2}=0.000V$。

在这里，铂是惰性电极，起导电和作为氢电极载体的作用，本身不参加反应。

需要说明的是，不仅金属铂能够吸附氢形成氢电极，其他许多金属或能导电的非金属材料也能吸附氢形成氢电极。此外，被吸附的气体除了氢外，还可以是氧、氯等，并形成相应的氧电极、氯电极。

测定电极电位可采用图 1-3 所示的装置。将被测电极与标准氢电极组成原电池，用电位差计测出该电池的电动势，即可求得该金属电极的电极电位。

如测定标准锌电极的电极电位，是将纯锌浸入锌离子为单位活度的溶液中，与标准氢电

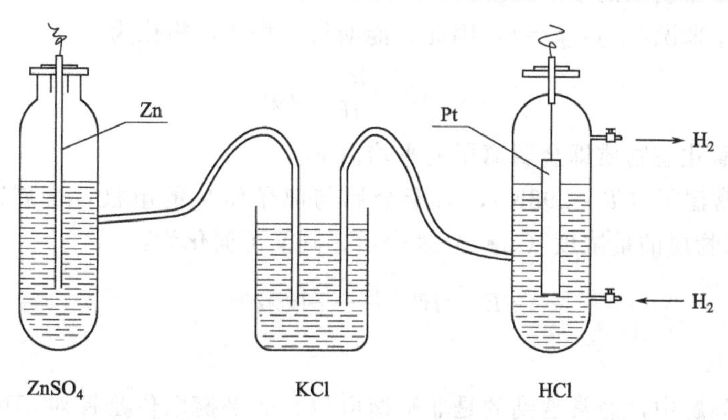

图 1-3　测定电极电位的装置

极组成原电池，测得该电池的电动势为0.763V，因为相对于氢电极而言，锌为负极，而标准氢电极的电位为零，所以标准锌电极的电极电位为－0.763V。

表1-1列出了一些电极的标准电极电位值。此表是按照纯金属的标准电极电位值由小到大的顺序排列的，所以叫标准电极电位序表，简称电动序。

表1-1 金属在25℃时标准电极电位

电极反应	电位/V	电极反应	电位/V
$K \rightleftharpoons K^+ + e$	－2.92	$2H^+ + e \rightleftharpoons H_2$	0.000(参比用)
$Na \rightleftharpoons Na^+ + e$	－2.71	$Sn^{4+} + 2e \rightleftharpoons Sn^{2+}$	0.154
$Mg \rightleftharpoons Mg^{2+} + 2e$	－2.36	$Cu \rightleftharpoons Cu^{2+} + 2e$	0.337
$Al \rightleftharpoons Al^{3+} + 3e$	－1.66	$O_2 + 2H_2O + 4e \rightleftharpoons 4OH^-$ (pH=14)	0.401
$Zn \rightleftharpoons Zn^{2+} + 2e$	－0.763	$Fe^{3+} + e \rightleftharpoons Fe^{2+}$	0.771
$Cr \rightleftharpoons Cr^{3+} + 3e$	－0.740	$Hg \rightleftharpoons Hg^{2+} + 2e$	0.789
$Fe \rightleftharpoons Fe^{2+} + 2e$	－0.440	$Ag \rightleftharpoons Ag^+ + e$	0.799
$Cd \rightleftharpoons Cd^{2+} + 2e$	－0.402	$O_2 + 2H_2O + 4e \rightleftharpoons 4OH^-$ (pH=7)	0.813
$Co \rightleftharpoons Co^{2+} + 2e$	－0.277	$Pd \rightleftharpoons Pd^{2+} + 2e$	0.987
$Ni \rightleftharpoons Ni^{2+} + 2e$	－0.250	$O_2 + 4H^+ + 4e \rightleftharpoons 2H_2O$ (pH=0)	1.23
$Sn \rightleftharpoons Sn^{2+} + 2e$	－0.136	$Pt \rightleftharpoons Pt^{2+} + 2e$	1.19
$Pb \rightleftharpoons Pb^{2+} + 2e$	－0.126	$Au \rightleftharpoons Au^{3+} + 3e$	1.50

当一个电极体系的平衡不是建立在标准状态下，要确定该电极的平衡电位，则可以利用能斯特（Nernst）方程式来进行计算，即

$$E_e = E^0 + \frac{RT}{nF}\ln\frac{a_{氧化态}}{a_{还原态}} \tag{1-6}$$

式中 E_e——平衡电极电位，V；

E^0——标准电极电位，V；

F——法拉第常数，96500C/mol；

R——气体常数，8.314J/(mol·K)；

T——热力学温度，K；

n——参加电极反应的电子数；

$a_{氧化态}$——氧化态物质的平均活度；

$a_{还原态}$——还原态物质的平均活度。

对于金属固体来说，$a_{还原态}=1$，因此，能斯特方程式可简化为

$$E_e = E^0 + \frac{RT}{nF}\ln a_{M^{n+}} \tag{1-7}$$

式中 $a_{M^{n+}}$——氧化态物质即金属离子的平均活度。

当体系处在常温下（$T=298K$），对于金属与离子组成的电极，金属离子的平均活度（$a_{M^{n+}}$）近似地以物质的量浓度（$c_{M^{n+}}$）来表示，则又可简化为：

$$E_e = E^0 + \frac{0.059}{n}\lg c_{M^{n+}} \tag{1-8}$$

3. 非平衡电位

在实际腐蚀问题中，经常遇到的是非平衡电位。非平衡电位是针对不可逆电极而言的，即电极上同时存在两个或两个以上不同物质参加的电化学反应。假如金属在溶液中除了有它

自身的离子外，还有别的离子或原子也参加电极过程，则在电极上失电子是一个电极过程完成的，而获得电子靠的是另一个电极过程。

如锌在盐酸中的腐蚀，锌在溶液中除了有它自身的离子外，还有氢离子，此时金属锌的表面至少包含下列两个不同的电极反应：

阳极反应　　$Zn \longrightarrow Zn^{2+} + 2e$

阴极反应　　$2H^{+} + 2e \longrightarrow H_2 \uparrow$

此两反应同时在电极上进行。此时电极反应是不可逆的，电极上不可能出现物质与电荷都达到平衡的情况。

非平衡电位可能是稳定的，也可能是不稳定的。对于一个非平衡电极而言，当阴、阳极反应以相同的速度进行时，电荷达到平衡，这时所获得的电位称为稳定电位。电荷的平衡是形成稳定电位的必要条件。

非平衡电位不服从能斯特方程式，只能用实测的方法获得。

表 1-2 列出了一些金属在三种介质中的非平衡电极电位。

表 1-2　一些金属在三种介质中的非平衡电极电位　　单位：V

金属	3%NaCl	0.05mol/L Na_2SO_4	0.05mol/L $Na_2SO_4+H_2S$	金属	3%NaCl	0.05mol/L Na_2SO_4	0.05mol/L $Na_2SO_4+H_2S$
镁	−1.6	−1.36	−1.65	镍	−0.02	0.035	−0.21
铝	−0.6	−0.47	−0.23	铅	−0.26	−0.26	−0.29
锰	−0.91			锡	−0.25	−0.17	−0.14
锌	−0.83	−0.81	−0.84	锑	−0.09		
铬	0.23			铋	−0.18		
铁	−0.5	−0.5	−0.5	铜	0.05	0.24	−0.51
镉	−0.52			银	0.2	0.31	−0.27
钴	−0.45						

从表中可见，金属的非平衡电位与电解质种类有关，此外，各种因素如温度、溶液流动的速度、溶液浓度、金属表面状态等都能影响非平衡电位。

在实际生产中由于金属通常都是与各种溶液相接触的，故在研究金属腐蚀问题时，非平衡电位有着很重要的意义。

4. 参比电极

在实际的电位测定中，标准氢电极往往由于条件的限制，制作和使用都不方便，因此实践中广泛使用别的电极作为参比电极，如甘汞电极、银-氯化银电极、铜-硫酸铜电极等。有时因介质不同，往往采用不同的参比电极，例如对于海水，可用银-氯化银电极，对于土壤，则可用饱和硫酸铜电极，这些参比电极都具有比较稳定的电位值。

表 1-3 列出了一些常用参比电极在 25℃时相对于标准氢电极的电位值。

表 1-3　几种参比电极的电极电位

参比电极	电极电位/V	参比电极	电极电位/V
饱和甘汞电极	+0.2415	Ag/AgCl 电极	+0.2222
1mol/L 甘汞电极	+0.2820	$Cu/CuSO_4$ 电极	+0.3160
0.01mol/L 甘汞电极	+0.3337		

用这些参比电极测得的电位值要进行换算，即用待测电极相对这一参比电极的电位，加上这一参比电极相对于标准氢电极的电位，即可得到待测电极相对于标准氢电极的电位值。

例如，要把金属相对于饱和甘汞电极的电位换算成相对于标准氢电极的电位，可利用下式计算：

$$E_{氢}=0.2415+E_{甘汞} \tag{1-9}$$

式中 $E_{氢}$——金属相对于标准氢电极的电位；

$E_{甘汞}$——金属相对于饱和甘汞电极的电位。

二、腐蚀倾向的判断

1. 利用电动序（或标准电极电位）判断金属的腐蚀倾向

在一个电极体系中，若同时进行着两个电极反应，则电位较负的电极进行氧化反应，电位较正的电极进行还原反应。对照表1-1，应用这一规则可以初步预测金属的腐蚀倾向。

例如，凡金属的标准电极电位比氢的标准电极电位更负时，它在酸溶液中会腐蚀，如锌和铁在酸中均会受腐蚀。

$$Zn+H_2SO_4(稀)\longrightarrow ZnSO_4+H_2\uparrow \quad (E^0_{H^+/H_2}比E^0_{Zn^{2+}/Zn}更正)$$

铜和银的电位比氢正，所以在酸溶液中不腐蚀，但当酸中有溶解氧存在时，就可能产生氧化还原反应，铜和银将自发腐蚀。

$$Cu+H_2SO_4(稀)\longrightarrow 不反应 \quad (E^0_{Cu^{2+}/Cu}比E^0_{H^+/H_2}更正)$$

$$2Cu+2H_2SO_4(稀)+O_2\longrightarrow 2CuSO_4+2H_2O \quad (E^0_{O_2/H_2O}比E^0_{Cu^{2+}/Cu}更正)$$

表1-1中最下端的金属如金和铂是非常不活泼的，除非有极强的氧化剂存在，否则它们不会被腐蚀。

$$Au+2H_2SO_4(稀)+O_2\longrightarrow 不反应 \quad (E^0_{Au^{3+}/Au}比E^0_{O_2/H_2O}更正)$$

可见，用电动序判断金属的腐蚀倾向是很有用的。从表1-1可见，常见的去极剂 H^+ 和 O_2 氧化还原电位并不太正，这就可以较完满地解释标准电极电位较正的金、银、铂等不容易发生电化学腐蚀，即热力学稳定性较高；反之，对锌、镁、铁等标准电极电位较负的金属，从热力学上说发生电化学腐蚀的倾向就大。

2. 利用平衡电极电位判断金属的腐蚀倾向

电动序是标准电极电位表，运用电动序只能预测标准状态下腐蚀体系的反应方向（或倾向），对于非标准状态下的平衡体系，在预测腐蚀倾向前必须先按能斯特方程式进行计算。能斯特方程反映了浓度、温度、压力对电极电位的影响。但电动次序一般来说基本上不会有多大的变动。因为浓度变化对电极电位的影响并不很大。例如对于一价的金属，当浓度变化10倍时，电极电位值变化仅为0.059V（25℃）。对于二价金属，浓度变化10倍，电极电位的变化更小为½×0.059V。所以利用标准电极电位表来初步地判断金属的腐蚀倾向是相当方便的。

3. 利用非平衡电极电位判断金属的腐蚀倾向

必须强调的是，实际的腐蚀体系中，遇到平衡电极体系的例子是极少的，大多数的腐蚀是在非平衡电极体系中进行的。这样就不能用金属的标准电极电位和平衡电极电位来判断金属的腐蚀倾向，而应采用金属在该介质中的实际电位（稳定电位）作为判断的依据。

用金属的标准电极电位判断金属的腐蚀倾向是非常粗略的，有时甚至会得到相反的结论，因为实际金属在腐蚀介质中的电位序不一定与标准电极电位序相同，主要原因有三点：①实际使用的金属不是纯金属，多为合金；②通常情况下，大多数金属表面上有一层氧化膜，并不是裸露的纯金属；③腐蚀介质中金属离子的浓度不是1mol/L，与标准电极电位的条件不同。例如在热力学上 Al 比 Zn 活泼，但实际上 Al 在大气条件下因易于生成具有保护性的氧化膜而比 Zn 更稳定。所以，严格来说，不宜用金属的标准或平衡电极电位判断金属的腐蚀倾向，而要用金属或合金在一定条件下测得的稳定电位的相对大小判断金属的电化学腐蚀倾向。

总之，虽然电动序在预测金属腐蚀倾向方面存在以上的限制，但用这张表来作为粗略地判断金属的腐蚀倾向仍是相当方便和有用的。

第三节　腐蚀电池

一、电化学腐蚀现象与腐蚀电池

实际上自然界中的大多数腐蚀现象都是在电解质溶液中发生的，例如，各种金属在潮湿大气、海水和土壤中的腐蚀，各种金属设备在酸、碱、盐介质中的腐蚀都属于电化学腐蚀。研究发现，金属的电化学腐蚀，实质上是腐蚀电池作用的结果。所以电化学腐蚀的历程和理论在很大程度上是以腐蚀电池一般规律的研究为基础的。

二、产生腐蚀电池的必要条件

如果将两个不同的电极组合起来就可构成原电池。

例如：把锌和硫酸锌水溶液、铜和硫酸铜水溶液这两个电极组合起来，就可成为铜锌原电池，如图 1-4 所示。这种原电池称为丹尼尔电池。

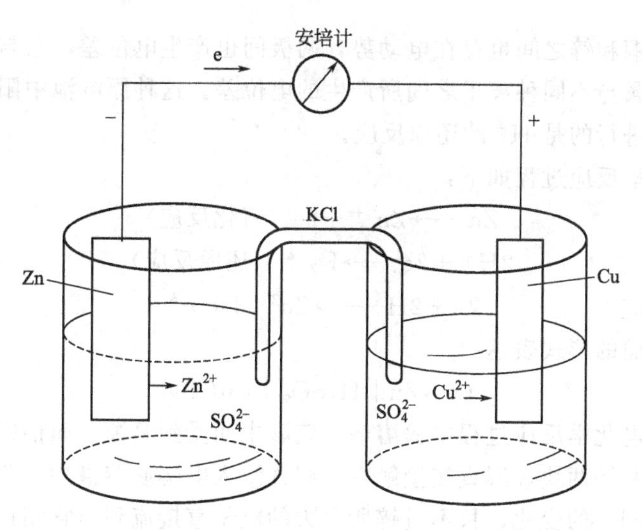

图 1-4　铜锌原电池装置示意图

在此电池中，若 $ZnSO_4$ 水溶液中 Zn^{2+} 活度 $a_{Zn^{2+}}=1$，$CuSO_4$ 水溶液中 Cu^{2+} 活度 $a_{Cu^{2+}}=1$ 时，则根据表 1-1 数据可计算该原电池的电动势为：

$$E^0=E^0_{Cu/Cu^{2+}}-E^0_{Zn/Zn^{2+}}=+0.337-(-0.763)=1.100V$$

在这一原电池的反应过程中，锌极溶解到硫酸锌溶液中而被腐蚀，电子通过外部导线流向铜而产生电流，同时铜离子在铜极上析出。在水溶液外部，电流的方向是从铜极到锌极，而电子流动的方向正与此相反。因此铜片是阴极，而锌片是阳极。

原电池的电化学反应过程如下：

阳极反应：　　$Zn \longrightarrow Zn^{2+} + 2e$（氧化反应）

阴极反应：　　$Cu^{2+} + 2e \longrightarrow Cu \downarrow$（还原反应）

原电池的总反应：　　$Zn + Cu^{2+} \longrightarrow Zn^{2+} + Cu \downarrow$

原电池可用下面的形式表达：

$$(-)Zn \mid Zn^{2+} \parallel Cu^{2+} \mid Cu(+)$$

原电池的构成并不限于电极金属浸入含有该金属离子的水溶液中。如果将锌与铜浸入稀硫酸中，如图1-5所示，这种原电池称为伏特电池。

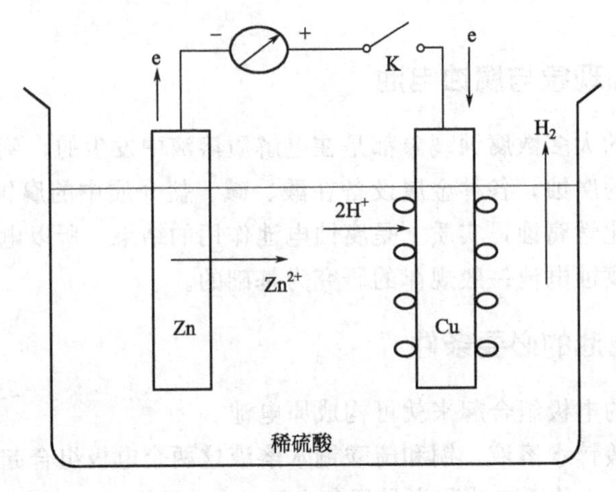

图1-5　腐蚀电池示意图

在此电池中，铜和锌之间也存在电动势，两极间也产生电位差，它与前面丹尼尔电池的不同之处就在于金属与不同种离子之间所产生的电位差。这种原电池中阳极仍然为锌，阴极为铜，但是在铜上进行的是 H^+ 的还原反应。

原电池的电化学反应过程如下：

阳极反应：　　$Zn \longrightarrow Zn^{2+} + 2e$（氧化反应）

阴极反应：　　$2H^+ + 2e \longrightarrow H_2 \uparrow$（还原反应）

原电池的总反应：　　$Zn + 2H^+ \longrightarrow Zn^{2+} + H_2 \uparrow$

原电池可用下面的形式表达：

$$(-)Zn \mid H_2SO_4 \mid Cu(+)$$

同样，在这一电化学反应过程中锌溶解于硫酸中而受到腐蚀，而铜则不受腐蚀。

如果我们把铜和锌两块金属直接接触在一起并浸入电解质溶液中（例如 H_2SO_4），也将发生与上述原电池同样的变化，只不过锌所失去的电子直接流到与它相接触的铜上并为溶液中的 H^+ 所接受。

由此可见，金属的电化学腐蚀正是由于不同电极电位的金属在电解质溶液中构成了原电池而产生的。金属发生电化学腐蚀时，金属本身起着将原电池的正极和负极短路的作用。因此，一个电化学腐蚀体系可以看作是短路的原电池，这一短路原电池的阳极使金属材料溶解，而不能输出电能，腐蚀体系中进行的氧化还原反应的化学能全部以热能的形式散失。所以，在腐蚀电化学中，将这种只能导致金属材料的溶解而不能对外做有用功的短路原电池定义为腐蚀原电池或腐蚀电池。

必须注意的是在腐蚀电池中规定使用阴极和阳极的概念，而不用正极和负极。

从以上例子，可总结出形成腐蚀电池必须具备以下条件。

① 存在电位差，即要有阴、阳极存在，其中阴极电位总比阳极电位为正，阴、阳极之间产生电位差，电位差是腐蚀原电池的推动力。电位差的大小反映出金属电化学腐蚀倾向的大小。

产生电位差的原因很多，不同金属在同一环境中互相接触会产生电位差，例如上述铜和锌在 H_2SO_4 溶液中可构成电偶腐蚀电池；同一金属在不同浓度的电解质溶液中也可产生电位差而构成浓差腐蚀电池；同一金属表面接触的环境不同，例如物理不均匀性等均可产生电位差，这将在腐蚀电池类型中介绍。

② 要有电解质溶液存在，使金属和电解质之间能传递自由电子。这里所说的电解质只要稍微有一点离子化就够了，即使是纯水也有少许离解引起电传导。如果是强电解质溶液，则腐蚀将大大加速。

③ 在腐蚀电池的阴、阳极之间，要有连续传递电子的回路。

由此可知，一个腐蚀电池必须包括阳极、阴极、电解质溶液和电路四个不可分割的部分。

三、腐蚀电池工作过程

腐蚀电池的工作过程主要由下列三个基本过程组成。图 1-6 是腐蚀电池工作示意图。

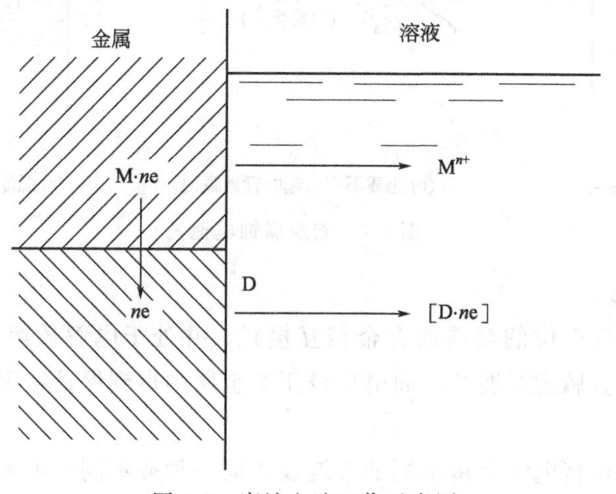

图 1-6　腐蚀电池工作示意图

(1) 阳极过程　金属溶解，以离子的形式进入溶液，并把当量的电子留在金属上：$M \longrightarrow M^{n+} + ne$。

(2) 阴极过程　从阳极流过来的电子被电解质溶液中能够吸收电子的氧化剂即去极剂 (D) 接收：$D + ne \longrightarrow [D \cdot ne]$。

在与阴极接受电子的还原过程平行地进行的情况下，阳极过程可不断地继续下去，使金属受到腐蚀。

(3) 电流的流动　电流在金属中是依靠电子从阳极流向阴极，而在溶液中依靠离子的迁移，这样就使整个电池系统中的电路构成通路。

腐蚀电池工作所包含的上述三个基本过程，相互独立又彼此依存，缺一不可。只要其中一个过程受到阻碍而不能进行，整个腐蚀电池的工作势必停止，金属电化学腐蚀过程当然也停止。

如果没有阴极上的还原过程，就不能构成金属的电化学腐蚀。所以说，形成腐蚀电池并且溶液中存在着可以使金属氧化的物质（即去极剂），是金属发生电化学腐蚀的根本原因。

四、腐蚀电池的类型

根据组成腐蚀电池阴、阳极的大小，可把腐蚀电池分为两类：宏观腐蚀电池和微观腐蚀电池。

（一）宏观腐蚀电池

宏观腐蚀电池是指腐蚀电池的阳极区和阴极区的尺寸较大，区分明显，多数情况下肉眼可分辨。如图 1-7 所示。

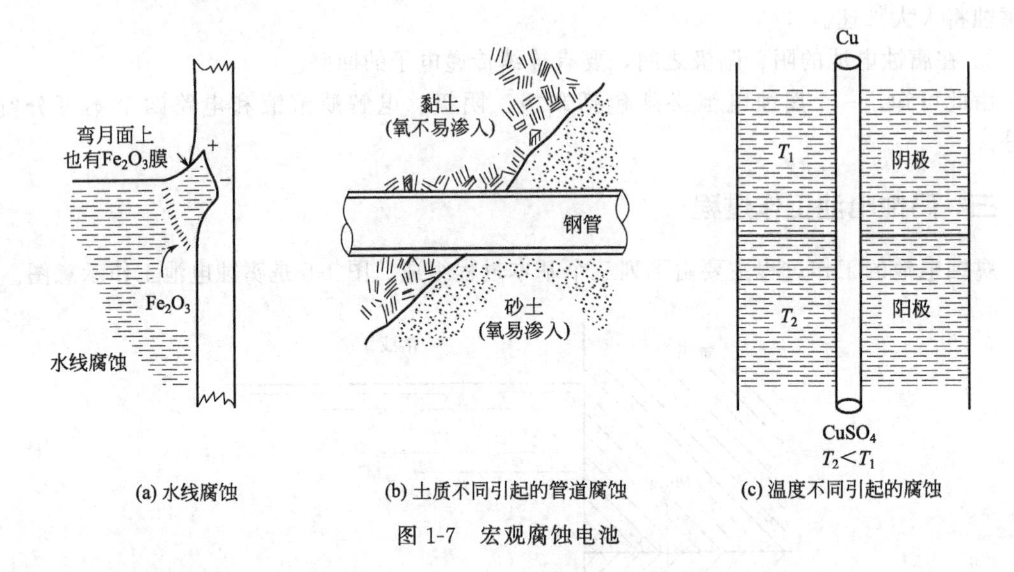

(a) 水线腐蚀　(b) 土质不同引起的管道腐蚀　(c) 温度不同引起的腐蚀

图 1-7 宏观腐蚀电池

1. 电偶腐蚀电池

两种具有不同电极电位的金属或合金相互接触，并处于电解质溶液中所组成的腐蚀电池，其中电位较负的金属遭受腐蚀，而电位较正的金属则得到保护，因而称这种腐蚀电池为电偶腐蚀电池。

如丹尼尔电池和伏特电池是将不同的金属浸入同一种或不同的电解质溶液中所构成的电池；又如钢铁部件用铜铆钉进行组接，并一起放入电解质溶液中所构成的电池。

2. 浓差电池

同一种金属浸入不同浓度的电解液中，或者虽在同一电解液中但局部浓度不同，都可因电位差的不同而形成浓差腐蚀电池，常见的有以下两种。

(1) 金属离子浓差电池　同一种金属在不同金属离子浓度的溶液中构成腐蚀电池。

根据能斯特公式，金属的电位与金属离子的浓度有关。当金属与不同浓度的含该金属离子的溶液接触时，浓度低处，金属的电位较负；浓度高处，金属的电位较正，从而形成金属离子浓差腐蚀电池。浓度低处的金属为阳极，遭到腐蚀。直到各处浓度相等，金属各处电位相同时，腐蚀才停止。

在生产过程中，例如铜或铜合金设备在流动介质中，流速较大的一端 Cu^{2+} 较易被带走，出现低浓度区域，这个部位电位较负而成为阳极，而在滞留区则 Cu^{2+} 聚积，将成为阴极。

在一些设备的缝隙处和疏松沉积物下部，因与外部溶液的离子浓度有差别，往往会形成浓差腐蚀的阳极区域而遭腐蚀。

(2) 氧浓差电池　由于金属与含氧量不同的溶液相接触而引起的电位差所构成的腐蚀电池，又称充气不均电池。这种腐蚀电池是造成金属缝隙腐蚀的主要因素，在自然界和工业生产中普遍存在，造成的危害很大。

金属浸入含有溶解氧的中性溶液中形成氧电极，其阴极反应过程如下：

$$O_2+2H_2O+4e \longrightarrow 4OH^-$$

由能斯特方程式计算可知，当氧的分压越高，氧电极电位就越高，因此，如果介质中溶液氧含量不同，就会因氧浓度的差别产生电位差；介质中溶液氧浓度越大，氧电极电位越高，而在氧浓度较小处则电极电位较低成为腐蚀电池的阳极，这部分金属将受到腐蚀，最常见的有水线腐蚀和缝隙腐蚀。

桥桩、船体、储罐等在静止的中性水溶液中，受到严重腐蚀的部位常在靠近水线下面，受腐蚀部位形成明显的沟或槽。这种腐蚀称为水线腐蚀（图 1-8）。

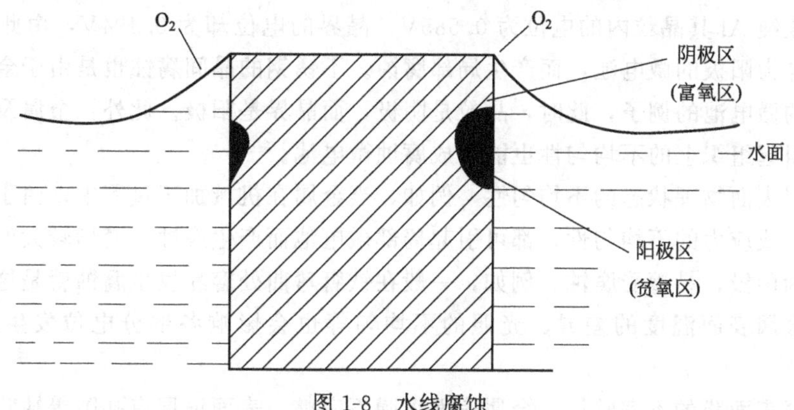

图 1-8 水线腐蚀

这是由于氧的扩散速度缓慢而引起水的表层含有较高浓度的氧，而水的下层氧浓度则较低，表层的氧如果被消耗，将可及时从大气中得到补充，但水下层的氧被消耗后由于氧不易到达而补充困难，因而产生了氧的浓度差。表层（弯月面处）为富氧区，为阴极区，水下（弯月面下部）为贫氧区，则成为阳极区而遭受腐蚀。

氧的浓差电池也可在缝隙处和疏松的沉积物下面发生而引起缝隙腐蚀及垢下腐蚀。通常，浓差腐蚀可通过消除介质的浓度差别来抑制腐蚀过程。

3. 温差电池

金属两端的温度不同也会在金属两端产生电位差，使金属腐蚀。由此产生的腐蚀也称为热偶腐蚀。如图 1-7(c) 所示。

（二）微观腐蚀电池

微观腐蚀电池也称为腐蚀微电池，是指腐蚀电池的阳极区和阴极区的尺寸较小，多数情况下肉眼不可分辨。微电池腐蚀是由于金属表面的电化学不均匀性所引起的自发而又均匀的腐蚀。

金属表面产生电化学不均匀性的原因主要有以下几个方面（图 1-9）。

(1) 金属化学成分的不均匀性　以碳钢为例，在外表看起来没区别的金属实际上化学成

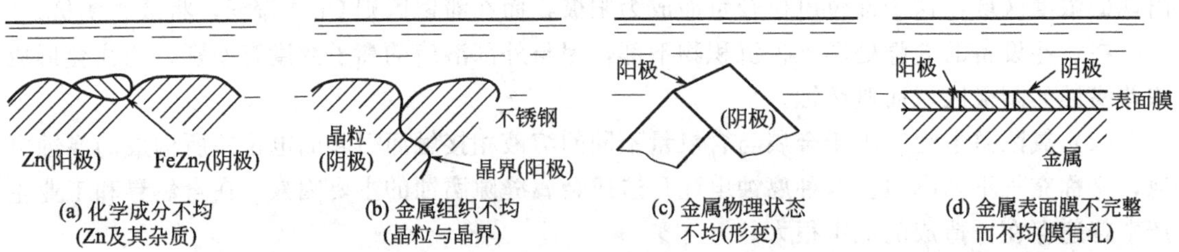

(a) 化学成分不均 (Zn及其杂质)　(b) 金属组织不均 (晶粒与晶界)　(c) 金属物理状态不均(形变)　(d) 金属表面膜不完整而不均(膜有孔)

图 1-9 微电池腐蚀

分是不均匀的，有铁素体（0.006%C）、渗碳体 Fe_3C（6.67%C）等。在电解质溶液中，渗碳体部位的电位高于金属基体，在金属表面上形成许多微阴极（渗碳体）和微阳极（铁素体）。不仅如此，许多金属是含有杂质的，如金属 Zn 中常含有杂质 Cu、Fe、Sb 等，也可以构成无数个微阴极。而锌本身则为阳极，因而加速了锌在 H_2SO_4 中的腐蚀。

(2) 金属组织结构的不均匀性　所谓组织结构在这里是指组成合金的粒子种类、含量和它们的排列方式的统称。在同一金属或合金内部一般存在着不同组织结构区域，因而有不同的电极电位值。研究表明，金属及合金的晶粒与晶界之间、各种不同的相之间的电位是有差异的，如工业纯 Al 其晶粒内的电位为 0.585V，晶界的电位却为 0.494V，由此在电解质溶液中形成晶界为阳极的微电池，而产生局部腐蚀。不锈钢的晶间腐蚀也是由于金属组织结构不均匀构成的微电池的例子，此时，晶粒是阴极，而晶界是阳极。此外，金属及合金凝固时产生的偏析引起组织上的不均匀性也能形成腐蚀微电池。

(3) 金属表面物理状态的不均匀性　例如，当金属在机械加工过程中，由于金属各部形变的不均匀性或应力的不均匀性，都可引起局部微电池而产生腐蚀。变形较大的部分或受力较大的部分为阳极，易遭受腐蚀。例如，一般在铁管弯曲处容易发生腐蚀就是这个原因。

此外，金属表面温度的差异、光照的不均匀等也会影响各部分电位发生差异而遭受腐蚀。

(4) 金属表面膜的不完整性　金属表面覆膜不完整，表面镀层有孔隙等缺陷，则孔隙下或破损处相对于表面膜来说，在接触电解质时具有较负的电极电位，成为微电池的阳极，由此也易于构成微电池。

在生产实践中，要想使整个金属表面上的物理性质和化学性质、金属各部位所接触的介质的物理性质和化学性质完全相同，使金属表面各点的电极电位完全相等是不可能的。由于种种因素使得金属表面的物理和化学性质存在差异，使金属表面各部位的电位不相等，统称为电化学不均匀性，它是形成微电池腐蚀的基本原因。

综上所述，腐蚀电池是研究金属电化学腐蚀中的重要概念之一，是研究各种腐蚀类型和腐蚀破坏形态的基础。研究腐蚀电池的类型对判断腐蚀的形态具有一定的意义。通常，宏观腐蚀电池阴、阳极位置固定不变，对应的腐蚀形态是局部腐蚀，腐蚀破坏主要集中在阳极区；微观腐蚀电池的阴、阳极位置不断变化，对应的腐蚀形态是全面（均匀）腐蚀。

第四节　金属电化学腐蚀的电极动力学

前面我们从热力学观点讨论了金属发生电化学腐蚀的原因以及腐蚀倾向的判断方法，但实际上，金属电化学腐蚀倾向程度并不能直接表明腐蚀速率的大小。因为腐蚀倾向很大的金属不一定必然对应着高的腐蚀速率，例如，从电动序上看，铝的标准电极电位很负（－1.66V），从热力学的角度看它的腐蚀倾向很大，但在某些介质中铝却比一些腐蚀倾向小得多的金属更耐蚀。这是由于腐蚀过程中反应的阻力显著增大，使得腐蚀速率大幅下降所致，这些都是腐蚀动力学因素在起作用。因此，从电极动力学观点讨论腐蚀速率及其影响因素，在工程上具有更现实的意义。

一、腐蚀速率

如前所述，金属的腐蚀速率可以用重量法来表示，也可以用深度法来表示。由于金属电化学腐蚀的实质就是阳极溶解，阳极溶解反应为

$$M \longrightarrow M^{n+} + ne$$

上面这一反应过程中明确表达了金属的溶解与电流的密切关系，金属腐蚀的过程伴有电流产生。腐蚀电池的电流越大，金属的腐蚀速率越快。因此，电化学腐蚀速率也可用电化学方法测定电流密度来表示。电流密度就是通过单位面积上的电流强度。

根据法拉第定律，可计算腐蚀速率与电流密度之间的关系。其表达式为

$$V^{-} = \frac{A}{nF} i_a \times 10^4 \tag{1-10}$$

式中　V^{-}——金属的腐蚀失重速率，g/(m²·h)；

i_a——阳极电流密度，A/cm²；

F——法拉第常数，26.8A·h/mol（≈96500C/mol）；

A——金属的摩尔质量，g/mol（在数值上等于相对原子质量）；

n——参加电极反应的电子数。

但是必须注意不论用哪种方法，它们都只能表示均匀腐蚀速度。

用腐蚀电流密度来表示金属的腐蚀速率使用较方便，无论在实验室或在工作现场，可以快速地测出电流强度，从而计算出瞬时腐蚀速率；也可以较方便地找出决定腐蚀速率的因素。

二、极化作用

（一）极化现象

设有一个腐蚀电池，由 Zn|电解液|Cu 所组成，这里 Zn 为阳极，Cu 为阴极。如图1-10所示。

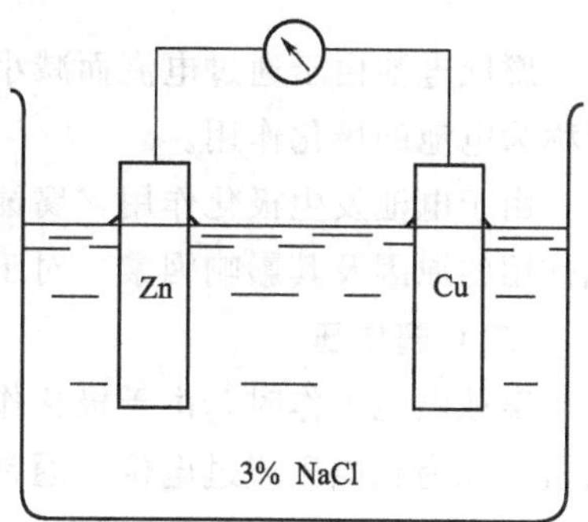

图 1-10　腐蚀电池及其电流变化示意

如果 Zn 片及 Cu 片的电位分别测得 $E_{Zn}=-1.0V$ 及 $E_{Cu}=0.1V$，体系中的电阻 R 为 0.1Ω，则根据欧姆定律电池通过的电流应为：

$$I = \frac{E_{Cu} - E_{Zn}}{R} = \frac{0.1-(-1.0)}{0.1} = \frac{1.1}{0.1} = 11A$$

若阳极的表面积为 5cm²，则 $i_a = 11/5 = 2.2A/cm^2$。

按照法拉第定律可计算出腐蚀速率：

$$V^{-} = \frac{A}{nF} i_a \times 10^4 = \frac{65}{2 \times 26.8} \times 2.2 \times 10^4 = 2.67 \times 10^4 g/(m^2 \cdot h)$$

但实验证明，实际上的腐蚀速率仅为计算值的 $\frac{1}{50} \sim \frac{1}{20}$，即阳极上的电流密度（单位面

积的电流强度）比计算值要小得多。

现在我们分析一下电流密度为什么会减小的原因。

根据欧姆定律：

$$I=\frac{E}{R}=\frac{E_{阴极}-E_{阳极}}{R} \tag{1-11}$$

影响电池电流强度的因素为电池两极间的电位差和电池内外电阻的总和。在上述情况下，电池接通前后的电阻实际上没有多大的改变，因此，腐蚀电池在通电后其电流的减小，必然是由于阳极与阴极的电位发生了改变以及它们的电位差随通路后时间变化而降低。

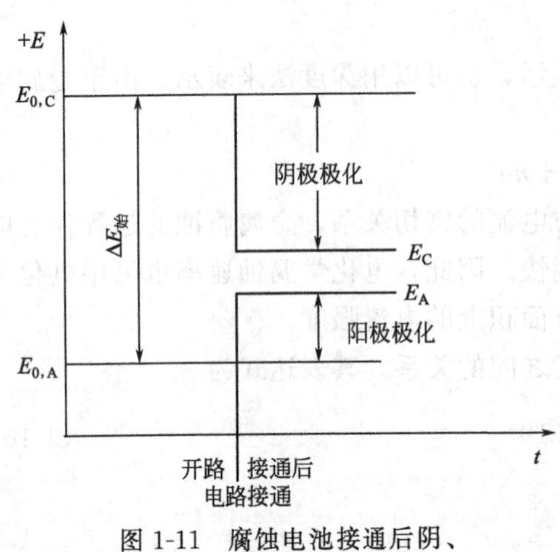

图 1-11 腐蚀电池接通后阴、阳极电位变化示意图

通过实验，证明这一论断是正确的。从电位的测定可以看出，最初两极的电位与接通电路后的电位有显著的差异。图 1-11 表示两极在接通电路前后电位变化的情况。从图可以看出，当电路接通前（即开路），阴、阳极的开路电位（亦是腐蚀电位）分别为 $E_{0,C}$ 和 $E_{0,A}$；当电池接通电路以后，阴极的电位变得更负（E_C）；阳极的电位变得更正（E_A）。

结果是阴极与阳极之间的电位差，由原来的 ΔE_0（即图 1-11 中起始电位差 $\Delta E_{始}$）变为 ΔE_t，即电位差比接通电路之前减少得多。这样就使得腐蚀电池的电流强度减少，即：

$$I_{最初}=\frac{E_{0,C}-E_{0,A}}{R}=\frac{\Delta E_0}{R};\ I_t=\frac{E_C-E_A}{R}=\frac{\Delta E_t}{R}$$

腐蚀电池由于通过电流而减小电池两极间的电位差，因而引起电流强度降低的现象，我们称为电池的极化作用。

由于电池发生极化作用，腐蚀电流强度减小，从而降低了金属腐蚀速率。因此，探讨极化作用的原因及其影响因素，对于金属腐蚀问题的研究具有重大意义。

（二）超电压

腐蚀电池工作时，由于极化作用使阴极电位变负或阳极电位变正，其偏离初始电位的偏离值，称为超电压或过电位，通常以 η 表示，即：

$$\eta_C=|E_{0,C}-E_C|$$

$$\eta_A=|E_{0,A}-E_A|$$

由于超电压直接从量上反映出极化的程度，因此对于研究腐蚀速率十分重要。

（三）极化的原因

腐蚀电池通过电流后，为什么阳极电位会变得更正，阴极电位会变得更负？

产生极化现象的根本原因是阳极或阴极的电极反应与电子迁移速度存在差异引起的。众所周知，腐蚀电池在通过电流后，电子在金属导体中移动速度很快，而阴、阳极过程因种种原因进行得较慢，因此出现极化现象。

1. 阳极极化

腐蚀电池中的阳极在通过电流之后，其电位向正的方向移动的现象，称为阳极极化。

产生阳极极化的原因有如下几个。

(1) 活化极化（或电化学极化） 阳极过程是金属离子从晶格转移到溶液中并形成水化离子的过程：

$$Me+nH_2O \longrightarrow Me^{2+} \cdot nH_2O+2e \tag{1-12}$$

这一过程，只有在阳极附近所形成的金属离子不断地离开的情况下，才能顺利地进行。

如果金属离子进入溶液的速度，小于电子由阳极流出通过导线流向阴极的速度，则在阳极上就会有过多的正电荷积累，这样就会引起电极双电层上的负电荷减少，于是阳极电极电位就向正方向移动（或者说变得少负一些）。由于反应需要一定的活化能，使阳极溶解反应的速度小于电子流动的速度，由此引起的极化称为活化极化。如图 1-12 所示。

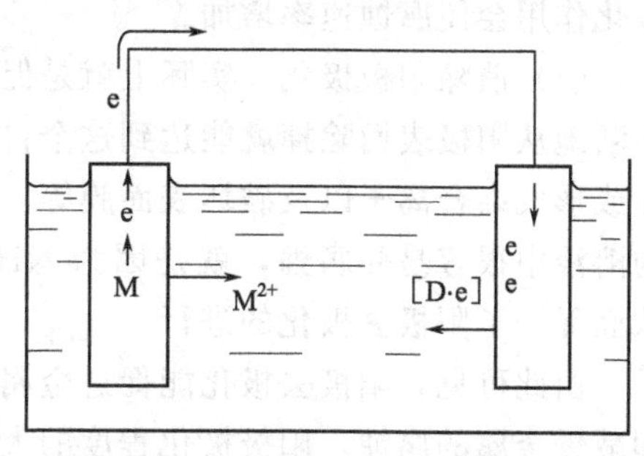

图 1-12 腐蚀电池极化示意

(2) 浓差极化（或扩散极化） 在阳极溶解过程中产生的金属离子，首先是进入阳极表面附近的溶液层，与溶液中产生浓差。在浓度梯度作用下，金属离子向溶液深处扩散。如果这些金属离子向外扩散速度比金属离子化反应速度慢，就会使得阳极表面附近的金属离子浓度逐渐增加，而使阳极电位向正方向移动，阻碍阳极的进一步溶解，引起所谓浓差极化。从能斯特公式 $E=E^{\ominus}+\frac{RT}{nF}\ln c$ 可以看出。随着金属离子浓度的增加，电极电位必然朝正的方向移动。

(3) 膜阻极化 某些金属在一定条件下（例如在溶液中有氧化剂时）进行阳极极化时容易生成保护性膜，使金属钝化。在这种情况下，金属变成离子的过程（即阳极过程）就被生成的保护膜所阻碍，此时阳极电位强烈地向正的方向移动。因为金属表面膜的产生，使得电池系统的电阻也随着增加而引起极化，所以这种极化作用又称电阻极化。

2. 阴极极化

腐蚀电池的阴极在通过电流之后，其电位向更负的方向移动，这种现象叫做阴极极化。

阴极极化的原因是：从阳极送来阴极的电子，一时过多，而阴极附近能接受电子的物质由于某种原因，与电子相结合的反应速度进行得慢了一些，这样就会使得阴极上负电荷（电子）的积累。结果阴极的电位变得更负。

(1) 活化极化（或电化学极化） 由于阴极还原反应需达到一定的活化能才能进行，使阴极还原反应速度小于电子流入阴极的速度，因而电子在阴极积累，结果使阴极电位向负方向移动，产生了阴极极化。这种阴极极化是由于阴极还原反应本身的迟缓性造成的，故称为活化极化或电化学极化。

例如，一般金属在酸溶液中腐蚀的阴极过程是氢离子接受电子。

$$H^+ + e \longrightarrow H$$

$$H+H \longrightarrow H_2 \uparrow$$

如果在一般情况下，氢离子接受电子慢一些，于是由阳极流过来的电子将会在阴极上积累，结果使得它的电位向负方向移动。

(2) 浓差极化（或扩散极化） 由于阴极附近反应物或反应产物扩散速度缓慢，可引起阴极浓差极化。例如，溶液中的氢离子特别是氧到达阴极的速度小于阴极反应本身的速度，造成阴极表面附近氢离子或氧的缺乏，结果产生浓差极化，使阴极电位变负。

阴极极化表示阴极过程受到阻滞，使来自阳极的电子不能及时被吸收，因此阻碍金属腐蚀的进行。

三、去极化作用

凡是消除或削弱极化作用的过程称为去极化作用。去极化作用与极化作用正好相反，去极化作用会使腐蚀速率增加。

(1) 消除阳极极化　实际上就是促使阳极过程进行，称为阳极去极化。设法把阳极产物不断地从阳极表面除掉就能达到这个目的。因此，升高温度、搅拌溶液、使阳极产物形成沉淀或形成络合离子以及破坏表面膜等，都可以加速阳极去极化过程。例如铜及其合金在含氨的溶液中很容易受腐蚀，就是因为 NH_3 与阳极产物 Cu^{2+} 形成了络离子 $[Cu(NH_3)_4]^{2+}$，从而促进了阳极去极化的进行。

由此可见，阳极去极化能促进金属腐蚀，而阳极极化则相反，会阻碍阳极过程的进行，即减慢金属的腐蚀。阳极极化程度的大小，直接影响到阳极过程进行的速度，通常可从表示电位与电流密度（单位面积的电流强度）之间关系曲线（即所谓极化曲线）来判断阳极极化程度的大小。

(2) 消除阴极极化作用　叫做阴极去极化。由阴极极化产生的原因可知，凡能在阴极上吸收（消耗）电子的过程（阴极还原过程）都能起去极化作用。阴极去极化主要是通过去极剂消耗电子来实现。因此去极剂也可定义为介质中参与消除或削弱极化作用的物质。

最常见而且最重要的阴极去极化过程有下面两种。

① 氢离子放电，逸出 H_2：

$$H^+ + e \longrightarrow H$$

$$H + H \longrightarrow H_2$$

一般负电性金属——Fe、Zn 等在酸中受腐蚀，及强负电性金属——Na、K、Ca、Mg 等在中性电解质溶液中受腐蚀时，都发生这样的去极化过程。所以像 H^+ 这样的物质，就称为去极化剂，这种情况，称为氢去极化腐蚀，或析氢腐蚀。

② 氧原子或氧分子的还原：

$$O_2 + 2H_2O + 4e \longrightarrow 4OH^-$$

很多金属在大气、土壤及中性电解质溶液中受腐蚀时都发生这种过程。这里，溶解在电解质溶液中的氧为去极化剂。这种情况，叫做氧去极化腐蚀或吸氧腐蚀（参见第五节）。

阴极去极化可以促使阳极不断地失去电子，从而可使金属不断地溶解。

显然，从防腐蚀的角度来看，总是希望增强极化作用以降低腐蚀速率而不希望发生去极化。

四、极化曲线

（一）概念与作用

把表示电极电位与极化电流或极化电流密度之间关系的曲线称为极化曲线。

为了使电极电位随通过的电流的变化情况更清晰准确，经常利用电位-电流直角坐标图或电位-电流密度直角坐标图。例如，图 1-10 中的腐蚀电池在接通电路后，铜电极和锌电极的电极电位随电流的变化可以绘制成图 1-13 的形式。

图 1-14 为一腐蚀电池极化测量装置，它的阳极和阴极在刚刚连接时具有非常大的电阻

($R\to\infty$)，相当于电路未接通的情况；此时电极的电位就相当于起始的电位，分别为 $E_{0,A}$ 和 $E_{0,C}$。当减小欧姆电阻时，电流由零逐渐增大。如果不发生极化，当 $R=0$ 时，则 $I\to\infty$。但实际上正是由于电池极化的结果，当 $R\to 0$，I 趋向于一个一定的最大值 I_{max}。

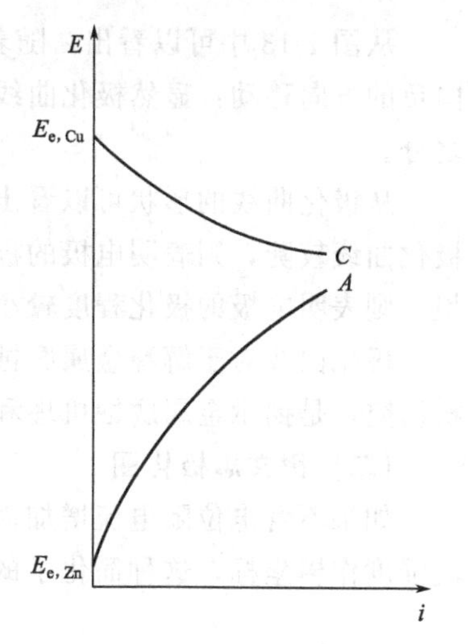

图 1-13 极化曲线示意图

如果我们在进行实验时，使电阻 R 逐渐减小，同时测量所通过的电流强度和两极的电位，并将结果绘制成图（纵坐标表示电极电位，横坐标表示电流强度），就可得到图 1-15 所示的极化曲线，它是把表征腐蚀电池特征的阴、阳极极化曲线画在同一个 E-I 坐标上，称为腐蚀极化图。

由图 1-15 可以看出，电流随 R 减小而增加，同时引起极化，使得阳极电位升高而变得更正，阴极电位变得更负。结果，两极间电位差也就减小。但是因为 R 是任意调节的，R 减小对于电流的影响远远超过电位差减小对电流的影响，所以总的结果是使电流趋于增大。

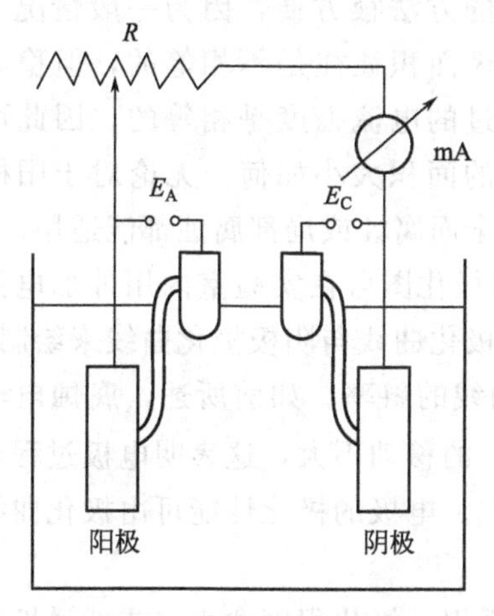

图 1-14 极化测量装置

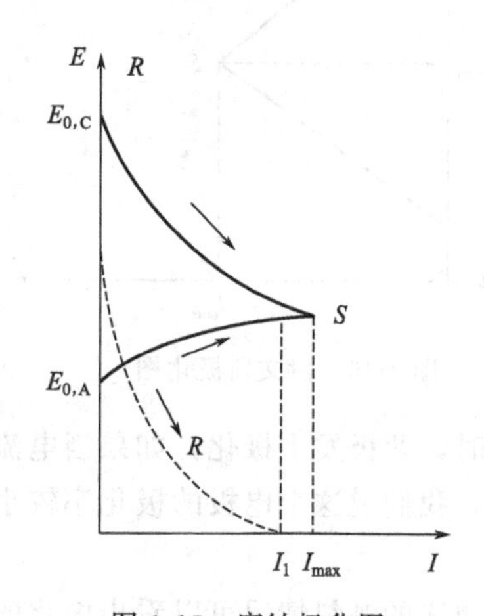

图 1-15 腐蚀极化图

当电阻（包括电池的外阻和内阻）进一步减小趋近于零时，电流达到了 I_{max}。此时由于进一步极化，阳极极化曲线与阴极极化曲线将相交于 S 点。但实际上，因为总电阻不可能为零（即使是把两短路，使外阻为零，但仍然存在着一定的电池的内阻 R_e），这一交点 S 是得不到的。电流只能达到和 I_{max} 相接近的数值 I_1，两极化曲线之间还存在着一定的电位差 ΔE（此时 $\Delta E=I_1R_e$）。但在理论上，我们可以将阳极极化和阴极极化两条曲线延长直至相交于一点 S，和这一点相对应的横坐标，即表示此腐蚀电池的可能最大电流；其纵坐标即表示这一腐蚀系统的总电位 E_{corr}，由于极化作用，阳极与阴极电位已趋于同一数值。将任何一块金属放在电解液中，我们所测到的电位就是这一点的电位，叫做腐蚀电位，也叫稳定电位。

如果阴极和阳极浸在溶液中的面积相等，则图中的横坐标可采用电流密度 i 表示；如果腐蚀电池的阴极和阳极面积不相等，但阴极和阳极上的电流强度总是相等的，因此用电流强度代替电流密度也十分方便。

从图 1-13 中可以看出，随着电流密度的增加，阳极电位向正的方向移动，而阴极电位向负的方向移动：显然极化曲线有阳极极化曲线（图中 A 段）和阴极极化曲线（图中 C 段）之分。

从极化曲线的形状可以看出电极极化的程度，从而判断电极反应过程的难易。例如，若极化曲线较陡，则表明电极的极化程度较大，电极反应过程的阻力也较大；而极化曲线较平坦，则表明电极的极化程度较小，电极反应过程的阻力也较小，因而反应就容易进行。

极化曲线对于解释金属腐蚀的基本规律有重要意义。用实验方法测绘极化曲线并加以分析研究，是揭示金属腐蚀机理和探讨控制腐蚀措施的基本方法之一。

（二）伊文思极化图

如果不管电位随电流增加而变化的详细情况，可以将电位变化的曲线画成直线，并以电流强度作横坐标，这种简化了的极化曲线就称为伊文思（Evans）极化图。如图 1-16 所示。

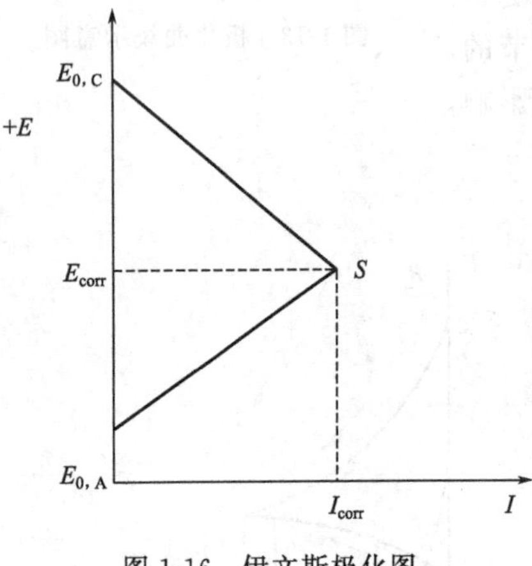

图 1-16 伊文斯极化图

伊文思极化图有以下一些特点：

① 伊文思极化图是将表征腐蚀电池特性的阴、阳极极化曲线画在同一个图上构成的，横坐标所表示的为腐蚀电流强度而不是电流密度。采用横坐标表示电流强度的方法很方便，因为一般情况下，宏电池中阴、阳极面积往往是不相等的，但稳态下阳极与阴极上流过的电流强度是相等的，因此可以不管阳极和阴极的面积大小如何，无论对于阳极或者阴极、无论对全面腐蚀或局部腐蚀都能适用。

② 伊文思极化图可在实验室内用外加电流的方法，测取阳极极化曲线与阴极极化曲线来绘制。

③ 极化曲线的斜率。如前所述，腐蚀电池在电流通过时，两极发生极化，如果当电流增加时电极电位的移动不大，这表明电极过程受到阻碍较小，我们说这个电极的极化率较小或极化性能较差。电极的极化性能可由极化曲线的斜率决定。

由曲线的倾斜情况可以看出极化的程度，曲线愈平坦，极化程度愈小（或者说极化率愈小）表示电极电位随极化电流的变化很小，也就是说电极材料的极化性能弱，电极过程容易进行；反之，曲线坡度愈大，极化程度也愈大（或者说极化率愈大），这表示电极材料的极化性能强，阴、阳极过程的进行愈困难。

如图 1-17 中所示，阳极极化率为 $\tan\beta$，用 P_A 表示，阴极极化率为 $\tan\alpha$，用 P_C 表示。则：

$$P_C=\tan\alpha=\frac{E_{0,C}-E_C}{I_1}=\frac{\Delta E_C}{I_1} \tag{1-13}$$

$$P_A=\tan\beta=\frac{E_A-E_{0,A}}{I_1}=\frac{\Delta E_A}{I_1} \tag{1-14}$$

$$\Delta E_A=I_1\tan\beta=P_A I_1$$

$$\Delta E_C=I_1\tan\alpha=P_C I_1$$

由于腐蚀体系有欧姆电阻 R，因此造成的电位降为

$$\Delta E_R=I_1 R=E_C-E_A$$

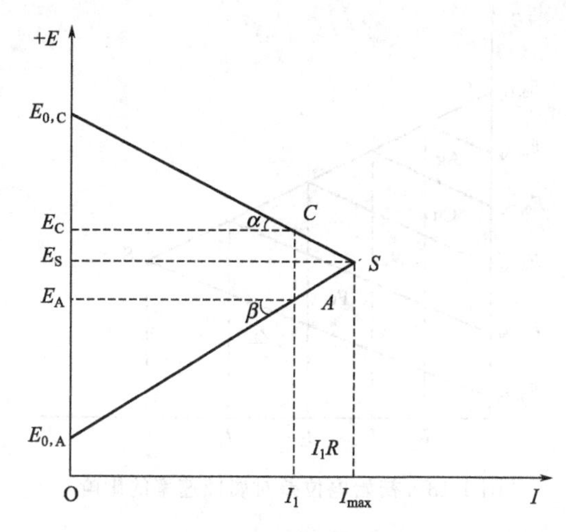

图 1-17　极化曲线的斜率

由图中可见：

$$E_{0,C}-E_{0,A}=(E_{0,C}-E_C)+(E_C-E_A)+(E_A-E_{0,A})$$
$$=P_CI_1+P_AI_1+I_1R$$

处理后便得到：

$$I_1=\frac{E_{0,C}-E_{0,A}}{P_C+P_A+R} \tag{1-15a}$$

即：

$$I_{corr}=\frac{E_{0,C}-E_{0,A}}{P_C+P_A+R} \tag{1-15b}$$

这是表示腐蚀电流与电极电位及极化性能的关系式。此式表明，腐蚀电池的初始电位差 $\Delta E_{始}=E_{0,C}-E_{0,A}$ 越小，阴、阳极极化率 P_C 和 P_A 越大，系统的欧姆电阻 R 越大，则腐蚀速率越小。当 $R=0$ 时，

$$I_{corr}=I_{max}=\frac{E_{0,C}-E_{0,A}}{P_C+P_A} \tag{1-16}$$

此时的腐蚀电流就相当于图 1-16 中阴、阳极极化曲线交点 S 对应的电流，而电位 E_S 就是腐蚀电位 E_{corr}（如金属在电解质中产生的微电池腐蚀）。

在大多数电化学腐蚀的情况下，由于电极之间都是短路，如果电解溶液的电阻不大，那么欧姆电阻就不会对腐蚀电流产生很大影响。因此，腐蚀电流主要是由电极的极化性能决定。

（三）伊文思极化图的应用

伊文思极化图是研究电化学腐蚀的重要工具，用途很广，使用十分方便。例如，利用伊文思极化图可分析腐蚀速率的影响因素，确定腐蚀的主要控制因素，解释腐蚀现象，判断缓蚀剂的作用机理，指导制定防腐措施等。

1. 金属的初始电位差与腐蚀电流的关系

图 1-18 表明初始的电极电位与最大腐蚀电流的关系。从图可以看出，在其他条件完全相同的情况下，初始电位差愈大，最大腐蚀电流也愈大，如 $I_5>I_4>I_3>I_2>I_1$。

2. 极化性能与腐蚀电流的关系

从上面所讨论的公式可以看出，在腐蚀电池中，如果欧姆电阻很小，则极化性能对于腐蚀电流必然有很大的影响，在其他条件相同的情况下，极化率愈小，其腐蚀电流就愈大（见

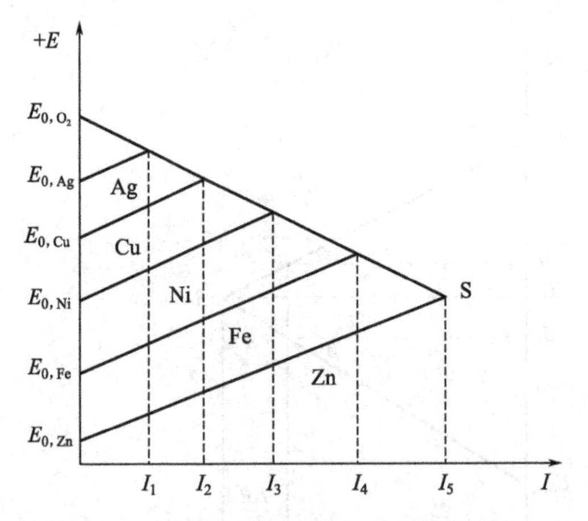

图 1-18 初始电位差对腐蚀速率的影响

图 1-19)。

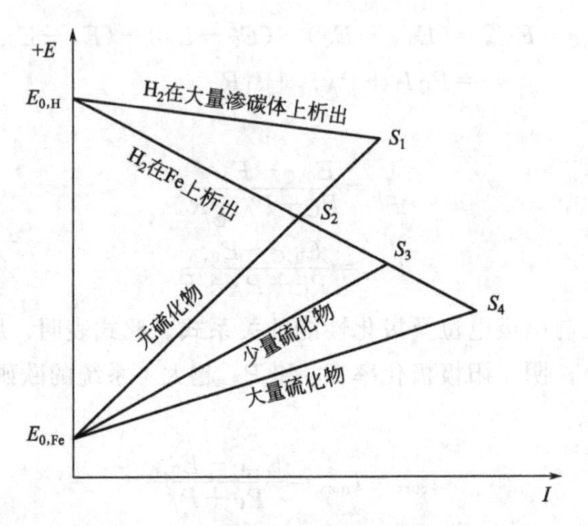

图 1-19 极化性能对腐蚀速率的影响

3. 腐蚀的控制因素

在腐蚀过程中，如果某一步骤与其他步骤比较起来阻力最大，则这一步骤对于腐蚀进行的速度就起着主要的影响，我们就把它叫做腐蚀的控制因素。从公式：

$$I_{corr}=\frac{E_{0,C}-E_{0,A}}{P_C+P_A+R}$$

可以看出，在腐蚀倾向一定的前提下，腐蚀电池的腐蚀电流（或腐蚀速率）大小，在很大程度上为R、P_C、P_A等所控制，即电化学腐蚀过程的三个环节：阴极过程、阳极过程和电子流动，每个环节都有可能成为腐蚀的控制因素。

利用极化图，可以大致定性地说明腐蚀电流是受哪一个因素所控制。例如当R非常小时，如果$P_C \gg P_A$时，则I_{max}基本取决于P_C的大小，即取决于阴极极化性能，这种情况我们称为阴极控制，如图 1-20(a) 所示。另一种情况是$P_A \gg P_C$时，则I_{max}主要由阳极极化所决定，这称为阳极控制，如图 1-20(b) 所示。当然有时也有可能P_C和P_A同时对腐蚀电流产生影响，这时则称为混合控制，如图 1-20(c) 所示。如果系统中电阻比较大，则腐蚀电流就主要由电阻所控制，如图 1-20(d) 所示，此时称为欧姆控制。

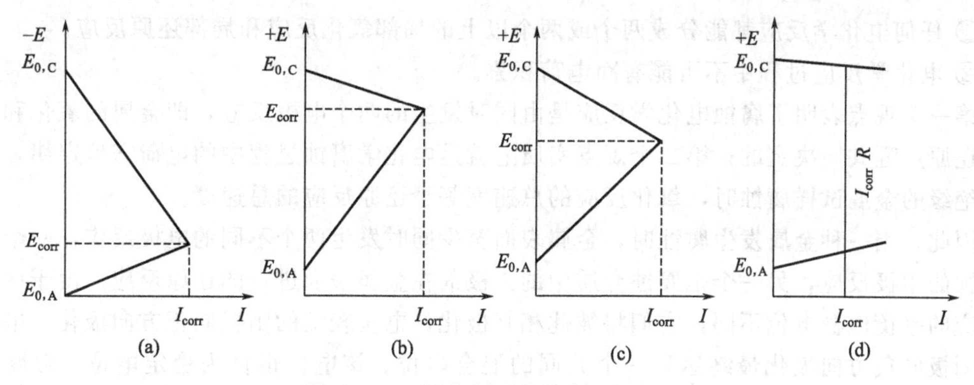

图 1-20　不同控制因素的腐蚀极化图

我们可以把腐蚀电流看作是受 R、P_C、P_A 等阻力所控制，而起始电位差 $E_{0,C}-E_{0,A}$ 是腐蚀的推动力，消耗于克服这些阻力。

利用伊文思极化图，还可以判断各个控制因素对腐蚀过程的控制程度。

通常是将各个阻力对于整个过程的总阻力之比的分数值看作是总过程中被各个阻力控制的程度。

$$C_C=\frac{P_C}{R+P_C+P_A}=\frac{\Delta E_C}{\Delta E_R+\Delta E_C+\Delta E_A}=\frac{\Delta E_C}{E_{0,C}-E_{0,A}} \tag{1-17}$$

$$C_A=\frac{P_A}{R+P_C+P_A}=\frac{\Delta E_A}{\Delta E_R+\Delta E_C+\Delta E_A}=\frac{\Delta E_A}{E_{0,C}-E_{0,A}} \tag{1-18}$$

$$C_R=\frac{P_R}{R+P_C+P_A}=\frac{\Delta E_R}{\Delta E_R+\Delta E_C+\Delta E_A}=\frac{\Delta E_R}{E_{0,C}-E_{0,A}} \tag{1-19}$$

式中　C_C——阴极控制程度；

C_A——阳极控制程度；

C_R——欧姆控制程度。

或者可用百分率来表示：

$$C_A=\frac{\Delta E_A}{E_{0,C}-E_{0,A}}\times 100\% \tag{1-20}$$

$$C_C=\frac{\Delta E_C}{E_{0,C}-E_{0,A}}\times 100\% \tag{1-21}$$

$$C_R=\frac{\Delta E_R}{E_{0,C}-E_{0,A}}\times 100\% \tag{1-22}$$

在研究腐蚀过程时，确定某一控制因素的控制程度有着很重要的意义。从前面分析可知，控制程度最大的因素是腐蚀过程的主要控制因素，对于腐蚀速率有决定性的影响。因此，为了减少腐蚀程度，最有效的办法就是采用措施影响其控制因素。如：对于阴极控制的腐蚀，若改变阴极极化曲线的斜率，可使腐蚀速率发生明显的变化。例如，Fe 在中性或碱性电解质溶液中的腐蚀就是氧的阴极还原过程控制，若除去溶液中的氧，可使腐蚀速率明显降低；对于阳极控制的腐蚀，腐蚀速率主要由阳极极化率 P_A 决定，增大阳极极化率的因素，都可以明显地阻滞腐蚀。例如，向溶液中加入少量能促使阳极钝化的缓蚀剂，可大大降低腐蚀速率。

五、混合电位理论

混合电位理论包含两个基本观点。

① 任何电化学反应都能分成两个或两个以上的局部氧化反应和局部还原反应。

② 电化学反应过程中不可能有净电荷积累。

第一个观点表明了腐蚀电化学反应是由同时发生的两个电极反应，即金属的氧化和去极剂的还原过程共同决定的；第二个观点实质上就是电化学腐蚀过程中的电荷守恒定律，即当一块绝缘的金属试样腐蚀时，氧化反应的总速度等于还原反应的总速度。

因此，当一种金属发生腐蚀时，金属表面至少同时发生两个不同的电极反应，一个是金属腐蚀的阳极反应，另一个是腐蚀介质中的去极剂在金属表面进行的还原反应。由于两个电极反应的平衡电极电位不同，它们将彼此相互极化，电位较负的阳极向正方向极化，电位较正的阴极向负方向极化最终达到一个共同的混合电位。该电位也称为稳定电位、自腐蚀电位、腐蚀电位等。

如在图 1-16 中，交点 S 的电位用 E_{corr} 表示，这个体系只有这一点的总氧化速度等于总还原速度，此交点又称为这个腐蚀体系的稳态。E_{corr} 是这一体系的稳态电位，或称为腐蚀电位等，处于金属的平衡电位与腐蚀体系中还原反应的平衡电位之间。

腐蚀电位是不可逆电位。因为腐蚀体系是不可逆体系。因此，腐蚀电位的大小，不能用 Nernst 方程式计算，但可用实验测定。

第五节 析氢腐蚀和耗氧腐蚀

在金属的电化学腐蚀过程中，阴极过程和阳极过程相互依存，缺一不可。若没有相应的阴极过程发生，则阳极过程（即金属的腐蚀）也就不会发生。而且在许多情况下，阴极过程对金属的腐蚀速率起着决定作用。特别是金属处于活化状态的电化学腐蚀，通常阳极溶解过程阻力较小，而阴极的去极化反应过程阻力较大，成为腐蚀过程的控制因素，因此腐蚀体系的一些特性往往体现在阴极过程上。析氢腐蚀和耗氧腐蚀就是阴极过程具有典型特点的两种最为常见的腐蚀体系。

一、析氢腐蚀

溶液中的 H^+ 作为去极剂，在阴极接受电子，反应产物有氢气析出，从而促使阳极金属溶解过程持续进行而引起的金属腐蚀，称为氢去极化腐蚀或析氢腐蚀。碳钢、铸铁、锌、铝、不锈钢等金属在酸性介质中常发生这种腐蚀。

1. 发生析氢腐蚀的条件

金属发生析氢腐蚀时，金属的阴极部分有氢逸出，此时，我们可以把阴极看成氢电极。

氢电极在一定的条件下具有一定的平衡电位，标志着在电极上建立起来如下的平衡：

$$2H^+ + 2e \rightleftharpoons H_2$$

假如金属阳极与作为阴极的氢电极组成一腐蚀电池，则当金属的电位比氢电极平衡电位（$E_{e,H}$）更负时，两极间即存在着一定的电位差，腐蚀电池即开始工作，电子不断地由阳极送到阴极，上式的平衡被破坏，而由左向右移动，结果氢气不断地从阴极表面逸出。由此可见，只有当阳极金属电位较氢电极的平衡电位为负时，即 $E_M < E_{e,H}$ 时，才有可能发生析氢腐蚀。例如，在 25℃、pH=7 的中性溶液内，氢电极的平衡电位可由能斯特公式算得：

$$E_{e,H} = 0 + 0.059\lg[H^+] = -0.059pH = -0.059 \times 7 = -0.413V$$

在该条件下，如果金属的阳极电位 E_M 较 −0.413V 更负，那么产生析氢腐蚀是可能的。如果是在 pH=0 的酸性溶液内，则只要 E_M 较 0.000V 更负，那么产生析氢腐蚀也是可能的。可见，溶液的酸性越强，pH 值越小，氢电极的平衡电位 $E_{e,H}$ 就越正，因此，Zn、Fe、Cr、Ni 等电位不太正的金属，在酸性溶液内都容易发生析氢腐蚀；一些电位很负的金属，如 Al、Mg 等，在中性溶液中也能发生析氢腐蚀。

显然，$E_M < E_{e,H}$ 是发生析氢腐蚀的热力学条件。在析氢腐蚀有可能发生的前提下，能否真正发生则取决于析氢的阻力（即阴极析氢过程产生的极化）。

2. 析氢腐蚀过程和氢的超电压

析氢过程，据研究是由下列几个步骤组成的。

① 水化氢离子的脱水：$H^+ \cdot nH_2O \longrightarrow H^+ + nH_2O$

② 电子与氢离子结合成原子态氢：$H^+ + e \longrightarrow H$

③ 氢原子成对地结合成 H_2：$H + H \longrightarrow H_2$

④ 氢分子形成气泡，从表面逸出。

如果这几个步骤中有一个步骤进行得较迟缓，则整个氢去极化过程即将受到阻滞。研究表明，以上各步骤中，②、③步过程阻力最大，是造成整个析氢过程阻滞的控制因素。于是由阳极送来的电子，就会在阴极积累起来，这样阴极的电位就会向负的方向移动，从图1-21所示的阴极极化曲线可以看得出来。

阴极电位变负的程度与电流密度有关。通常是在一定的电流密度下，当电位变负到达一定的数值（例如 E_k）时，才能见到在阴极表面有 H_2 继续逸出。因此 E_k 是当电池有电流通过时，H_2 在阴极上逸出时的实际电位值，它总要比在该条件下氢的平衡电位值 $E_{e,H}$ 稍负一些。E_k 通常称为氢的析出电位。在一定电流密度下，实际上氢的析出电位 E_k 与氢的平衡电位 $E_{e,H}$ 之差，就叫作氢的过电位，或习惯上称为氢的超电压，用 η_H 表示。即

$$\eta_H = -(E_k - E_{e,H}) = E_{e,H} - E_k$$

或

$$E_k = E_{e,H} - \eta_H$$

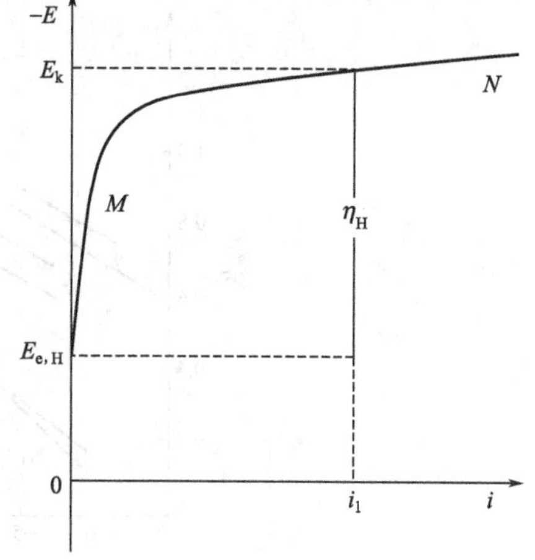

图 1-21　析氢过程的阴极极化曲线

可见，E_k 比 $E_{e,H}$ 更负。因此要真正发生析氢，不仅要满足 $E_M < E_{e,H}$，而且要满足 $E_M < E_k < E_{e,H}$，这是发生析氢腐蚀的动力学条件。

从上式可以看出，超电压的增加，意味着阴极电位的降低，也就使腐蚀电池的电位差减小，结果腐蚀过程将进行得较慢。

金属上产生氢超电压的现象对于金属腐蚀具有很重要的实际意义。在阴极上氢的超电压愈大，氢去极化过程就愈难进行，腐蚀速率也就愈小。

3. 氢的超电压的影响因素

影响 η_H 的因素很多，其中主要的是电流密度、电极材料、电极表面状况和温度等。

（1）电流密度的影响　η_H 与电流密度的关系如图 1-22 所示。

由图可见，电流密度越大，η_H 越大。当电流密度达到一定程度时，η_H 与电流密度的对数之间呈直线关系：

$$\eta_H = a_H + b_H \lg i$$

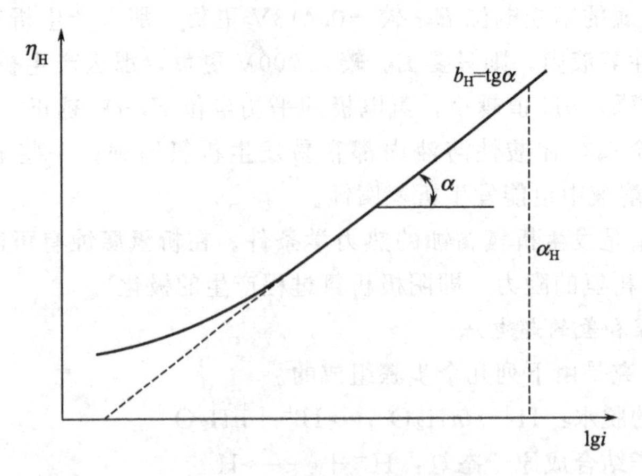

图 1-22 η_H 与电流密度的关系

式中，a_H、b_H 都是常数，常数 a_H 表示单位电流密度下的超电压，它与电极材料种类、表面状态、溶液的组成和浓度及温度有关；常数 b_H 与电极材料无关，大多数金属的洁净表面上，b_H 值很接近。

(2) 电极材料种类的影响　不同的金属具有不同的 η_H，如图 1-23 所示。

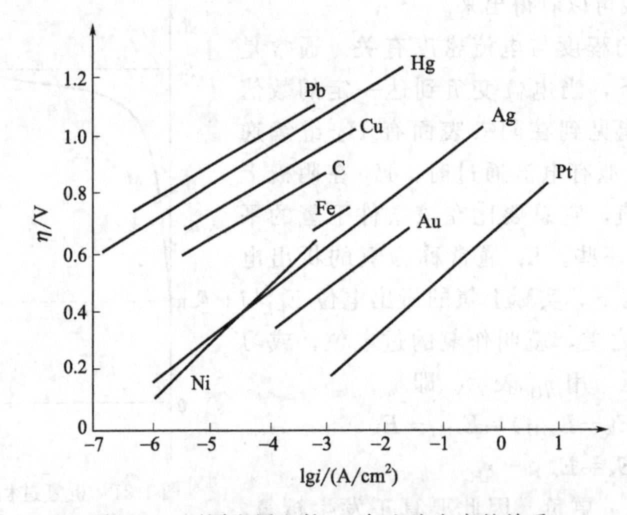

图 1-23 不同金属上的 η_H 与电流密度的关系

η_H 在 Pt、Pd、Au 上较小，在 Pt 上的超电压最小，即氢离子在铂的表面最容易放电；在 Fe、Co、Ni、Cu、Ag 上居中；在 Zn、Bi、Hg、Sn、Pb 等金属上较大。

例如，纯的金属锌在硫酸溶液中溶解得很慢，但是如果其中含有氢超电压很小的杂质，那么就会加速锌的溶解；如果其中所含杂质具有较高的氢超电压，那么锌的溶解就显得慢得多。图 1-24 示出杂质对锌在 0.5mol/L 硫酸中腐蚀的影响。

(3) 表面状态的影响　对于相同的金属材料，粗糙表面上的 η_H 要比在光滑表面上的 η_H 要小，这是因为粗糙表面的有效面积比光滑表面的大，所以电流密度小，η_H 就小。

(4) 温度的影响　温度增加，η_H 减小。温度每增高 1℃，η_H 约减小 2mV。

(5) 溶液 pH 值的影响　一般在酸性溶液中，η_H 随 pH 值增加而增大，而在碱性溶液中，η_H 随 pH 值增加而减小。

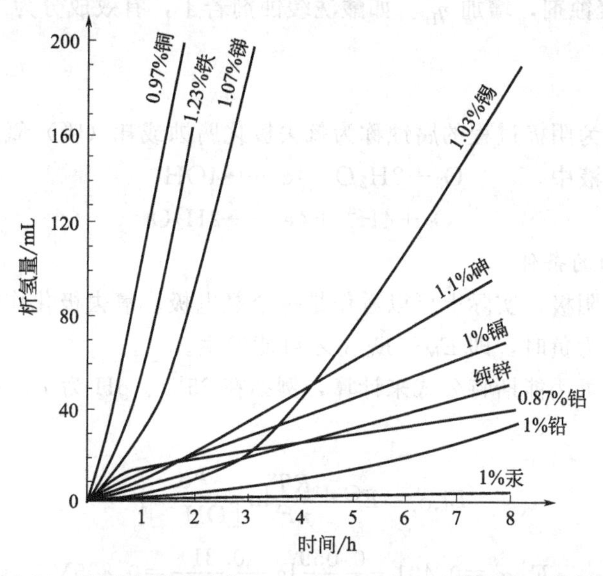

图 1-24　不同杂质对锌在 0.5mol/L H_2SO_4 中腐蚀速率的影响

4. 析氢腐蚀的特点

(1) 材料的性质对腐蚀速率影响很大　除铝、钛、不锈钢等金属在氧化性酸内可能钝化而存在较大的膜阻极化以外，一般情况下的析氢腐蚀都是阴极起控制作用的腐蚀过程，因此腐蚀电池中阴极材料上氢超电压大小，对于整个腐蚀过程的速度有着决定性作用。如图1-24中所示，很明显，虽然汞的电位比铜、铁等金属正得多，但汞属于具有高氢超电压的金属，因此含汞杂质的锌在该溶液中的腐蚀速率却远远低于含铜、铁杂质的锌。

一般金属中都含有杂质，杂质的电位通常较主体金属的电位要正一些。因此，当杂质与主体金属构成腐蚀电池时，杂质就成为阴极，如果杂质的氢超电压很小，就会加速金属的离子化过程，即促进金属的溶解。

(2) 溶液的流动状态对腐蚀速率影响不大　因为阴极过程的主要阻力是电化学极化(η_H)，而氢离子在电场的作用下向阴极的输送，相对来说并不困难，因此溶液是否流动或有无搅拌等对析氢腐蚀的腐蚀速率无明显的影响。

(3) 阴极面积增加，腐蚀速率加快　阴极面积加大，则同时到达阴极表面的氢离子总量增加，必然加速阴极过程而使腐蚀速率增高。若电流强度一定，阴极面积增大，则电流密度降低，η_H 也随之减小，腐蚀过程也会加速。所以，对析氢腐蚀而言，阴极面积加大，不管是微电池还是宏观腐蚀电池，总是促使腐蚀加剧的。

(4) 氢离子浓度增高(pH 下降)、温度升高均会促使析氢腐蚀加剧　氢离子浓度升高使氢的平衡电位 $E_{e,H}$变正，初始电位差加大。

温度升高使去极化反应加快，这些都将促使析氢腐蚀加剧。

5. 析氢腐蚀的控制途径

① 减少或消除金属中的有害杂质，特别是 η_H 小的阴极性杂质。

② 金属中加入 η_H 大的成分，如 Bi、Hg、Sn、Pb 等。

③ 对于阴极非浓差极化控制(即阴极活化控制)的腐蚀过程，减小合金中的活性阴极面积。如钢在盐酸中的腐蚀，可降低含碳量。

④ 介质中加入缓蚀剂，增加 η_H。如酸洗缓蚀剂若丁，有效成分为二磷甲苯硫脲。

二、耗氧腐蚀

以氧的还原反应为阴极过程的腐蚀称为氧去极化腐蚀或耗（吸）氧腐蚀。

在中性或碱性溶液中　　　$O_2+2H_2O+4e \longrightarrow 4OH^-$

在酸性溶液中　　　$O_2+4H^++4e \longrightarrow 2H_2O$

1. 发生耗氧腐蚀的条件

发生耗氧反应的阴极，实际上可以看作是一个氧电极。氧去极化作用，只有在阳极电位较氧电极的平衡电位为负时，即 $E_M<E_{e,O_2}$ 才可能发生。

氧的平衡电位，可用能斯特公式来计算，例如在 25℃、pH 为 7 的中性溶液中，氧的平衡电位：

$$E_{e,O_2}=E^{\ominus}+\frac{RT}{nF}\ln\frac{p_{O_2}}{[OH^-]^4}$$

$$E_{e,O_2}=0.401+\frac{0.059}{4}\lg\frac{0.21}{[10^{-7}]^4}=0.805V$$

在溶液中氧溶解的情况下，某种金属的电位如小于 0.805V，就可能发生氧去极化的腐蚀。即 $E_M<E_{e,O_2}$ 是发生耗氧腐蚀的热力学条件

如果我们把耗氧腐蚀和析氢腐蚀进行的条件加以比较，就可以看出前者比后者发生的可能性大得多。这是因为氧的平衡电位更正（同样条件下，$E_{e,O_2}=0.805V$，$E_{e,H}=-0.413V$），显然耗氧腐蚀比析氢腐蚀更容易发生，因此金属在有氧存在的溶液中首先是发生耗氧腐蚀。

据研究，氧在阴极上还原的过程是较复杂的，但总的过程大致可以分成两个基本步骤：

① 把氧运送到阴极。

② 使氧离子化

$$O_2+2H_2O+4e \longrightarrow 4OH^- \text{（在中性或碱性液中）}$$

$$O_2+4H^++4e \longrightarrow 2H_2O \text{（在酸性介质中）}$$

氧向阴极输送和氧的离子化反应这两个步骤中的任何一步都可能成为阴极过程的控制因素而直接影响腐蚀速率。

在普通情况下，氧去极化作用是由第一个步骤的速度所决定的，这一步骤比较复杂，它包括氧穿过空气和电解质溶液的界面，然后氧借机械的或热对流的作用通过电解质层，最后穿过紧密附着在金属表面上的液体层（一般称为扩散层或滞流层）后，才被吸附在金属的表面上。如图 1-25 所示。

如果这一步进行得较慢，则阴极附近的氧气很快被消耗掉，使得阴极表面氧气的浓度大大地减小，于是带来所谓浓差极化，这就会引起氧的去极化过程发生阻滞。如果要使氧去极化过程继续进行，就必须依赖较远处的溶液中的氧气扩散到金属表面上来，因此溶液中溶解的氧气向金属表面的扩散速度，就对金属腐蚀速率产生决定性的影响。

但是如果剧烈地搅拌溶液或者金属表面的液层很薄，则氧气就很容易到达阴极，在这种情形下，阴极过程主要由第二步骤，即氧的离子化过程所决定。如果这一过程进行缓慢，结果就会使得阴极的电位朝负方向移动，引起所谓氧离子化超电压（η_O）。

氧离子化超电压与氢的超电压在涵义上是相似的。

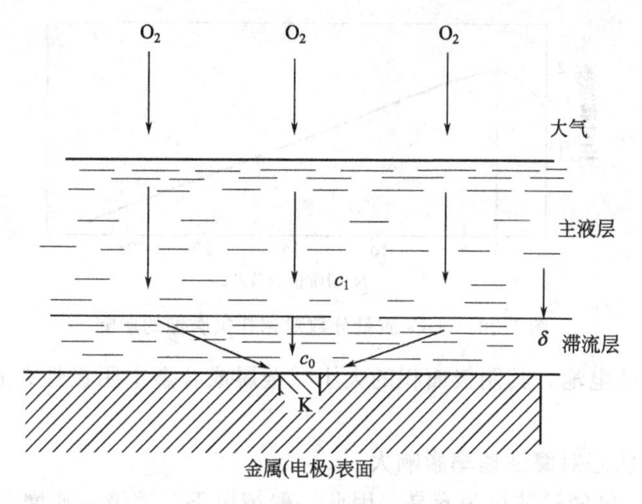

图 1-25　氧向阴极输送示意图

2. 耗氧腐蚀的特点

① 常见的金属如碳钢、铸铁、锌等在天然水或中性溶液中，此时氧向金属表面的扩散成为腐蚀过程的控制步骤。

② 在氧的扩散控制情况下，腐蚀速率与金属的性质关系不大，腐蚀速率主要取决于氧的扩散速率。

③ 溶液的含氧量对腐蚀速率影响很大。

溶液内氧含量升高，腐蚀会加速。氧在水溶液内的溶解度随温度和溶液浓度而变。通常，温度升高，一方面使氧的扩散速度加快；另一方面使氧的溶解度降低，如图 1-26 所示，对于敞口系统，当超过某个温度时，溶解度降低占主导（见图 1-27），因此腐蚀速率随温度升高而降低；而对于封闭系统，温度升高会使气相中氧的分压增大，从而增加了氧的溶解度，因此腐蚀速率随温度升高而增大。

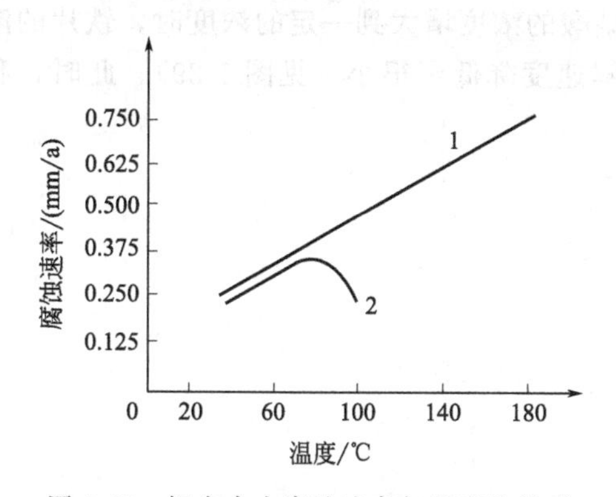

图 1-26　钢在水中腐蚀速率与温度的关系
1—封闭系统；2—敞口系统

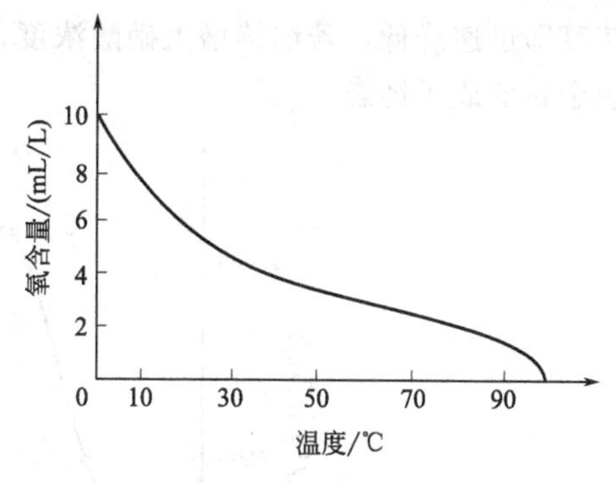

图 1-27　氧在水中的溶解度与温度的关系

溶液浓度升高，氧的溶解度也会降低。如图 1-28 所示。

④ 阴极面积对腐蚀速率的影响。

a. 对于宏观腐蚀电池，发生耗氧腐蚀时，阴极面积增大，到达阴极的总氧量增多，腐蚀速率增大；

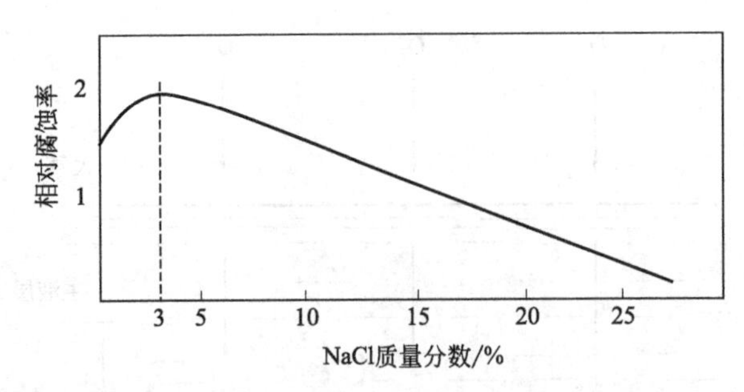

图 1-28 NaCl 质量分数对钢耗氧腐蚀的影响

b. 对于微观腐蚀电池，其阴极面积的大小（金属或合金中阴极性杂质的多少），对腐蚀速率则无明显影响。

⑤ 溶液的流动状态对腐蚀速率影响大。

溶液流速增大，氧的扩散更为容易。因此一般情况下，溶液流速增大，腐蚀速率增大。

第六节 金属的钝化

在上一节（析氢腐蚀和耗氧腐蚀）中，重点讨论了当腐蚀阴极过程成为腐蚀过程的控制因素时，电化学腐蚀阴极过程的发生条件、规律及其对腐蚀过程的影响。本节则重点讨论当腐蚀阳极过程成为腐蚀过程的控制因素时，一种典型的阳极极化——钝化对电化学腐蚀过程的影响，以及钝化的产生规律、特性及应用。

一、钝化现象

电动序中一些较活泼的金属，在某些特定环境中，会变为惰性状态。例如，铝的电极电位很负（$E^{\ominus}_{Al^{3+}/Al}=1.66V$），但事实上铝在潮湿大气或中性的水中却十分耐蚀。又如，把一块普通的铁片放在硝酸中并观察铁片的溶解速度与浓度的关系，可以发现在最初阶段铁片的溶解速度是随着硝酸浓度的增大而增加的，但当硝酸的浓度增大到一定的浓度时，铁片的溶解速度即迅速降低，若继续增大硝酸浓度，其溶解速度降低到很小（见图 1-29）。此时，我们说金属变成了钝态。

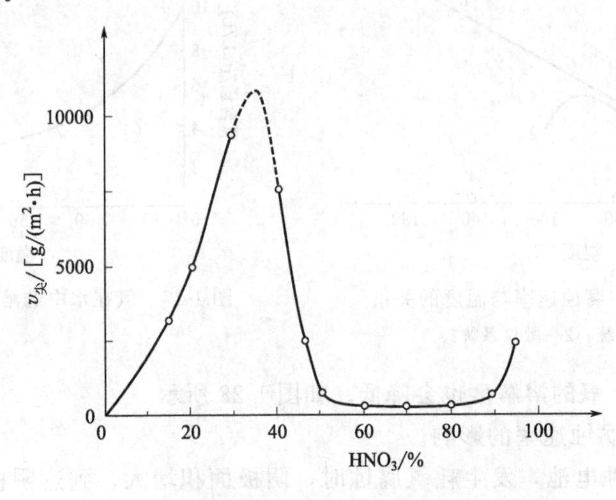

图 1-29 铁的溶解速度与 HNO_3 浓度的关系

金属发生钝化后所形成的表面膜可以从下列实验中观察到。见图 1-30。

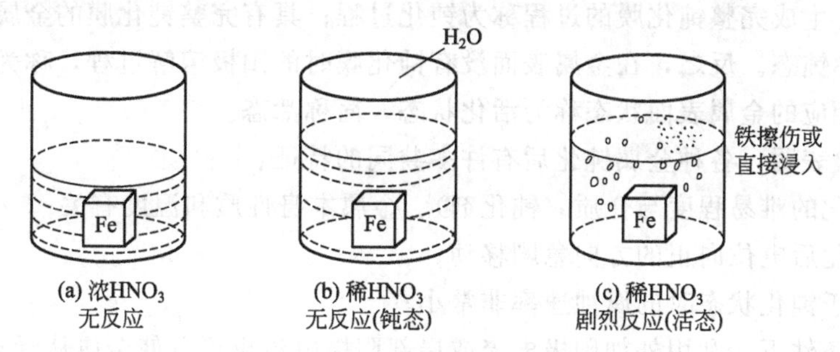

图 1-30　法拉第铁钝化试验示意图

把一小块铁浸入 70%的室温硝酸中，没有反应发生，然后往杯中加等体积的水，使硝酸浓度稀释至 35%也没有变化，见图 1-30(a)、(b)，取一根有锐角的玻璃棒划伤硝酸中的一小块铁，立即发生剧烈反应，放出棕色的 NO_2 气体，铁迅速溶解，另取一块铁直接浸入 35%的室温硝酸中，也发生剧烈的反应，见图 1-30(c)。

从以上实验可见：

① 金属钝化需要一定的条件。70%的硝酸可使铁表面形成保护膜，使它在后来不溶于 35%的硝酸中。如果铁不经 70%的硝酸处理，则会受到 35%硝酸的强烈腐蚀。

② 金属钝化后，腐蚀速度大大降低。当金属发生钝化现象之后，它的腐蚀速率几乎可降低为原来的 $1/10^3 \sim 1/10^6$。

③ 钝化状态一般不稳定。像上述实验中，当表面膜一旦被擦伤，立即失去保护作用，金属失去钝性。

二、钝化定义

对钝化的定义有较多的说法。一般认为：某些活泼金属或其合金，在某些环境条件下，由于表面状态的突变，从而失去化学活性的现象，称为金属的钝化。

其中，某些活泼金属或其合金是指：不仅是铁，其他一些金属，例如铬、镍、钼、钛、锆、不锈钢、铝、镁等金属或合金，在适当条件下都可以钝化。

由于钝化膜的形成，使这个体系由原来没有钝化膜时的较负的腐蚀电位（即活化电位）向正方向移动而形成钝化。所以这类金属往往有两个腐蚀电位（例如在上面实验中的铁，在 35%的硝酸中表现出两种状态，就有一个较负的活性电位及一个较正的钝态电位）。因此，这类金属称为活性-钝性金属。

某些环境条件是指：除硝酸外，其他一系列试剂（通常是强氧化剂），例如浓 H_2SO_4、KNO_3、$AgNO_3$、$HClO_3$、$K_2Cr_2O_7$、$KMnO_4$ 等都可以使金属发生钝化；有时溶液中的溶解氧也能使金属钝化。

金属除了可用一些氧化剂处理以使之钝化外，有的还可以采用电化学方法使它变成钝态。

表面状态的突变是指：金属发生钝化时并非整体钝化，只是表面产生了一层钝化膜，内部仍是活态的。

失去化学活性即表现出钝性。一般认为：某些活泼金属或其合金，由于它们的阳极过程受到阻滞，因而在很多环境中的电化学性能接近于贵金属，这种性能称为金属的钝性。例如铝经钝化后电极电位迅速升高，接近铂、金等贵金属。

金属表面上生成完整钝化膜的过程称为钝化过程；具有完整钝化膜的金属表面状态称为钝化状态，简称钝态。反之，在金属表面没有钝化膜时的阳极溶解过程，称为金属的活性阳极溶解过程，相应的金属表面状态称为活化状态，简称活态。

大量的实验表明，各种金属钝化后有许多共同的特征：

① 金属钝化的难易程度与介质（钝化剂）、金属本身性质和温度有关；

② 金属钝化后电位向正的方向急剧移动；

③ 金属处于钝化状态时的腐蚀速率非常小；

④ 在一定条件下，利用外加阳极电流或局部阳极电流也可以使金属从活态转变为钝态。

三、钝化特性

例如将铁置于 H_2SO_4 溶液中作为阳极，用外电流使它阳极极化，假如我们用恒电位仪（一种能控制电极电位恒定的仪器）控制铁阳极保持在一定的电位，然后使铁的电位逐渐升高，同时观察其对应的电流变化，就可以得到如图 1-31 所示的典型阳极极化曲线（或称 S 形曲线）。

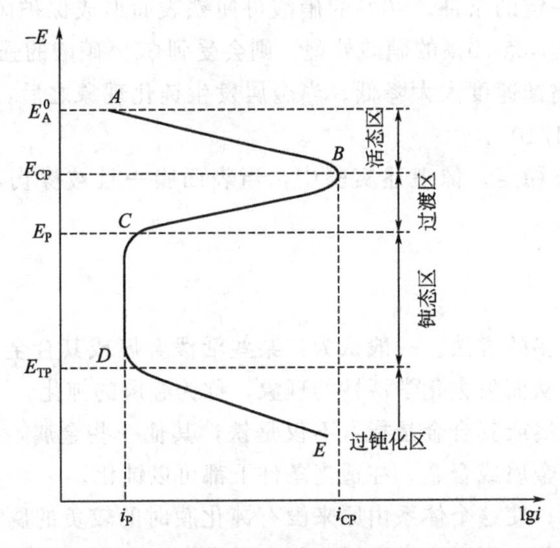

图 1-31 可钝化金属的阳极极化曲线

1. 曲线分析

图中的阳极极化曲线被四个特征电位（E_A^0、E_{CP}、E_P、E_{TP}）分成四个区段。

(1) 曲线 *AB* 段　在低于某一临界电流密度 i_{CP} 时，进行金属离子化的阳极过程：$Fe \longrightarrow Fe^{2+} + 2e$，极化曲线很平坦，表示阳极过程很少受到阻碍。这时金属表面没有钝化膜形成，处于活化状态，金属受到腐蚀，这个区域称为活化区。

当 $E = E_{CP}$ 时，金属的阳极电流密度达到最大值 i_{CP}，称为临界（钝化）电流密度；E_{CP} 称为临界电位。

(2) 曲线 *BC* 段　这个区域称为活化-钝化过渡区。当电位达到 E_{CP} 时，电流超过最大值 i_{CP} 后立即急剧下降，金属开始钝化，表面开始有钝化膜形成，且不断处于钝化与活化相互转变的不稳定状态，很难测得各点的稳定数值。

（3）曲线 CD 段　这个区域称为钝化（态）区。当电位到达 E_P 时，即出现所谓阳极钝化现象，金属表面处于稳定的钝化状态，这时铁的表面已生成了具有足够保护性的氧化膜（γ-Fe_2O_3），电流密度突然降低到一个很小值 i_P，称为维钝电流密度。当进一步使电位逐渐上升时（在 CD 段内），电流密度却仍旧保持为很小值 i_P，没有什么大的变化。

（4）曲线 DE 段　即电位高于 E_{TP} 的区段，称为过钝化区。从过钝化电位 E_{TP} 开始，阳极电流密度再次随着电位的升高而增大。这种已经钝化了的金属，在很高的电位下，或在很强的氧化剂（如铁在＞90％的 HNO_3）中，重新由钝态变成活态的现象，称为过钝化。这是因为金属表面原来的不溶性膜转变为易溶性的产物（高价金属离子），并且在阴极发生新的耗氧腐蚀。

典型的 S 形阳极极化曲线不仅可以用以解释活性-钝性金属的阳极溶解行为，而且还提供了一个给钝性金属下定义的简便方法，那就是，呈现典型 S 形阳极极化曲线的金属或合金就是钝性金属或合金（钛是例外，没有过钝化区）。

2. 钝化特性参数

上述钝化曲线上的几个转折点，为钝化特性点，它们所对应的电位和电流密度称为钝化特性参数。

对应于曲线 B 点上的电位 E_{CP}，是金属开始钝化时的电极电位，称为临界电位。E_{CP} 越小表示金属越易钝化。

B 点对应的电流密度 i_{CP} 是使金属在一定介质中产生钝化所需的最小电流密度，称为临界电流密度。必须超过 i_{CP} 金属才能在介质中进入钝态。i_{CP} 越小则金属越易钝化。

对应于 C 点上的电流密度 i_P 是使金属维持钝化状态所需的电流密度，称为维钝电流密度。i_P 也就是表示金属处于钝化状态时仍在进行着速度较小的腐蚀。i_P 越小，表明这种金属钝化后的腐蚀速率越慢。

E_{CP}、i_{CP}、i_P 是三个重要的特性参数，表示活性-钝性金属的钝化性能好坏。

在曲线上从 C 点到 D 点的电极电位称为钝化区电位范围。这一区域越宽，表示钝化越容易维持或控制。

四、钝化理论

金属由活性状态转变成为钝态是一个比较复杂的过程，直到现在还没有一个完整的理论来说明所有的金属钝化现象。下面简要地介绍一种主要的钝化理论——成膜理论。

成膜理论认为：钝化状态是由于金属和介质作用时在金属表面生成一种非常薄的（一般在 1～10nm 之间）、致密的、覆盖性能良好的保护膜，这层保护膜成独立相存在，通常是氧和金属的化合物。

金属在钝化过程中所产生的薄膜，大概起着如下的作用；当薄膜无孔时它可以把金属与腐蚀性介质完全隔离开，这就防止了金属与该介质直接作用，从而使金属基本上停止溶解；如果薄膜有孔，在孔中仍然可能发生金属溶解的过程，但由于进行阴极过程困难增加（由于膜的生成，氧在膜上的还原过程有较大的超电压等原因所引起）或是由于金属离子转入溶液的过程直接受到阻碍，都可能使阳极过程发生阻滞，结果使金属变成钝态。

但是，若金属表面被厚的保护层覆盖，如金属的腐蚀产物、氧化层、磷化层或涂漆层等覆盖，则不能认为是金属成膜钝化，只能认为是化学转化膜。

五、影响金属钝化的因素

1. 金属本身性质的影响

不同的金属具有不同的钝化性能。一些金属的钝化趋势按下列顺序依次减小：钛、铝、铬、钼、镁、镍、铁等，这个次序并不表示上述金属的耐蚀性也依次递减，而只代表钝化倾向的大小或发生钝化的难易程度。

钛、铝、铬是很容易钝化的金属，它们在空气中及很多介质中钝化，通常称它们为自钝化金属。

2. 介质的成分和浓度的影响

能使金属钝化的介质称为钝化剂或助钝剂。钝化剂主要是氧化性介质。一般说来，介质的氧化性越强，金属越容易钝化（或钝化的倾向越大）。除浓硝酸和浓硫酸外，KNO_3、$AgNO_3$、$HClO_3$、$K_2Cr_2O_7$、$KMnO_4$ 等强氧化剂都很容易使金属钝化。但是有的金属在非氧化性介质中也能钝化，如钼能在 HCl 中钝化，镁能在 HF 中钝化。

金属在氧化性介质中是否能获得稳定的钝态，必须要注意氧化剂的氧化性能强弱程度和它的浓度。如果在一定的氧化性介质中，无其他活性阴离子存在的情况下，金属能够处于稳定的钝化状态，存在着一个适宜的浓度范围，浓度过与不足都会使金属活化造成腐蚀。

介质中含有活性阴离子如 Cl^-、Br^-、I^- 等时，由于它们能破坏钝化膜而引起孔蚀。如浓度足够高时，还可能使整个钝化膜被破坏，引起活化腐蚀。

3. 介质 pH 值的影响

对于一定的金属来说，在它能形成钝性表面的溶液中，一般地，溶液的 pH 值越高，钝化越容易。如碳钢在碱性介质中易钝化。但要注意，某些金属在强碱性溶液中，能生成具有一定溶解度的酸根离子，如 ZnO_2^{2-} 和 PbO_2^{2-}，因此它们在碱液中也较难钝化。

实际上，金属在中性溶液里一般钝化较容易，而在酸性溶液中则要困难得多，这往往与阳极反应产物的溶解度有关。如果溶液中不含有络合剂和其他能和金属离子生成沉淀的阴离子，对于大多数金属来说，它们的阳极反应生成物是溶解度很小的氧化物或氢氧化物。而在强酸性溶液中则生成溶解度很大的金属盐。

4. 氧的影响

溶液中的溶解氧对金属的腐蚀性具双重作用。在扩散控制情况下，一方面氧可作为阴极去极化剂引起金属的腐蚀；另一方面如果氧在供应充分的条件下，又可促使金属进入钝态。因此，氧也是助钝剂。

5. 温度的影响

温度越低，金属越容易钝化；温度越高，钝化越困难。

六、金属钝化的应用

图 1-31 仅仅表示了一条阳极极化曲线，而实际上一个腐蚀体系是阳极过程与阴极过程同时进行的，或者说，金属腐蚀是金属本身性质和环境介质共同决定的，所以实际上一个腐蚀体系的腐蚀速率应是这一体系的阴极行为和阳极行为联合作用的结果。

图 1-32 示出了在不同的介质条件下，阴极过程对金属钝化的影响。

第一种情况它有一个稳定的交点 a，位于活化区，表示金属发生活性溶解，具有较高的

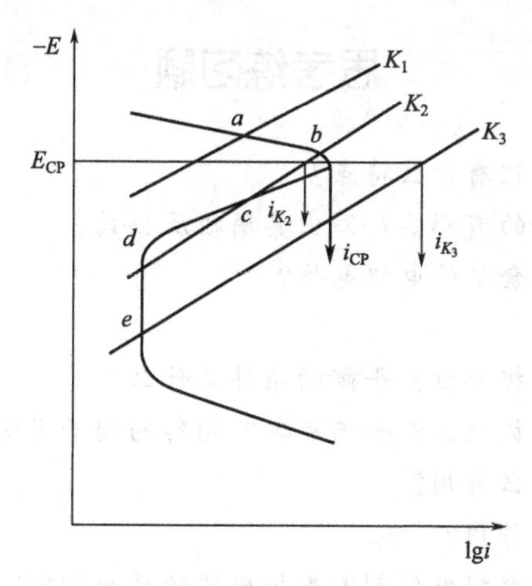

图 1-32 阴极过程对金属钝化的影响

腐蚀速率，此种情况如钛在无空气的稀硫酸或盐酸中以及铁在稀硫酸中迅速溶解不能钝化的情况。

第二种情况可能有三个交点 b、c、d，其腐蚀电位分别落在活化区、过渡区和钝化区。c 点处于电位不稳定状态，体系不能在这点存在，其余两点是稳定的，金属可能处于活化态，也可能处于钝化态，即钝化很不稳定。此种情况类似于铁在 35%硝酸中：若将铁片直接浸入 35%的室温硝酸中，发生剧烈的腐蚀，铁表面处于活化态（b 点）；若将铁片先浸入 70%的硝酸中，然后再浸入 35%的硝酸中，此时铁表面处于钝化态（d 点），腐蚀速率很小以致观察不到。但此时钝态不稳定，一旦表面膜被破坏，则铁表面立即由钝化态（d 点）转变到活化态（b 点），又开始剧烈腐蚀。

第三种情况只有一个稳定的交点 e，位于钝化区，对于这种体系金属或合金将自发钝化并保持钝态，这个体系不会活化并表现出很低的腐蚀速率，如铁在浓硝酸中就属于这种情况。

显然，从工程的角度来看我们最希望发生第三种情况，这种腐蚀体系称为自钝化体系。在这种腐蚀体系中，金属或合金能够自发钝化，钝化膜即使偶尔被破损，能立即自动修补。

根据以上对活性-钝化金属耐蚀性的讨论可知，使金属电位保持在钝化区的方法一般有以下三种。

（1）阳极钝化法　就是用外加电流使金属阳极极化而获得钝态的方法，也叫电化学钝化法。例如碳钢在稀硫酸中，采取阳极保护法就是这种方法。

（2）化学钝化法　就是用化学方法使金属活性状态变为钝态的方法。例如将金属放在一些强氧化剂中如浓硝酸、浓硫酸、重铬酸盐等溶液中处理，可生成保护性氧化膜。能引起金属钝化的物质叫钝化剂。缓蚀剂中阳极型缓蚀剂就是利用钝化的原理。氧气也是有些金属的钝化剂，如铝、铬、不锈钢等在空气中氧或溶液中氧的作用下即可自发钝化，因而具有很好的耐蚀性。

（3）利用合金化方法使金属钝化　例如在碳钢中加入铬、镍、铝、硅等合金元素可使碳钢的钝化区范围变大，提高了碳钢的耐蚀性。不锈钢在防腐中应用如此广泛，正是因为铁中加入易钝化的金属铬后产生了钝化效应，使其具有良好的耐蚀性。

思考练习题

1. 金属电化学腐蚀的过程有什么特点？

2. 什么是去极剂？常见的有哪些？写出其阴极反应式。

3. 什么是电极？什么是金属的电极电位？

4. 什么是阴、阳极？

5. 什么是金属的平衡电极电位？平衡的条件是什么？

6. 什么是金属的标准电极电位？如何测定？用锌的例子说明。

7. 什么是电动序？有什么作用？

8. 能斯特方程式有什么作用？

9. 如何根据金属的平衡电极电位判断腐蚀电池的反应倾向？举例说明。

10. 腐蚀电池是如何构成的？有哪些必要条件？

11. 试以连接在一起的锌片和铜片，在含有氧的水溶液体系，说明腐蚀电池是如何构成的。在这种情况下，能否用能斯特方程式计算各个电极的电位，为什么？

12. 腐蚀电池是如何分类的？腐蚀电池的四个组成部分和三个基本过程是什么？

13. 氧浓差腐蚀是如何引起的？试以水线腐蚀为例解释说明。

14. 什么是微电池腐蚀？金属表面产生电化学不均性的原因有哪些？

15. 写出下列环境中的腐蚀电化学反应式：

(1) Fe在盐酸中；(2) Cu在潮湿大气中；(3) Cu在含有溶解氧的硫酸溶液中。

16. 金属平衡电极电位的大小与其离子浓度的关系用什么公式表达？求铁在0.1mol/L及0.01mol/L $FeCl_2$ 溶液中的电极电位。

17. 在腐蚀电池Fe|NaCl溶液（充气的）|Pt中：

(1) 阴极、阳极各是哪一个？

(2) 外电流的方向怎样？

(3) 铁和铂片上主要进行的反应是什么？写出电极反应式。

(4) 断开外接电路，将发生什么变化？

(5) 将NaCl溶液换成无氧的稀盐酸溶液，反应将发生什么变化？

18. 什么是非平衡电位、稳定电位？

19. 什么是参比电极？有什么作用？

20. 腐蚀倾向的热力学判据是什么？以Fe为例，说明它在潮湿大气中可否自发生锈？

21. 什么是极化作用、阴极极化、阳极极化？

22. 产生极化的原因是什么？

23. 什么是过电位？

24. 什么是去极化作用、阴极去极化、阳极去极化？

25. 什么是析氢腐蚀？具有哪些特征？发生析氢腐蚀的必要条件是什么？

26. 什么是析氢过电位？如何理解？影响析氢过电位的因素有哪些？

27. 在稀酸中，工业锌为什么比纯锌腐蚀速率快？酸中若含有 Pb^{2+}，为什么会降低锌的腐蚀速率？

28. 金属铜无论在稀硝酸和浓硝酸中均可被腐蚀，这种腐蚀是析氢腐蚀吗？

29. 氢去极化腐蚀控制有几种形式？举例说明。

30. 什么是吸氧腐蚀？在什么条件下产生？具有哪些特征？

31. 吸氧腐蚀控制有几种形式？举例说明。

32. 什么是极化曲线？有什么作用？

33. 什么是伊文斯极化图？其中阴、阳极极化曲线的斜率有什么含义？

34. 从腐蚀电池出发，分析影响电化学腐蚀速率的主要因素。

35. 混合电位理论的基本观点是什么？

36. 什么是腐蚀电位？试用混合电位理论说明氧化剂对腐蚀电位和腐蚀速率的影响。

37. 什么是钝化？

38. 用成膜理论解释钝化。

39. 叙述钝化特性：

(1) 画出典型的钝化曲线；

(2) 解释钝化曲线上每一段曲线（或区域）的含义；

(3) 标出特性参数，并解释其含义。

40. 什么是活性-钝性金属？举例说明。金属处于钝化状态下是否就不腐蚀？若腐蚀，腐蚀速率多大？

41. 使金属电位保持在钝化区的方法有哪些？举例说明。

第二章 常见的局部腐蚀

第一节 局部腐蚀概述

金属腐蚀若按腐蚀形态可分为全面腐蚀和局部腐蚀两大类。腐蚀分布在整个金属表面上（它可以是均匀的，也可以是不均匀的）就是全面腐蚀。如果金属表面上各部分的腐蚀程度存在着明显的差异，这种腐蚀就是局部腐蚀。局部腐蚀是指腐蚀破坏集中在金属表面某一区域，而金属其他大部分区域则几乎不发生腐蚀或腐蚀很轻微。

从腐蚀电池角度分析，全面腐蚀的腐蚀电池的阴、阳极面积非常微小且紧密相连，以至于有时用微观方法也难以把它们分辨，或者说，大量的微阴极、微阳极在金属表面上不规则地分布着。例如金属的自溶解就是在整个电极表面上均匀进行的腐蚀。

局部腐蚀的阳极区和阴极区一般是截然分开的，其位置可用肉眼或微观检查方法加以区分和辨别。而且大多数都是阳极区面积很小、阴极区面积相对较大，由此导致在金属表面很小的局部区域，腐蚀速率很高，有时它们的腐蚀速率和表面上绝大部分区域相比，腐蚀速率可以相差几十万倍。例如，钝性金属表面的小孔腐蚀（孔蚀）、隙缝腐蚀等就属于这种情况，这些是最典型的局部腐蚀。

归纳起来，和全面腐蚀比较，局部腐蚀电池有如下一些特征：①阴、阳极相互分离，可分别测出其腐蚀电位；②阴、阳极面积不等，通常是大阴极、小阳极；③阳极腐蚀速率远大于阴极腐蚀速率（即腐蚀产生在局部区域）；④腐蚀产物一般无保护作用，有时甚至会促进腐蚀。

就腐蚀形态的种类而言，全面腐蚀的腐蚀形态单一，而局部腐蚀的腐蚀形态较多，而且腐蚀形态各异。

就腐蚀的破坏程度而言，金属发生局部腐蚀的腐蚀量往往比全面腐蚀要小，甚至要小很多，但对金属强度和金属制品整体结构完整性的破坏程度却比全面腐蚀大得多。所以，全面腐蚀可以预测和预防，危害性较小，但对局部腐蚀来说。至少目前的预测和预防还很困难，以至于腐蚀破坏事故常常是在没有明显预兆下突然发生，对金属结构具有更大的破坏性。

从全面腐蚀和局部腐蚀在腐蚀破坏事例中所占的比例来看，局部腐蚀所占的比例要比全面腐蚀大得多。据粗略统计，局部腐蚀所占的比例通常高于80%，而全面腐蚀所占的比例不超过20%。

表2-1给出了全面腐蚀与局部腐蚀的比较。

表 2-1 全面腐蚀与局部腐蚀比较

比较项目	全面腐蚀	局部腐蚀
腐蚀形貌	腐蚀分布在整个金属表面上	腐蚀破坏主要集中在一定区域上，其他部分不腐蚀
腐蚀电池	阴阳极在表面上变幻不定，阴阳极不可辨别	阴阳极在微观上可分辨
电极面积	阴极＝阳极	阳极≪阴极
电位	阴极电位＝阳极电位＝腐蚀电位(混合电位)	阳极电位＜阴极电位
极化图	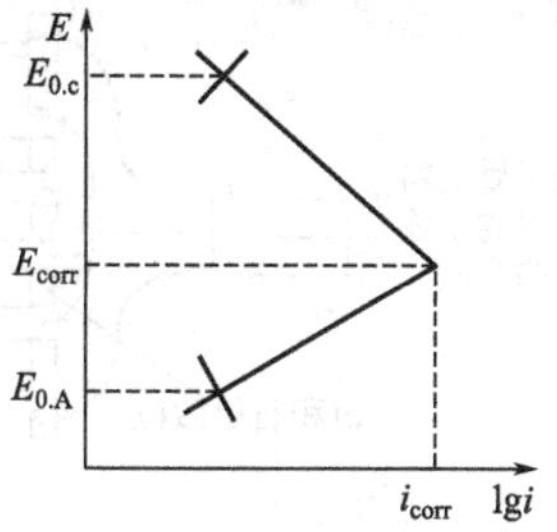 $E_c=E_A=E_{corr}$	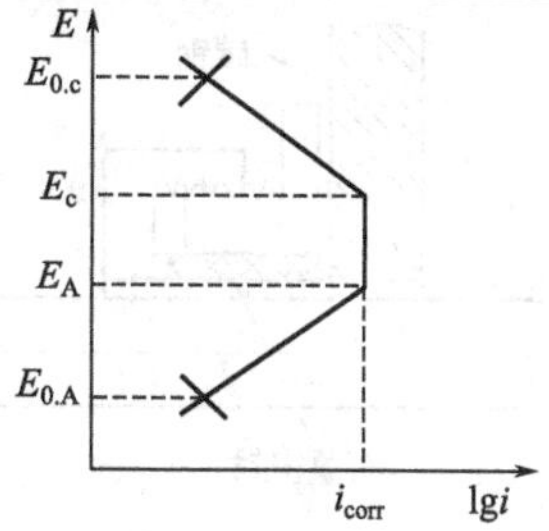 $E_c \neq E_A$
腐蚀产物	可能对金属具有保护作用	无保护作用

有些情况下全面腐蚀与局部腐蚀很难区分。如果整个金属表面上都发生明显的腐蚀，但是腐蚀速率在金属表面各部分分布不均匀，部分表面的腐蚀速率明显大于其余表面部分的腐蚀速率，如果这种差异比较大，以致金属表面上显现出明显的腐蚀深度的不均匀分布，我们也习惯地称为“局部腐蚀”。例如，低合金钢在海水介质中发生的坑蚀；在酸洗时发生的孔腐蚀和隙缝腐蚀等都属于这种情况。一般情况下，如果以宏观的观察方法能够测量出局部区域的腐蚀深度明显大于邻近表面区域的腐蚀深度，就可以认为是局部腐蚀。

本章重点介绍常见的局部腐蚀：电偶腐蚀、小孔腐蚀、缝隙腐蚀、晶间腐蚀、应力腐蚀破裂、腐蚀疲劳、磨损腐蚀等。

第二节 电偶腐蚀

一、电偶腐蚀的概念

当两种不同的金属或合金接触并放入电解质溶液中或在自然环境中，由于两种金属的腐蚀电位不等，原腐蚀电位较负的金属腐蚀速率增加，而电位较正的金属腐蚀速率反而减小，这就是电偶腐蚀。电偶腐蚀也称为双金属腐蚀或接触腐蚀。电偶腐蚀实际上就是由于材料差别引起的宏电池腐蚀。

电偶腐蚀存在于众多的工业装置和工程结构中，它是一种最普遍的局部腐蚀类型。工程上很多机器、设备其零部件出于某些特殊功能的要求或经济上的考虑，采用不同材料的组合是非常普遍的，甚至是不可避免的。

图 2-1 列举出了几种电偶腐蚀的实例。图 2-1(a) 为二氧化硫石墨冷却器，管间通冷却介质海水，由于石墨花板、管子与碳钢壳体构成电偶，碳钢壳体因发生电偶腐蚀，不到半年便被腐蚀穿孔；图 2-1(b) 为镀锌钢管与黄铜阀连接在水中形成的电偶。先是镀锌层加速腐蚀，随后碳钢管加速腐蚀。

有时，两种不同的金属虽然没有直接接触，但也有引起电偶腐蚀的可能。例如循环冷却系统中的铜零件，由于腐蚀下来的铜离子可通过扩散在碳钢设备表面上沉积，沉积下的疏松

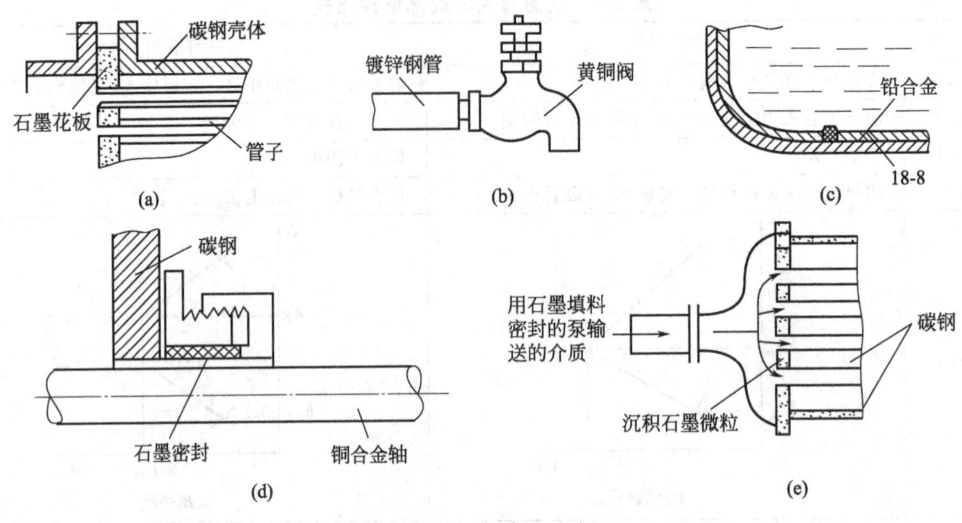

图 2-1 电偶腐蚀实例

的铜粒子与碳钢之间便形成了微电偶腐蚀电池，结果引起了碳钢设备严重的局部腐蚀。再如，图 2-1(e) 所示的碳钢换热器，由于输送介质的泵采用石墨密封，摩擦副磨削下来的石墨微粒在列管内沉积，也会加速碳钢管的腐蚀。这种现象是由于构成了间接的电偶腐蚀，可以说是一种特殊条件下的电偶腐蚀。

二、电偶序与电偶腐蚀倾向

异种金属在同一介质中相接触，哪种金属为阳极，哪种金属作阴极，阳极金属的电偶腐蚀倾向有多大，这些原则上都可以用热力学理论进行判断。但能否用它们的标准电极电位的相对高低作为判断的依据呢？现以 Al 和 Zn 在海水中的接触为例。若从它们的标准电极电位来看，Al 的标准电极电位是－1.66V，Zn 的是－0.762V，二者组成电偶对，Al 为阳极，Zn 为阴极，所以，Al 应受到腐蚀，Zn 应得到保护。但事实则刚好相反，Zn 受到腐蚀，Al 却得到保护。判断结果与实际情况不符，原因是确定某金属的标准电极电位的条件与海水中的条件相差很大。如 Al 在 3%NaCl 溶液中测得的腐蚀电位是－0.60V，Zn 的腐蚀电位是－0.83V。所以二者在海水中接触，Zn 是阳极受到腐蚀，Al 是阴极得到保护。由此可见，当我们对金属在电偶对中的极性作出判断时，不能以它们的标准电极电位作为判据，因为金属所处的实际环境不可能是标准的，而应该以它们的腐蚀电位作为判据，否则有时会得出错误的结论。具体来说，可查用金属（或合金）的电偶序来作出热力学上的判断。所谓电偶序，就是根据金属（或合金）在一定条件下测得的稳定电位的相对大小排列而成的表。

表 2-2 列出了在海水中测定的一些金属和合金的电偶序。

在使用电偶序时应注意以下事项。

① 在电偶序中，通常只列出金属稳定电位的相对关系，而不是把每种金属的稳定电位值列出，其主要原因是海洋环境变化甚大，海水的温度、pH 值、成分及流速都很不稳定，所测得的电位值也在很大的范围内波动，即数据的重现性差。加上测试方法不同，所以数据相差较大，一般所测得的大多数值属于经验性数据，缺乏准确的定量关系，所以列出金属稳态电位的真实值意义就不大。但表中的上下关系可以定性地比较出金属电偶腐蚀的倾向，这对我们从热力学上判断金属在电偶对中的极性和电偶腐蚀倾向有参考价值。

表 2-2　若干金属和合金在海水中的电偶序（常温）

镁 镁合金 锌 镀锌钢	电位负(阳极) ↑
铝　1100(含 Al 99%以上) 铝　2024(含 Cu 4.5%,Mg 1.5%,Mn 0.6%的铝合金)	
软钢 熟铁 铸铁	
13%Cr 不锈钢 410 型(活性的) 18-8 不锈钢 304 型(活性的) 18-12-3 不锈钢 316 型(活性的)	
铅锡钎料 铅 锡	
熟铜(Muntz Metal)(Cu61,Zn39) 锰青铜 海军黄铜(Naval Brass)(Cu60.5,Zn38.7,Sn0.75)	
镍(活性的) 76Ni-16Cr-7Fe(活性的)	
60Ni-30Mo-6Fe-1Mn	
海军黄铜(Admiralty Brass)(Cu71,Zn28,Sn1.0,Sb 或 As0.06) 铅黄铜 铜 硅青铜	
70-30 Cu-Ni G-青铜 银钎料 镍(钝态的) 76Ni-16Cr-7Fe(钝态的)	
13%Cr 不锈钢 410 型(钝态的) 钛	
18-8 不锈钢 304 型(钝态的) 18-12-3 不锈钢 316 型(钝态的)	
银	
石墨 金 铂	↓ 电位正(阴极)

② 表 2-2 是以海水为介质的电偶序表，除此以外还有以土壤为介质的电偶序表。但无论在淡水、海水、土壤或其他电解质中，都可以此表作为大致判断电偶腐蚀倾向的依据。

③ 由表中上下位置相隔较远的两种金属，在海水中组成电偶对时，阳极受到的腐蚀较严重，因为从热力学上来说，二者的开路电位差较大，腐蚀推动力亦大。反之，由上下位置相隔较近的两种金属偶合时，则阳极受到的腐蚀较轻。位于表中同一横行的金属，又称为同组金属，表示它们之间的电位相差很小（一般电位差<50mV），当它们在海水中组成电偶对时，它们的腐蚀倾向小至可以忽略的程度。如铸铁-软钢、黄铜-青铜等，它们在海水中使用不必担心会引起严重的电偶腐蚀。

④ 必须指出，根据电偶对金属的相对电位差来判断阴阳极和腐蚀倾向时，只能预测腐蚀发生的方向和倾向大小，而不能说明腐蚀速率大小，腐蚀的发生和速度大小主要是由极化因素所决定的。

⑤ 要注意电动序与电偶序的区别。两者在形式上有相似之处，但它们的含义是不同的：电动序是纯金属在平衡可逆的标准条件下测得的电极电位排列顺序，其用途是用来判断某种金属在某种介质中腐蚀倾向的；而电偶序则是按非平衡可逆体系的稳定电位来排列的，其用途是用来判断在一定介质中两种金属偶合时产生电偶腐蚀的可能性，如能产生则可判断哪一个是阳极，哪一个是阴极。

三、电偶腐蚀的影响因素

影响电偶腐蚀的因素较复杂。除了与接触金属材料的性质有关外，还受其他因素，如面积效应、极化效应、溶液电阻等因素有关。其中比较重要的因素是偶接金属材料的性质与阴、阳极的面积比。

(1) 金属材料的起始电位差　电偶腐蚀的推动力是电位差，若稳定电位（腐蚀电位）起始电位差越大，则电偶腐蚀的倾向越大。

凭借电偶序仅能估计体系发生电偶腐蚀倾向的大小，而电偶腐蚀的速度，主要取决于材料的极化性能以及这一腐蚀电偶回路的电阻值、阴阳极材料的面积比、腐蚀产物的性质等因素。

(2) 面积效应　所谓面积效应就是指电偶腐蚀电池中阴极和阳极面积之比对阳极腐蚀速率的影响。不同金属偶合的结构，在不同的阴阳极面积比下，对阳极的腐蚀速率就有不同的影响。现以两个实际结构的例子加以说明。

图 2-2(a) 表示钢板用铜螺钉连接，这是属于大阳极、小阴极的结构。由于阳极面积大，阴极面积小，阳极溶解速度相对减小，不至于在短期内引起连接结构的破坏，因而相对地较为安全。

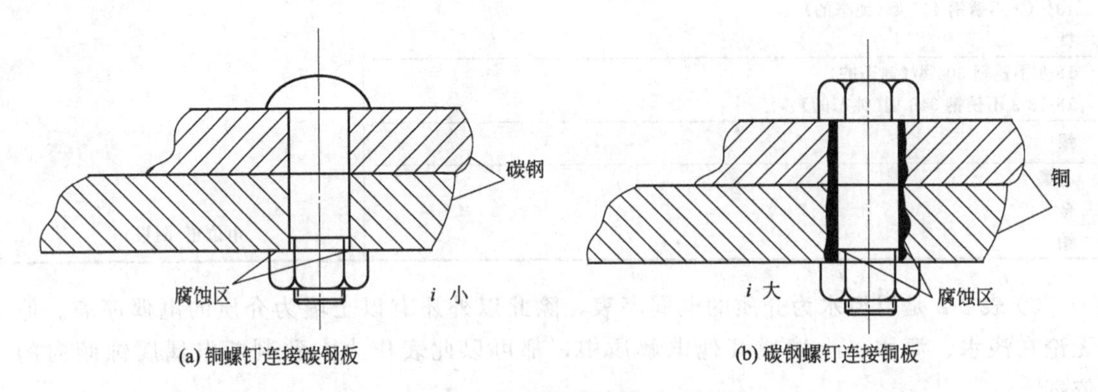

图 2-2　面积效应的实例

图 2-2(b) 表示铜板用钢螺钉连接，这是属于大阴极、小阳极的结构，这种结构可使阳极腐蚀电流急剧增加，连接结构很快受到破坏。

阴、阳极面积比的增大与阳极的腐蚀速率呈直线函数关系，增加极为迅速，见图 2-3。

在生产中，由于忽视电偶腐蚀及其面积效应问题而造成严重损失的例子很多。如某化工厂为使设备延长使用期，把原来用碳钢制造的反应器塔板改用不锈钢制造，但却用碳钢螺栓来紧固不锈钢板，结果使用不到一年螺栓全部断裂，塔板被冲垮。

（3）介质电导率　对电偶腐蚀而言，介质电导率的高低直接影响阳极区腐蚀电流分布的不均匀性。因为通常阳极金属腐蚀电流的分布是不均匀的，距离结合部越远，腐蚀电流越小。从实际观察电偶腐蚀破坏的结果也表明，阳极体的破坏最严重处是在不同金属接触处附近。距离接触处越远，腐蚀电流越小，腐蚀就越轻。例如，在电导率较高的海水中，两极间溶液的欧姆阻降小，电偶电流可以分布到离接触点较远的阳极表面上，阳极受腐蚀相对较为均匀。而溶液电导率低的软水或普通大气中，两极间引起溶液欧姆阻降大，腐蚀电流能达到的有效距离很小，腐蚀便集中在接触处附近的阳极表面上，形成很深的沟槽。这种情况特别要注意，不要误认为介质导电率低，可不采取有效的防护措施，从而产生因电偶腐蚀导致的严重破坏事故。

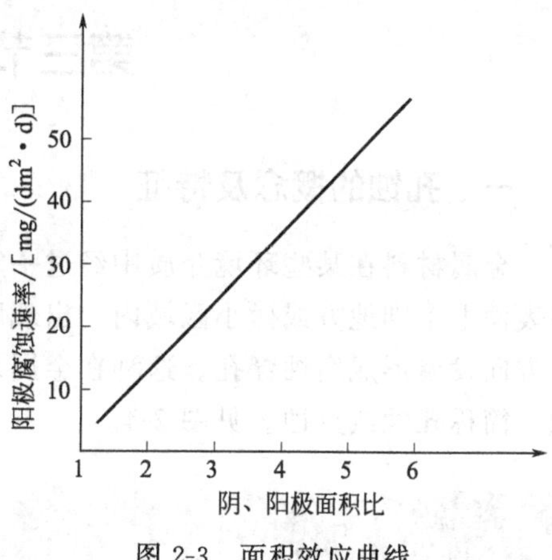

图 2-3　面积效应曲线

四、电偶腐蚀的防护措施

从影响电偶腐蚀的因素出发，电偶腐蚀的控制主要考虑以下几个方面。

（1）尽量消除或减小起始电位差

① 在设计选材方面尽量避免使用不同的金属材料相互接触；如果不可避免时，则应尽量选用电偶序中相隔较近的金属。

② 如已采用了不同的金属材料相接触，应使它们彼此绝缘。

③ 插入第三种金属。当绝缘结构设计有困难时，可在两种金属之间插入可降低其间起始电位差的另一种金属（或其他材料）。

（2）避免形成大阴极、小阳极的不利的面积效应

① 采用焊接工艺时，焊缝相对于被焊基体金属应该设计成阴极性的，焊条材质成分应当与基体金属一致或使用较高一级的焊条。

② 在使用非金属涂料时，要注意不仅要把阳极性材料覆盖起来，而应把阴极材料一起覆盖起来。

③ 螺栓、铆钉等相对于被紧固件原则上应该设计成阴极性的。但是，当介质电导率比较低时（如大气腐蚀环境），将那些易损且容易更换的零部件设计成阳极（即采用廉价的材料），这样在经济上是合理的。

（3）采用表面处理的方法　对于某些必须装配在一起的小零件，也可以采用表面处理的方法，如对钢铁零件的“发蓝”、表面镀锌，对铝合金表面进行阳极氧化等，这些表面膜在大气中电阻较大，可起到减轻电偶腐蚀的作用。

（4）采用电化学保护　可利用外加电源对整个设备实行阴极保护，使两种（或多种）金属都成为电化学体系的阴极；也可采用牺牲阳极的阴极保护，达到保护主体结构的目的，如钢铁制品表面镀锌。

（5）改善腐蚀环境　在条件允许的前提下，可在介质中加入缓蚀剂，或尽量除去介质中的去极剂，以减轻介质的腐蚀性。

第三节 小孔腐蚀

一、孔蚀的概念及特征

金属材料在某些环境介质中经过一定时间后，大部分表面不发生腐蚀或腐蚀很轻微，但在表面上个别地方或微小区域内，出现腐蚀孔或麻点，且随着时间的推移，腐蚀孔不断向纵深方向发展形成腐蚀穿孔。这种在金属表面产生腐蚀小孔的极为局部的腐蚀形态称为小孔腐蚀，简称孔蚀或点蚀。见图 2-4。

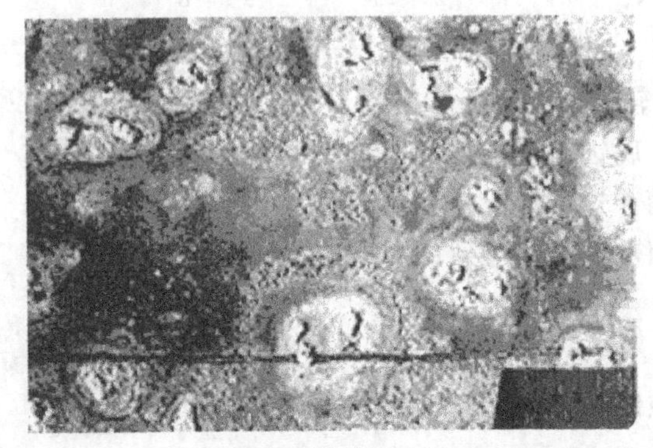

(a) 金属铝表面产生的孔蚀

(b) 不锈钢管外表面的孔蚀

图 2-4 金属表面产生的孔蚀

孔蚀通常具有以下一些特征。

① 孔蚀多发生在易钝化金属或合金表面上，例如不锈钢、铝合金等在含有卤素离子的腐蚀性介质中易于发生孔蚀。其原因是钝化金属表面的钝化膜并不是均匀的，如果钝性金属的组织中含有非金属夹杂物（如硫化物等），则金属表面在夹杂物处的钝化膜比较薄弱，或者钝性金属表面上的钝化膜被外力划伤，在活性阴离子的作用下，腐蚀小孔就优先在这些有缺陷的局部表面形成。

如果金属基体上镀一些阴极性镀层（如钢上镀 Cr、Ni、Cu 等），在镀层的孔隙处或缺陷处也容易发生孔蚀。这是因为镀层缺陷处的金属与镀层完好处的金属形成电偶腐蚀电池，镀层缺陷处为阳极，镀层完好处为阴极，由于阴极面积远大于阳极面积，使小孔腐蚀向深处发展，以致形成腐蚀小孔。当阳极性缓蚀剂用量不足时，也会引起孔蚀。

② 孔蚀易发生于有活性阴离子的介质中。一般来说，在含有卤素阴离子（最常见的是 Cl^-）的溶液中，金属最易发生孔蚀。

多数情况下，既有钝化剂（如溶解氧）同时又有活化剂（如 Cl^-）存在的腐蚀环境是易钝化金属发生孔蚀的重要条件。

③ 从腐蚀形貌上看，多数蚀孔小而深，孔径一般小于 2mm，孔深常大于孔径，甚至穿透金属板，也有的蚀孔为碟形浅孔等。蚀孔分散或密集分布在金属表面上。孔口多数被腐蚀产物所覆盖，少数呈开放式（无腐蚀产物覆盖）。所以，孔蚀是一种外观隐蔽而破坏性很大的局部腐蚀。

④ 蚀孔通常沿着重力方向发展，例如，一块平放在介质中的金属，蚀孔多在朝上的表

面出现，很少在朝下的表面出现。蚀孔一旦形成，孔蚀即向深处自动加速进行。

⑤ 孔蚀的破坏性和隐患性很大，不但容易引起设备穿孔破坏，而且会使晶间腐蚀、应力腐蚀、腐蚀疲劳等易于发生。在很多情况下孔蚀是引起这类局部腐蚀的起源。

二、孔蚀的机理分析

1. 孔蚀核的形成

多数情况下，钝化金属发生孔蚀的重要条件是在溶液中存在活性阴离子（如 Cl^-），活性阴离子在钝性金属表面上钝化膜有缺陷的位置上优先发生吸附，吸附的活性阴离子改变了钝化膜的成分和性质，使该处钝化膜的溶解速度远大于钝化膜在溶解氧（或氧化剂）作用下的修复速度，从而在该处形成小孔腐蚀活性点，即形成孔蚀核。

2. 蚀孔的发展

金属表面形成的孔蚀核，如果不能再钝化消失，小孔腐蚀将进入发展阶段。孔蚀核继续生长，最后发展为宏观可见的蚀孔，蚀孔一旦形成，蚀孔内金属表面处于活性溶解状态，蚀孔外金属表面处于钝化状态，于是孔内外构成了活化-钝化局部腐蚀电池，且具有大阴极、小阳极的特点。

3. 孔蚀的加速——闭塞电池的自催化作用

孔蚀加速发展的原因是闭塞电池的自催化作用。即：随着蚀孔的生长，在孔口周围生成铁锈及其他沉积物，使孔内介质处于滞流状态，这样就构成了闭塞电池。随着孔内金属离子的增加，吸引孔外溶液中的阴离子（如 Cl^-）扩散至闭塞电池内部，然后再发生水解，使小孔内酸度明显增加，从而使蚀孔内金属腐蚀速率进一步增加。这种由闭塞电池引起的蚀孔内溶液酸化，从而加速金属腐蚀的作用称为自催化（酸化）作用。如图 2-5 所示。

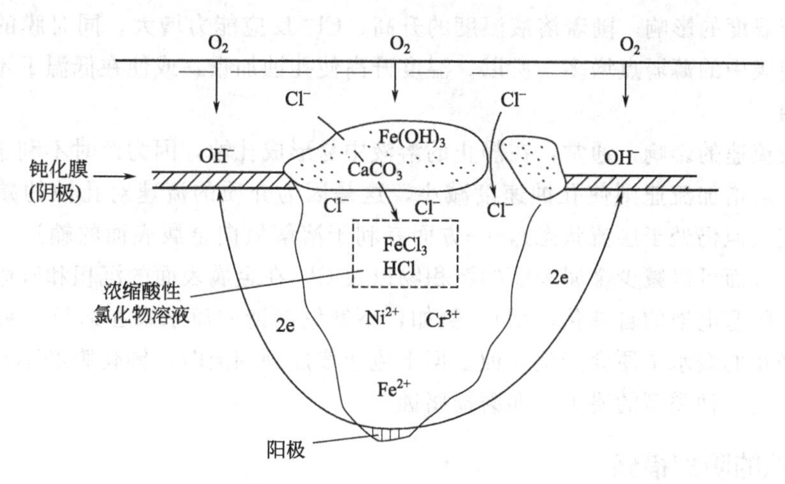

图 2-5 不锈钢在充气的含 Cl^- 介质中孔蚀示意图

由于自催化（酸化）作用，再加上受到向下的重力的影响，使蚀孔不断沿重力方向发展。

三、孔蚀的影响因素

孔蚀的产生与金属的性质、合金的成分、组织、表面状态、介质成分、性质、pH 值、温度和流速等因素有关，归纳起来主要因素有两方面，即材料和介质

1. 材料因素

(1) 金属性质的影响 金属性质对孔蚀有重要影响。一般，具有自钝化特性的金属或合金对孔蚀的敏感性较高，并且钝化能力愈强，则敏感性愈高。

(2) 合金元素的影响 不锈钢中Cr是最有效的提高耐孔蚀性能的元素。在一定含量下增加含Ni量，也能起到减轻孔蚀的作用，而加入2%～5%的Mo能显著提高不锈钢耐孔蚀性能。多年来，人们对合金元素对不锈钢孔蚀的影响进行大量研究的结果表明，Cr、Ni、Mo、N元素都能提高不锈钢抗孔蚀能力，而S、P、C等会降低不锈钢抗孔蚀能力。

(3) 表面状态的影响 一般来说，表面状态如抛光、研磨、侵蚀、变形对孔蚀有一定影响。例如，随着金属表面光洁度的提高，其耐孔蚀能力增强；电解抛光可使钢的其耐孔蚀能力提高。一般，光滑、清洁的表面不易发生孔蚀；粗糙表面往往不容易形成连续而完整的保护膜，在膜缺陷处，容易产生孔蚀；积有灰尘或有非金属和金属杂屑的表面易引起孔蚀；加工过程的锤击坑、表面机械擦伤或加工后的焊渣，都会导致耐孔蚀能力下降。

2. 介质因素

(1) 溶液组成及浓度的影响 一般来说，在含有卤素阴离子的溶液中，金属最易发生孔蚀。由于卤素离子能优先地被吸附在钝化膜上，把氧原子排挤掉，然后和钝化膜中的阳离子结合生成可溶性卤化物，产生小孔，导致膜的不均匀破坏。其作用顺序是：$Cl^- > Br^- > I^-$。F^-只能加速金属表面的均匀溶解而不会引起孔蚀。因此，Cl^-又可称为孔蚀的“激发剂”。随着介质中Cl^-浓度增大，使孔蚀容易发生，而后又加速孔蚀的进行。

在氯化物中，含有氧化性金属阳离子的氯化物，如$FeCl_3$、$CuCl_2$、$HgCl_2$等属于强烈的孔蚀激发剂。但是，一些含氧的非侵蚀性阴离子，如OH^-、NO_3^-、CrO_4^{2-}、SO_4^{2-}、ClO_4^-等具有抑制孔蚀的作用。

(2) 溶液温度的影响 随着溶液温度的升高，Cl^-反应能力增大，同时膜的溶解速度也提高，因而使膜中的薄弱点增多。所以，温度升高使孔蚀加重，或使在低温下不发生孔蚀的材料发生孔蚀。

(3) 溶液流速的影响 通常，在静止的溶液中易形成孔蚀，因为此时不利于阴、阳极间的溶液交换。若增加流速则使孔蚀速度减小，这是因为介质的流速对孔蚀的减缓起双重作用。加大流速（但仍处于层流状态），一方面有利于溶解氧向金属表面的输送，使钝化膜容易形成；另一方面可以减少金属表面的沉积物以及Cl^-在金属表面的沉积和吸附，消除加速腐蚀的作用（闭塞电池的自催化作用）。例如，不锈钢制造的海水泵在运行过程中不易产生孔蚀，而在静止的海水中便会产生孔蚀。但把流速增加到湍流时，钝化膜经不起冲刷而被破坏，便会引起另一种类型的腐蚀，即磨损腐蚀。

四、孔蚀的防护措施

从影响孔蚀的因素出发，防止孔蚀的措施可以从两方面考虑。

1. 从材料角度出发

(1) 添加耐孔蚀的合金元素 加入适量的耐孔蚀的合金元素，降低有害杂质，可降低材料的孔蚀敏感性。例如，添加抗孔蚀的合金元素Cr、Mo、Si和N，降低钢中C、S、P等有害元素和杂质，会明显提高不锈钢在含Cl^-溶液中耐孔蚀的性能。实践证明，高Cr量与高Mo量相配合的钢种耐孔蚀效果较显著；采用精炼方法除去钢中所含的C、S、P等杂质，不锈钢的耐孔蚀性能会得到进一步提高。

(2) 选用耐孔蚀的合金材料　避免在Cl^-浓度超过拟选用的合金材料临界Cl^-浓度值的环境条件中使用这种合金材料。在海水环境中，不宜使用18-8型的Cr-Ni不锈钢制造的管道、泵和阀等。例如，原设计寿命要求达10年以上的大型海水泵，由于选用了这类Cr-Ni不锈钢制造的泵轴，结果仅使用了半年就断裂报废。这是由于在海水中Cl^-浓度已超过了这种材料不发生孔蚀的临界Cl^-浓度值，这类Cr-Ni不锈钢在海水中极易诱发孔蚀，最后导致材料的早期腐蚀疲劳断裂。可见，不仅孔蚀本身对工程机构有极大的破坏性，而且，它往往还是诱发和萌生应力腐蚀裂开和腐蚀疲劳断裂等低应力脆性断裂裂纹的起始点。

在奥氏体不锈钢中，耐孔蚀性能高低的顺序为18Cr-9Ni＜17Cr-12Ni-2.5Mo＜20Cr-14Ni-3.5Mo。近十几年来还发展了很多耐孔蚀不锈钢，这些钢中都含有较多的Cr、Mo，有的还含有N，而碳含量都低于0.03%。双相钢及高纯铁素体不锈钢抗孔蚀性能都是良好的。钛和钛合金有最好的抗孔蚀性能。

(3) 保护好材料表面　在设备的制造、运输、安装过程中，不要碰伤或划破材料表面膜；焊接时注意焊渣等飞溅物不要落在设备表面上，更不能在设备表面上引弧。

2. 从环境、介质角度出发

(1) 改善介质条件　如降低溶液中Cl^-含量，防止Fe^{3+}及Cu^{2+}存在，降低温度，提高pH值等皆可减少孔蚀的发生。

(2) 使用缓蚀剂　特别在封闭系统中使用缓蚀剂最有效，用于不锈钢的缓蚀剂有硝酸盐、铬酸盐、硫酸盐和碱，最有效的是亚硝酸钠。但要注意，缓蚀剂用量不足反而会加速腐蚀。

(3) 控制适当流速　不锈钢等钝化型材料在滞流或缺氧的条件下易发生孔蚀，控制适当流速可减轻或防止孔蚀的发生。

3. 电化学保护

采用电化学保护也可抑制孔蚀的发生，通常为外加电流阴极保护。

总之，孔蚀是一种破坏性大而难以及时发现的一种局部腐蚀，往往因此而造成一些突发的严重破坏事故，如地下输油、输气的钢管道，由于管壁突然穿透引起物料的大量流失，甚至可能引起火灾或爆炸。因此研究孔蚀的产生规律、影响因素和控制方法具有重要的现实意义。

第四节　缝隙腐蚀

一、缝隙腐蚀的概念及特征

缝隙腐蚀是一种常见的局部腐蚀。金属部件在介质中，由于金属与金属或金属与非金属之间形成特别小的缝隙（一般在0.025～0.1mm范围内），使缝隙内介质处于滞留状态，引起缝隙内金属的加速腐蚀，这种局部腐蚀称为缝隙腐蚀。

可能构成缝隙腐蚀的缝隙包括：金属结构的铆接、焊接、螺纹连接等处构成的缝隙；金属与非金属的连接处，如金属与塑料、橡胶、石墨等处构成的缝隙；金属表面的沉积物、附着物，如灰尘、沙粒、腐蚀产物、细菌菌落或海洋污损生物等与金属表面形成的狭小缝隙等；此外，许多金属构件由于设计上的不合理或由于加工过程等关系也会形成缝隙，这些缝隙是发生隙缝腐蚀的理想场所。多数情况下的缝隙在工程结构中是不可避免的，所以缝隙腐蚀也是不可完全避免的。

缝隙腐蚀具有如下的基本特征。

① 几乎所有的金属和合金都有可能引起缝隙腐蚀。从正电性的 Au 或 Ag 到负电性的 Al 或 Ti；从普通的不锈钢到特种不锈钢，都会产生缝隙腐蚀。但它们对缝隙腐蚀的敏感性有所不同，具有自钝化特性的金属或合金对缝隙腐蚀的敏感性较高，不具有自钝化能力的金属和合金，如碳钢等对缝隙腐蚀的敏感性较低。

② 几乎所有的腐蚀性介质都有可能引起金属的缝隙腐蚀。介质可以是酸性、中性或碱性的溶液，但一般以充气的、含活性阴离子（如 Cl^- 等）的中性介质最易引起缝隙腐蚀。

③ 遭受缝隙腐蚀的金属，在缝隙内呈现深浅不一的蚀坑或深孔。缝隙口常有腐蚀产物覆盖，即形成闭塞电池。因此缝隙腐蚀具有一定的隐蔽性，容易造成金属结构的突然失效，具有相当大的危害性。

④ 与孔蚀相比，同一金属或合金在相同介质中更易发生缝隙腐蚀。对孔蚀而言，原有的蚀孔可以发展，但不产生新的蚀孔，而在发生缝隙腐蚀电位区间内，缝隙腐蚀既能发展，又能产生新的蚀坑，原有的蚀坑也能发展，所以，缝隙腐蚀是一种比孔蚀更为普遍的局部腐蚀。

⑤ 与孔蚀一样，造成缝隙腐蚀加速进行的根本原因是闭塞电池的自催化作用。换言之，光有氧浓差作用而没有自催化作用，不至于构成严重的缝隙腐蚀。

二、缝隙腐蚀的机理分析

缝隙腐蚀过程一般可以分为初始阶段和发展阶段。初始阶段时，缝隙内外的全部金属表面进行着金属阳极溶解和氧的阴极去极化反应。

微阳极： $M \longrightarrow M^{n+} + ne$

微阴极： $O_2 + 2H_2O + 4e \longrightarrow 4OH^-$

因缝隙内滞留状态使氧迅速消耗且难以得到补充，缝隙内氧化还原反应很快终止，缝内外形成氧浓差电池。此时缝隙内金属的阳极溶解过程在继续，而氧还原的阴极反应已全部转移到缝隙外金属表面进行，加之大阴极（缝外）与小阳极（缝内）的面积关系，又加速了缝内金属溶解反应，二次腐蚀产物渐渐在缝口形成，逐渐发展成为典型的闭塞电池，使缝隙腐蚀进入发展阶段，此时缝内溶液中积聚了大量溶解的带正电的金属离子。这时溶液中氯离子迁入缝内的保持电中性，同时形成金属盐类，接着发生氯化物水解，使酸度增加，pH 值降低，这更加促进了缝隙内金属阳极溶解。这一过程反复循环，就形成了缝隙腐蚀的自催化过程。如图 2-6 所示。

从机理分析中可见，缝隙腐蚀和孔蚀有许多相似的地方，尤其在腐蚀发展阶段上更为相似。有人曾把孔蚀看作是一种以蚀孔作为缝隙的缝隙腐蚀，但只要把两种腐蚀加以分析和比较，就可以看出两者有本质上的区别。

① 从腐蚀发生的起因来看，孔蚀强调金属表面的缺陷导致形成孔蚀核，而缝隙腐蚀强调金属表面的合适缝隙导致形成缝隙内外的氧浓差。孔蚀必须在含活性阴离子的介质中才会发生，而后者即使在不含活性阴离子的介质中也能发生。

② 从腐蚀过程来看，孔蚀是通过逐渐形成闭塞电池，然后才加速腐蚀的，而缝隙腐蚀由于事先已有缝隙，腐蚀刚开始很快便形成闭塞电池而加速腐蚀。孔蚀闭塞程度较大，缝隙

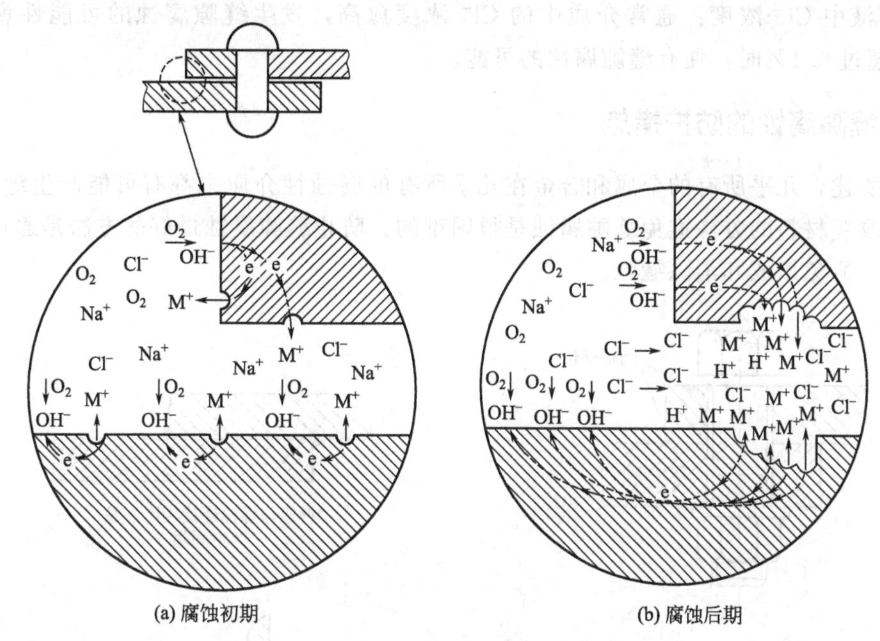

图 2-6 碳钢在海水中缝隙腐蚀示意图

腐蚀闭塞程度较小。

③ 从腐蚀形态看，孔蚀的蚀孔窄而深，缝隙腐蚀的蚀坑相对广而浅。

三、缝隙腐蚀的影响因素

金属缝隙腐蚀的发生与许多因素有关，主要有材料因素、几何因素和环境因素。

(1) 材料因素　大多数工业用金属或合金都可能会产生缝隙腐蚀，而对于耐蚀性依靠氧化膜或钝化层的金属或合金，对缝隙腐蚀尤为敏感。不锈钢中随着 Cr、Mo、Ni、N、Cu、Si 等元素含量的增高，增加了钝化膜的稳定性和钝化、再钝化能力，使其耐缝隙腐蚀性能有所提高。例如 0Cr18Ni8Mo3 这种奥氏体不锈钢，是一种能耐多种苛刻介质腐蚀的优良合金，也会产生缝隙腐蚀。

(2) 几何因素　影响缝隙腐蚀的重要几何因素包括缝隙宽度和深度以及缝隙内、外面积比等。一般发生缝隙腐蚀的缝宽为 0.025～0.1mm 的范围，最敏感的缝宽为 0.05～0.1mm，超过 0.1mm 就不会发生缝隙腐蚀，而是倾向于发生均匀腐蚀。在一定限度内缝隙愈窄，腐蚀速度愈大。由于缝隙内为阳极区，缝隙外为阴极区，所以缝内外面积比愈大，缝隙内腐蚀速度愈大。

(3) 环境因素

① 溶液中氧的浓度：溶解氧的浓度若大于 0.5mg/L 时，便会引起缝隙腐蚀。而且随着氧浓度增加，缝外阴极还原更易进行，缝隙腐蚀加速。

② 腐蚀介质流速：对缝隙腐蚀有双重影响。一方面，当流速增加时，缝外溶液中含氧量相应增加，缝隙腐蚀增加；另一方面，对由于沉积物引起的缝隙腐蚀，当流速加大时，有可能把沉积物冲掉，相应使缝隙腐蚀减轻。

③ 温度的影响：一般来说，温度越高，缝隙腐蚀的危险性越大。

④ pH 值：只要缝外金属仍处于钝化状态，则随着 pH 值下降，缝内腐蚀加剧

⑤ 溶液中 Cl^- 浓度：通常介质中的 Cl^- 浓度愈高，发生缝隙腐蚀的可能性愈大，当 Cl^- 浓度超过 0.1%时，便有缝隙腐蚀的可能。

四、缝隙腐蚀的防护措施

如前所述，几乎所有的金属和合金在几乎所有的腐蚀性介质中都有可能产生缝隙腐蚀，因此，用改变材料的方法避免缝隙腐蚀是很困难的。防止缝隙腐蚀最好的方法是通过合理的设计和施工避免形成和消除缝隙。

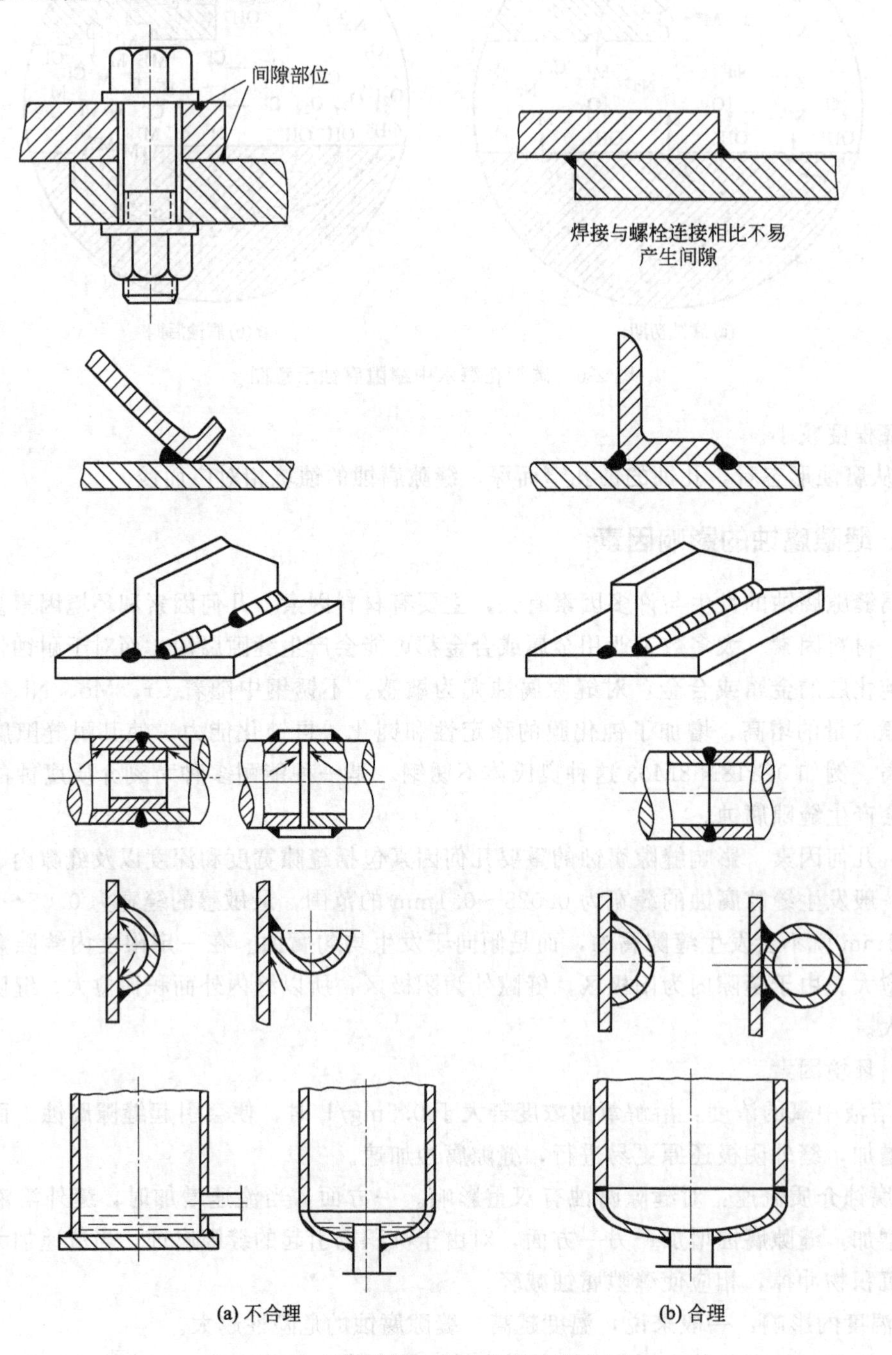

(a) 不合理　　(b) 合理

图 2-7 结构设计时防缝隙腐蚀措施示例

1. 合理设计与施工

例如，从防止缝隙腐蚀的角度来看，施工时应尽量采用焊接，而不宜采用铆接或螺栓连接；对接焊优于搭接焊；焊接时要焊透，避免产生焊孔和缝隙；搭接焊的缝隙要用连续焊、钎焊等方法将其封塞。

垫片不宜采用石棉、纸质等吸湿性材料，使用橡胶垫片、聚四氟乙烯垫片等较好。长期停车时，应取下湿的垫片和填料。

热交换器的花板与热交换管束之间，用焊接代替胀管，或先胀后焊。

对于几何形状复杂的海洋平台节点处，采用涂料局部保护。避免在长期的使用过程中，由于沉积物的附着而形成缝隙。

若在结构设计上不可能采用无缝隙方案，亦要避免金属制品的积水处，使液体能完全排净。要便于清理和去除污垢，避免锐角和静滞区（死角），以便出现沉积物时能及时清除。如图 2-7 所示。

2. 阴极保护

如果缝隙难以避免时，可采用阴极保护，如在海水中采用锌或镁的牺牲阳极法。

3. 选用耐缝隙腐蚀的材料

如果缝隙实在难以避免，也可选用耐缝隙腐蚀的材料。一般 Cr、Mo 含量高的合金，其抗缝隙腐蚀性较好，如含 Mo、含 Ti 的不锈钢、超纯铁素体不锈钢、铁素体奥氏体双相不锈钢以及钛合金等。Cu-Ni、Cu-Sn、Cu-Zn 等铜基合金也有较好的耐缝隙腐蚀性能。

4. 介质处理

带缝隙的结构若采用缓蚀剂法防止缝隙腐蚀，一定要采用高浓度的缓蚀剂才行。由于缓蚀剂进入缝隙时常受到阻滞，其消耗量大，如果用量不当反而会加速腐蚀。

如有可能，应设法除去介质中的悬浮固体，这不仅可以防止沉积（垢下）腐蚀，还可以降低管道的阻力和设备的动力。

第五节　晶间腐蚀

一、晶间腐蚀的概念及特征

常用金属材料，特别是结构材料，属多晶结构的材料，因此存在着晶界。晶间腐蚀是金属的晶界受到的腐蚀破坏现象。晶间腐蚀是一种由微电池作用引起的局部破坏现象，是金属材料在特定的腐蚀介质中沿着材料的晶界产生的腐蚀。这种腐蚀主要是从表面开始，沿着晶界向内部发展，使整个金属强度几乎完全丧失。

晶间腐蚀具有以下特征。

① 晶间腐蚀常在不锈钢、镍合金和铝-铜合金上发生，主要是在焊接接头或经一定温度、时间加热后的构件上发生。

② 从宏观角度来看，晶间腐蚀发生时，金属材料表面仍然很光亮，似乎没有发生什么变化，但在腐蚀严重的情况下，晶粒之间已丧失了结合力，表现为轻轻敲击遭受晶间腐蚀的金属，已经发不出清脆的金属声，再用力敲击时金属材料会碎成小块，甚至形成粉状，因此，它是一种危害性很大的局部腐蚀。

③ 从微观角度看，腐蚀始发于表面，沿着晶界向内部发展，腐蚀形貌是沿着晶界形成

许多不规则的多边形腐蚀裂纹。

④ 不锈钢的晶间腐蚀多产生于氧化性或弱氧化性的介质环境中。

二、奥氏体不锈钢晶间腐蚀机理分析

奥氏体不锈钢在氧化性或弱氧化性的介质环境中产生晶间腐蚀可用贫铬理论来解释。

含碳量高于0.02%的奥氏体不锈钢中，碳与铬能生成碳化物（$Cr_{23}C_6$）。这些碳化物高温淬火时成固溶态溶于奥氏体中，铬呈均匀分布，使合金各部分铬含量均在钝化所需值（即12%Cr）以上。此时合金具有良好的耐蚀性。这种过饱和固溶体在室温下虽然暂时保持这种状态，但它是不稳定的。如果固溶处理的奥氏体不锈钢若在450～850℃温度范围内保温或缓慢冷却，此时的钢就有了晶间腐蚀的敏感性（即敏化处理），若在一定腐蚀介质中暴露一定时间，就会产生晶间腐蚀。若奥氏体不锈钢在650～750℃范围内加热一定时间，则这类钢的晶间腐蚀就更为敏感。因为加热到敏化温度范围内时，碳化物就会沿晶界析出，铬便从晶粒边界的固溶体中分离出来。由于铬的扩散速度缓慢，远低于碳的扩散速度，铬不能从晶粒内固溶体中扩散补充到边界，故碳只能消耗晶界附近的铬，造成晶粒边界贫铬区。贫铬区的含铬量远低于钝化所需的极限值（12%Cr），其电位比晶粒内部的电位低，更低于碳化物的电位。当遇到一定腐蚀介质时碳化铬和晶粒呈阴极，贫铬区呈阳极，迅速被侵蚀。如图2-8所示。这一解释晶间腐蚀的理论称为贫铬理论。

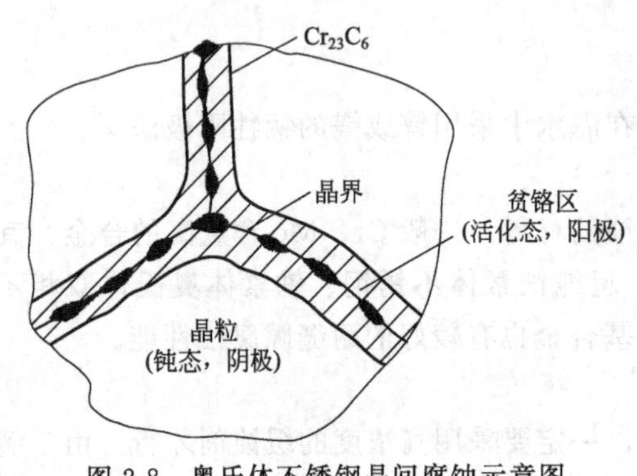

图2-8 奥氏体不锈钢晶间腐蚀示意图

三、晶间腐蚀的影响因素

通过以上机理分析可见，在腐蚀介质中，金属及合金的晶粒与晶界显示出明显的电化学不均一性，这种变化或是由于金属或合金在不正确的热处理时产生的金相组织变化引起的，或是由晶界区存在的杂质或沉淀相引起的。

晶间腐蚀的发生与合金成分、结构以及加工及使用温度有关。

1. 加热温度与时间

固溶处理的奥氏体不锈钢若在450～850℃温度范围内保温或缓慢冷却，此时的钢就有了晶间腐蚀的敏感性。

实际生产中，产生晶间腐蚀敏感性一般有以下三种情况：

① 从退火处理温度慢冷，在大部分产品中这是常见的现象，这是因为通过敏化温度范围冷却速度比较慢所致；

② 在敏化温度范围内为了消除应力而停留几个小时，如在593℃；

③ 在焊接过程中，焊缝的两边在敏化温度范围内加热数秒或数分钟而产生敏感性，即所谓焊接热影响区。

2. 合金成分

（1）碳　显然，奥氏体不锈钢中碳含量愈高，晶间腐蚀倾向愈严重。不仅产生晶间腐蚀倾向的加热温度和时间的范围扩大，晶间腐蚀程度也加重。

（2）铬、镍 Cr含量增高，有利于减弱晶间腐蚀倾向；而Ni含量增高，会降低C在奥氏体中的溶解度，增加不锈钢晶间腐蚀敏感性。

（3）钛、铌 Ti和Nb与C的亲和力大于Cr与C的亲和力，高温时能形成稳定的碳化物TiC、NbC，从而大大降低了钢中的固溶碳量，使Cr的碳化物难以析出，从而降低了产生晶间腐蚀倾向的敏感性。

3. 腐蚀介质

酸性介质中晶间腐蚀较严重（如H_2SO_4，HNO_3等），含Cu^{2+}、Hg^{2+}、Cr^{6+}介质可促进发生晶间腐蚀；化工介质，如尿素、海水、水蒸气（锅炉）等也可发生晶间腐蚀。

四、晶间腐蚀的防护措施

由于奥氏体不锈钢的晶间腐蚀是晶界产生贫铬引起的，所以，控制晶间腐蚀具体可采用如下几种方法。

1. 降低含碳量

实践表明，如果奥氏体不锈钢的含碳量低于0.03%时，即使钢在700℃长期退火，对晶间腐蚀也不会产生敏感性。含碳量在0.02%～0.05%的钢称为超低碳不锈钢。但这种钢冶炼困难，成本较高。

2. 稳定化处理

为了防止不锈钢的晶间腐蚀，冶炼钢材时加入一定的与碳的亲和力较大的Ti、Nb等元素，这时，碳优先与Ti、Nb生成TiC和NbC，这些碳化物相当稳定，经过敏化温度，$Cr_{23}C_6$也不至于在晶界大量析出，在很大程度上消除了奥氏体不锈钢产生晶间腐蚀的倾向。Ti和Nb的加入量一般控制在含碳量的5～10倍。为了使钢达到最大的稳定度，还需要进行稳定化处理。所谓稳定化处理就是把含Ti、Nb的钢加热至900℃，保温数小时，使碳和Ti、Nb充分生成稳定的碳化物，于是$Cr_{23}C_6$也就没有在晶间上析出的可能。

但是，含稳定化元素Ti、Nb，特别是含Ti的不锈钢有许多缺点。例如，Ti的加入使钢的黏度增加，流动性降低，给不锈钢的连续浇注工艺带来了困难；Ti的加入使钢锭、钢坯表面质量变坏等。由于含Ti不锈钢的上述缺点，在不锈钢产量最大的日本、美国，含Ti的18-8不锈钢的产量仅占Cr-Ni不锈钢产量的1%～2%。

3. 采用固溶处理

即采用热处理的方法消除晶间腐蚀的敏感性。

将不锈钢加热至1050～1100℃，保温一段时间让$Cr_{23}C_6$充分溶解，然后快速冷却（通常为水冷），迅速通过敏化温度范围以防止碳化物的析出。

对含稳定化元素Ti和Nb的18-8不锈钢，经固溶处理后，再经850～900℃保温1～4h，然后空冷的处理为稳定化处理。目的是要使钢中的$Cr_{23}C_6$向TiC、NbC转变，使碳稳定在其中。经稳定化处理的含Ti和Nb的钢，若再经敏化温度加热，其晶间腐蚀敏感性很小。

4. 采用双相不锈钢

奥氏体+铁素体（10%～20%）双相不锈钢，由于铁素体在钢中大多沿奥氏体晶界分布，且含Cr高，不易形成贫Cr区，因此有较强的耐晶间腐蚀性能，是目前耐晶间腐蚀的优良钢种。

第六节 应力腐蚀破裂

一、应力腐蚀破裂的概念、特征

应力腐蚀破裂（Stress Corrosion Cracking，SCC）是指受拉伸应力作用的金属材料在某些特定介质中，由于腐蚀介质与拉应力的协同作用而发生的脆性断裂现象。在腐蚀环境中，金属受到应力作用会使腐蚀加速，即在某一种特定介质中，材料不受应力作用时腐蚀很小，而受到远低于材料的屈服极限拉伸应力时，经过一段时间甚至延性很好的金属也会发生脆性断裂。

SCC 事先常常没有明显征兆，金属会在腐蚀并不严重的情况下，经过一段时间后发生低应力脆断，事故的发生往往是突然的，所以会造成灾难性后果。而且 SCC 涉及范围很广，各种石油和化工等管路设备、建筑物、储罐、船只、核电站、航空及航天设备，几乎所有重要的经济领域都受到 SCC 的威胁。

一般认为，SCC 发生必须要同时具备三个条件，即足够大的拉应力，特定的腐蚀介质以及对该腐蚀介质具有应力腐蚀敏感的材料。

SCC 具有以下一些特征：

① 发生应力腐蚀的材料主要是合金，一般认为纯金属极少发生。例如纯度达 99.999%的铜在氨介质中不会发生应力腐蚀，但含有 0.004%磷或 0.01%锑时则发生 SCC；纯度达 99.99%的纯铁在硝酸盐溶液中很难发生应力腐蚀，但含 0.04%碳时，则容易发生。

② 构成一定材料发生应力腐蚀的环境介质是特定的。随着合金使用环境不断增加，现已发现能引起各种合金发生应力腐蚀的介质非常广泛。表 2-3 示出了常用合金发生应力腐蚀的特定介质。可见对于某一材料，不是在所有环境介质中都可能发生应力腐蚀，而只是局限于特定的环境中。

表 2-3 常用合金发生应力腐蚀的特定介质

合金	介质
低碳钢	NaOH 水溶液，沸腾的 NaOH，$NaOH+Na_2SiO_3$ 溶液，沸腾的硝酸盐
低合金钢	NO_3^- 水溶液，HCN 水溶液，H_2S 水溶液，Na_3PO_4 水溶液，乙酸水溶液，液氨（水<0.2%），碳酸盐和重碳酸盐溶液，湿的 CO-CO_2-空气，海洋大气，工业大气，浓硝酸，硝酸和硫酸混合酸
高强度钢	蒸馏水，湿大气，H_2S，Cl^-
奥氏体不锈钢	Cl^-，海水，F^-，Br^-，$NaOH$-H_2S 水溶液，$NaCl$-H_2O_2 水溶液，连多硫酸（$H_2S_nO_6$，$n=2\sim5$），高温高压含氧高纯水，H_2S，含氯化物的冷凝水汽，沸腾的 NaOH，沸腾的氯化物
铜合金：	
Cu-Zn，Cu-Zn-Sn	NH_3 气及溶液
Cu-Zn-Ni，Cu-Sn	浓 NH_4OH 溶液，空气
Cu-Sn-P	胺
Cu-Zn	含 NH_3 湿大气
Cu-P，Cu-As，Cu-Sb，Cu-Au	NH_4OH，$FeCl_3$，HNO_3 溶液
铝合金：	
Al-Cu-Mg，Al-Mg-Zn	海水
Al-Zn-Mg，Al-Mo(Cu)	海洋大气
Al-Cu-Mg-Mn	湿的工业大气
Al-Zn-Cu	$NaCl$，$NaCl$-H_2O_2 溶液
Al-Cu	$NaCl$，$NaCl$-H_2O_2 溶液，KCl，$MgCl_2$ 溶液
Al-Mg	$NaCl$，$NaCl$-H_2O_2 溶液，空气，海水，$CaCl_2$，NH_4Cl，$CoCl_2$ 溶液

续表

合金	介质
镁合金： Mg-Al Mg-Al-Zn-Mn	 HNO_3，NaOH，HF溶液蒸馏水 NaCl-H_2O_2溶液，海滨大气，NaCl-K_2CrO_4溶液，水，SO_2-CO_2-湿空气
钛及钛合金	红烟硝酸，N_2O_4（含O_2，不含NO，24～74℃），HCl，Cl^-水溶液，固体氯化物（>290℃），海水，CCl_4，甲醇，有机酸，三氯乙烯
镍和镍合金	热浓的氢氧化钠，氢氟酸蒸气和溶液
马氏体及铁素体不锈钢	氯化物，反应堆冷却水
马氏体时效钢	氯化物
铅	醋酸铝＋硝酸，大气，土壤

③ 发生应力腐蚀必须有拉应力的作用，并应有足够大的拉应力。压应力反而能阻止或延缓应力腐蚀。拉应力的来源可以是载荷，也可以是设备在制造过程中的残余应力，如焊接应力、铸造应力、形变应力、装配应力和热处理应力等。

④ 应力腐蚀的裂纹有晶间型、穿晶型和混合型三种类型。类型不同是与合金-环境体系有关。

⑤ 断口形貌，宏观上属于脆性断裂，由于腐蚀介质作用，断口表面颜色暗淡，显微断口往往可见腐蚀坑和二次裂纹。裂纹起源于表面；裂纹的长宽不成比例，可相差几个数量级；裂纹扩展方向一般垂直于主拉伸应力的方向；裂纹一般呈树枝状。如图2-9所示。

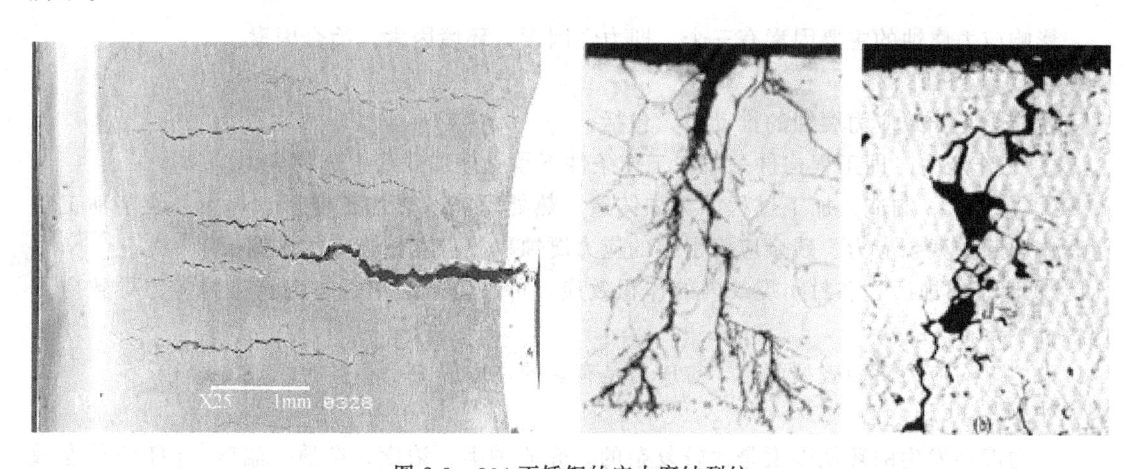

图2-9 304不锈钢的应力腐蚀裂纹

⑥ 应力腐蚀破裂速度远大于其他局部腐蚀速度，但比纯力学（机械）断裂速度小得多；常在无明显预兆的情况下突然发生，故其危害性极大。

二、SCC机理分析

如图2-10所示，应力腐蚀是一种典型的滞后破坏，破坏过程可分三个阶段。

(1) 孕育期　裂纹萌生阶段，即裂纹源的形成过程。

在活性阴离子（如Cl^-）和拉应力的共同作用下，在钝性金属表面上钝化膜有缺陷的位置上形成裂纹源。

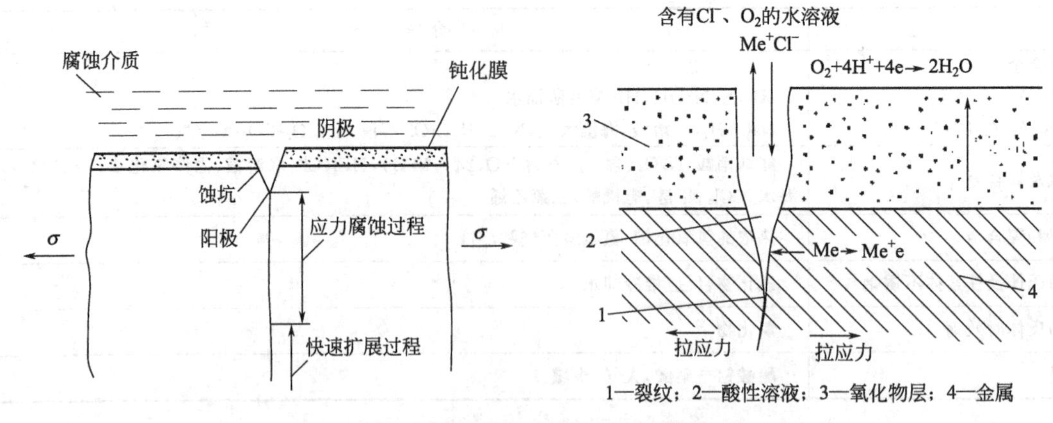

图 2-10 应力腐蚀破裂过程示意图

(2) 裂纹扩展期 裂纹源形成后直至发展到临界尺寸所经历的过程。

这一阶段裂纹扩展主要由裂纹尖端的电化学过程控制。裂纹尖端在腐蚀介质和拉应力的共同作用下，始终不能钝化，成为“动力阳极”快速溶解。

(3) 快速断裂期 裂纹达到临界尺寸后，由纯力学作用裂纹失稳瞬间断裂。

由于产生应力腐蚀破裂的条件不同，孕育期有长有短，所以应力腐蚀破裂条件具备后，可能在很短时间发生破裂，也有可能在几年或更长时间才发生。

三、影响应力腐蚀的因素

影响应力腐蚀的主要因素有三个，即力学因素，环境因素，冶金因素。

1. *力学因素*

拉应力是导致应力腐蚀的推动力，包括：

① 工作应力。即工程构件一般在工作条件下承受外加载荷引起的应力。

② 在生产、制造、加工过程中，如铸造、热处理、冷热加工变形、焊接、切削加工等过程中引起的残余应力。残余应力引起的应力腐蚀事故占有相当大的比例。

③ 由于腐蚀产物在封闭裂纹内的体积效应，可在垂直裂纹面方向产生拉应力导致应力腐蚀开裂。

总之，对应力腐蚀破裂而言，拉应力是有害的，压应力是有益的。

2. *环境因素*

应力腐蚀发生的环境因素是比较复杂的。介质种类、浓度、杂质、温度、pH 值等参数都会影响应力腐蚀的发生。材料表面所接触的环境，即外部环境又称为宏观环境，而裂纹内狭小区域环境称为微观环境。宏观环境会影响微观环境，而局部区域如裂缝尖端的环境对裂缝的发生和发展有更为直接的重要作用。

宏观环境最早发现应力腐蚀是在特定的材料-环境组合中发生的。但近十几年实践中，仍不断在发现特定材料发生应力腐蚀的新的、特定的环境。例如 Fe-Cr-Ni 合金，不仅在含 Cl^- 溶液中，而且在硫酸、盐酸、氢氧化钠、纯水（含微量 F^- 或 Pb）和蒸汽中也可能发生应力腐蚀破裂；蒙乃尔合金在高温氟气中也可能发生应力腐蚀破裂等。

环境的温度、介质的浓度和溶液的 pH 值对应力腐蚀发生各有不同的影响。

特别要指出的是，温度对应力腐蚀发生有重要影响。例如 316 及 347 型不锈钢在 Cl^-

(875mg/L) 溶液中就有一个临界破裂温度（约 90℃），当温度低于该温度，试件长期不发生应力腐蚀破裂。

关于浓度的影响，只是发现宏观环境中如 Cl^- 或 OH^- 越高，应力腐蚀敏感性越强。

溶液的 pH 值下降会使应力腐蚀敏感性增大，破裂时间缩短。

3. 材料因素

材料因素主要是指合金成分、组织结构和热处理以及材料表面状态的影响。

以奥氏体不锈钢在氯化物介质中应力腐蚀破裂为例。

(1) 合金成分的影响　不锈钢中加入一定量的 Ni、Cu、Si 等可改善耐应力腐蚀性能，而 N、P 等杂质元素对耐应力腐蚀性能是有害的。

(2) 组织结构的影响　具有面心立方结构的奥氏体不锈钢易产生应力腐蚀，而体心立方结构的铁素体不锈钢较难发生应力腐蚀。

(3) 热处理影响　如奥氏体不锈钢敏化处理后，应力腐蚀敏感性增大。

(4) 材料表面状态的影响　材料表面的缺陷，如焊接过程中的飞溅物、气孔等或安装、使用过程中的碰伤、划伤，都有可能成为裂纹源。

四、应力腐蚀的控制方法

控制应力腐蚀的方法应针对具体材料使用的环境，考虑到有效、可行和经济性等方面因素来选择，一般可从应力、环境和材料三方面因素来考虑。

1. 降低或消除应力

① 首先应改进结构设计。设计时要尽量避免和减少局部应力集中。对应力腐蚀事故分析表明，由残余应力引起的事故所占比例最大，因此在加工、制造、安装中应尽量避免产生较大的残余应力。结构设计时应尽量采用流线形设计，选用大的曲率半径，将边、缝、孔置于低应力或压应力区，防止可能造成腐蚀液残留的死角，使有害物质（如 Cl^-、OH^-）浓缩；应尽量避免缝隙。

对焊接设备要尽量减少聚集的焊缝，尽可能避免交叉焊缝以减少残余应力。闭合的焊缝越少越好：最好采用对接焊，避免搭接焊，减少附加的弯曲应力。

② 采取热处理工艺消除加工、制造、焊接、装配中造成的残余应力。如钢铁材料可在 500～600℃处理 0.5～1h，然后缓慢冷却。对于那些有可能产生应力腐蚀破裂的设备特别是内压设备，焊接后均需进行消除焊接应力的退火处理。

又如，高强度铝合金，通过时效处理，可降低应力腐蚀破裂的敏感性。

③ 改变金属表面应力的方向。既然引起应力腐蚀破裂的应力为拉应力，那么给予一定的压缩应力可以降低应力腐蚀破裂的敏感性，如采用喷丸、滚压、锻打等措施，都可减小制造拉应力。

④ 严格控制制造工艺。对制造工艺必须严格控制，特别是焊接的设备、焊接工艺尤为重要。例如，未焊透和焊接裂缝往往就可以扩展而形成应力腐蚀破裂；另外，应保证焊接部件在施焊过程中伸缩自如，防止因热胀冷缩形成内应力。

2. 严格控制腐蚀环境

① 为了防止 Cl^-、OH^- 等的浓缩，一方面要防止水的蒸发，另一方面还应对设备定期清洗。有的水中 Cl^- 含量虽然很低，但不锈钢表面由于 Cl^- 的吸附、浓缩，腐蚀产物中 Cl^- 含量可以达到很高的程度。因此，对于像不锈钢换热器这样的设备很有必要进行定期清洗和

及时排污，防止局部地方 Cl^- 浓缩，高温设备更应如此。

② 由于应力腐蚀与温度有很大关系，应控制好环境温度，条件许可应降低温度使用，还应考虑减少内外温差。

要控制好含氧量和 pH 值。一般说来，降低氧含量、升高 pH 值是有益的。

③ 添加缓蚀剂（又称腐蚀抑制剂）。对一些有应力腐蚀敏感性的材料-环境体系，添加某种缓蚀剂，能有效降低应力腐蚀敏感性。如储存和运输液氨的低合金钢容器常发生应力腐蚀破裂．防止措施就是保持 0.2%以上的水，效果良好，这里所加的水就是缓蚀剂。

3. 选择适当的材料

① 一种合金只有在特定的介质中，才会发生应力腐蚀破裂。因此在特定环境中选择没有应力腐蚀破裂敏感性的材料，是防止应力腐蚀的主要途径之一。化工过程中广泛采用的奥氏体不锈钢装置就发生过大量的应力腐蚀破裂事故。从材料观点看来，既要选择具有与奥氏体不锈钢相当或超过它的耐全面腐蚀的能力，又要有比它低的应力腐蚀破裂敏感性。镍基合金、铁素体不锈钢、双相不锈钢、含高硅的奥氏体不锈钢等，都具有上述的优越性能。

② 开发耐应力腐蚀的新材料以及改善冶炼和热处理工艺。采用冶金新工艺，减少材料中的杂质，提高纯度；通过热处理改变组织，消除有害物质的偏析、细化晶粒等，都能减少材料应力腐蚀敏感性。

③ 保护好材料表面。在设备的制造、运输、安装过程中，不要碰伤或划破材料表面膜；焊接时注意焊接过程中的一切缺陷如飞溅物、气孔等可以形成裂纹源，进而引发出应力腐蚀破裂。不锈钢设备的焊接更需要谨慎。

4. 采用保护性覆盖层

保护性覆盖层种类很多，主要是电镀、喷镀、渗镀等所形成的金属保护层和以涂料为主体的非金属保护层。

使用对环境不敏感的金属作为敏感材料的镀层，可减少材料对应力腐蚀的敏感性。铝、锌等金属保护层在有些情况下可以起到缓和或防止应力腐蚀破裂的作用。非金属覆盖层用得最多的是涂料，可使材料表面与环境隔离。

5. 采用阴极保护

具体内容可参见第七章第一节。

第七节 腐蚀疲劳

一、腐蚀疲劳的概念及特征

材料或构件在交变应力和腐蚀环境共同作用下引起的材料疲劳强度降低并最终导致脆性断裂现象称为腐蚀疲劳。交变应力是指应力的大小、方向，或大小和方向都随时间发生周期性变化的一类应力。在船舶推进器、涡轮叶片、汽车的弹簧和轴、泵轴和泵杆、矿山的钢绳等常出现这种破坏。在化工行业中，在泵及压缩机的进、出口管连接处，间歇性输送热流体的管道、传热设备、反应釜等，都有可能因承受（因振动产生的）交变应力或周期性温度变化而产生腐蚀疲劳。

事实上，只有在干燥纯空气中的疲劳通常称为疲劳。而腐蚀疲劳是指除干燥纯空气以外的腐蚀环境中的疲劳行为。一般，随着环境介质腐蚀作用的增强，疲劳极限下降。

腐蚀环境与交变应力共同作用下的腐蚀疲劳有下列特征。

① 在干燥纯空气中的疲劳存在着疲劳极限，但腐蚀疲劳往往已不存在明确的腐蚀疲劳极限。一般规律是：在相同应力下，腐蚀环境中的循环次数大为降低，而在同样循环次数下，无腐蚀环境所承受交变应力要比腐蚀环境下的大得多。如图 2-11 所示。

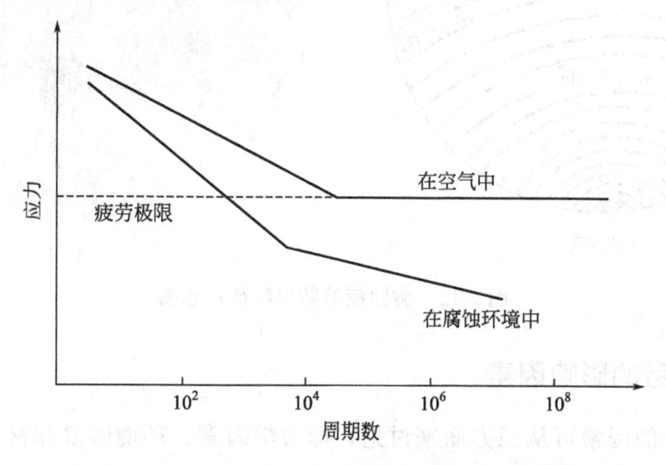

图 2-11 纯机械疲劳和腐蚀疲劳的应力-周期曲线

② 与应力腐蚀不同，纯金属也会发生腐蚀疲劳，而且不需要材料-腐蚀环境特殊组合就能发生腐蚀疲劳。金属在腐蚀介质中，不管是处于活化态或钝态，在交变应力下都可能发生腐蚀疲劳。

③ 腐蚀疲劳裂纹多起源于表面腐蚀坑或表面缺陷处，且往往容易观察到有短而粗的裂纹群，如图 2-12 所示。腐蚀疲劳裂纹主要是穿晶型，只有主干，没有分支，裂纹前缘较“钝”，所受应力不像应力腐蚀那样高度集中，因此裂纹扩展速度比较缓慢，并随腐蚀发展裂纹变宽。

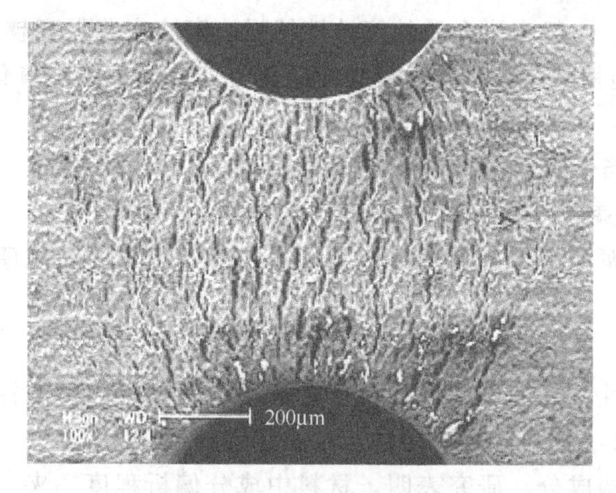

图 2-12 腐蚀疲劳裂纹

④ 腐蚀疲劳断裂属脆性断裂，没有明显宏观塑性变形，断口有疲劳特征（如疲劳辉纹），又有腐蚀特征（如腐蚀坑、腐蚀产物、二次裂纹等），如图 2-13 所示。

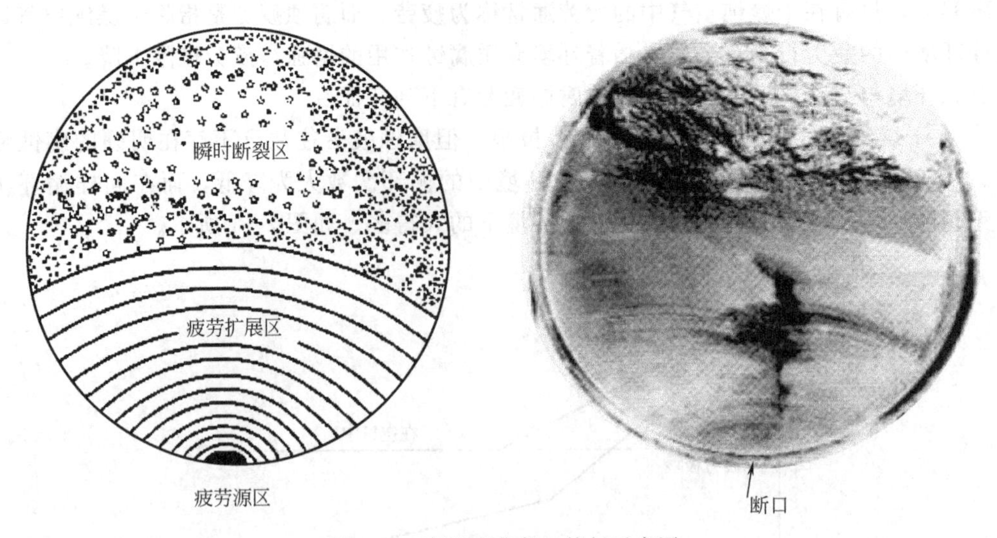

图 2-13 腐蚀疲劳断口特征示意图

二、腐蚀疲劳的影响因素

影响腐蚀疲劳的因素可从三方面来讨论，即力学因素、环境因素和材料因素。

1. 力学因素

① 应力交变（循环）频率。当应力交变频率很高时，腐蚀作用不明显，以机械疲劳为主；当应力交变频率很低时，又与静拉伸应力的作用相似；只是在某一频率范围内最容易产生腐蚀疲劳。这是因为低频循环增加了金属和腐蚀介质的接触时间。

② 交变幅度。交变幅度增大，腐蚀速度也随之增大。

一般，大幅度、低频率的交变应力更容易加快腐蚀疲劳。

③ 应力集中。表面缺陷处易引起应力集中引发裂纹，尤其对腐蚀疲劳初始影响较大。但随疲劳周次增加，对裂纹扩展影响减弱。

2. 环境因素

① 介质的腐蚀性。一般来讲介质的腐蚀性越强，腐蚀疲劳强度越低。而腐蚀性过强时，形成腐蚀疲劳裂纹可能性减少，裂纹扩展速度下降。在介质中添加氧化剂，可提高钝化金属的腐蚀疲劳强度。

② 介质 pH 值。当介质 pH<4 时，疲劳寿命较低；当 pH 值在 4～10 时疲劳寿命逐渐增加；pH>12 时与纯疲劳寿命相同。

③ 温度。温度对腐蚀疲劳有显著的影响。随温度升高，腐蚀现象越发严重，疲劳寿命逐渐下降。

3. 材料因素

① 耐蚀性。耐蚀性较好的金属，如钛、青铜、不锈钢等，对腐蚀疲劳敏感性较小；耐蚀性较差的高强铝合金、镁合金等对腐蚀疲劳敏感性较大。

② 材料的组织结构成分。研究表明，材料中成分偏析程度、夹杂物含量及分布、缺陷等，是腐蚀疲劳寿命下降的重要原因。

③ 材料的强度。提高金属或合金的强度对改善纯力学疲劳是有利的，因为可阻止裂纹形核，但对腐蚀疲劳却有害，因为一旦因腐蚀诱发形成裂纹后，高强合金比低强材料的裂纹

扩展速度要快得多，所以高强合金抗腐蚀疲劳的性能比较差。

④ 另外如表面残余的压应力对耐腐蚀疲劳性能比拉应力好。

⑤ 在材料的表面有缺陷处（或薄弱环节）易发生腐蚀疲劳断裂。施加某些保护镀层（或涂层）也可改善材料耐腐蚀疲劳性能。

三、腐蚀疲劳的控制方法

（1）尽量消除或减少交变应力　首先是合理设计，注意结构平衡，采用合理的加工、装配方法以及消除应力等措施减少构件的应力；其次要提高机器、设备的安装精度和质量，避免颤动、振动或共振出现；生产中还要注意控制工艺参数（如温度、压力），减少波动。

（2）正确选材与优化材料　可以采用改善和提高耐蚀性的合金化元素来提高合金耐腐蚀疲劳性能，如在不锈钢中增加 Cr、Ni、Mo 等元素含量能改善海水中的耐孔蚀性能，也改善了耐腐蚀疲劳性能。另外，选择强度低的钢种，可降低腐蚀疲劳的敏感性。

（3）保护材料表面　可造成材料表面压应力或采用表面涂镀层来改善耐腐蚀疲劳性能，如镀锌钢丝可提高耐海水的腐蚀疲劳寿命。

（4）电化学保护　采用阴极保护可改善海洋金属结构的耐腐蚀疲劳性能。

（5）添加缓蚀剂　例如加重铬酸盐可以提高碳钢在盐水中耐腐蚀疲劳性能。

第八节　磨损腐蚀

一、磨损腐蚀的概念和特征

腐蚀流体和金属表面间以较高速度做相对运动而引起金属的腐蚀损坏，称为磨损腐蚀。

从某种程度上讲，这种腐蚀是流动引起的腐蚀，亦称流体腐蚀。只有当腐蚀电化学作用与流体动力学作用同时存在、交互作用，磨损腐蚀才会发生，缺一不可。在腐蚀性流体作用下，金属以溶解的离子状态脱离表面，或是生成固态腐蚀产物，然后受高速流体的机械冲刷脱离表面，从而加速腐蚀。

暴露在运动流体中的所有类型的金属设备、构件都可能遭受磨损腐蚀。例如，管道系统，特别是弯头、三通，泵和阀及其过流部件，鼓风机、离心机、推进器、叶轮、搅拌桨叶，有搅拌的容器、换热器、透平机叶轮等，经常出现这类腐蚀。

磨损腐蚀往往具有以下特征。

① 磨损腐蚀的外表特征是槽、沟、波纹、圆孔和山谷形，还常常显示有方向性。如图 2-14 所示。在许多情况下，磨损腐蚀是在较短的时间内就能造成严重的破坏，而且破坏往往出乎意料。因此，特别要注意，决不能把静态的选材试验数据不加分析地用于动态条件下的选材，应该在模拟实际工况的动态条件下进行实验才行。

② 大多数的金属和合金都会遭受磨损腐蚀。依靠产生某种表面膜（钝化）的耐蚀金属，如铝和不锈钢，当这些保护性表层受流动介质的破坏或磨损，金属腐蚀会以很高的速度进行着，结果形成严重的磨损腐蚀。而软的、容易遭受机械破坏或磨损的金属，如铜和铅，也非常容易遭受磨损腐蚀。

③ 许多类型的腐蚀介质都能引起磨损腐蚀，包括气体、水溶液、有机介质和液态金属，悬浮在液体或气体中的固体颗粒（或第二相）对磨损腐蚀特别有害。

图 2-14　316 不锈钢海水泵叶轮表面的磨损腐蚀

④ 湍流引起的磨损腐蚀常位于冷凝器或换热器管的入口处，冲击引起的磨损腐蚀常发生在流体改变运动方向的地方，如管子的弯头、三通容器正对入口管的部位等。如图 2-15 所示。

图 2-15　蒸汽冷凝管弯头的磨损腐蚀

二、磨损腐蚀的影响因素

在流动体系中，影响磨损腐蚀的因素很多。除影响一般腐蚀的所有因素外，直接有关的因素如下。

1. 流速

流速在磨损腐蚀中起重要作用，它常常强烈地影响腐蚀反应的过程和机理。一般说来，随流速增大，腐蚀速度随之增大。开始时，在一定的流速范围内，腐蚀速度随之缓慢增大。当流速高达某临界值时，腐蚀速度急剧上升。在高流速的条件下，不仅均匀腐蚀随之严重，而且出现的局部腐蚀也随之严重。

2. 流动状态

流体介质的运动状态有两种：层流与湍流。介质流动状态不仅取决于流体的流速，而且与流体的物性有关，也与设备的几何形状有关。不同的流动状态具有不同的流体动力学规律，对流体腐蚀的影响也很不一样。湍流使金属表面的液体搅动程度比层流时剧烈得多，腐蚀的破坏也更严重。例如，工业上常见的冷凝器、管壳式换热器的入口管端的“进口管腐蚀”就是一典型例子。这是由于流体从大口径管突然流入小口径管，介质的流动状态改变而引起的严重湍流腐蚀。除高流速外，有凸出物、沉积物，缝隙、突然改变流向的截面以及其他能破坏层流的障碍存在，都能引起这类腐蚀。

3. 材料因素

(1) 表面膜　材料表面形成的保护性膜，它的性质、厚度、形态和结构，以及膜的稳定性、附着力、生长和剥离都与流体对材料表面的剪切力和冲击力密切相关。如不锈钢是依靠钝化而耐蚀的，在静滞介质中，这类材料完全能钝化，所以很耐蚀；可在高流速运动的流体中，却不耐磨损腐蚀。对碳钢和铜而言，随流速增大，从层流到湍流，表面腐蚀产物膜的沉积、生长和剥离对腐蚀均起着重要的作用。

(2) 耐磨性能　一般，较软的金属，耐磨性能较差，更容易遭受磨损腐蚀。但耐磨性能好的金属材料往往耐蚀性能降低（如马氏体不锈钢）。因此在实际生产中，应根据具体工况下机械作用和腐蚀作用的相对强弱程度，选择合理的耐磨损腐蚀材料。

4. 第二相

当流动的单相介质中存在第二相（通常是固体颗粒或气泡、液滴）时，特别是在高流速下，腐蚀明显加剧。随着流体的运动，固体颗粒对金属表面的冲击作用不可忽视。它不仅破坏金属表面上原有的保护膜，而且也使在介质中生成的保护膜受到破坏，甚至会使材料机体受到损伤，从而造成材料的严重腐蚀破坏。另外，颗粒的种类、浓度、硬度、尺寸对磨损腐蚀也有显著影响。例如，如图 2-14 所示，就是 316 不锈钢在含石英砂的海水中的磨损腐蚀情况，要比在不含固体颗粒的海水中严重得多。

三、磨损腐蚀的特殊形式

由高速流体引起的磨损腐蚀，其表现的特殊形式主要有湍流腐蚀和空泡腐蚀两种。

1. 湍流腐蚀

在设备或部件的某些特定部位，介质流速急剧增大形成湍流。由湍流导致的金属加速腐蚀称之为湍流腐蚀。例如管壳式热交换器，离入口管端高出少许的部位，正好是流体从大管径转到小管径的过渡区间，此处便形成了湍流，磨损腐蚀严重。这是由于湍流不仅加速阴极去极剂的供应量，而且又附加了一个流体对金属表面的剪切应力，这个高剪切应力可使已形成的腐蚀产物膜剥离并随流体带走，如果流体中还含有气泡或固体颗粒，还会使切应力的力矩增大，使金属表面磨损腐蚀更加严重。当流体进入列管后很快又恢复为层流，层流对金属的磨损腐蚀并不显著。

遭受湍流腐蚀的金属表面常呈现深谷或马蹄形凹槽，蚀谷光滑没有腐蚀产物积存，根据蚀坑的形态很容易判断流体的流动方向。见图 2-16。

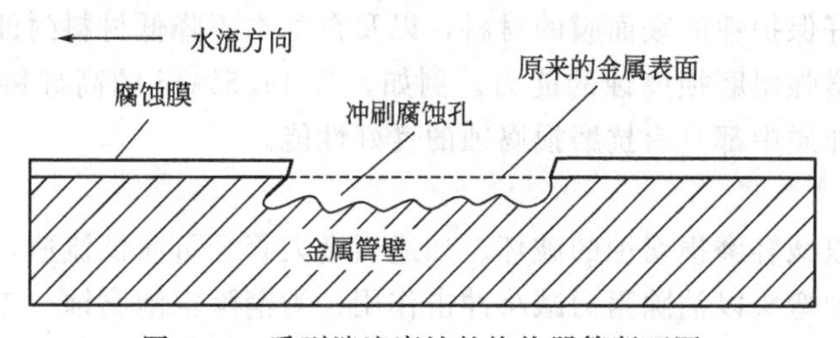

图 2-16 受到湍流腐蚀的换热器管断面图

构成湍流腐蚀除流体速度较大外，不规则的构件形状也是引起湍流的一个重要条件，如泵叶轮、蒸汽透平机的叶片等构件是容易形成湍流的典型的不规则几何构型。

在输送流体的管道内，管壁的腐蚀是均匀减薄的，但在流体突然改向处，如弯管、U形换热管等的弯曲部位，其管壁的腐蚀要比其他部位的腐蚀严重，甚至穿洞。这种由高流速流体或含颗粒、气泡的高速流体直接不断冲击金属表面所造成的磨损腐蚀又称为冲击腐蚀，但基本上可属于湍流腐蚀的范畴，这类腐蚀都是力学因素和电化学因素共同作用对金属破坏的结果。

2. 空泡腐蚀

空泡腐蚀是流体与金属构件做高速相对运动，在金属表面局部区域产生涡流，伴随有气泡在金属表面迅速生成和破灭而引起的腐蚀，又称空穴腐蚀或汽蚀。在高流速液体和压力变化的设备中，如水力透平机、水轮机翼、船用螺旋桨、泵叶轮等容易发生空泡腐蚀。

当流体速度足够大时，局部区域压力降低，当低于液体的蒸气压时，液体蒸发形成气泡，随流体进入压力升高区域时，气泡会凝聚或破灭。这一过程以高速反复进行，气泡迅速生成又溃灭，如“水锤”作用，使金属表面遭受严重的损伤破坏。这种冲击压力足以使金属发生塑性变形，因此遭受空蚀的金属表面会出 现许多孔洞（如图 2-17、图 2-18 所示）。

图 2-17 316 不锈钢海水泵叶轮表面汽蚀

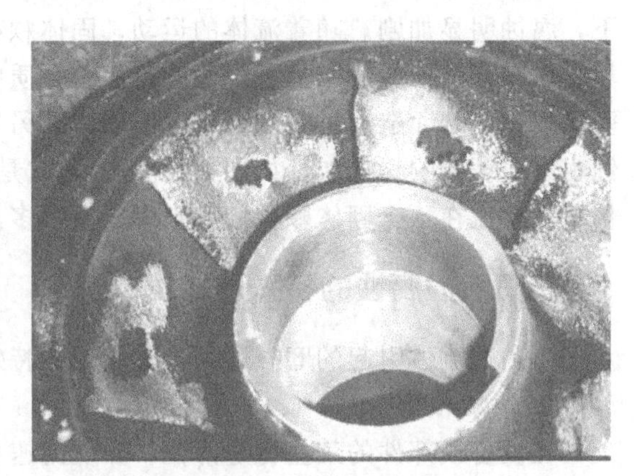

图 2-18 水泵叶轮的汽蚀

通常，空泡腐蚀的形貌有些类似孔蚀，但前者蚀孔分布紧密，且表面往往变得十分粗糙。

四、磨损腐蚀的控制方法

磨损腐蚀的控制通常要根据工作条件、结构形式、使用要求和经济等因素综合考虑。通常为了避免或减缓磨损腐蚀，最有效的方法是合理的结构设计与正确选择材料。

1. 选用能耐磨损腐蚀性较好的材料

选择能形成良好保护性的表面膜的材料，以及在基本不降低材料耐蚀性的前提下，提高材料的硬度，可以增强耐磨损腐蚀的能力。例如，含 14.5%Si 的高硅铸铁，由于有很高的硬度，所以在很多介质中都具有抗磨损腐蚀的良好性能。

2. 合理设计

合理的设计可以减轻磨损腐蚀的破坏。如适当增大管径可减低流速，保证流体处于层流状态。使用流线形的弯头以消除阻力减小冲击作用；为消除空泡腐蚀，应改变设计使流程中流体动压差尽量减小等。设计设备时也应注意腐蚀严重部位、部件检修和拆换的方便，可降低磨损腐蚀的费用。

3. 改变环境

去除对腐蚀有害的成分（如去氧）或加缓蚀剂。特别是采用澄清和过滤除去固体颗粒物，是减轻磨损腐蚀的有效方法。

对工艺过程影响不大时，应降低环境温度。温度对磨损腐蚀有非常大的影响。事实证明，降低环境温度可显著降低磨损腐蚀，例如，常温下双相不锈钢耐高速流动海水的磨损腐蚀性能很好，腐蚀轻微。但当温度升至 55℃，当流速超过 10m/s 时，磨损腐蚀急剧增大。

4. 使用耐磨覆盖层

可以采用在金属（如碳钢、不锈钢）表面涂覆覆盖层的表面工程技术，如：整体热喷涂、表面熔覆耐蚀合金、采用高分子耐磨涂层等。相比较而言，采用高分子耐磨涂层较为经济，目前得到广泛的应用。如图 2-19 所示。

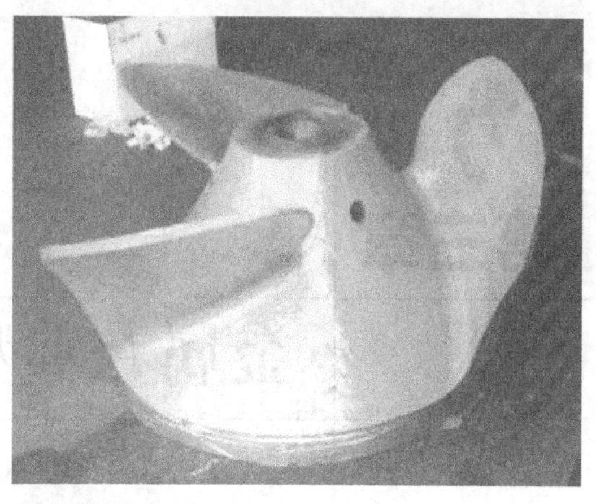

图 2-19 使用耐磨防腐涂层的泵和叶轮

5. 涂料与阴极保护联合应用

单用涂料不能很好解决磨损腐蚀问题，而当涂料与阴极保护联合，综合了两者的优点，是最经济、有效的一种防护方法。

思考练习题

1. 全面腐蚀和局部腐蚀有什么区别？
2. 和全面腐蚀比较，局部腐蚀电池有什么特征？
3. 什么叫电偶腐蚀？
4. 什么是电偶序？有什么作用？
5. 影响电偶腐蚀的因素主要有哪些？是如何影响的？
6. 两块铜板用钢螺栓固定，将会出现什么问题？应采取何种措施？
7. 什么是点蚀？有哪些特征？
8. 试述点蚀的机理及防止方法。
9. 什么是缝隙腐蚀？有哪些特征？
10. 什么是自催化酸化作用？
11. 为什么一般不提倡用改变材料的方法来防止缝隙腐蚀？
12. 什么是晶间腐蚀？有哪些特征？
13. 试述 18-8 不锈钢晶间腐蚀的机理，如何防止？
14. 什么是敏化（作用）？敏化温度？
15. 为什么不锈钢部件经焊接后会产生晶间腐蚀倾向？产生晶间腐蚀倾向的部位在何处？这种部件是否在任何环境中使用都会发生晶间腐蚀？如何解决？
16. 什么是应力腐蚀破裂？有哪些特征？
17. 产生应力腐蚀破裂的条件是什么？
18. 应力腐蚀破裂的发生与哪些因素有关？如何防止？
19. 什么是腐蚀疲劳？有哪些特征？如何防止？
20. 试根据构件受力情况的不同，分析应力腐蚀破裂、腐蚀疲劳及汽蚀的共同点与不同点。

第三章 金属在典型环境中的腐蚀

材料总是在一定的环境中使用。导致金属腐蚀的环境有两类：一类是自然环境，如大气、海水与土壤等；另一类是工业环境，如石油、天然气生产输送过程及石油化工生产中遇到的各种介质，以及酸、碱、盐等溶液和高温气体等。

现已发现，几乎所有材料在自然环境作用下都存在着电化学腐蚀问题。其特点是：自然环境腐蚀是一个渐进的过程，一些腐蚀是在不知不觉中发生的，易为人们所忽视；同时自然环境条件各不相同，差别很大。例如，我国地域辽阔、海岸线长、土壤类型多、大气环境差别大，材料在不同自然环境中的腐蚀速率可以相差数倍至几十倍，而且自然环境腐蚀情况十分复杂，影响因素很多。因此，材料在不同自然环境条件下的腐蚀规律各不相同；同样，在石油、天然气生产输送过程及石油化工生产中的各种介质性质也不同，金属在其中的腐蚀规律也不同。因此，研究掌握各类材料在各种典型环境中的腐蚀规律和特点，对于控制材料的腐蚀、减少经济损失、合理选材、科学用材、采用相应的防护措施具有重要的意义。

第一节 大气腐蚀

金属在大气条件下发生腐蚀的现象称为大气腐蚀。大气腐蚀是金属腐蚀中最普遍的一种。金属材料从原材料库存、零部件加工和装配以及产品的运输和储存过程中都会遭到不同程度的大气腐蚀。例如，表面很光洁的钢铁零件在潮湿的空气中过不多久就会生锈，光亮的铜零件会变暗或产生铜绿。又如长期暴露在大气环境下的桥梁、铁道、交通工具及各种机械设备等都会遭到大气腐蚀。据估计因大气腐蚀而引起的金属损失，约占总腐蚀损失量的一半以上。

随着大气环境的不同，其腐蚀严重程度有着明显的差别。在含有硫化物、氯化物、煤烟、尘埃等杂质的环境中会大大加重金属腐蚀。例如，钢在海岸的腐蚀要比在沙漠中的大400～500倍。离海岸越近，钢的腐蚀也越严重。试验表明，若以Q235钢板在拉萨市大气腐蚀速率为1，则青海察尔汗盐湖大气腐蚀速率为4.3，湛江海边为29.4，相差近30倍。又如，空气中的SO_2对钢、铜、镍、锌、铝等金属腐蚀的速度影响很大。特别是在高湿度情况下，SO_2会大大加速金属的腐蚀。因此讨论大气成分及其对腐蚀的影响，掌握大气腐蚀规律、机理和控制就非常重要。

一、大气腐蚀类型及特点

1. 大气腐蚀类型

从全球范围看，纯净大气的主要成分几乎是不变的，只是其中的水分含量随地域、季节、时间等的不同而变化。其中，参与大气腐蚀过程的主要成分是氧和水汽。而大气中的水汽是决定大气腐蚀速率和历程的主要因素。因此，根据大气中的水汽的含量把大气分为“干的”、“潮的”和“湿的”三种类型，相应产生的大气腐蚀则分为。

(1) 干的大气腐蚀　这种大气腐蚀也叫干氧化和低湿度下的腐蚀，即金属表面基本上没有水膜存在时的大气腐蚀，属于化学腐蚀中的常温氧化。在清洁而又干燥的室温大气中，大多数金属生成一层极薄的不可见的氧化膜，其厚度为1～4nm。在室温下某些非铁金属能生成一层可见的膜，这种膜的形成通常称为失泽作用。金属失泽和干氧化作用之间有着密切的关系。

(2) 潮的大气腐蚀　这种大气腐蚀是相对湿度在100%以下，金属在肉眼不可见的薄水膜下进行的腐蚀。如铁在没有被雨、雪淋到时生锈。这种水膜是由于毛细管作用、吸附作用或化学凝聚作用而在金属表面上形成的。所以，这类腐蚀是在超过临界相对湿度情况下发生的。此外，它还需要有微量的气体沾污物或固体沾污物存在，当超过临界湿度时，沾污物的存在能强烈地促使腐蚀速率增大，而且沾污物还常会使临界湿度值降低。

(3) 湿的大气腐蚀　这是水分在金属表面上凝聚成肉眼可见的液膜层时的大气腐蚀。当空气相对湿度约为100%或水分（雨、飞沫等）直接落在金属表面上时，就发生这种腐蚀。对于潮的和湿的大气腐蚀来说，它们都属于电化学腐蚀。

由于表面液膜层厚度的不同，它们的腐蚀速率也不相同。如图3-1所示。

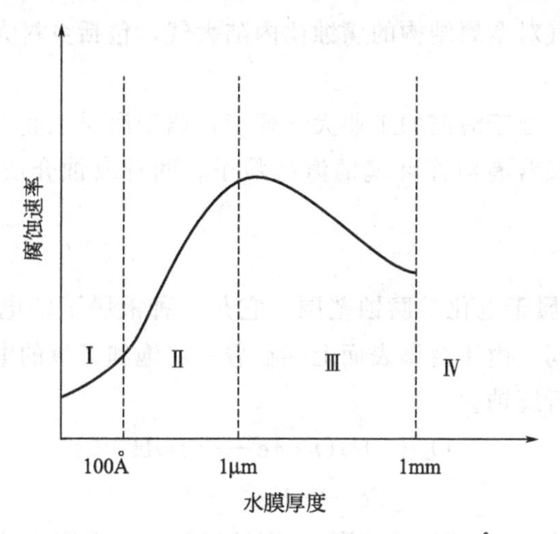

图3-1　大气腐蚀与金属表面水膜厚度的关系（$1Å=10^{-10}m$）

区域Ⅰ：金属表面只有薄薄的一层吸附水膜，约几个水分子厚（10～100Å），未形成连续的电解液，相当于干大气腐蚀，腐蚀速率很小。

区域Ⅱ：金属表面液膜厚度增加，约为几十至几百个水分子厚，形成连续的电解液薄层，开始了电化学过程，相当于潮大气腐蚀，此时腐蚀速率急剧增大。

区域Ⅲ：随着液膜继续增厚，水膜变得可见，相当于湿大气腐蚀，此时氧通过液膜扩散到金属表面变得困难，因此腐蚀速率逐渐下降。

区域Ⅳ：金属表面水膜变得更厚（大于1mm），相当于全浸在电解质溶液中，腐蚀速率基本不变。

随着气候条件和金属表面状态（氧化物、盐类的附着情况）的变化，各种腐蚀形式可以互相转换。例如，在空气中起初以干的腐蚀历程进行的构件，当湿度增大或由于生成吸水性的腐蚀产物时，就会开始按照潮大气腐蚀形式进行腐蚀。若雨水直接落到金属上时，潮的大气腐蚀又转变为湿的大气腐蚀，而当雨后金属表面上的可见水膜被蒸发掉，又重新按潮的大气腐蚀形式进行腐蚀。但通常所说的大气腐蚀，就是指常温下潮湿空气中的腐蚀。

根据大气腐蚀环境中污染物质的不同，大气的类型又可以分为乡村大气、城市大气、工业大气、海洋大气和海洋工业大气。

(1) 乡村大气　乡村大气是洁净的大气环境，空气中不含强烈的化学污染，主要含有机物和无机物尘埃等。影响腐蚀的因素主要是相对湿度、温度和温差。

(2) 城市大气　城市大气中的污染物主要是指城市居民生活所造成的大气污染，如汽车尾气、锅炉排放的二氧化硫等。实际上很多大城市往往又是工业城市，或者是海滨城市，所以大气环境的污染相当复杂。

(3) 工业大气　工业生产区所排放的污染物中含有大量 SO_2、H_2S 等含硫化合物，所以工业大气环境最大特征是含有硫化物。它们易溶于水，形成的水膜成为强腐蚀介质，加速金属的腐蚀。随着大气相对湿度和温差的变化，这种腐蚀作用更强。很多石化企业和钢铁企业往往规模非常大，大气质量相当差，对工业设备和居民生活造成的污染极其严重。

(4) 海洋大气　其特点是空气湿度大，含盐分多。暴露在海洋大气中的金属表面有细小盐粒子的沉降。海盐粒子吸收空气中的水分后很容易在金属表面形成液膜，引起腐蚀。在季节或昼夜变化气温达到露点时尤为明显。同时尘埃、微生物在金属表面的沉积，会增强环境的腐蚀性。所以海洋大气对金属结构的腐蚀比内陆大气，包括乡村大气和城市大气，要严重得多。

(5) 海洋工业大气　处于海滨的工业大气环境，属于海洋工业大气，这种大气中既含有化学污染的有害物质，又含有海洋环境的海盐粒子。两种腐蚀介质的相互作用对金属危害更重。

2. 大气腐蚀特点

① 大气腐蚀基本上属于电化学腐蚀范围。它是一种液膜下的电化学腐蚀，和浸在电解质溶液内的腐蚀有所不同。由于金属表面上存在着一层饱和了氧的电解液薄膜，使大气腐蚀优先以氧去极化过程进行腐蚀。

阴极反应：$$O_2+2H_2O+4e \longrightarrow 4OH^-$$

阳极反应：$$Fe \longrightarrow Fe^{2+}+2e$$

② 对于湿的大气腐蚀（液膜相对较厚)，腐蚀过程主要受阴极控制，但其受阴极控制的程度和全部浸没于电解质溶液中的腐蚀情况相比，已经大为减弱。随着金属表面液层变薄，大气腐蚀的阴极过程通常将更容易进行，而阳极过程相反变得困难。对于潮大气腐蚀，由于液膜较薄，金属离子水化过程难以进行，使阳极过程受到较大阻碍，而且在薄层电解液下很容易产生阳极钝化，因此腐蚀过程主要受阳极控制。

③ 一般说来，在大气中长期暴露的钢，其腐蚀速率是逐渐减慢的。一方面，固体腐蚀产物（锈层）常以层状沉积在金属表面，增大了电阻和氧渗入的阻力，因而带来一定的保护性；另一方面，附着性好的锈层内层将减小活性阳极面积，增大了阳极极化，使大气腐蚀速率减慢。这也为采用合金化的方法提高金属材料的耐蚀性，指出了有效的途径。例如，钢中含有千分之几的铜，由于生成一层致密的、保护性较强的锈膜，使钢的耐蚀性得到明显改善。

二、大气腐蚀的影响因素

影响大气腐蚀的主要因素包括：大气中的污染物质、气候条件及金属表面状态等。

1. 大气中的污染物质

全球范围内大气中的主要成分一般几乎不变，但在不同的环境中，大气中会有其他污染物，其中对大气腐蚀有影响的腐蚀性气体有：二氧化硫（SO_2）、硫化氢（H_2S）、二氧化氮（NO_2）、氨气（NH_3）、二氧化碳（CO_2）、臭氧（O_3）、氯化氢（HCl）、有机物及尘粒等。

（1）二氧化硫（SO_2） 在大气污染物质中，SO_2 对金属腐蚀的影响最大。大气中二氧化硫主要来源于含硫金属矿的冶炼、含硫煤和石油的燃烧所排放的废气。

由大气暴露试验结果表明，铜、铁、锌等金属的大气腐蚀速率与空气中所含的 SO_2 量近似地成正比，耐稀硫酸的金属如铅、铝、不锈钢等在工业大气中腐蚀比较慢。

SO_2 是无色有刺激性嗅觉的气体，易溶于水。大气中的 SO_2 气体在氮氧化物或悬浮颗粒中的某些过渡金属元素的化合催化下，部分地被空气中的氧气等氧化为 SO_3，遇水即可变成硫酸，从而加速钢铁等的腐蚀。

SO_2 对大气腐蚀的影响还会由于空气中沉降的固体颗粒而加强。

（2）硫化氢（H_2S） 硫化氢在潮湿空气中的存在会加速铁、锌、黄铜，特别是铁和锌的腐蚀。主要是由于其溶于水中会形成酸性水膜，增加水膜的导电性。

（3）氯化钠（NaCl） 在海洋大气环境中，海风吹起海水形成细雾，由于海水的主要成分是氯化物盐类，这种含盐的细雾称为盐雾。当夹带着海盐粒子盐雾沉降在暴露的金属表面上时，由于海盐（特别是 NaCl 和 $MgCl_2$）很容易吸水潮解，所以在金属表面形成一层薄薄的液膜，且增大了液膜层的电导；在 Cl^- 作用下，金属钝化膜遭到破坏，丧失保护性，促进了碳钢的腐蚀。

（4）固体颗粒物 城市大气中大约含 $2mg/m^3$ 的固体颗粒物，而工业大气中固体颗粒物含量可达 $1000mg/m^3$，估计每月每平方公里的降尘量大于 100t。工业大气中固体颗粒物的组成多种多样，有煤烟、灰尘等碳和碳的化合物、金属氧化物、砂土、硫酸盐、氯化物等，这些固体颗粒落在金属表面上，与潮气组成原电池或氧浓差电池而造成金属腐蚀。固体颗粒物与金属表面接触处会形成毛细管，大气中水分易于在此凝聚。如果固体颗粒物是吸潮性强的盐类，则更有助于金属表面上形成电解质溶液，尤其是空气中各种灰尘与二氧化硫、水共同作用时，腐蚀会大大加剧，在固体颗粒下的金属表面常易发生点蚀。

2. 气候条件

大气湿度、气温及润湿时间、日光照射、风向及风速等是影响大气腐蚀的气候条件。

（1）大气湿度 空气中含有水蒸气的程度叫作湿度，水分愈多，空气愈潮湿。通常以 $1m^3$ 空气中所含的水蒸气的质量（g）来表示潮湿程度，称为绝对湿度。在一定温度下，空气中能包含的水蒸气量不高于其饱和蒸气压。温度愈高，空气中达到饱和的水蒸气量就愈多。所以习惯用某一温度下空气中实际水汽含量（绝对湿度）与同温度下的饱和水汽含量的百分比值定义相对湿度，用符号 RH 表示。

如果水汽量达到了空气能够容纳水汽的限度，这时的空气就达到了饱和状态，相对湿度为 100%。在饱和状态下，水分不再蒸发。相对湿度的大小不仅与大气中水汽含量有关，而且还随气温升高而降低。

潮湿大气腐蚀并不是单纯由于水汽或雨水所造成的腐蚀，而同时存在着大气中所含有害

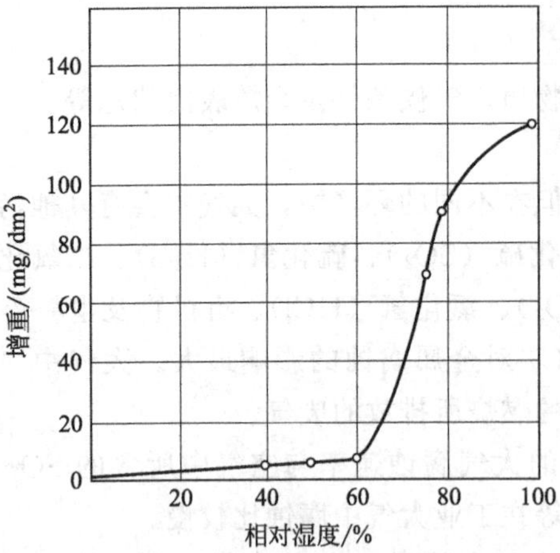

图 3-2 铁的大气腐蚀与相对湿度的关系

气体的综合影响。图 3-2 表示在含 0.01％SO_2 的空气中，铁的腐蚀增重随相对湿度变化的关系。

在非常纯净的空气中，湿度对金属锈蚀的影响并不严重，相对湿度由零逐渐增大时，腐蚀增重是很小的，也无腐蚀速率突变的现象。而大气中含有 SO_2 等腐蚀性气体时，情况就不同了。由图 3-2 可知，在相对湿度由零增加到 60％前，腐蚀增重同样增加缓慢，与纯净空气差不多，当相对湿度达到 60％左右时，腐蚀增重突然上升，并随相对湿度增加。对于钢铁、铜、镍、锌等金属，50％～70％就是临界相对湿度。

可见，在污染大气中，低于临界湿度时，金属表面没有水膜，是化学作用引起的腐蚀，腐蚀速率很小；高于临界湿度时，水膜形成，便产生了严重的电化学腐蚀，腐蚀速率突然增加。

临界相对湿度随金属的种类、金属表面状态以及环境气氛的不同而有所不同。

(2) 气温和温差的影响 空气的温度和温度差对金属大气腐蚀速率有一定的影响。尤其是温度差比温度的影响还大，因为它不但影响着水汽的凝聚，而且还影响着凝聚水膜中气体和盐类的溶解度。

对于温度很高的雨季或湿热带，温度会起较大作用，一般随着温度的升高，腐蚀速率加快。

在一些大陆性气候的地区，日夜温差很大，造成相对湿度的急剧变化，使空气中的水分在金属表面上结露，引起锈蚀；或由于白天供暖气而晚上停止供暖的仓库和工厂；或在冬天将钢铁零件从室外搬到室内时，由于室内温度较高，冷的钢铁表面上就会凝结一层水珠等。这些因素都会促使金属锈蚀。特别是周期性地在金属表面结露，腐蚀更为严重。

(3) 总润湿时间 总润湿时间是指金属表面被水膜层覆盖的时间。在实际的大气环境中，受空气的相对湿度、雨、雾、露等天气条件的持续时间及频率，以及金属的表面温度、风速、光照时间等多种因素影响，使金属表面发生电化学腐蚀的水膜层并不能长期存在，因此金属表面的大气腐蚀过程不是一个连续的过程，而是一个干、湿交替的循环过程。大气腐蚀实际上是各个独立的润湿时间内腐蚀的积累。总润湿时间越长，金属大气腐蚀也越严重。

3. *金属表面状态*

金属的表面加工方法和表面状态对大气中水汽的吸附凝聚有较大的影响。光亮洁净的金属表面可以提高金属的耐蚀性，加工粗糙的表面比精磨的表面易腐蚀，而经喷砂处理的新鲜且粗糙的表面易吸收潮气和污物，易遭受锈蚀。

金属表面存在污染物质或吸附有害杂质，会进一步促进腐蚀过程。如空气中的固体颗粒落在金属表面，会使金属生锈。一些比表面积大的颗粒（如活性炭）可吸附大气中的 SO_2，会显著增加金属的腐蚀速率。

在固体颗粒下的金属表面常发生缝隙腐蚀或点蚀。有些固体颗粒虽不具腐蚀性，也不具吸附性，但由于能造成毛细凝聚缝隙，促使金属表面形成电解液薄膜，形成氧浓度电池，也会导致缝隙腐蚀。

另外，金属表面的腐蚀产物对大气腐蚀也有影响。如：已生锈的钢铁表面的腐蚀速率大于表面光洁的钢铁件，是因为腐蚀产物具有较大的吸湿性，而且腐蚀产物比较疏松，使其丧失了保护作用，甚至会产生缝隙腐蚀，从而使腐蚀加速。某些金属（如耐候钢）的腐蚀产物膜由于合金元素富集，使锈层结构致密，有一定的隔离腐蚀介质的作用，因而使腐蚀速率有所降低。

三、防止大气腐蚀的措施

防止金属大气腐蚀的方法很多，可以根据金属制品所处环境及对防腐蚀的要求，选择合适的防护措施。

① 采用金属或非金属覆盖层是最常用的方法。其中最普通的为涂料保护层，也就是涂漆保护。化工大气腐蚀性特别严重，普通钢铁包括低合金钢在化工大气中使用时，一般都采用金属或非金属覆盖层保护，如利用电镀、喷镀、渗镀等方法镀镍、锌、铬、锡等金属；也有用涂料或玻璃钢等非金属覆盖层来保护钢铁不受大气腐蚀。

② 采用耐大气腐蚀的金属材料。耐大气腐蚀的金属材料，一般有耐候钢、不锈钢、铝、钛及其合金等。其中工程结构材料多采用耐候钢。如含铜、磷、铬、镍等合金元素的低合金钢就是一类在大气中比普通碳钢耐蚀性要好得多的钢种。

③ 控制环境条件。主要用于局部环境控制，如仓储金属制品的保护。可以采用降低环境相对湿度来降低大气腐蚀。如采用加热、冷冻或吸湿剂等方法将湿度控制在50%以下。

此外，还应注意文明生产，及时除去金属表面的灰尘；开展环境保护，减少大气污染。

④ 使用气相缓蚀剂和暂时性保护涂层。这些都是暂时性的保护方法，主要用于储藏和运输过程中的金属制品的保护。保护钢铁的气相缓蚀剂有亚硝酸二环己胺和碳酸环己胺等。气相缓蚀剂一般有较高的蒸气压，能在金属表面形成吸附膜而发挥缓蚀作用，并随温度升高易挥发，因此使用时应注意密封，以免失效。

暂时性保护涂层和防锈剂有凡士林、石油磺酸盐、亚硝酸钠等。

第二节 水的腐蚀

一、淡水腐蚀

淡水通常是指雨水、河流湖泊水、地下水及城市自来水等，一般是工业用水的水源，其成分因地区而有很大差异，所以腐蚀特性也有很大不同。

1. 钢铁在淡水中的腐蚀特点

① 钢铁在淡水中的腐蚀通常是耗氧腐蚀。

阴极反应： $O_2+2H_2O+4e \longrightarrow 4OH^-$

阳极反应： $Fe \longrightarrow Fe^{2+}+2e$

溶液中： $2Fe+2OH^- \longrightarrow Fe(OH)_2$

$$2Fe(OH)_2+O_2 \longrightarrow Fe_2O_3 \cdot H_2O \text{ 或 } 2FeO \cdot OH$$

② 淡水中钢铁的电化学腐蚀过程通常是阴极氧的扩散控制。

③ 淡水中钢铁的腐蚀受环境因素影响较大，材料的影响是次要的。

总之，具有耗氧腐蚀的一般特点（参见第一章第五节的耗氧腐蚀相关内容）。

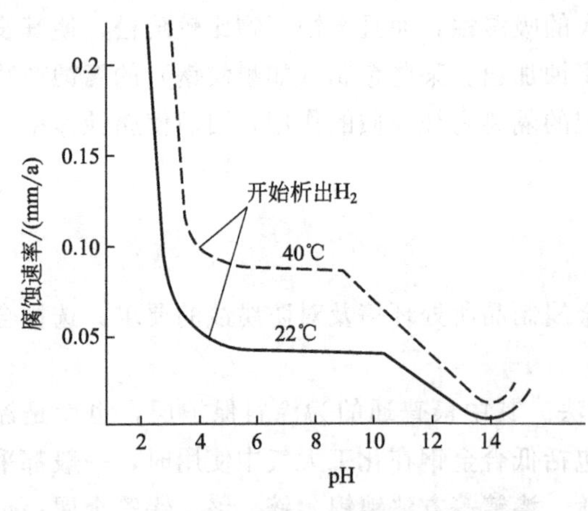

图 3-3 水的 pH 值对钢铁腐蚀速率的影响

2. 钢铁在淡水中腐蚀的影响因素

(1) 水的pH值 钢铁的腐蚀速率与水的pH值的关系如图 3-3 所示。图中可见，pH值在4～10范围内，腐蚀速率与水的pH值无太大关系，主要取决于水中氧的浓度；pH值小于4时，氢氧化物覆盖层溶解，发生析氢反应，腐蚀加剧；pH值大于10时，钢铁容易钝化，腐蚀速率下降。

(2) 水中溶解氧 中性水中，钢铁的电化学腐蚀过程通常是阴极氧的扩散控制，因此，其腐蚀速率与水中溶解氧量及氧的消耗近似呈直线关系。但当氧浓度超过一定值时，钢铁可能产生钝化（在无破坏钝态的离子时），此时腐蚀速率急剧下降。

此外，淡水中溶入的 SO_2、H_2S、NH_3、CO_2 等气体，也会加速水对金属的腐蚀。

(3) 电导率 电导率是衡量淡水腐蚀的一个综合指标，凡电导率大的水，其腐蚀性较强。一般，水中含盐量增加，其电导率增大。但当含盐量超过一定浓度后，氧的溶解度降低，腐蚀速率减小。

(4) 水中溶解盐种类 从淡水中溶解盐的组成来看，当含有 Cu^{2+}、Fe^{3+}、Cr^{3+} 等阳离子时，能促进阴极过程而使腐蚀加速；而 Ca^{2+}、Zn^{2+}、Fe^{2+} 等离子则具有缓释作用。阴离子中，Cl^-、S^{2-}、ClO^- 等是有害的，而 PO_4^{3-}、NO_2^-、SiO_3^{2-} 等有缓释作用。

(5) 水的温度、流速的影响 参见第一章第五节的耗氧腐蚀相关内容。

3. 防止淡水腐蚀的措施

① 覆盖层保护。采用涂料、喷铝或喷铝加涂料等方法防止钢铁设备的腐蚀。

② 对于循环水系统采用水质稳定处理，即加入阻垢剂防止结垢，加入缓蚀剂（如锌盐、铬酸盐、磷酸盐等）抑制腐蚀，加入杀菌灭藻剂阻止微生物滋生等。

③ 尽可能除去水中的有害成分。如除去氧、Cl^- 及各种机械杂质等。

④ 正确选择材料和设备结构。如尽量避免形成缝隙、电偶等。

⑤ 采用阴极保护。

二、海水腐蚀

金属结构在海洋环境中发生的腐蚀称为海水腐蚀。我国海域辽阔，大陆海岸线长达18000km，拥有近300万平方公里的海域。近年来海洋开发受到普遍重视，港口的钢桩、栈桥、跨海大桥、海上采油平台、海滨电站、海上舰船以及在海上和海水中作业的各种机械，无不受到海水腐蚀的侵扰。而且未来的世界会遇到更多海水腐蚀的问题。因此，研究海水腐蚀规律、探讨防腐蚀措施，就具有十分重要的意义。

（一）海水腐蚀的特点

1. 海水的性质及特点

海水是自然界中数量最大并且具有较强腐蚀性的天然电解质溶液，除含有多种盐类外，还含有海洋生物、悬浮泥沙、溶解气体和腐败的有机物质等。作为腐蚀性介质，海水主要有以下特点。

(1) 含盐量高 海水作为较强的腐蚀性介质，其特性首先在于它的含盐量相当大，平均含盐量高达3.5%。海水的含盐量因地区条件的不同而异，如在江河入海口，海水被稀释，含盐量变小。

(2) Cl^-含量高 海水中含量最多的盐类是氯化物，其次是硫酸盐。氯化物含量占总盐量的88.7%，Cl^-的含量约占总离子数的55%。

除了这些主要成分之外，海水中还有含量小的其他成分，如臭氧、游离的碘和溴也是强烈的阴极去极化剂和腐蚀促进剂。此外，海水中还含有少量的、对腐蚀不产生重大影响的许多其他元素。

(3) 含氧量高 海水中还含有较多的溶解氧，在表层海水中溶解氧接近饱和。

(4) 电导率高 海水的平均电导率约为4×10^{-2}S/cm，远远超过河水和雨水。

2. 海水腐蚀的特点

海水作为中性含氧电解液的性质决定了海水中金属腐蚀的电化学特性。电化学腐蚀的基本规律都适用于海水腐蚀。但基于海水本身的特点，海水腐蚀又具有自己的特点。

① 海水腐蚀是氧去极化过程。只有负电性很强的金属，如镁及其合金，腐蚀时阴极才发生氢的去极化作用。

② 多数金属在海水中的腐蚀是阴极氧的扩散控制。过程的快慢取决于氧的扩散的快慢。尽管表层海水被氧所饱和，但氧通过扩散到达金属表面的速度却是有限的，也小于氧还原的阴极反应速度。在静止状态或海水流速不大时，金属腐蚀的阴极过程一般受氧到达金属表面的速度控制。所以钢铁等在海水中的腐蚀几乎完全决定于阴极去极化反应。减小扩散层厚度、增加流速，都会促进氧的阴极极化反应，促进钢的腐蚀。如对于普通碳钢、低合金钢、铸铁，海水环境因素对腐蚀速率的影响远大于钢本身成分和组分的影响。

③ 海水中含有大量的Cl^-，对于大多数金属（如铁、钢、锌、铜等），其阳极极化程度是很小的。对于铁、铸铁、低合金钢和中合金钢来说，在海水中建立钝态是不可能的。由于Cl^-的存在，使钝化膜易遭破坏，对于含高铬的合金钢来说，在海水中的钝态也不完全稳定，即使是不锈钢也可能出现小孔腐蚀。只有少数易钝化金属，如钛、锆、铌、钽等，才能在海水中保持钝态，因而有较强的耐海水腐蚀性能。

④ 海水的电导率很大，电阻性阻滞很小，在金属表面形成的微电池和宏观电池都有较大的活性。

在海水中异种金属的接触能造成显著的电偶腐蚀，且作用强烈，影响范围较大。如海船的青铜螺旋桨可引起远达数十米处的钢制船身的腐蚀。再如铁板和铜板同时浸入海水中，让两者接触时，则铁板腐蚀加快，而铜板受到保护。此即为海水中的电偶腐蚀（宏电池腐蚀）现象。即使两种金属相距数十米，只要存在足够的电位差并实现稳定的电连接，就可以发生电偶腐蚀。所以在海水中，必须对异种金属的连接予以重视，以避免可能出现的电偶腐蚀。

⑤ 海水中除易发生均匀腐蚀外，还易发生局部腐蚀，由于钝化膜的破坏，很容易发生孔蚀和缝隙腐蚀。且在高流速的情况下，还易产生空蚀和冲刷腐蚀。

(二) 海水腐蚀的影响因素

各个海域的海水性质（如含盐量、含氧量、温度、pH值、流速、海洋生物等）可以差别很大，同时，波、浪、潮等在海洋设施和海工结构上产生低频往复应力和飞溅的浪花与飞沫的持续冲击；海洋微生物、附着生物和它们新陈代谢的产物（如硫化氢、氨基酸等）对腐蚀过程产生直接与间接的加速作用。加之，海洋设施和海工结构种类，用途以及工况条件上有很大差别，因此它们发生的腐蚀类型和严重程度也各不相同。金属的腐蚀行为与这些因素的综合作用有关。

1. 含盐量

一般，随着海水中含盐量增大，金属腐蚀速率增大，但若盐浓度过大，海水中溶解氧量会下降，故盐浓度超过一定值后，金属腐蚀速率下降。海水中盐的浓度对钢来讲，刚好接近于最大腐蚀速率的浓度范围。此外，海水中含盐量增大，其中的 Cl^- 含量也增大，易破坏金属钝化。

2. 含氧量

大多数金属在海水中发生的是吸（耗）氧腐蚀。海水腐蚀是以阴极氧去极化控制为主的腐蚀过程。海水中含氧量增加，可使金属腐蚀速率增加。

海水表面因与大气接触面积相当大，海水还不断受到海浪的搅拌作用并有强烈的自然对流，所以通常海水中含氧量较高。除特殊情况外，可以认为海水表面层被氧饱和。

含盐量的增加和温度的升高，会使溶解氧量有所降低；随海水深度的增加，含氧量减少；海洋绿色植物的光合作用能提高含氧量；海洋动物的呼吸及死生物的分解都要消耗氧，会使含氧量降低。

3. 温度

海水的温度随地理位置和季节的不同在一个较大的范围变化。从两极高纬度到赤道低纬度海域，表层海水的温度可由 0℃增加到 35℃。例如，北冰洋海水温度为 2～4℃，热带海洋可达 29℃。温热带海水温度随海水深度而变化，深度增加，水温下降。

海水温度升高，腐蚀速率加快。但是温度升高后，氧在海水中的溶解度下降，金属腐蚀速率减小。但总的效果是温度升高，腐蚀速率增大。因此在炎热的季节或环境中，海水腐蚀速率较大。

4. 流速

海水的流速增大，将使金属腐蚀速率增大。海水流速对铁、铜等常用金属的腐蚀速率的影响存在一个临界值，超过此流速，金属的腐蚀速率显著增加。在平静海水中流速极低、均匀，氧的扩散速度慢，腐蚀速率较低。当流速增大时，因氧扩散加快，使腐蚀加速。对一些在海水中易钝化的金属（如钛、镍合金和高铬不锈钢），有一定流速反而能促进钝化和耐蚀，但很大的流速，因受介质的冲击、摩擦等机械作用影响，会出现冲刷腐蚀或空蚀。

5. 海洋生物

生物因素对腐蚀影响很复杂，在大多数情况下是加大腐蚀的，尤其是局部腐蚀。海洋中叶绿素植物，可使海水的含氧量增加，是加大腐蚀的。海洋生物放出的 CO_2，使周围海水呈酸性。海洋生物死亡、腐烂可产生酸性物质和 H_2S，因而可使腐蚀加速。

此外，有些海洋生物会破坏金属表面的油漆或金属镀层，因而也会加速腐蚀。甚至由于海洋生物在金属表面的附着，可形成缝隙而引起氧浓差电池腐蚀。

6. 海洋环境

从海洋腐蚀的角度出发，按照构筑物（如采油平台）接触海水的位置不同，可将海洋腐蚀环境划分为几个不同特性的区（带），即海洋大气区、浪花飞溅区、潮差区、全浸区（又分为浅海区、大陆架区、深海区）和海底泥沙区。图 3-4 示出了普通碳钢构件在海洋环境不同区带的腐蚀情况。

可见，处于干、湿交替区的飞溅带腐蚀最为强烈，这是因为此处海水与空气充分接触，

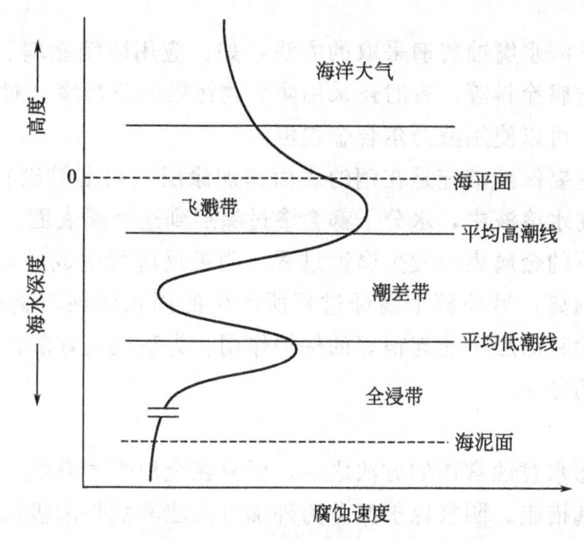

图 3-4 碳钢构件在海洋环境不同区带的腐蚀情况

氧供应充足，同时，光照和浪花冲击破坏了金属的保护膜。实验表明，在这样的环境中放一块铁片，它受腐蚀的速度是陆地上的 3～10 倍。潮差带是指平均高潮线和平均低潮线之间的区域。高潮位处因涨潮时受高含氧量海水的飞溅，腐蚀也较严重。高潮位与低潮位之间，由于氧浓差作用而受到保护。在紧靠低潮线的全浸带部分，因供氧相对缺少而成为阳极，使腐蚀加速。平静海水处（全浸带）的腐蚀受氧的扩散控制，腐蚀随温度变化，生物因素影响大。随深度增加腐蚀减弱。污泥区有微生物腐蚀产物（硫化物），泥浆一般有腐蚀性，有可能形成泥浆海水间腐蚀电池，但污泥中溶氧量大大减少，又因腐蚀产物不能迁移，使腐蚀减小。

（三）防止海水腐蚀的措施

1. 正确选材

不同金属材料在海水中的耐蚀性，其差别是很大的。钛合金和镍铬钼合金的耐蚀性最好，铸铁和碳钢较差，铜基合金如铝青铜、铜镍合金也较耐蚀。不锈钢虽耐均匀腐蚀，但易产生孔蚀。

大量的海洋工程构件仍然使用普通碳钢或低合金钢。从海水腐蚀挂片试验来看，普通碳钢与低合金钢腐蚀失重相差不大，但腐蚀破坏的情况不同。一般来说，普通碳钢的腐蚀破坏比较均匀，而低合金钢的局部腐蚀破坏比碳钢严重。所以普通碳钢和低合金钢可以用于海洋工程，但必须加以切实的保护措施。

不锈钢在海洋环境中的应用是有限的。除了价格较贵的原因之外，不锈钢在海水流速小和有海洋生物附着的情况下，由于供氧不足，在 Cl^- 作用下钝态容易遭到破坏，促使点蚀发生。另外，不锈钢在海水中还可能出现应力腐蚀破裂。在不锈钢中添加合金元素钼可以提高不锈钢耐孔蚀的性能，所以一些适用于海水介质的不锈钢都是含钼的不锈钢。

钛、镍、铜合金在海水中耐蚀性虽好，但价格昂贵，主要用于关键部位。

2. 合理设计与施工

由于海水中容易产生各种局部腐蚀，因此可以通过合理设计与施工，尽量避免形成电偶和缝隙，尽可能减少应力集中和表面缺陷等。

3. 覆盖层保护

这是防止金属材料海水腐蚀普遍采取的方法，如：应用防锈涂料、长效金属复合涂层、塑料涂层、厚浆型重防腐涂料等，有时还采用防生物污染的防污漆。对于处在潮差带和飞溅带的某些固定结构物，可以使用蒙乃尔合金包覆。

海洋工程用钢的主要保护措施是在钢的表面施加涂层（如富锌涂料）。但是，任何一种有机涂层长时间浸泡在水溶液中，水分子都会渗过涂层到达金属表面，在涂层下发生电化学腐蚀。而且一旦涂层下的金属表面发生腐蚀过程，阴极反应所生成的 OH^- 会使涂层失去与金属表面的附着力而剥离，另外整个腐蚀过程所产生的固相腐蚀产物也会将涂层挤得鼓起来，所以光用简单的涂料涂层不能起很好的保护作用。为达到更好的保护效果，通常采用涂料和阴极保护相结合的办法。

4. 阴极保护

阴极保护是防止海水腐蚀常用的方法之一，但只在全浸带才有效，是保护海底管线和海工结构水下部分的首选措施。阴极保护又分为外加电流法和牺牲阳极法。外加电流阴极保护便于调节，而牺牲阳极法则简单易行。海水中常用的牺牲阳极有锌合金、镁合金和铝合金。已有的研究结果表明，对钢质海洋平台的水下部分，不采用涂料，只采用阴极保护同样能得到良好的保护效果。

5. 使用缓蚀剂

海水中加缓蚀剂一般只能用于封闭或循环体系。如：在循环冷却用海水中投加缓蚀剂是一种减缓碳钢腐蚀的经济有效的方法。防护涂料底层中添加缓蚀剂，也能取得良好的效果。

第三节 土壤腐蚀

金属或合金在土壤环境中发生的腐蚀称为土壤腐蚀，这是自然界中一类很重要的腐蚀形式。随着现代工业的发展，大量的金属管线（如油管、水管、蒸汽和煤气管道）、通信电缆、地基钢桩、高压输电线及电视塔金属基座等，埋设在地下，由于土壤腐蚀造成管道穿孔损坏，引起油、气、水的渗漏或使电信设备发生故障，甚至造成火灾、爆炸事故。一些地下基础构件的腐蚀破坏会影响地面构筑物的牢固性。这些地下设备往往难以检修，给生产带来很大的损失和危害。因此，研究土壤腐蚀的规律、寻找有效的防护措施，具有重要的意义。

一、土壤腐蚀的特点

金属在土壤中的腐蚀与在电解液中的腐蚀本质上都是电化学腐蚀，但由于土壤作为腐蚀性介质所具有的特性，使土壤腐蚀的电化学过程具有它自身的特点。

1. 土壤电解质的特点

（1）土壤的复杂性和多相性　土壤是由土粒、水、空气所组成的复杂的不均多相体系。土壤是无机和有机胶质混合颗粒的集合，含有固体颗粒如砂子、灰、泥渣和植物腐烂后的腐殖土以及水分、盐类、空气和微生物等。

（2）土壤的多孔性　土壤颗粒间形成大量毛细微孔或孔隙，孔隙中充满空气和水，盐类溶解在水中，常形成胶体体系。溶解有盐类和其他物质的土壤是一种特殊的电解质，具有一定的离子导电性。土壤的导电性与土壤的干湿程度及含盐量有关。

（3）土壤的不均匀性　土壤的性质和结构是不均匀的、多变的。从小范围看，土壤有各种微结构组成的土粒、气孔、水分以及结构紧密程度的差异；从大范围看，有不同性质的土壤变化等。因此，土壤组成和性质的复杂多变性，使不同的土壤腐蚀性相差很大。

（4）土壤的相对固定性　土壤的固体部分对埋设在其中的金属结构来说，是固定不动的，而土壤中的气、液相则可做有限运动。

土壤的这些物理化学性质，尤其是电化学特性直接影响着土壤腐蚀过程的特点。

2. 土壤腐蚀过程的特点

土壤腐蚀和其他介质中的电化学腐蚀过程一样，因金属和介质的电化学不均匀性形成腐蚀电池；由于土壤介质具有多相性、不均匀性等特点，所以除了有可能生成和金属组织的不均匀性有关的腐蚀微电池外，土壤腐蚀中因介质不均匀性所引起的腐蚀宏电池，往往起着更大的作用。

① 大多数金属在土壤中的腐蚀是属于氧的去极化腐蚀。在某些情况下，如在强酸性土壤中可能发生氢去极化型的腐蚀，或有微生物参与的阴极还原过程。

② 土壤腐蚀的条件极为复杂，使腐蚀过程的控制因素差别也较大。大致有如下几种控制特征（见图 3-5）。

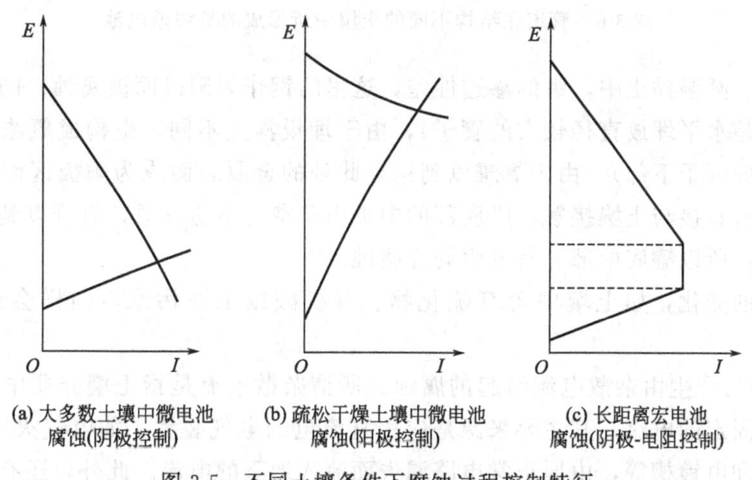

图 3-5　不同土壤条件下腐蚀过程控制特征

a. 对于大多数潮湿、密实的土壤来说，当腐蚀决定于腐蚀微电池或距离不太长的宏观腐蚀电池时，腐蚀主要为阴极过程控制，与全浸在静止电解液中的情况相似。阴极主要是氧的去极化过程，其中包括两个基本步骤，即氧输向阴极和氧离子化的阴极反应。但氧输向阴极过程比较复杂，在多相结构的土壤中由气相和液相两条途径输送。通过土壤中气液相的定向流动和扩散两种方式，最后通过毛细孔隙下形成的电解液薄层及腐蚀产物层。

b. 在干燥且透气性良好的土壤中，随着氧渗透率的增加，腐蚀则转变为阳极控制。此时阳极过程因钝化或离子化困难而产生很大的极化，此种情况与铁在潮的大气中腐蚀的阳极行为相接近。由于腐蚀二次反应，不溶性腐蚀产物与土黏结形成紧密层，起到屏蔽作用。随着时间增长，阳极极化增大，使腐蚀减小。

c. 对于由长距离宏观电池作用下的土壤腐蚀，如地下管道经过透气性不同的土壤形成氧浓差腐蚀电池时，土壤的电阻成为主要的腐蚀控制因素，或阴极-电阻混合控制。

③ 在土壤腐蚀的情况下，除了因金属电化学不均性产生腐蚀微电池外，还可能由于土壤介质的不均匀性产生宏观腐蚀电池。

由于土壤透气性不同，使氧的渗透速度不同。对于比较短小的金属构件来说，可以认为周围土壤结构、水分、盐分、氧量等是均匀的，这时发生微电池腐蚀。对于长的金属构件和管道，与其接触的土壤土质结构不同、埋设深度不同，因此各部分氧渗透率不同，很容易产生氧浓差电池。这类宏观电池会造成局部腐蚀，在阳极部位产生较深的腐蚀孔，使金属构件遭受严重破坏。图 3-6 示出了管道在结构不同的土壤中所形成的氧浓差电池。

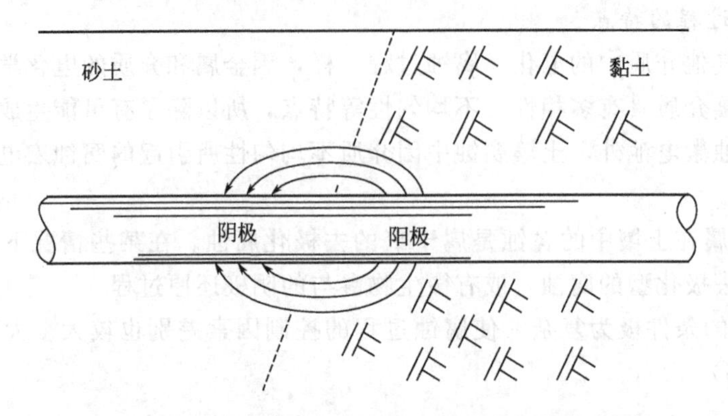

图 3-6 管道在结构不同的土壤中所形成的氧浓差电池

埋在密实、潮湿黏土中，氧的渗透性差，这里的钢作为阳极而被腐蚀。同样，埋在地下的管道（特别是水平埋放直径较大的管子），由于埋设深度不同，也构成氧浓差电池。埋得较深的地方（如管子下部），由于氧难以到达，此处的金属表面成为阳极区而遭受腐蚀。另外，钢制贮罐若直接与土壤接触，则底部的中央由于空气不易流通，氧难以到达，而在边缘却较容易到达，所以罐底中部容易发生局部腐蚀。

土壤性质的变化，如土壤中含有硫化物、有机酸或工业污水，同样会形成宏观腐蚀电池。

④ 土壤中易产生由杂散电流引起的腐蚀。所谓杂散电流是指土壤介质中存在的一种大小、方向都不固定的电流，其主要来源是应用直流电的电气装置，如电气火车、有轨电车、电焊机、电解和电镀槽等，由原正常电路漏失而流入地下的电流。此外，还有电气接地以及防雷、防静电接地等导入地下的电流。地下埋设的金属构筑物、管道、储槽、电缆等都容易因这种杂散电流引起腐蚀。

杂散电流腐蚀是外电流引起的宏观电池腐蚀。如图 3-7 所示。电流从土壤进入金属管道的地方电位较正，为阴极区，电流从管线流出之处成为腐蚀电池的阳极区而加速腐蚀。

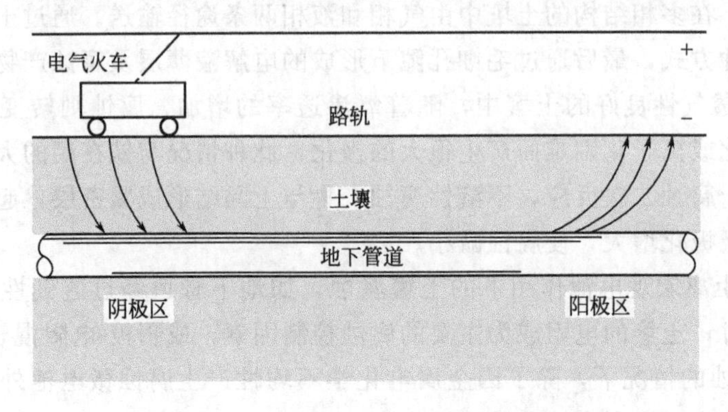

图 3-7 杂散电流引起的腐蚀电池

这种由直流杂散电流引起的局部腐蚀，其特点是腐蚀破坏区域集中、腐蚀速率较大。交流杂散电流也会引起腐蚀。但这种杂散电流腐蚀破坏作用较小。如频率为50Hz的交流电，其作用约为直流电的1%。

⑤ 土壤中易产生由微生物引起的腐蚀。

3. 土壤腐蚀的类型

土壤腐蚀的类型如图3-8所示。

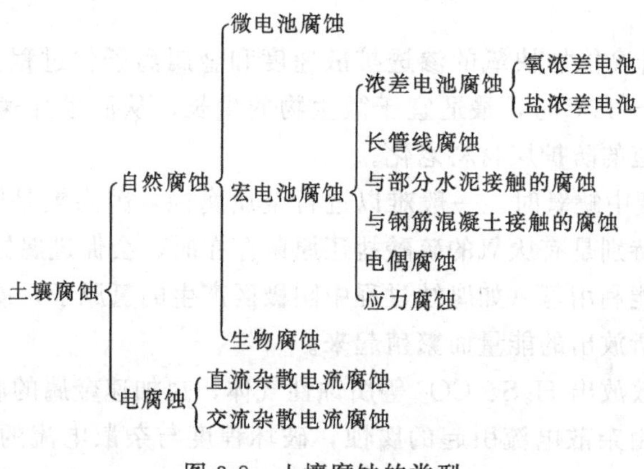

图3-8 土壤腐蚀的类型

二、土壤腐蚀的影响因素

影响土壤腐蚀的因素很多，有土壤的孔隙度（含氧量）、含水量、含盐量、导电性、pH值、杂散电流和微生物等。有些因素相互之间有着密切的联系。

1. 土壤方面的因素

(1) 孔隙度　孔隙度大的土壤（如干燥、疏松的砂土），有利于氧的渗透、扩散，含氧量较高，但水的渗透能力强，土壤中不易保持水分。而孔隙度小的土壤（如潮湿、密实的黏土），不利于氧的渗透、扩散，但容易保持水分，土壤的含水量大。

氧和水分都是促进腐蚀发生的主要因素。

(2) 含水量与含氧量　水分的多少对土壤腐蚀影响很大。土壤中含水量对钢制管道的腐蚀速率影响存在一个最大值，即：含水量很低时腐蚀速率不大，随着含水量的增加，土壤中盐分的溶解量增大，因而加大腐蚀速率。若水分过多时，因土壤颗粒膨胀堵塞了土壤的孔隙，氧的扩散渗透受阻，腐蚀速率反而减小。

土壤中含氧量实际上就是空气含量。一般，土壤中的含水量与含氧量存在一定的关系，即含水量增加，含氧量减少，反之亦然。土壤中的水和氧此升彼降，同时影响着土壤的腐蚀性，当两者达到某一合适的比例时，土壤腐蚀性达到最大值。因此，一般来讲，水、氧含量交替变化，即干湿不定的土壤腐蚀性强。

(3) 含盐量及成分　不同的土壤含盐量相差很大，一般在2%～5%，土壤中含盐量大，土壤的电导率增高，腐蚀性也增强。土壤中一般含有硫酸盐、硝酸盐和氯化钠等无机盐类。SO_4^{2-}、NO_3^- 和 Cl^- 等阴离子对腐蚀影响较大。Cl^- 对土壤腐蚀有促进作用，海边潮汐区或接近盐场的土壤，腐蚀性更强。在透气性差的含硫酸盐土壤中，常有硫酸盐还原菌繁殖，加速金属腐蚀。而在富含 Ca^{2+}、Mg^{2+} 的石灰质土壤（非酸性土壤）中，因在金属表面形成难溶的氧化物或碳酸盐保护层而使腐蚀减小。

(4) 导电性 土壤的导电性受土质、含水量及含盐量等影响。通常，土壤含水量大，可溶性盐类溶解得多，则导电性好，腐蚀性强。一般的低洼地和盐碱地因导电性好，所以有很强的腐蚀性。对于宏观腐蚀电池起主导作用的土壤腐蚀，特别是阴极与阳极相距较远时，为电阻（欧姆）控制，导电性的好坏直接关系到腐蚀速率。

(5) pH 值 大多数土壤是中性的，但有些是碱性的砂质黏土和盐碱土，pH 值为 7.5～9.5。也有的土壤是酸性腐殖土和沼泽土，pH 值为 3～6。一般认为，酸性土壤比中性、碱性土壤的腐蚀性强。

(6) 温度 温度升高能加快氧的渗透扩散速度和金属离子化过程，因此，使腐蚀加速。温度升高，如处于 25～35℃时，最适宜于微生物的生长，从而也加速腐蚀。此外，过高的温度还将促进钢制管道的防护层材料老化。

(7) 微生物 土壤中缺氧时，一般难以进行金属腐蚀，因为氧是阴极过程的去极化剂。但当土壤中有细菌，特别是有厌氧的硫酸盐还原菌存在时，会促进腐蚀。其原因是在这些还原菌的生活过程中，能利用氢（如腐蚀过程中阴极区产生的氢原子）或者某些还原物质将硫酸盐还原成硫化物时所放出的能量而繁殖起来。

还有些细菌能有效放出 H_2S、CO_2 等腐蚀性气体，也加速金属的腐蚀过程。

(8) 杂散电流 由杂散电流引起的腐蚀，破坏程度与杂散电流的电流强度成正比。杂散电流造成的集中腐蚀破坏是非常严重的，一个壁厚 8～9mm 的钢管，快则几个月就会穿孔。

2. 材料因素

与土壤接触的金属结构材料大多使用碳钢、铸铁和低合金钢（其他金属材料作为结构材料使用时往往不经济而很少使用），其中主要是碳钢。这些材料在土壤中的腐蚀速率差别不大，或者说，材料的成分对土壤腐蚀影响不大，但材料本身的相结构和组织变化（如焊缝及热影响区），对土壤腐蚀则比较敏感。不锈钢在土壤中容易发生局部腐蚀，很少使用；铅适用于含盐量高的土壤，不宜用于酸性土壤和强碱性土壤；铝在透气性不良的酸性或碱性土壤中耐蚀性类似钢铁。

三、防止土壤腐蚀的措施

防止土壤腐蚀可采用如下几种措施。

(1) 覆盖层保护 考虑到经济性及机械化施工的方便，埋地钢质管道普遍使用的防腐覆盖层主要有石油沥青和煤焦油沥青的覆盖层（防腐绝缘层），一般用填料加固或用玻璃纤维布、石棉等把管道缠绕加固绝缘起来。近年来还发展了挤塑聚乙烯、PE（聚乙烯）胶黏带、熔结环氧树脂（FBE）及复合覆盖层（含三层 PE）。

石油沥青是使用历史最长的防腐涂料，如果腐蚀环境无微生物、无深根植物，那么仍不失为一种经济适用的防腐覆盖层，当然它的流淌性不适合高温环境。

熔结环氧树脂是所有防腐涂料中与钢管黏结力最强、抗各种环境腐蚀最好、抗机械冲击最高的防腐涂料，但由于涂覆层薄（不到 1mm），抗尖锐物体的冲击较差，在石方地段要慎用。

聚乙烯胶黏带具有绝缘性能好、机械强度高、抗渗透性强等特点，但该产品黏结力较差，尤其与焊缝较多的钢管结合较差。

为克服上述缺点，开发了三层 PE 防腐管道，这是一种将环氧树脂的抗阴极剥离黏结性与聚乙烯的抗冲击强度相结合的复合结构。然而聚乙烯的耐老化性能与耐环境应力开裂尚未经长期使用的检验，一旦聚乙烯外覆盖层老化或开裂失效，内层薄薄的环氧树脂就很难达到等效的防腐作用，再加上价格较高，因此它只适合在特殊地质条件下采用。

各种防腐覆盖层有各自的优缺点，应根据管道线路的地质条件、腐蚀环境，因地制宜地选用，并不是价格高就一定好，而是以安全、适用、经济为原则。

(2) 耐蚀金属材料和金属镀层　采用某些合金钢和有色金属（如铅），或采用锌镀层来防止土壤腐蚀。但这种方法由于不经济很少使用，且不宜用于酸性土壤。

(3) 处理土壤，减少其侵蚀性　如用石灰处理酸性土壤，或在地下构件周围填充石灰石碎块，移入侵蚀性小的土壤，加强排水，以改善土壤环境、降低腐蚀性。

(4) 阴极保护　在上述保护方法的同时，可附加阴极保护措施。如适当的外涂层和阴极保护相结合，对延长地下管道寿命是最经济的方法。这样既可弥补保护层损伤造成的保护不足，又可减少阴极保护的电能消耗。

第四节　金属在高温气体中的腐蚀

这里所谓的高温是指在金属表面不致凝结出液膜，又不超过金属表面氧化物熔点的温度。

金属在高温气体中的腐蚀是一种很普遍而又重要的腐蚀形式。例如汽轮机叶片、内燃机气门、喷气发动机、火箭以及原子能工业设备等，都是在高温下同气体介质接触的，所以常发生高温气体腐蚀。其中，最常见的是钢铁的高温氧化。

实际上，在任何高温环境下，甚至在室温下的干燥空气中，也可能发生金属氧化，其腐蚀产物称为氧化膜或锈皮。它对腐蚀的继续进行有着不同的影响：可能抑制腐蚀的进行，起到防护作用；也可能没有保护性，甚至可加速腐蚀的进行。因此，了解金属氧化的机理及其规律，对于正确选用高温结构材料、寻找有效的防护措施、防止或减缓金属在高温气体中的腐蚀是十分必要的。

一、金属的高温氧化与氧化膜

1. 高温氧化的可能性判断

金属的氧化有两种含义，狭义的氧化是指金属与环境介质中的氧化合而生成金属氧化物的过程。在反应中，金属原子失去电子变成金属离子，同时氧原子获得电子成为氧离子，可用下式表示：

$$M+\frac{x}{2}O_2 = MO_x$$

实际上能获取电子的并不一定是氧，也可以是硫、卤素元素或其他可以接受电子的原子或原子团。因此，广义的金属氧化就是金属与介质作用失去电子的过程，氧化反应产物不一定是氧化物，也可以是硫化物、卤化物、氢氧化物或其他化合物。

金属的高温氧化从热力学角度看是一个自由能降低的过程。对于一个金属的氧化反应

$$M+\frac{1}{2}O_2 = MO$$

可以根据氧的分压（p_{O_2}）与氧化物的分解压力（p_{MO}）比较高低来判定氧化反应能否

自发进行，即在给定温度下，如果氧的分压高于氧化物的分解压力（$p_{O_2}>p_{MO}$），则金属氧化反应能自发进行；反之（$p_{O_2}<p_{MO}$），则金属不能被氧化。表 3-1 列出了几种金属氧化物在不同温度下的分解压力数值。

由表 3-1 可以看出，金属氧化物的分解压力随温度升高而急剧增加，即金属氧化的趋势随温度的升高而显著降低。例如空气中，Cu 在 1800K 时能被氧化，但是当温度高达 2000K 时，Cu_2O 的分解压力就已超过空气中氧的分压（0.21atm），因而 Cu 就不可能被氧化了。而对于 Fe，即使在这样高的温度下，其氧化物的分解压力还是远小于氧的分压，因此氧化反应仍然可能进行。只有剧烈地降低氧的分压，例如将金属转移到无氧的或还原性气氛中，金属才不会发生氧化反应。

表 3-1 金属氧化物在各种温度下的分解压力

温度/K	各种金属氧化物按下式分解时的分解压力/atm					
	$2Ag_2O \rightleftharpoons 4Ag+O_2$	$2Cu_2O \rightleftharpoons 4Cu+O_2$	$2PbO \rightleftharpoons 2Pb+O_2$	$2NiO \rightleftharpoons 2Ni+O_2$	$2ZnO \rightleftharpoons 2Zn+O_2$	$2FeO \rightleftharpoons 2Fe+O_2$
300	8.4×10^{-5}					
400	6.9×10^{-1}					
500	24.9×10	0.56×10^{-30}	3.1×10^{-38}	1.8×10^{-46}	1.3×10^{-68}	
600	360.0	8.0×10^{-24}	9.4×10^{-31}	1.3×10^{-37}	4.6×10^{-56}	5.1×10^{-42}
800		3.7×10^{-16}	2.3×10^{-21}	1.7×10^{-25}	2.4×10^{-40}	9.1×10^{-30}
1000		1.5×10^{-11}	1.1×10^{-15}	8.4×10^{-20}	7.1×10^{-31}	2.0×10^{-22}
1200		2.0×10^{-8}	7.0×10^{-12}	2.6×10^{-15}	1.6×10^{-24}	1.6×10^{-19}
1400		3.6×10^{-6}	3.8×10^{-9}	4.4×10^{-12}	5.4×10^{-20}	5.9×10^{-14}
1600		1.8×10^{-4}	4.4×10^{-7}	1.2×10^{-9}	1.4×10^{-16}	2.8×10^{-11}
1800		3.8×10^{-3}	1.8×10^{-5}	9.6×10^{-8}	6.8×10^{-14}	3.3×10^{-9}
2000		4.4×10^{-1}	3.7×10^{-4}	9.3×10^{-6}	9.5×10^{-12}	1.6×10^{-7}

注：1atm=101325Pa。

2. 金属氧化膜的完整性和保护性

金属氧化膜的完整性是具有保护性的必要条件。金属氧化过程中形成的氧化膜是否具有保护性，首先决定于膜的完整性。完整性的必要条件是，氧化时所生成的金属氧化膜的体积（V_{MO}）比生成这些氧化膜所消耗的金属的体积（V_M）要大，即

$$V_{MO}/V_M>1$$

此比值称为 P-B 比，以 r 表示。

可见，只有 $r>1$ 时，金属氧化膜才是完整的，才具有保护性。当 $r<1$ 时，生成的氧化膜不完整，不能完全覆盖整个金属表面，即形成了疏松多孔的氧化膜，不能有效地把金属与环境隔离开来，因此这类氧化膜不具有保护性，或保护性很差。例如，碱金属或碱土金属的氧化物 MgO、CaO 等。

$r>1$ 只是氧化膜具有保护性的必要条件，但不是充分条件。因为 r 过大（如 $r>2.5$），膜的内应力大，易使膜破裂，从而失去保护性或保护性很差。

表 3-2 列出了一些金属氧化膜的 P-B 比（r）。

实践证明，并非所有的固态氧化膜都有保护性，只有那些组织结构致密、能完整覆盖金属表面的氧化膜才有保护性。因此，氧化膜要具有保护性，必须满足以下条件。

表 3-2　金属氧化物-金属体积比 r

金属	氧化物	V_{MO}/V_M	金属	氧化物	V_{MO}/V_M
K	K_2O	0.45	Cu	Cu_2O	1.68
Na	Na_2O	0.55	Fe	FeO	1.77
Li	Li_2O	0.57	Mn	MnO	1.79
Ca	CaO	0.64	Co	Co_3O_4	1.99
Ba	BaO	0.67	Cr	Cr_2O_3	2.07
Mg	MgO	0.81	Fe	Fe_2O_3	2.14
Al	Al_2O_3	1.28	Si	SiO_2	2.27
Sn	SnO_2	1.32	Sb	Sb_2O_3	2.35
Pb	PbO	1.31	W	WO_3	3.35
Ti	Ti_2O_3	1.48	Mo	MoO_2	3.40
Zn	ZnO	1.55			
Ni	NiO	1.65			

① 膜必须是完整性的。一般认为，金属氧化物膜在 $1<r<2.5$ 时具有较好的保护性能。

② 膜必须是致密性的。膜的组织结构致密，金属离子或氧离子在其中扩散系数小、电导率低，可以有效地阻碍腐蚀环境对金属的腐蚀。

③ 膜在高温介质中是稳定的。金属氧化膜的热力学稳定性要高，而且熔点要高、蒸气压要低，才不易熔化和挥发。

④ 膜要有足够的强度和塑性，而且膜与基体的附着性要好，不易剥落。

⑤ 膜具有与基体金属相近的热膨胀系数。

二、影响金属高温氧化的因素

1. 金属的抗氧化性能

不同的金属抗氧化性能也不同。耐氧化的金属可分为两类，第一类是贵金属，如 Au、Pt、Ag 等，其热力学稳定性高；第二类是与氧的亲和力强，且生成致密的保护性氧化膜的金属，如 Al、Cr、耐热合金等。前者昂贵，很少使用，因此，工程上多利用第二类耐氧化金属的性质，通过合金化提高钢和其他合金的抗氧化性能。

由于 Al、Cr 与氧的亲和力比 Fe 更大，因而加入到 Fe 中后，在高温下发生选择性氧化，分别形成 Al_2O_3 或 Cr_2O_3 的氧化膜，这些氧化膜薄而致密，阻碍氧化的继续进行。

2. 氧化膜的保护性

所谓金属的抗氧化性并不是指在高温下完全不被氧化，而通常是指在高温下迅速氧化，但在氧化后能形成一层连续而致密的、并能牢固地附着在金属表面的薄膜，从而使金属具有不再继续被氧化或氧化速度很小的特性。

例如，钢铁在空气中加热时，在 570℃以下，氧化膜由 Fe_3O_4 和 Fe_2O_3 组成，它们的结构致密，有较好的保护性，离子在其中的扩散速度较小，所以氧化速度较慢；但在 570℃以上高温氧化时，生成的氧化膜结构是十分复杂的，即从内到外为 FeO、Fe_3O_4 和 Fe_2O_3。在这些氧化物中，FeO 结构疏松，易于破裂，保护作用较弱，而 Fe_3O_4 和 Fe_2O_3 结构较致密，有较好的保护性。

3. 温度的影响

温度升高会使金属氧化的速度显著升高。如上所述，钢铁在较低的温度下（200～300℃），表面已生成一层可见的、保护性能良好的氧化膜，氧化速度非常缓慢，随着温度的升高，氧化速度逐渐加快，但在570℃以下，氧化膜由Fe_3O_4和Fe_2O_3组成，相对来说，它们有保护作用，氧化速度仍然较低。而当温度超过570℃以后，氧化层中出现大量有晶格缺陷的FeO，形成的氧化膜层结构变得疏松（称为氧化铁皮），不能起保护作用，这时氧原子容易穿过膜层而扩散到基体金属表面，使钢铁继续氧化，且氧化速度大大增加。如表3-3所示。

表3-3 钢在热空气中的氧化

温度/℃	腐蚀率/[mg/(dm²·d)]	温度/℃	腐蚀率/[mg/(dm²·d)]	温度/℃	腐蚀率/[mg/(dm²·d)]	温度/℃	腐蚀率/[mg/(dm²·d)]
100	0	400	45	700	1190	1000	13500
200	3.3	500	62	800	4490	1100	20800
300	12.7	600	463	900	5710	1200	39900

当温度高于700℃时，除了生成氧化铁皮外，同时还发生钢的脱碳（钢组织中的渗碳体减少）现象。脱碳作用中析出的气体破坏了钢表面膜的完整性，使耐蚀性降低，同时随着碳钢表面含碳量的减少，造成表面硬度、疲劳强度的降低。

4. 气体介质的影响

不同气体介质对钢铁的氧化有很大的影响。大气中含有SO_2、H_2O和CO_2可显著地加速钢的氧化；碳钢在含有CO、CH_4等高温还原性气体长期作用下，将使其表面产生渗碳现象，可促进裂纹的形成；在高温高压的H_2中，钢材会出现变脆甚至破裂的现象（称为氢侵蚀）；在合成氨工业中除了氢侵蚀外，还有钢的氮化问题，氮化的结果使钢材的塑性和韧性显著降低，变得硬而脆。

大气或燃烧产物中，含硫气体的存在会导致产生高温硫化腐蚀。高温硫化腐蚀比氧的高温氧化腐蚀严重得多，主要是硫化物膜层易于破裂、剥落、无保护作用，有些情况下不能形成连续的膜层。金属硫化物的熔点常低于相应的氧化物的熔点。例如铁的熔点为1539℃，铁的氧化物的熔融温度大致接近于这一温度，但铁的硫化物共晶体的熔融温度只有985℃，大大低于铁的熔点，因此限制了它的工作温度。

高温硫的腐蚀介质，常见的有SO_2、SO_3、H_2S和有机硫等。

在石油炼制过程中，各种石油产品的分离系统中常出现高温硫的腐蚀。

H_2S在高温下对钢铁的化学腐蚀反应为：

$$H_2S + Fe = FeS + H_2$$

反应的速度受温度和H_2S浓度的影响。开始时腐蚀速率随温度升高而增大，在360～390℃最大，到450℃左右就变得不明显了。当H_2S浓度较低时，腐蚀速率随浓度的升高而升高，此时浓度是主要影响因素；当H_2S浓度较高时，腐蚀速率随浓度变化较小，而受温度的影响较大。因此，随温度的升高，所选用材料的等级也应相应提高。

三、防止高温氧化的措施

① 主要方法是合理选择耐热金属结构材料（参见第五章第一节）。

② 改变气相介质成分。即应用保护性气体或控制气体成分，以降低气体介质的侵蚀性。

③ 应用保护性覆盖层（参见第六章第二节、第三节）。即在金属构件表面覆盖金属或非金属层，以防止气体介质与底层金属直接接触从而达到提高抗氧化性的目的。较常用的是热扩散的方法（又称为表面合金化），如渗铝、渗铬、渗硅等。此外，还可以在金属表面上涂刷耐高温涂料或用炔-氧焰喷涂或等离子喷涂的方法，使耐热的氧化物、碳化物、硼化物等在金属表面形成具有抗高温性能的陶瓷覆盖层。

第五节 石油天然气采输与加工中的特殊腐蚀

石油天然气采输与加工工业中存在一类特殊的腐蚀，引起腐蚀的主要因素为一些特殊介质的作用，主要有硫化氢（H_2S）腐蚀、二氧化碳（CO_2）腐蚀和环烷酸腐蚀等。这类腐蚀的发生、发展的现象具有其特殊性，对石油天然气工业正常安全生产具有不可忽视的影响，因而必须关注。

一、油品天然气的腐蚀性

油品本身，不管是原油、半成品油还是成品油，都没有腐蚀性，但是由于油品中有无机盐、酸、硫化物、氧、水分等腐蚀性杂质，以及在炼制过程中产生的腐蚀性介质均会对油罐造成腐蚀。

原油中含有一定的硫化物，含硫量在0.1%～0.5%的叫低硫原油，含硫量大于0.5%为高硫原油。原油中的硫化物成分比较复杂，根据对金属的作用，可以分为活性硫化物和非活性硫化物。活性硫化物能与金属直接发生反应，如硫化氢、硫和低分子硫醇等，活性硫主要分布在沸点低于240℃的轻质馏分中。非活性硫化物不能与金属直接发生反应，如硫醚、多硫醚、噻吩、二硫化物等。非活性硫主要分布在沸点高于240℃的轻质馏分中。在原油炼制过程中，非活性硫的有机硫化物会发生分解，生成硫和硫化氢等活性硫。加热裂化反应硫醚产生硫化氢。二硫化物高温分解产生硫或硫化氢。加氢反应过程硫醚、二氧化硫和噻吩形成硫化氢。因此，在原油的加工过程中，由于非活性硫不断向活性硫转变，使硫腐蚀不但存在于一次加工装置，也存在于二次加工装置。

天然气无色、无味、无毒且无腐蚀性，主要成分为甲烷，也包括一定量的乙烷、丙烷和重质碳氢化合物。还有少量的氮气、氧气、二氧化碳和硫化物。另外，在天然气管线中还发现有水分。天然气中混有许多种杂质，大多数杂质气体都是有害的。

石油与天然气硫含量的影响是一个较为复杂的问题。其原因在于原油中所含的硫化物在高温下会释放出H_2S，H_2S将在高温下与钢铁反应生成硫化亚铁，覆盖于金属表面，形成一层机械隔离层。

干燥的含硫天然气对金属材料的腐蚀破坏作用甚微，只有溶解在水中才具有腐蚀性。天然气从井底往井口和在地面管道流动过程中，温度逐渐降低，当温度降到水的露点后，水从天然气中凝析出来，并在管壁聚集，此时天然气中H_2S、S_8、CO_2及多种矿物离子就可能溶解在凝析水中对材料产生腐蚀。

原油中含有少量的油田水，油田水与油乳化液悬浮在原油中。这些水分含有氧化钠、氯化镁和氯化钙等盐类。在原油加工中，氯化镁和氯化钙很容易受热水解，生成具有强烈腐蚀性的氯化氢。

从腐蚀程度上讲，一般轻质油比重质油重，二次加工耐高温轻质油（如焦化汽油，焦化柴油和裂化汽油）比直馏轻质油重，中间产品比成品油重。

油罐腐蚀严重部位是污油罐和轻质油罐（石脑油罐和汽油罐）的气相、液相交界处及其气相部位，汽油罐顶的腐蚀尤为严重，其次是轻质油罐底和重质油罐（原油罐、渣油罐等）油水交界面（油罐周围1m高左右）的罐壁和罐底。

随着装置高含硫原油加工量的不断增加，原油储罐的腐蚀日益加重。储罐清罐检修时，在罐体、罐底或罐顶经常可以发现麻点、凹坑，甚至被腐蚀穿孔，一旦发生事故，后果将不堪设想。经验表明，钢质储罐如果原油中不含H_2S，一般寿命为10～15年；如果含有H_2S时寿命为3～5年。

二、H_2S腐蚀

在石油天然气工业及其他工业中广泛存在着H_2S腐蚀的问题。其原因在于原油和天然气中都或多或少含有一些硫化物，硫化物成分主要为硫醇、硫醚、二硫化物及环状的硫化物，除此之外还可能有一些H_2S和游离态的硫。

此外，在以天然气、石油和煤等为原料的加工工业中，存在于原料中的各种硫化物在加工中经常分解出H_2S，因而腐蚀问题普遍存在。在某些场合，H_2S又往往与其他化学成分（如Cl^-、O_2、CO_2、HCl、HCN、H_2、S、SO_2等）混合在一起，互相影响，加剧了腐蚀。

材料在受H_2S腐蚀时，其腐蚀破坏形式是多种多样的：包括全面腐蚀、坑蚀、氢鼓泡、氢诱发的阶梯腐蚀裂纹、氢脆及硫化物引起的应力腐蚀破裂等。

1. 全面腐蚀

(1) H_2S全面腐蚀的机理、特点　碳钢在250℃以下的无水H_2S中基本不发生腐蚀，然而一旦有水存在，则金属的腐蚀就相当严重。

H_2S在水中发生的离子化过程如下：

$$H_2S \rightleftharpoons H^+ + HS^-$$

$$HS^- \rightleftharpoons H^+ + S^{2-}$$

而H_2S水溶液对金属（如铁）的腐蚀则是一种电化学反应：

阳极反应　$Fe \longrightarrow Fe^{2+} + 2e$

阴极反应　$2H^+ + 2e \longrightarrow H_2\uparrow$

Fe^{2+}与S^{2-}反应　$Fe^{2+} + S^{2-} \longrightarrow FeS\downarrow$

由此可见，H_2S的存在使Fe^{2+}的浓度降低，促使阳极过程发生，加速金属的溶解，同时H_2S的存在促进氢向钢中的渗透，也加速了氢引起的各种腐蚀破坏。

H_2S导致钢铁的全面腐蚀，可能使整个金属表面的厚度均匀减小，也可能将金属的表面腐蚀成凹凸不平。当金属表面受到H_2S的全面腐蚀时，有鳞片状硫化物腐蚀产物沉积。生产设备和构件在遭受硫化合物腐蚀时，一般常在其某些死角区可见大量黑色硫化铁腐蚀产物堆积，硫化铁腐蚀产物有时呈片状，有时呈黑色污泥状。若生产介质内含有O_2，则腐蚀产物中会生成少许黄色的硫黄；若存在CN^-，则硫化铁产物与CN^-相互作用生成络合物，遇空气则转化为蓝色的铁氰化物。

H_2S的腐蚀产物常以固态形式存在。在静止或流速不太大的腐蚀环境中，适当的pH值条件下，金属硫化物能在金属表面生成膜。

高温H_2S腐蚀属于化学腐蚀（参见本章第四节）。

(2) H_2S 全面腐蚀的影响因素

① H_2S 浓度对腐蚀速率的影响。H_2S 浓度对金属腐蚀速率的影响如图 3-9 所示。可见，在低 H_2S 浓度的蒸馏水中，软钢的腐蚀速率随 H_2S 浓度的增加而增加，当含量为 200～400μg/mL 时，腐蚀速率达到最大，后又随着 H_2S 浓度的增加而降低，到 1800μg/mL 以后，H_2S 浓度对腐蚀速率的影响很小。含 H_2S 介质中若含其他成分（如 Cl^-、O_2、CO_2、CN^- 等）时，H_2S 对金属的腐蚀将随杂质成分及含量的不同而不同。如在潮湿的 H_2S 气体中混入大量空气时，碳钢的腐蚀速率将大大增大。

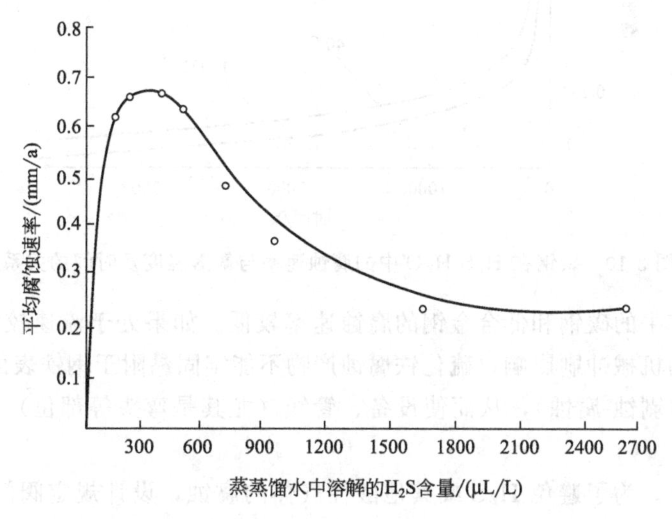

图 3-9 软钢的腐蚀速率与 H_2S 浓度间的关系

② 温度对腐蚀速率的影响。在低温地区，钢铁在 H_2S 水溶液中的腐蚀速率随温度的增加而增大。在 10% H_2S 水溶液中，当温度从 55℃增加到 84℃时，腐蚀速率约增加 20%；温度继续升高，则腐蚀速率下降；在 110～200℃之间的腐蚀速率最小。在 40℃时的碳钢的腐蚀速率比 120℃时的约高 1 倍。这是因为：在饱和 H_2S 水溶液中，碳钢在 50℃以下生成的是无保护性的硫化铁膜，在室温下的潮湿 H_2S 气体中（甚至在 100℃含蒸汽的 H_2S 中）钢表面产生的也是无保护性的硫化铁膜。但是在 100～200℃下的 H_2S-H_2O 中生成的硫化铁膜却具有较好的保护性能。

③ pH 值对腐蚀速率的影响。H_2S 水溶液的 pH 值发生变化，腐蚀速率也将随之变动。H_2S 水溶液的 pH 值为 6 左右时，腐蚀率发生急剧变动。当 pH 值小于 6 时，钢的腐蚀率很高，腐蚀液呈浑浊的黑色。一般认为 pH 值为 6 是一个临界值。由于天然气井底的 pH 值为 6.0±0.2，正好处于决定油管寿命的临界值。因此如果 pH 值小于 6，则油管的寿命很难超过 20 年。

此外，pH 值对硫化铁腐蚀膜的组成、结构和溶解度都有影响。在低 pH 值的 H_2S 溶液中，生成物是无保护性的膜，高 pH 值下生成的则是以 FeS_2 为主的具有保护性的膜。

④ 时间对腐蚀速率的影响。在 H_2S 水溶液中，碳钢和低碳合金钢的初始腐蚀速率较大，约为 0.7mm/a，但随着时间的增长，腐蚀速率迅速降低，2000h 后腐蚀率趋于平稳，约为 0.011mm/a，如图 3-10 所示。这是由于随着暴露时间的增长，硫化铁腐蚀物逐渐沉积在钢铁表面形成一层具有减轻腐蚀作用的保护膜。

⑤ 液体流速对 H_2S 腐蚀速率的影响。当含 H_2S 的水溶液处于静止或流速不大的情况

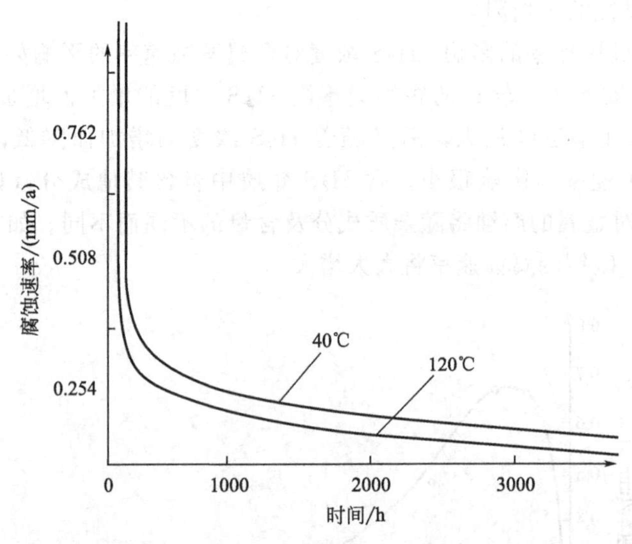

图 3-10 碳钢在 H_2S-H_2O 中的腐蚀速率与暴露温度及时间的关系

下，长期暴露于其中的碳钢和低合金钢的腐蚀速率较低。如果处于流速较大或湍流状态下，由于受到气、液的机械冲刷影响，硫化铁腐蚀产物不能牢固黏附于钢铁表面，将一直保持其初始的高速腐蚀（剥蚀-腐蚀），从而使设备、管线（尤其是弯头等部位）、构件等很快受到破坏。

在天然气田上，为了避免 H_2S 或其他酸性气体的腐蚀，设计规定阀门的气体流速要低于 15m/s，但为了防止在流速太低的部位因气体中的液体沉积引起管线底部或其他较低部位有浓差引起的腐蚀（坑蚀），因此又规定气体的流速应大于 3m/s。

2. *局部腐蚀*

碳钢（特别是强度较低的碳钢）在 H_2S-H_2O 系统中，钢铁表面可能出现氢鼓泡，而在钢铁内部则可能出现平行于轧制方向的氢诱发阶梯裂纹（或称氢诱发破裂）的破坏形式。油田管道上普遍存在硫化物应力腐蚀开裂（SSCC）。某些特殊条件下还有可能产生氢脆。

(1) H_2S 引起的氢鼓泡　氢鼓泡是氢损伤的类型之一，是指氢原子扩散到钢中时，在钢的空穴处结合成氢分子，当氢分子不能扩散时，就会在金属某些部位积累形成巨大内压，引起钢材鼓泡，甚至破裂。这种现象经常在低强度钢，特别是含有夹杂物的低强度钢中发生。在含有硫化物的介质中，H_2S、S^{2-} 在金属表面的吸附对析氢过程有阻碍作用，从而促使氢原子向金属内部渗透。这种破坏常发生在石油天然气输送与加工的设备上。如图 3-11 所示。

(2) 氢诱发阶梯裂纹　暴露于 H_2S 环境中的钢，在其内部沿轧制方向产生阶梯状连接并易于穿过壁厚的裂纹，这种裂纹就称为氢诱发阶梯裂纹。其特征是：裂纹互相平行并被短的横向裂纹连接起来，形成“阶梯”，如图 3-12 所示。连接主裂纹的横向裂纹是由主裂纹间的剪切应力引起的。

氢诱发阶梯裂纹常发生于设备及管线钢件中。这种裂纹的产生会使设备的有效壁厚迅速减薄，从而导致管线出现泄漏或破裂。氢诱发阶梯裂纹发生的原因与氢鼓泡的相似，氢鼓泡多发生在表面缺陷部位，而氢诱发阶梯裂纹一般出现于钢的内部。

(3) H_2S 应力腐蚀开裂（SSCC）　碳钢和低合金钢在含硫化氢的水溶液中发生的应力腐蚀开裂称硫化氢应力腐蚀开裂，简称 SSCC，其中沿钢材轧制方向伸展的台阶状裂纹或氢鼓

(a) 某企业催化吸收解析后冷凝器壳体氢鼓泡

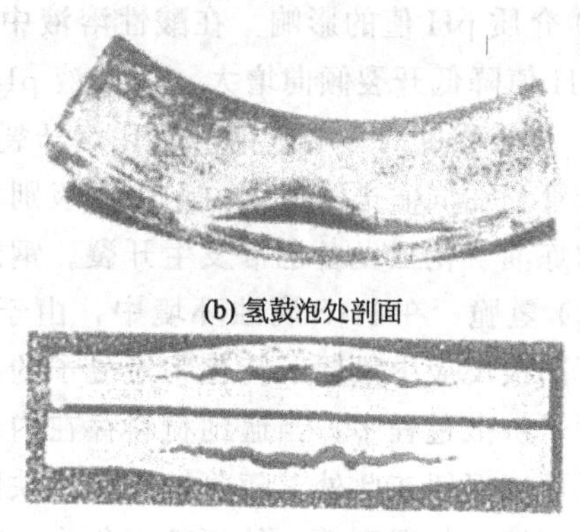

(b) 氢鼓泡处剖面

(c) 氢鼓泡处解剖图

图 3-11 16MnR 在原油生产中的氢鼓泡现象

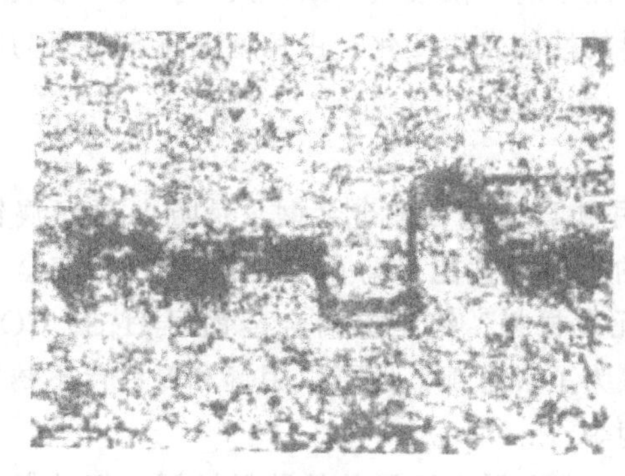

(a) 发生氢诱发阶梯裂纹破坏剖面图

(b) 发生阶梯裂纹破坏的局部放大图

图 3-12 16MnR 在 H_2S 腐蚀环境中的腐蚀

泡，又常称作“氢致开裂”。在 H_2S 腐蚀引起的管道破坏中，H_2S 应力腐蚀开裂（SSCC）造成的破坏最严重，所占比例也最大。溶液中硫化氢浓度越高，开裂倾向越大。

影响 H_2S 应力腐蚀开裂的主要因素有以下几方面。

① 显微组织 马氏体组织的开裂敏感性最大，贝氏体组织也有较高的开裂倾向。马氏体经过高温回火后，形成的铁素体中均匀分布着细小球形碳化物的组织，耐硫化氢应力腐蚀破裂性能大大提高。含有粗大的板状或块状碳化物组织的破裂敏感性介于上述二者之间。因此，为消除马氏体组织的不利影响，用于硫化氢水溶液中的低合金钢淬火后应进行高温回火处理，也可采用长时间低温回火或二次回火。

② 化学成分 碳含量提高使钢强度增高及淬火马氏体数量增多，增大破裂倾向。锰和硫在钢中会优先结合形成硬度低于基体的硫化锰，在钢材轧制后形成沿轧向伸长的硫化锰夹杂，往往成为氢致开裂的裂源；磷和镍具有促进渗氢的作用。这些都是有害元素。

钼、铌、钛、钒能促进细小稳定的球形碳化物形成，提高钢的抗开裂能力；

稀土元素例如铈，可促使钢中的硫化物夹杂球化，改善钢的横向冲击韧性，也提高抗破裂能力；铝和硼对于抗硫化氢应力腐蚀破裂性能也有益，铬和硅的作用不明显。

③ 温度 温度升高，原子扩散速度加快，因此有利于由硫化氢还原出来的氢原子进入钢中，但温度升高也有利于钢中的氢原子及分子氢向外迁移，综合的影响是在室温（20～30℃）附近钢的硫化氢应力腐蚀开裂速度最快，温度降低或升高都会使开裂速度明显减缓

④ 介质pH值的影响　在酸性溶液中硫化氢能够稳定存在并更容易进入钢中，因此随溶液pH值降低开裂倾向增大，当溶液pH值大于9时一般不会开裂。

⑤ 材质强度的影响　钢的硫化氢开裂与强度关系密切，强度越高，开裂倾向越大。油、气井套管和油气输送管线钢由于强度级别较高，经常发生硫化氢应力腐蚀开裂，接触硫化氢溶液的炼油、化工设备也常发生开裂。钢的硬度如果低于HRC22，一般不会开裂。

(4) 氢脆　在H_2S腐蚀环境中，由于HS^-或其他物质（如氰化物或氢氟酸）的存在，降低了阴极反应中氢原子转化为氢分子的速度，因此一部分氢原子通过扩散进入钢基体内。在氢原子扩散过程中，当遇到材料存在内部缺陷（如在晶界或相界上缺陷、位错等）时，氢原子就可能停留在此处，随着扩散到达缺陷处。氢原子的增多，氢原子迅速结合为氢分子，在外界环境（如温度等）的不断变化中，将在这些缺陷部位形成高的氢分压；随着缺陷处的压力增加，在缺陷边缘形成应力集中区，导致材料内部界面之间破裂并形成微小裂纹。当裂纹边缘应力强度因子超过钢材料的应力强度因子时，微裂纹不断发展、扩大，形成裂纹。在这一过程中，由于氢的渗入而导致金属材料的性能发生变化，由韧性而逐渐转变为脆性，在生产过程中常可能导致灾难性事故的发生。

3. 防止H_2S腐蚀的措施

(1) 选用耐H_2S腐蚀的材料　正确选用耐H_2S腐蚀的合金钢，是防止H_2S腐蚀、提高设备寿命的可靠方法之一。提高钢材本身的抗腐蚀性能来防止H_2S腐蚀是最安全、简便的途径，主要是在钢材中加入金属铬和镍等元素材料。铬是提高合金钢耐H_2S、CO_2的元素之一，镍是提高耐腐蚀和耐热的重要元素。为了节省镍，还可以用锰和氮取代不锈钢中的部分镍。常用的材料为特种低合金钢、不锈钢等。

(2) 覆盖层保护法　通过表面技术处理，在金属表面覆盖各种保护层，把被保护金属与腐蚀性介质隔开，是防止金属腐蚀的有效方法。

(3) 电化学保护　可采用人为改变管材与介质间的电极电位、改变腐蚀介质的性质方法，保护管材及组件，提高使用寿命，如常采用的方法是阴极保护。

(4) 应用添加剂、缓释剂

① 碱性添加剂　碱性添加剂是针对高含H_2S气田开发的，可在实时监测条件下适时加入碱性添加剂，维持环境中的pH值为9～11，使之不会产生氢原子，避免氢脆对管材的伤害。

② 添加缓蚀剂　添加缓蚀剂可以减缓腐蚀介质对金属的腐蚀。常用的缓蚀剂主要分为无机缓蚀剂和有机缓蚀剂。常用的无机缓蚀剂主要有聚磷酸盐、硅酸盐、铬酸盐、亚硝酸盐、硼酸盐、亚砷酸盐、钼酸盐等。有机缓蚀剂与无机缓蚀剂相比，有机成膜缓蚀剂更能减缓H_2S腐蚀，其缓蚀作用原理大多是经物理吸附（静电引力等）和化学吸附（氮、氟、磷、硫的非共价电子对），覆盖在金属表面而对金属起到保护作用（不含化学变化）。

如果防护系统需要由多种金属构成，单一的缓蚀剂难以满足要求，此时应当考虑缓蚀剂的复配使用。目前国内外常用的缓蚀剂是咪唑啉、噁唑啉系列产品和有机胺类、胺类的脂肪酸盐、季铵化合物、酰胺化合物和丙炔醇类等。

三、CO_2腐蚀

众所周知，CO_2腐蚀是石油天然气开发、集输和加工中的主要腐蚀类型之一。随着目前石油天然气工业的发展，尤其是CO_2驱油工艺的发展，油气开采和集输过程中的CO_2腐蚀问题日益突出。

CO_2 在与水共存时具有较强的腐蚀性，会对金属材料产生严重破坏。CO_2 腐蚀能使油气井的使用寿命显著低于设计寿命。此外，油气储运中，输送管道输送的介质为油、气、水多相介质，其中又混杂了 CO_2、H_2S 等酸性气体，在温度、压力、流速以及交变应力等多种因素的影响下，管道的内腐蚀十分严重，即使采取内防腐措施也收效甚微。因此，对油气管道内 CO_2、H_2S 腐蚀作用规律及腐蚀机理进行研究，是实施有效的防腐措施的关键。

1. CO_2 腐蚀类型

CO_2 对设备可形成全面腐蚀（均匀腐蚀），也可以形成局部腐蚀。如图 3-13 所示。

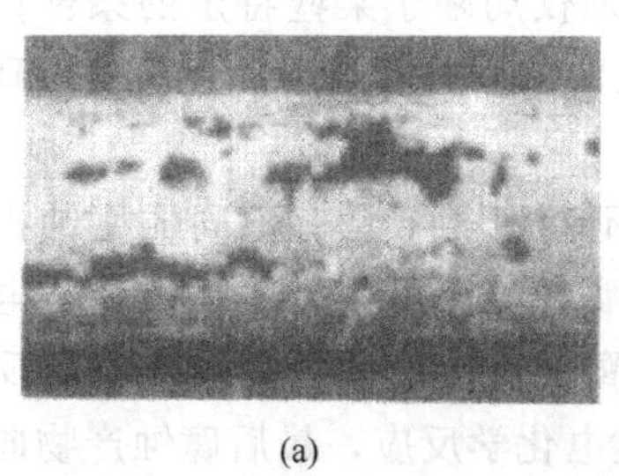
(a)

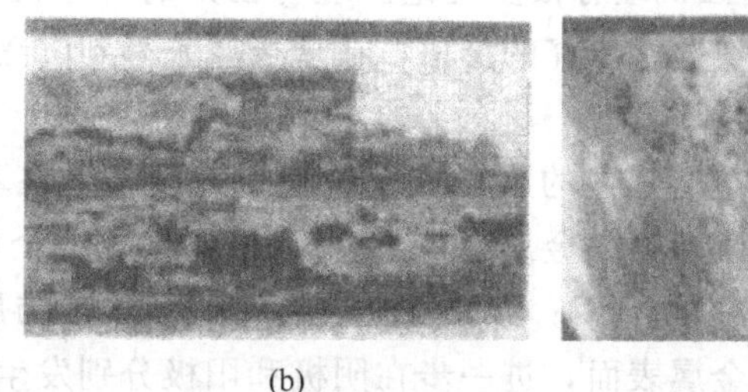
(b)

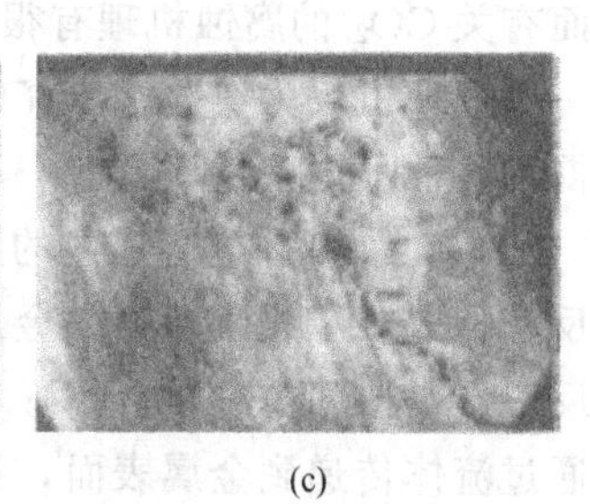
(c)

图 3-13　油管 CO_2 腐蚀形貌

（1）CO_2 引起的全面腐蚀　与前述腐蚀基本类型中全面腐蚀的形貌相似，形成 CO_2 全面腐蚀时，金属的全部或大部分表面上均匀地受到破坏。CO_2 腐蚀属于氢去极化腐蚀，往往比相同 pH 值的强酸腐蚀更严重。其腐蚀除受到去极化反应速度控制外，还与腐蚀产物是否在金属表面形成保护层有很大关系。

（2）CO_2 引起的局部腐蚀　形成局部腐蚀时，钢铁表面某些局部发生严重的腐蚀，而其他部分没有腐蚀或依然只发生轻微腐蚀。现场失效的 CO_2 腐蚀多为溃疡式的穿孔腐蚀，有关 CO_2 腐蚀的微观形貌，国际上普遍认为，点蚀、台地状腐蚀和涡旋状腐蚀是 CO_2 腐蚀的典型形貌，此外还有其他一些腐蚀形貌。

① CO_2 的点蚀　发生 CO_2 点蚀的钢材上一般可以发现凹孔并且凹孔四周光滑。随着 CO_2 分压的增大和介质温度的升高，材料对点蚀的敏感性增强。一般说来，CO_2 的点蚀存在一个温度敏感区间，且与材料的组成有着密切的关系。在含 CO_2 的油气井中的油套管，点腐蚀主要出现在温度为 80～90℃的部位。

② CO_2 的台面状腐蚀　钢质管材处于流动的含 CO_2 水介质中所发生的 CO_2 腐蚀的破坏形式往往是台面状腐蚀。台面状腐蚀往往在材料的局部出现较大面积的凹台，底部平整，周边垂直凹底，流动诱使局部腐蚀形状如凹沟，即平行于物流流动方向的刀形线沟槽。如图 3-12(b) 所示。

当在钢铁表面形成大量的碳酸亚铁膜，而此膜又不是很致密和稳定时，极容易造成此类破坏，导致金属发生更严重的腐蚀。

（3）CO_2 的流动诱发的局部腐蚀　钢铁材料在湍流介质条件下发生的局部腐蚀，在此类腐蚀情况下，往往在被破坏的金属表面形成沉积物层，但表面很难形成具有保护性的膜。形状有涡旋状、蜂窝状腐蚀等，如图 3-12(c) 所示。

2. CO_2 腐蚀机理

在 CO_2 腐蚀环境中，碳钢的腐蚀是一种很复杂的现象。干燥的 CO_2 气体没有腐蚀性，它较易溶解于水中，而在碳氢化合物中的溶解度则更高，当 CO_2 溶解于水中形成碳酸，就会引发钢铁材料发生电化学腐蚀并促进其发展。其原因在于，当钢铁材料暴露在含 CO_2 的介质中时，表面很容易沉积一层垢或腐蚀产物。当这层垢或腐蚀产物的结构较为致密时，将像一层物理屏障一样，阻抑金属的腐蚀；当这层垢或腐蚀产物为不致密的结构时，垢下旳金属缺氧，就和周围的富氧区形成一个氧浓差电池。垢下金属因缺氧，电位较负而发生阳极溶解，导致沉积物下方腐蚀。垢外大面积阴极区的存在则形成了小阳极-大阴极的腐蚀电池，从而促进了垢或腐蚀产物膜下方金属基体的快速腐蚀。

由于 CO_2 腐蚀的发生存在于各种不同的环境条件中，各种因素的相互影响也各不相同，因而有关 CO_2 的腐蚀机理有很多理论。现有已知的一些机理仅局限于某些特定的条件；还有一些机理也仅为实验室研究的结果，在现场并未得到广泛的认同，所以目前还没有得到可以揭示各种不同条件下具有广泛意义的 CO_2 腐蚀机理。

CO_2 在油气采输管道内的腐蚀反应机理也较复杂，在不同流相下具有不同的腐蚀机理及反应特点。单相流管道中金属可能发生 CO_2 腐蚀。整个腐蚀分为溶解、物质传递、电化学反应、扩散四个过程。CO_2 在水溶液中溶解并形成参与腐蚀反应的活性物质，然后反应物通过流体传递到金属表面，进一步在阴极和阳极分别发生电化学反应，最后腐蚀产物向溶液中扩散；多相流动介质的 CO_2 腐蚀主要是通过三种力学作用促进腐蚀的进程：流体剪切、冲刷腐蚀和基体变形。这三种力学作用促进 CO_2 腐蚀的过程，主要是通过破坏腐蚀产物膜，导致在膜破损处发生点蚀所致。研究表明，流动流体对腐蚀产物膜的冲刷破坏作用，对局部腐蚀速率的影响巨大。所以腐蚀产物膜的微观结构和力学性能对于 CO_2 腐蚀行为和规律具有支配性的影响。

3. CO_2 腐蚀的影响因素

影响 CO_2 腐蚀的主要因素有温度、CO_2 分压、流速、介质组成、pH 值、材料和载荷等。

(1) CO_2 分压的影响 CO_2 分压（p_{CO_2}）是影响 CO_2 腐蚀的一个重要参数。$p_{CO_2} > 0.2$MPa 为二氧化碳腐蚀环境。研究表明，钢的腐蚀速率随 CO_2 分压增加而增大。

(2) 温度的影响 大量的研究结果表明，温度是影响 CO_2 腐蚀的重要因素。在一定温度范围内，碳钢在 CO_2 水溶液中的腐蚀速率随温度升高而增大，但当温度升得较高时，当碳钢表面生成致密的腐蚀产物（$FeCO_3$）膜后，碳钢的溶解速率将随着温度升高而降低，如图 3-14 所示。

温度对 CO_2 腐蚀的影响主要表现在三个方面，一是温度影响了介质中 CO_2 的溶解度，介质中 CO_2 的浓度随着温度升高而减小；二是温度影响了反应进行的速率，反应速率随着温度的升高而增大；三是温度影响了腐蚀产物成膜的性质。

根据温度对腐蚀的影响，铁的 CO_2 腐蚀可分为：

① 当温度低于 60℃时，腐蚀产物膜为 $FeCO_3$，膜软而无附着力，金属表面光滑，主要发生均匀腐蚀；

② 当温度为 60～110℃时，铁表面可生成具有一定保护性的腐蚀产物膜，局部腐蚀较突出；

③ 当温度为 110～150℃时，均匀腐蚀速率较高，局部腐蚀严重（一般为深孔），腐蚀产物为厚而疏松的 $FeCO_3$ 粗结晶；

④ 当温度高于 150℃时，生成细致、紧密、附着力强的 $FeCO_3$ 和 Fe_3O_4 膜，腐蚀速率

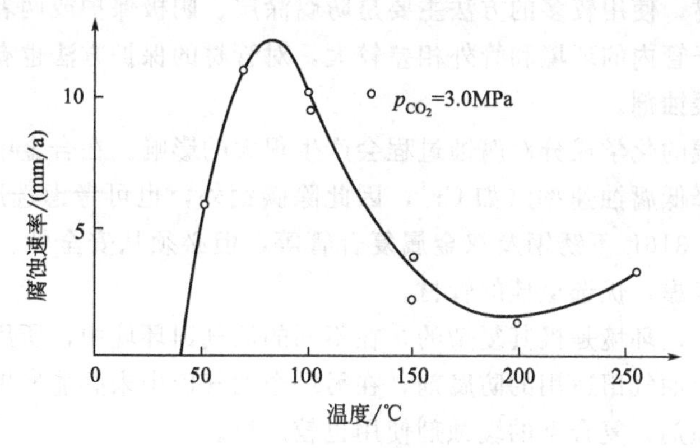

图 3-14　温度与腐蚀速率的关系

较低。

分析表明，温度的变化可能影响了基体表面 $FeCO_3$ 晶核的数量与晶粒长大的速率，从而改变了腐蚀产物膜的结构与附着力，即改变了膜的保护性。由此可见，温度的影响主要是通过影响化学反应速率与腐蚀产物成膜机制来影响 CO_2 腐蚀的。

(3) 溶液 pH 值的影响　当 CO_2 分压一定时，pH 值增大将降低 $FeCO_3$ 的溶解度，有利于生成 $FeCO_3$ 保护膜。pH 值对腐蚀速率的影响表现在两个方面：①pH 值增大使保护膜更容易形成；②pH 值增大改善了 $FeCO_3$ 保护膜的特性，使其保护作用增加。

(4) 介质中某些成分的影响　如若介质中含有 H_2S，则将加速腐蚀的进程；HCO_3^- 的存在会抑制 $FeCO_3$ 的溶解，促进钝化膜的形成，从而降低碳钢的腐蚀速率；Ca^{2+}、Mg^{2+} 的存在增大了溶液的硬度，虽可以降低全面腐蚀，却可能导致局部腐蚀的发生；O_2 与 CO_2 共存时可能引起严重腐蚀。研究表明，当钢铁表面未生成保护膜时，腐蚀速率随 O_2 含量的增加而增加；但如果钢铁表面形成了保护膜，则 O_2 对腐蚀速率的影响甚微。在饱和的 O_2 溶液中，CO_2 的存在作为腐蚀催化剂会大大增加钢铁的腐蚀速率。

(5) 流速的影响　一般认为，随着流速的增加，H_2CO_3 和 H^+ 等去极化剂能更快地扩散到电极表面，增强阴极去极化作用，同时使腐蚀产生的 Fe^{2+} 迅速离开腐蚀金属的表面，因而腐蚀速率增大；在流动的条件下，当介质中含有气液固三相共存时，有可能在钢管表面产生冲刷腐蚀。

(6) 载荷的影响　载荷的增加将大大加速碳钢在 CO_2 溶液中的腐蚀失重，而且连续载荷的作用较间断载荷的作用明显，将引起更严重的腐蚀。载荷和 CO_2 在钢铁的腐蚀中起协同效应。

(7) 材料因素的影响　材料的化学成分、含量、热处理工艺和微观组织结构在碳钢的 CO_2 腐蚀中有着重要作用。如：钢中加入 Cr 元素后可以降低腐蚀速率，且随着 Cr 含量的增加，腐蚀速率降低。除了 Cr 元素之外，研究发现 Mo 元素也可能提高碳钢的抗 CO_2 腐蚀的能力。C 的含量对 CO_2 腐蚀性能的影响与碳钢组织结构中 Fe_3C 相有密切关系，一方面 Fe_3C 在腐蚀过程中会暴露在钢铁表面充当阴极而加速钢铁的腐蚀，另一方面 Fe_3C 又可能形成腐蚀产物膜的结构支架而阻滞 CO_2 腐蚀。

4. CO_2 腐蚀的防护

目前对于 CO_2 腐蚀的防护，在油气田中应用较多的方法是防腐涂层、阴极保护、管线的选材和缓蚀剂的使用。

对于管外壁防腐，使用较多的方法主要是防腐涂层、阴极保护或两者相结合的方法；对于管内壁防腐，由于管内的环境和管外相差较大，对管材的保护方法也有不同，主要的方法是选材和适当选用缓蚀剂。

对于选材，管线的化学成分对腐蚀过程会产生很大的影响。在合金中，少量的合金元素的加入可以显著地降低腐蚀速率（如 Cr），因此除碳钢外，也可考虑选用 Cr13 型马氏体不锈钢、双相不锈钢、316L 不锈钢及双金属复合管等，但必须从安全性、经济性、现场施工情况等多方面综合考虑，优选最佳的管材。

实际工业体系中，环境是极其复杂的，在不同的油气田环境中，所用的缓蚀剂成分可能是不一样的。在一个油气田适用的防腐剂，在另一个油气田中未必能发挥效用。目前使用较多是咪唑啉类的缓蚀剂，复合型的缓蚀剂使用也较广泛。

四、环烷酸腐蚀

环烷酸是一种存在于石油中的含饱和环状结构的有机酸。石油中的酸性化合物包括环烷酸、脂肪酸、芳香酸及酚类，环烷酸是石油中有机酸的主要组分（占有机酸总量的 50%以上），故一般称石油中的酸为环烷酸。石油中的环烷酸是成分复杂的高沸点羧酸混合物，相对分子质量差别较大，介于 180～700，以 300～400 的为多；其沸点范围大约在 177～371℃。低相对分子质量的环烷酸在水中的溶解度很小，高相对分子质量的环烷酸不溶于水，但是环烷酸腐蚀形成的某些化合物可溶于油中。

1. 环烷酸腐蚀的特点和机理

在我国加工的原油中，稠油所占比例逐年增加，在稠油的炼制过程中，环烷酸腐蚀是一种危害性较大的腐蚀形式。环烷酸对金属的腐蚀与其浓度、温度、流速有关。在常温下，环烷酸对金属几乎不腐蚀，在 200℃以上，酸值超过 0.05mg KOH/g 时，可观察到金属腐蚀。随着温度升高，在 270～280℃，腐蚀达到一个高峰，然后开始下降，在 350℃又出现第二个腐蚀高峰，随着温度的进一步升高，腐蚀速率开始回落，400℃以上观察不到环烷酸腐蚀，其原因在于超过此温度时，可能环烷酸已经完全分解。

环烷酸腐蚀一般为均匀腐蚀，但在高流速区，则为沟槽状局部腐蚀，大多发生在温度为 220～400℃的高流速的工艺介质中。如：炼油厂严重腐蚀主要出现在产生涡流的高速冲刷部位，如常减压装置和转油线上。

环烷酸与铁能生成油溶性的环烷酸铁，生成的环烷酸铁溶解在油中，易被流动介质冲走，从而暴露出金属裸面，使腐蚀不断进行，而且使金属表面形成沟槽状腐蚀。在温度升高的过程中，油中存在的活性硫化物开始分解，产生出的 H_2S 与 Fe 发生反应，生成具有一定保护作用的 FeS 膜。环烷酸具有溶解 FeS 膜的能力，因而加剧了对金属的腐蚀；环烷酸与 FeS 反应生成的 H_2S 又与金属发生腐蚀，形成循环腐蚀。这种交互作用的结果，进一步加速了设备的腐蚀。

2. 环烷酸腐蚀的防护

（1）混炼　原油的酸值可以通过混合加以降低。如果将高酸值和低酸值的原油混合到酸值低于环烷酸腐蚀发生的临界酸值以下，则可以在一定程度上解决环烷酸腐蚀问题。

（2）注碱　在原油进入蒸馏装置前，可注入苛性钠以中和环烷酸。但研究表明，注碱所生成的环烷酸钠有促进腐蚀的作用。同时注碱引起钠离子含量增加，对下游深加工催化裂化中使用的催化剂有中毒作用。此外，注碱会导致渣油灰分增高，使得以渣油为燃料的电厂和大化肥厂的锅炉管结垢。所以现在已不推荐使用注减法控制环烷酸腐蚀。

(3) 使用缓蚀剂　用高温缓蚀剂抑制有机酸（主要是环烷酸）的腐蚀，其用量小，不影响油品质量，不影响后续加工，克服了原油注碱的缺点，可作为更换材质的补充。

近年来已研制出一些特殊的减缓环烷酸腐蚀的缓蚀剂。它们大致可分为磷系和非磷系缓蚀剂两类。

思考练习题

1. 钢铁在淡水中电化学腐蚀的特点是什么？主要受哪些环境因素的影响？
2. 海水腐蚀的特点是什么？主要影响因素有哪些？
3. 大气腐蚀是如何分类的？它们之间有什么关系？
4. 大气腐蚀的主要影响因素有哪些？SO_2 和固体尘粒为什么会加速大气腐蚀？
5. 防止大气腐蚀的主要措施有哪些？
6. 什么叫相对湿度？在相对湿度小于100%时，金属表面为什么会形成水膜？
7. 引起土壤腐蚀的主要原因有哪些？
8. 试比较水的腐蚀、大气腐蚀、土壤腐蚀的共同点与不同点。
9. 土壤中的细菌和杂散电流为什么会引起土壤中金属的腐蚀？如何控制这两种腐蚀？
10. 解释下列现象：

(1) 在古代遗迹中发现了堆积如山的铁钉，铁钉堆周围的铁钉几乎完全腐蚀了，但堆中部的大量铁钉却完好无损。

(2) 出土的带有金饰的铁剑比无金饰的铁剑腐蚀严重得多。

11. H_2S 导致的腐蚀类型主要有哪些？什么叫 H_2S 的应力腐蚀破裂？
12. 为什么 SSCC 的发生往往是突发性的，较难预测？
13. 什么叫 CO_2 腐蚀？为什么需要研究 CO_2 腐蚀？其现实意义何在？
14. CO_2 腐蚀的主要类型有哪些？引起 CO_2 腐蚀的主要因素是什么？为什么？
15. CO_2 腐蚀的影响因素主要涉及哪些内容？为什么？
16. 什么叫环烷酸腐蚀？为什么需要研究环烷酸腐蚀？其现实意义何在？
17. 环烷酸腐蚀的主要类型有哪些？引起环烷酸腐蚀的主要因素是什么？为什么？

第二部分

腐蚀控制方法

第四章

防腐方法的确定

腐蚀与防护是一门边缘科学，涉及面广。要做好防腐工作，除了要掌握腐蚀的基本原理、影响因素外，还要掌握金属和非金属材料的基础知识。

第一节　影响金属腐蚀的因素

金属腐蚀是金属与周围环境的作用而引起的破坏。因此影响腐蚀行为的因素很多，它既与金属本身因素（如性质、组成、结构、表面状态、变形及应力等）有关，又与腐蚀环境因素（如介质的pH值、组成、浓度、温度、压力、溶液的运动速度等）有关。了解这些因素，可以帮助我们去综合分析石油化工生产中的各种腐蚀问题，正确地诊断出腐蚀原因，判断腐蚀类型和腐蚀机理，弄清影响腐蚀的主要因素，从而制定出防腐方案，有效地采取防腐措施。

一、金属材料的因素

1. 金属的化学稳定性

金属耐腐蚀性的好坏，首先与金属的本性有关。

各种金属的热力学稳定性，可以近似地用金属的平衡电位值评定。电位越正标志着金属的热力学稳定性越高，金属离子化倾向越小，越不易受腐蚀。如铜、银和金等，电极电位很正，其化学稳定性亦高，因此它们有良好的抗腐蚀能力。而锂、钠、钾等，电极电位较负，其化学性就高，它们的抗腐蚀性亦很差。但也有些金属，如铝，虽然其化学活性较高，由于铝的表面容易生成保护性膜，所以具有良好的耐蚀性能。

由于影响腐蚀的因素很多，而且很复杂，金属的电极电位和金属的耐蚀性之间，并不存在严格的规律性。只是在一定程度上两者存在着对应的关系，我们可以从金属的标准平衡电位来估计其耐蚀性的大致倾向。

2. 合金成分的影响

为了提高金属的力学性能或其他原因，工业上使用的金属材料很少是纯金属，主要是它们的合金。合金分单相合金和多相合金两类。由于其化学成分及组织等不同，它们的耐蚀性能也各不相同。

(1) 单相合金　单相固溶体合金，由于组织均一和耐蚀金属加入，所以具有较高的化学稳定性，耐蚀性较高，如不锈钢、铝合金等。

单相合金的腐蚀速率与合金含量之间具一种特殊的规律。一种金属的稳定性很低，另一种金属的稳定性高并能与前一种金属形成固溶体，其稳定性低的金属的耐蚀性并不是随稳定性高的金属组分的逐步加入而提高，而是当其组分的加入量达到一定比例时，耐蚀性才突然提高。

(2) 两相或多相合金 由于各相存在化学的和物理的不均匀性，在与电解液接触时，具有不同的电位，在表面上形成腐蚀微电池。所以一般来说，它比单相合金容易腐蚀。常用的普通钢、铸铁就是如此。但也有耐蚀的多相合金，如硅铸铁、硅铅合金等，它们虽然是多相，耐蚀性却很高。

腐蚀速率与各组分的电位，阴阳极的分布和阴阳极的面积比例均有关。各组分之间的电位差越大，腐蚀的可能性越大。若合金中阳极相以夹杂物形式存在且面积很小时，则这种不均匀性不会长期存在。阳极首先溶解，使合金获得单相，因此对腐蚀不产生显著影响。当阴极以夹杂物形式存在、合金的基底是阳极，则合金受到腐蚀，且阴极性夹杂物分散性越大则腐蚀越强烈。如果在晶粒边界有较小的阴极性夹杂物时，就会产生晶间腐蚀。倘若金属中阳极相是可以钝化的，那么阴极相的存在有利于阳极的钝化而腐蚀速率降低。例如铸铁在硝酸中就比钢耐蚀。此外，在金属表面，由于腐蚀而能生成不溶性的、紧密的、与金属结合牢固的保护膜时，则阴极分散性越大，就越能形成均匀的膜而减轻腐蚀，普通钢在稀碱液中耐蚀就是一例。

很纯的金属耐蚀性高于工业材料。如纯的、光洁的锌，在很纯的盐酸中腐蚀很小，但它们的工业品则腐蚀迅速。另外，杂质能够加速金属的腐蚀。总之，纯金属的耐蚀性能好，但由于价格昂贵，一般说来，强度也低，所以工业上很少用。

3. 金相组织与热处理的影响

金相组织与热处理有很密切的关系。金相组织虽然与金属及合金的化学成分有关，但是当合金的成分一定时，那些随着加热和冷却能够进行物理转变的合金，由于热处理可以产生不同的金相组织。因此，合金的化学成分及热处理决定了合金的组织，而后者的变化又影响了合金的耐蚀性能。

4. 金属表面状态的影响

在大多数情况下，加工粗糙不光滑的表面比磨光的金属表面更易受腐蚀。所以金属擦伤、缝隙、凹坑等部位，通常都是腐蚀源，因为深凹部分，氧的进入要比表面部分少，结果深凹部分便成为阳极，表面部分成为阴极，产生浓差电池而引起腐蚀。粗糙表面可使水滴凝结，因而易产生大气腐蚀。特别是处在易钝化条件下的金属，精加工的表面生成的保护膜要比粗加工表面的膜致密均匀，故有更好的保护作用。另外粗糙的金属表面，实际表面积大，因而极化性能小，所以设备的加工表面应光洁平滑一些为好。

5. 变形及应力的影响

在制造设备的过程中，由于金属受到冷、热加工（如拉伸、冲压、焊接等）而变形，并产生很大的内应力，这样腐蚀过程不仅加速，而且在许多场合下，还能产生应力腐蚀破裂。

金属设备在腐蚀性介质和交变的脉冲式的拉伸应力同时作用时，能引起腐蚀疲劳。

另外在高速流动的流体中，金属会发生腐蚀性空化现象（即空泡腐蚀），如海水急流作用下，海船螺旋推进器的腐蚀，液体流动很快的泵中，水力透平机中均会产生这种腐蚀。

二、环境的影响

1. 介质成分及浓度的影响

介质的成分及浓度，决定了介质中去极剂的种类及浓度。

① 多数金属在非氧化性酸中（如盐酸），随着浓度的增加，腐蚀加剧。而在氧化性酸中（如硝酸、浓硫酸），则随着浓度的增加，腐蚀速率有一个最高值。当浓度增大到一定数值后，浓度再增加，金属表面就生成了保护膜，使腐蚀速率反而减小。

在许多介质中，金属腐蚀速率还和阴离子的特性有关。经研究发现，在硫酸、盐酸等酸中，阴离子参加了金属腐蚀过程。这就解释了为什么某些强酸更有腐蚀性。在增加金属腐蚀速率方面，不同阴离子具有以下顺序：

$$NO_3^- < CH_3COO^- < Cl^- < SO_4^- < ClO_4^-$$

另外，铁在卤化物溶液中的腐蚀速率，依次为：

$$I^- < Br^- < Cl^- < F^-$$

② 大多数金属在碱溶液中的腐蚀是氧去极化腐蚀。金属铁在稀碱溶液中，腐蚀产物为金属的氢氧化物，它们是不易溶解的，对金属有保护作用，使腐蚀速率减小。如果碱的浓度增加或温度升高时，则氢氧化物溶解，金属的腐蚀速率就增大。如：当碱的 pH 值高于 14（如氢氧化钠浓度大于 30%）时，铁将会重新发生腐蚀，这是由于氢氧化铁膜转变为可溶性的铁酸钠（Na_2FeO_2）所致。当温度升高并超过 80℃，普通碳钢就会发生明显腐蚀。

③ 对于中性盐溶液（如氯化钠），随浓度增加，腐蚀速率亦存在一个最高值。这是因为在中性盐溶液中，大多数金属腐蚀的阴极过程是氧分子的还原。因此腐蚀速率与溶解氧有关。开始时，随盐浓度增大，溶液导电性增大，腐蚀速率亦增大，但当盐浓度达到一定数值后，随盐浓度增加氧的溶解量减少，使腐蚀速率反而降低。非氧化性酸性盐（如氯化镁）可引起金属的强烈腐蚀；中性及碱性盐类的腐蚀要比酸性盐小得多；氧化性盐类如重铬酸钾，有钝化作用。

④ 溶液中的氧对腐蚀有双重作用。氧是一种去极剂，能加速金属的腐蚀。实际上，多数情况是氧去极化引起的腐蚀。氧的存在能显著增加金属在酸中的腐蚀速率，也能增大金属在碱溶液中的腐蚀。氧也可能阻止某些腐蚀，促进改善保护膜产生钝化。但一般情况下，前一种作用较为突出。

2. 介质 pH 值对腐蚀的影响

介质的 pH 值变化，对腐蚀速率的影响是多方面的。如对于腐蚀系统中，阴极过程为氢离子的还原过程，则 pH 值降低（即氢离子浓度增加）时，一般来说，有利于过程的进行，从而加速了金属的腐蚀。另外 pH 值的变化又会影响到金属表面膜的溶解度和保护膜的生成，因而会影响到金属的腐蚀速率。

介质的 pH 值，对金属的腐蚀速率影响大致可分为三大类，如图 4-1 所示。

第一类为电极电位较正、化学稳定性高的金属，如金、铂等便具有图 4-1(a) 所示图形。腐蚀速率很小，pH 值对其影响很小。

第二类为两性金属，如铝、锌、铅等便具有图 4-1(b) 所示图形。因为它们表面上氧化物或腐蚀产物，在酸性和碱性溶液中都是可溶的，所以不能生成保护膜，腐蚀速率亦较大。只有在中性溶液（pH 值接近 7 时）的范围内，才具有较小的腐蚀速率。

第三类铁、镍、镉、镁等便具有图 4-1(c) 所示图形。这些金属表面上生成的保护膜，

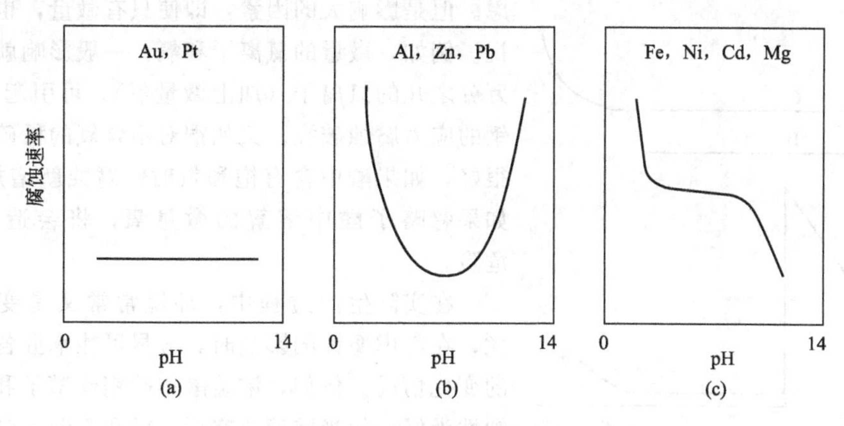

图 4-1　腐蚀速率与介质 pH 值的关系类型

溶于酸而不溶于碱。

但也有例外，如铝在 pH 值为 1 的硝酸中，铁在浓硫酸中也是耐蚀的，这是因为在这种氧化性很强的硝酸和浓硫酸中，这些金属表面上生成了致密的保护膜，所以我们对于具体的腐蚀体系，必须要进行具体分析，才能得出正确的结论。

3. 介质的温度、压力对腐蚀的影响

通常随着温度的升高，腐蚀速率增加。因为温度的升高，增加了反应速度，也增加了溶液的对流、扩散，减小了电解液的电阻，从而加速了阳极过程和阴极过程。在有钝化的情况下，随着温度升高，钝化变得困难，腐蚀亦加大。

4. 介质的流动速度对腐蚀的影响

腐蚀速率与溶液的运动速度有关，且这种关系非常复杂。这主要决定于金属和介质的特性，如图 4-2 所示。对于受活化极控制的腐蚀过程，搅拌和流速对腐蚀速率没有影响。当腐蚀过程受阴极扩散控制时，搅拌将使腐蚀速率增加。铁在水加氧中及铜在水加氧中就是这种情况。

还有一些金属，在一定的介质中，具有良好的耐蚀性，这是由于表面生成了厚的保护膜。这类膜和通常的钝化膜不同，容易看出来，韧性也低。如铅在稀硫酸中及钢在浓硫酸中腐蚀率低，其原因就是由于受到了这类不溶的硫酸盐膜保护所致。当这些材料暴露在流速极高的腐蚀介质中时，这类膜可能遭受到机械损害或脱离金属，结果引起了腐蚀的加速。如图 4-2 中曲线 C 所示，这叫磨损腐蚀。在曲线 C 这类情况下，可以看到在机械破坏真正发生之前，搅拌作用或流速的影响，实际上是微不足道的。

当介质的流动速度很大时，还能发生强烈的冲击腐蚀。如化工生产中的热交换器和冷凝器管束入口端受到的腐蚀，就属于这种情况。有时甚至引起空泡腐蚀，如高速的涡轮机叶轮受到的腐蚀就是典型的例子。

5. 电偶的影响

在许多实际生产应用中。不同材料的接触是不可避免的。尤其是在复杂的生产过程中，设备、管道组装时，不同的金属和合金有时常常和腐蚀介质相互接触，这时电偶效应将产生。

6. 环境的细节和可能变化的影响

在环境因素中，应尽量重视环境中的一切因素。有些因素对腐蚀影响不大，可以不考

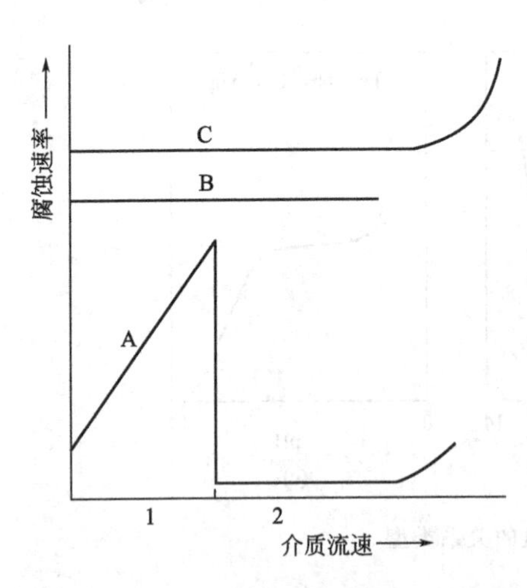

图 4-2 腐蚀速率与介质流速的关系类型

虑。但是影响大的因素，即使只有微量，也决不能忽视。例如，微量的氯离子和氧，一般影响就很大，百万分之几的氯离子（加上微量氧），可引起 18-8 不锈钢的应力腐蚀破裂。又如铜对不含氧的稀硫酸耐蚀性很好，如果酸中含有饱和氧时，腐蚀就增加许多倍，如果忽略了酸中溶解的微量氧，将会造成很大的危险。

在实际生产过程中，环境常常又是变化的，因此，在考虑腐蚀的影响时，应尽可能掌握各种有影响的变化情况。例如，浓硫酸用碳钢作槽子和管子，耐蚀性尚好，但当酸液放空后，槽和管壁上黏附的酸液会吸收大气中的水分而变稀，因而引起严重的腐蚀。补救的办法就是让设备总是充满浓酸。

开车和停车状态与正常运转状态不同。开车条件尚未稳定，温度可能过高或过低，介质浓度也有波动；停车后清洗不彻底，积存有腐蚀性液体等。此外环境温度、湿度也经常变化，这些也都应予以注意。

7. 结构因素的影响

腐蚀过程总是从材料与介质界面上开始的，因此任何可能引起材料或介质特性改变的因素都会使整个腐蚀进展发生变化。结构设计、制造方法以及安装上的错误或者考虑不周，都可能造成材料的表面特性和力学状态的改变，譬如应力集中、焊后的残余应力、传热设备温度场差异引起的热应力，以及刚性联结产生的应力等，在相应介质作用下出现应力腐蚀破裂；机械加工过程的锤击或焊条打弧时形成的伤痕与凹坑都将促进孔蚀的发生；设计结构的几何形状不合理，使局部地区溶液长期滞留而增高浓度或 pH 值发生变化，产生浓差电池腐蚀、缝隙腐蚀；流体流道形状的突变或过窄，使流体形成湍流或涡流而产生磨损腐蚀；异种材料组合的机器部件或设备还可能产生电偶腐蚀。

第二节 金属防腐蚀方法的确定

一、选择防腐方法的步骤

无论在建造之初，还是在维修保养过程中，选择金属防腐方法的最基本要求是：

① 满足使用性能和寿命要求；

② 安全可靠，工艺可行；

③ 无公害，无污染；

④ 经济合理。

在工程结构设计和建造之初就应考虑材料的腐蚀与防护问题，其好处在于：

① 可供选择的防腐方法较多；

② 可以做到使各构件寿命同步，从而使整个工程项目达到最高的功效成本比；

③ 各种防腐方法都可在建设过程中得以实施，不会受到工艺因素的制约。

工程设施建成并运行之后，由于腐蚀问题造成停机维修，应重新考虑防腐蚀问题。

二、常用的防腐方法

造成金属腐蚀的原因很多，影响因素也十分复杂。由于材料品种和腐蚀环境千差万别，因此不可能用一种防腐措施来解决一切腐蚀问题。随着腐蚀与防护学科的不断发展，各种防腐技术也在不断完善。

如前所述，金属电化学腐蚀主要是由于金属表面的电化学不均匀性，当它和介质接触时形成腐蚀电池所引起的。针对腐蚀发生的原因，才能提出有效的金属防护方法。显然，防止金属腐蚀，最有效的方法是设法消除产生腐蚀电池的各种条件。要消除金属表面的电化学不均匀性是比较困难的，但是如果用绝缘性的覆盖层（例如涂料）把金属与腐蚀介质隔离开来，腐蚀电池便无从产生，这就是我们通常用得最广泛的涂层防护方法。

我们也可以人为地改变金属与介质间的电位，使其升高或降低到某个电位值，则金属可分别进入到稳定区或钝化区从而受到保护；此外，还可以用改变腐蚀介质性质的方法，来防止金属腐蚀。

金属防护的目的，在于控制构成金属制品的金属材料因腐蚀而引起的消耗，防止金属制品的破坏，从而延长它的使用寿命，因此，除了防止金属腐蚀外，还包含着保护金属的意义，所以称为金属的防护。

（一）防腐方法分类

从防腐蚀机理来看，防腐方法大体上可分为三类，即选择耐蚀材料、环境介质处理、相界表面处理。如图 4-3 所示。

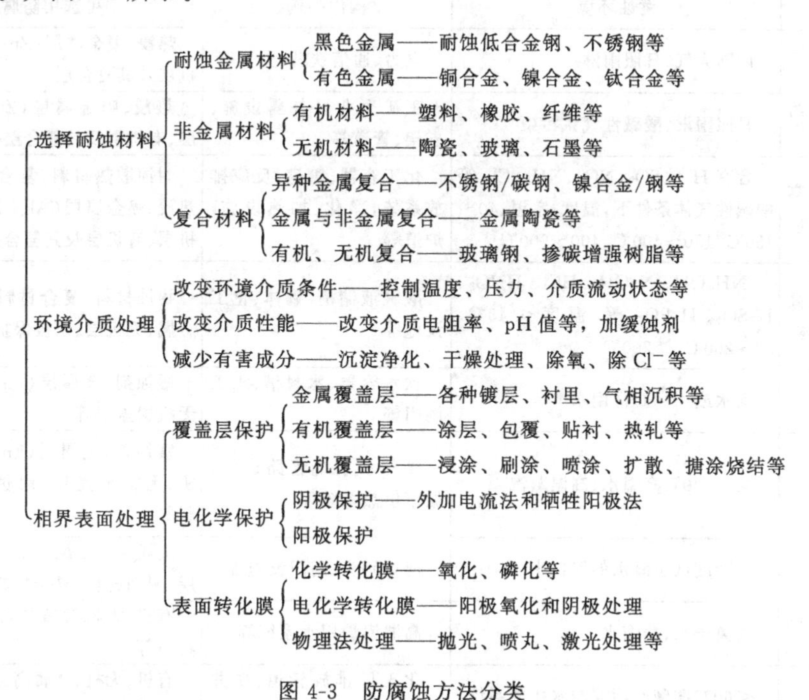

图 4-3　防腐蚀方法分类

在设计和施工中，均可遵循这三方面去选择防腐方法。

（二）防腐方法的选择应用

1. 防腐方法使用概况

由图 4-3 可见，现在的防腐方法很多，但由于造价和工艺限制，或由于人们了解不够很多防腐方法在工程上得不到普及应用。当前工程上应用比较多的防腐方法是：选用耐蚀材料、有机涂料覆盖层保护、金属覆盖层和电化学保护等。参见表 4-1。

表 4-1 中国和日本的年防腐蚀花费比例

防腐蚀方法	防腐蚀花费比例/%		
	中国	日本	
	2000 年	1975 年	1997 年
表面涂装	75.63	62.5	58.4
金属表面处理	11.66	25.4	25.7
耐蚀材料	12.46	9.4	11.3
防腐、缓蚀技术	0.15	1.2	2.7
电化学保护	0.1	0.6	0.6
腐蚀研究		0.8	1.1
其他		0.1	0.2

2. 防腐方法选用参考

如表 4-1 所示，现在美国采用的防腐方法中，选用耐蚀材料是第一位的，日本也在提高耐蚀材料的使用比例。中国和日本目前采用最多的防腐方法是有机涂料覆盖层。

因为钢铁材料是通用金属材料，故钢铁材料的防腐方法选择就更为重要。表 4-2 列出了常见工业环境下钢结构防腐方法选择参考。

表 4-2 内陆及工业环境下结构防腐蚀方法选用参考

工 况	腐蚀环境	构件举例	可选用防腐方法
普通大气	内陆大气、日照雨淋	电力、通信铁塔、支架等	热浸、喷金属层(Zn-Al)、无机层、有机层及其复合层
工业或城市污染大气	日照雨淋、酸碱性气氛污染	工矿企业区外露设施、支架、管道等	热浸、喷金属层(Zn-Al、Al)、无机层、有机层及其复合层等
常温、中温、高温的酸碱性气氛	含有 H_2S、SO_2、NO_x、NH_3、Cl_2 等酸碱性气体条件下，温度：室温、40～150℃、150～400℃、400～900℃	化工容器、管道，反应排放系统，净化、加热设施，炉道等	耐蚀散热材料，复合材料，热扩散、热浸、喷金属层(Al、Ni、Si、Ti、Cr)、无机层、有机层及其复合层
常温、中温、高温的酸碱性液体	NH_4OH、NaOH、HCl、HNO_3、H_2SO_4、H_3PO_4 等，温度＜40℃、50～200℃、＞200℃	酸碱液储槽、罐体、化工设施等	耐蚀材料、复合材料、有机层、包覆金属、无机层、阳极保护等
淡水	河水或＜40℃常用水	饮水容器、水封槽、水工闸门等	缓蚀剂，金属层(Zn-Al、Zn)，有机、无机覆盖层等
高温淡水	40～100℃高温水、高温蒸汽	冷却水系统管路设施、城市供热系统等	缓蚀剂，金属层(Zn-Al、Zn、Al)，有机、无机覆盖层，耐蚀材料、复合材料等
海淡水	含盐度低于海水的河口水	河口码头、闸门设施等	金属层(Zn-Al、Zn)，有机、无机覆盖层，耐蚀材料，复合材料等
＜100℃的高纯水	去离子水、蒸馏水	高温锅炉用水系统等	有机、无机覆盖层，耐蚀材料，复合材料等
污染污水	＜60℃酸碱性污泥浊水排放系统	化工厂排放管道、矿井排水管等	有机、无机、金属高强层，耐蚀材料，复合材料等
高速水	产生磨蚀、空泡腐蚀的高流速淡水(或海水)	在海水、河水中船舶的螺旋桨叶、水轮机叶片等	耐空蚀材料，有机、金属高强复合材料等
高潮湿污染大气	80%～90%相对湿度，并含有 H_2S、SO_2、NO_2、NH_3、Cl_2、CH_4 等污染气体	煤矿、天然气矿井井下设施、隧道、坑道设施等	金属有机复合层，有机、无机覆盖层，缓蚀剂等

一般来说，各种防腐方法的单位面积费用按下列顺序递增：缓蚀剂＜有机涂层＜无机涂层＜有机层加阴极保护＜金属覆盖层＜金属层加有机层＜包覆层＜复合材料＜耐蚀材料＜高耐蚀材料。

三、做好防腐工作的方法、要求

作为一名优秀的防腐工作者，必须要有广博的知识和丰富的实践经验。除掌握腐蚀的基本原理以及金属和非金属材料的基础知识之外，还要掌握材料（如合成树脂、涂料、工程塑料、玻璃钢）的合成、衬里技术、化工建筑防腐、设备清洗、带压堵漏等防腐蚀技术以及经济核算、安全知识等。这些都是防腐工作者必须知道的知识内容。随着科学技术的不断发展，新技术、新材料不断地出现，防腐工作者只有不断地充实、加强实践，才能确保防腐工程方案先进、可靠、科学、经济合理。

防腐工作者应对生产系统有全面的了解，要了解生产工艺、设备结构及材质、生产工艺条件，如介质组成、温度、压力，是动态还是静态的，是气相还是固相或是液相，有否磨损等。分析其中腐蚀原因，制订出防腐方案。在制订防腐方案之前，先查一下同行业中同类设备所有的防腐方法和取得的效果。在此基础上再查阅防腐手册，找出适用这种介质、温度、压力条件下使用的防腐材料。最后从经济角度出发选择适合的防腐蚀材料，制订施工方案，力求降低工程造价，延长设备使用寿命，减少腐蚀损失。

防腐工作者还要掌握一些新技术，为生产工艺服务。例如清洗技术，带压堵漏等。新型防腐材料近年来出现很多，如新型防腐涂料、合成树脂、玻璃钢整体设备、复合防腐材料等，在防腐工程上取得了成功的应用，获得了良好的经济效果。

思考练习题

1. 选择金属防腐方法的基本要求是什么？
2. 常用的防腐方法有哪些？
3. 对优秀防腐工作者的要求有哪些？

第五章

正确选材与合理设计

现代工业腐蚀介质种类繁多，工艺条件苛刻，耐蚀材料品种和性能也十分繁杂，正确地选材和合理设计是一项复杂的任务。

“腐蚀是从绘图板上开始的”，即设备的设计必须要考虑腐蚀问题。如果在防腐问题上考虑不周，措施不够完善，则设备的使用寿命将不是主要取决于疲劳、断裂等机械形式，而是腐蚀，因此在设计时，除在选择材料、结构设计、强度核算等几方面进行考虑外，还必须考虑选用什么防腐措施（如涂装、衬里、添加缓蚀剂、进行电化学保护等）及施工的可能性，并且在结构上保证能顺利完成这些措施。

第一节　金属材料的耐蚀性能及选用

工业用金属结构材料，应用比较广泛的是铁合金、铜合金、铝合金、钛合金、镍合金、镁合金等。纯金属主要是铜、镍、铝、镁、钛、锆等，但应用并不多。

一、金属耐蚀合金化原理

1. 纯金属的耐蚀性

工业上广泛应用的金属结构材料大多数都是合金，为了更好地掌握并改进合金的耐蚀性，对于作为合金基体或合金元素的纯金属，了解其耐蚀特性是完全必要的。

在各种腐蚀环境中，金属的耐蚀能力主要体现在以下三个方面。

(1) 金属的热力学稳定性　各种纯金属的热力学稳定性，大体上可按它们的标准电位值来判断。标准电极电位较正者，其热力学稳定性较高；标准电极电位越负，热力学稳定性越差，也就容易被腐蚀。

(2) 金属的钝化　有不少热力学不稳定的金属在适当的条件下能发生钝化而获得耐蚀能力，可钝化的金属有锆、钛、钽、铌、铝、铬、铍、钼、镁、镍、钴、铁。它们的大多数都是在氧化性介质中容易钝化，而在 Cl^-、Br^- 等离子的作用下，钝态容易受到破坏。

(3) 腐蚀产物膜的保护性能　在热力学不稳定的金属中，除了因钝化耐腐蚀者外，还有因在腐蚀过程初期或一定阶段生成致密的保护性能良好的腐蚀产物膜而耐腐蚀。

2. 金属耐蚀合金化的途径

从前面的讨论我们知道，金属的电化学腐蚀速率可用腐蚀电流的大小表征，即：

$$I_{corr}=\frac{E_{0,C}-E_{0,A}}{P_C+P_A+R}$$

可以看出，腐蚀电池的腐蚀电流大小，在很大程度上为R、P_A、P_C等所控制，式中的分子，表示腐蚀反应的推动力，亦即系统的热力学稳定性，分母表示腐蚀过程的阻力。显然，如果能减小腐蚀过程的推动力，或者增大系统的阻力，都能有效地降低腐蚀电流而提高耐蚀性。那么，如何通过合金化的方法来实现？

根据各种金属的不同特性，一般工业上金属耐蚀合金化有以下几种途径。

(1) 提高金属的热力学稳定性（提高$E_{0,A}$） 这种方法就是通过向本来不耐蚀的纯金属或者合金中加入热力学稳定性高的合金元素，制成合金。加入的元素将其固有的高热力学稳定性带给了合金，提高了合金的电极电位，从而提高了合金整体的耐蚀性能。例如，铜中加入金，镍中加入铜，铬钢中加入镍等。

但是，这种方法应用很有限，因为往往需要添加大量的贵重金属才有效。

(2) 增大阴极极化率P_C 即减弱合金的阴极活性。这种方法适用于阴极控制的腐蚀过程。

① 减小金属或合金中的活性阴极面积。金属或合金在酸溶液中腐蚀时，阴极析氢过程优先在析氢超电压低的阴极性合金组成物或夹杂物上进行，如果减少合金中的这种阴极相(如降低含碳量)，就减少了活性阴极数目或面积，使阴极极化电流密度增大，增加了阴极极化程度，从而提高合金的耐蚀性。

另外，也可以采用热处理的方法，如固溶处理，使阴极性夹杂物转入固溶体内，消除了作为活性阴极的第二相，也能提高合金的耐蚀性。

② 加入析氢超电压高的合金元素。往合金中加入析氢超电压高的合金元素，增大合金阴极析氢反应的阻力，可以显著降低合金在酸中的腐蚀速率。这种办法只适应于基体金属不会钝化、由析氢超电压控制的析氢腐蚀过程。

例如，在碳钢和铸铁中加入砷、铋、锡等，可以显著降低其在非氧化性酸中的腐蚀速率。

(3) 增大阳极极化率P_A 即减弱合金的阳极活性。用合金化的方法，减弱合金的阳极活性，阻滞阳极过程的进行，以提高合金的耐蚀性，是金属耐蚀合金化措施中最有效、应用最广泛的方法。

① 加入易钝化的合金元素。工业上大量应用的合金的基体元素铁、铝、镁、镍等都属于可钝化元素，其中应用最多的钢铁材料中的元素铁，钝化能力不强，一般需要在氧化性较强的介质中才能钝化。为了显著提高耐蚀性，可以往这些基体金属中加入更容易钝化的元素，以提高合金整体的钝化性能。例如，往铁中加入（12%～30%）Cr，制得不锈钢或耐酸钢。这种加入易钝化元素以提高合金钝化能力的方法是耐蚀合金化途径中应用最广泛的一种。

② 加入阴极合金元素促进阳极钝化。对于有可能钝化的腐蚀体系（包括合金与腐蚀环境），如果往金属或合金中加入强阴极性元素，由于电化学腐蚀中阴极过程加剧，使其阴、阳极电流增加，当腐蚀电流密度超过钝化电流密度时，阳极出现钝态，其腐蚀电流急剧下降。这是一种很有发展前途的耐蚀合金化措施。

(4) 使合金表面生成电阻大的腐蚀产物膜（增大R） 加入某些元素使合金表面生成致密的腐蚀产物膜，加大了体系的电阻，也能有效地阻滞腐蚀过程的进行。

例如耐大气腐蚀钢的耐蚀锈层结构中一般含有非晶态羟基氧化铁，它的结构是致密的，保护性能非常好。而钢中加入 Cu 或 P 与 Cr，则能促进此种非晶态保护膜的生成。因此以

Cu 和 P，或 P 与 Cr 来合金化，可制成耐大气腐蚀的低合金钢。

二、铁碳合金

铁碳合金是碳钢和普通铸铁的总称，也是工业上应用最广泛的金属材料，它产量较大、价格低廉，有较好的力学性能及工艺性能；在耐蚀性方面，虽然它的电极电位较负，在自然条件下（大气、水及土壤中）化学稳定性较差，但是可采用多种方法对它进行保护，如采用覆盖层及电化学保护等，防腐蚀的主要对象也多数是指铁碳合金，因此，铁碳合金现在仍然是作为主要的结构材料。通常只有在铁碳合金不能满足要求时，才选用其他耐蚀材料。

1. 合金元素对耐蚀性能的影响

铁碳合金的主要元素为铁和碳，它的基本组成相为铁素体、渗碳体及石墨，三者电极电位相差很大，当与电解质溶液接触构成微电池时，就会使铁碳合金产生电化学腐蚀。

铁碳合金的基本组成相与耐蚀性的关系可用表 5-1 来说明。

表 5-1 铁碳合金基本组成相与耐蚀性的关系

基本组成相	铁素体	渗碳体	石墨
电极电位	负	介于二者之间	正
构成微电池中的电极性质	阳极	阴极（碳钢）	
	阳极		阴极（铸铁）

由表 5-1 可知，铁碳合金中的渗碳体和石墨分别成为碳钢和铸铁的微阴极，从而影响铁碳合金的耐蚀性能。

铁碳合金的成分除了铁和碳外，还有锰、硅、硫、磷等元素。合金元素对铁碳合金的耐蚀性能的影响如下。

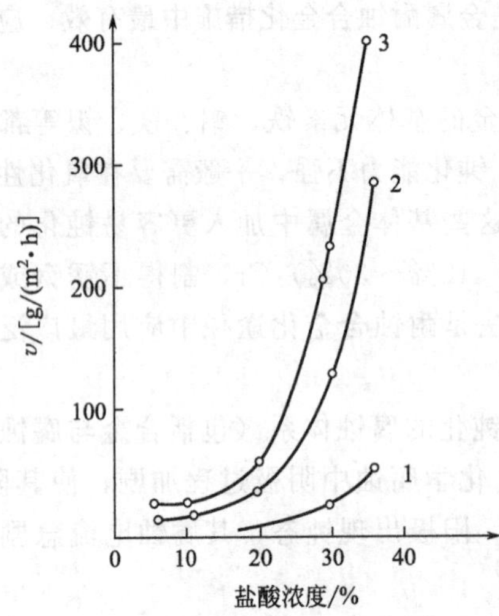

图 5-1 铁在盐酸中的腐蚀速率与含碳量的关系

1—工业纯铁；2—含 0.1%C 的碳钢；3—含 0.3%C 的碳钢

（1）碳　铁碳合金中，随着含碳量的增加，则渗碳体和石墨所形成的微电池的阴极面积相应增大，因而加速了析氢反应的速度，导致了在非氧化性酸中的腐蚀速率随含碳量的增加而加快，见图 5-1，由于铸铁含碳量比碳钢高，所以在非氧化性酸中铸铁的腐蚀比碳钢快，如在常温的盐酸中，高碳钢的溶解速度比纯铁高得多。在氧化性酸中，例如在浓硫酸中则正好相反，铁碳合金中的微阴极组分渗碳体或石墨使合金转变为钝态的过程变得容易，有着微阴极夹杂物的铸铁在较低浓度的硝酸中比纯铁易于钝化。在中性介质中铁碳合金的腐蚀，其阴极过程主要为氧的去极化作用，含碳量的变化（即阴极面积的变化）对它的腐蚀速率无重大影响。

（2）锰　在低碳钢中存在于固溶体中的锰含量一般为 0.5%～0.8%，锰对铁碳合金的耐蚀性无明显影响。

(3) 硅　一般碳钢中硅含量为0.1%～0.3%，铸铁中硅含量为1%～2%；硅对腐蚀的影响一般很小。当碳钢中硅含量高于1%、铸铁硅含量高于3%时，它们的化学稳定性甚至还有所下降。只有当合金中硅含量达到高硅铸铁所含硅量的程度时，才能对铁的耐蚀性产生有利影响。

(4) 硫　碳钢和铸铁中硫含量一般在0.01%～0.05%的范围内变动。硫是有害物质，当硫同铁和锰形成硫化物，成单独的相析出时，起阴极夹杂物的作用，从而加速腐蚀过程。

这种影响在酸性溶液中的腐蚀更为显著。对局部腐蚀的影响，则通过夹杂物能诱发点蚀和硫化物腐蚀破裂。

(5) 磷　碳钢中磷含量一般不超过0.05%，铸铁中可达0.5%。在酸性溶液中，当磷含量增大时，能促进析氢反应，导致耐蚀性下降，但影响较小；过高的磷含量会使材料在常温下变脆（冷脆性），对力学性能影响较大。在海水及大气中，当磷含量高于1.0%、且与铜配合使用时，能促进钢的表面钝化，从而改善钢的耐大气腐蚀和海水腐蚀的性能。

2. 铁碳合金的耐蚀性能

总的说来，铁碳合金在各种环境介质中，它们的耐蚀性都较差，因此一般在使用过程中都采取不同的保护措施。碳钢在水和大气中，在水中溶解氧或大气中的氧的作用下产生吸氧腐蚀，其阴极过程主要由氧的浓度扩散所控制。同时受其他因素的影响，明显加剧了碳钢或铸铁的腐蚀。下面讨论在几种常见介质中铁碳合金的耐蚀性。

(1) 在中性溶液中的腐蚀　铁碳合金主要的腐蚀为氧去极化腐蚀，碳钢和铸铁的腐蚀行为相似。

(2) 在碱性溶液中的腐蚀　常温下浓度小于30%的稀碱水溶液可以使铁碳合金表面生成不溶且致密的钝化膜，因而稀碱溶液具有缓蚀作用。

在浓的碱液中，例如浓度大于30%的NaOH溶液，表面膜的保护性能降低，这时膜溶于NaOH溶液生成可溶性铁酸钠；随着温度的升高，普通铁碳合金在浓碱液中的腐蚀将更加严重，在一定的拉应力共同作用下，可产生碱脆，而以靠近30%浓度的NaOH溶液为最危险。

一般来说，当拉应力小于某一临界应力时，NaOH溶液浓度小于35%、温度低于120℃，碳钢可以用；铸铁耐碱腐蚀性能优于碳钢。

(3) 在酸中的腐蚀　酸对铁碳合金的腐蚀类型主要根据酸分子中的酸根是否具有氧化性确定。非氧化性酸对铁碳合金腐蚀的特点是其阴极过程为氢离子去极化作用，如盐酸就是典型的非氧化性酸；氧化性酸对铁碳合金腐蚀的特点是其阴极过程主要是酸根的去极化作用，如硝酸就是典型的氧化性酸。但是如果把酸硬性划分为氧化性酸和非氧化性酸是不恰当的，例如浓硫酸是氧化性酸，但当硫酸稀释之后与碳钢作用也与非氧化性酸一样，发生氢离子去极化而析出氢气。因而区分这两种性质的酸应根据酸的浓度，同时与金属本身的电极电位高低也有密切关系，特别是当金属处于钝态的情况下，氧化性酸与非氧化性酸对金属作用的区别，显得更为突出。此外，温度也是一个重要的因素。

下面列举几种酸说明铁碳合金的腐蚀规律。

① 盐酸　盐酸是典型的非氧化性酸，铁碳合金的电极电位又低于氢的电位，因此，它的腐蚀过程是析氢反应，腐蚀速率随酸的浓度增高而迅速加快。同时在一定浓度下，随温度上升，腐蚀速率也直线上升。如图5-1所示。在盐酸中铸铁的腐蚀速率比碳钢大，所以，铁

碳合金都不能直接用作处理盐酸设备的结构材料。

② 硫酸 碳钢在硫酸中的腐蚀速率与浓度有密切关系（见图 5-2），当硫酸浓度小于 50%时，腐蚀速率随浓度的增大而加大，这属于析氢腐蚀，与非氧化性酸的行为一样。在浓度为 47%～50%时，腐蚀速率达最大值，以后随着硫酸浓度的增加，腐蚀速率下降；在浓度为 75%～80%的硫酸中，碳钢钝化，腐蚀速率很低，因此储运浓硫酸时，可用碳钢和铸铁制作设备和管道，但在使用中必须注意浓硫酸易吸收空气中的水分而使表面酸的浓度变稀，从而使得气液交界处的器壁部分遭受腐蚀，因而这类设备可适当考虑采用非金属材料衬里或其他防腐措施。

当硫酸浓度大于 100%后，由于硫酸中过剩 SO_3 增多，使碳钢腐蚀速率重新又增大，因而碳钢在发烟硫酸中的使用浓度范围应小于 105%。

铸铁与碳钢有相似的耐蚀性，除发烟硫酸外，在 85%～100%的硫酸中非常稳定。总的说来，在浓硫酸中特别是温度较高、流速较大的情况下，铸铁更适宜，而在发烟硫酸的一定范围内，碳钢能耐蚀，铸铁却不能。这是因为发烟硫酸的渗透性促使铸铁内部的碳和石墨被氧化，会产生晶间腐蚀。在小于 65%的硫酸中，在任何温度下，铁碳合金都不能使用。当温度高于 65℃时，不论硫酸浓度多大，铁碳合金一般也不能使用。

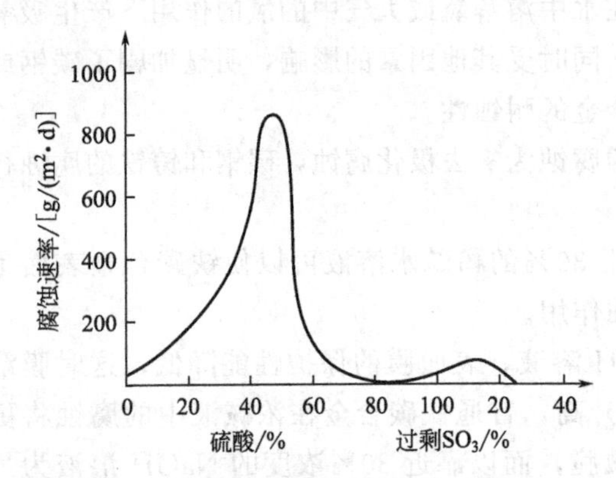

图 5-2 铁的腐蚀速率与硫酸浓度的关系

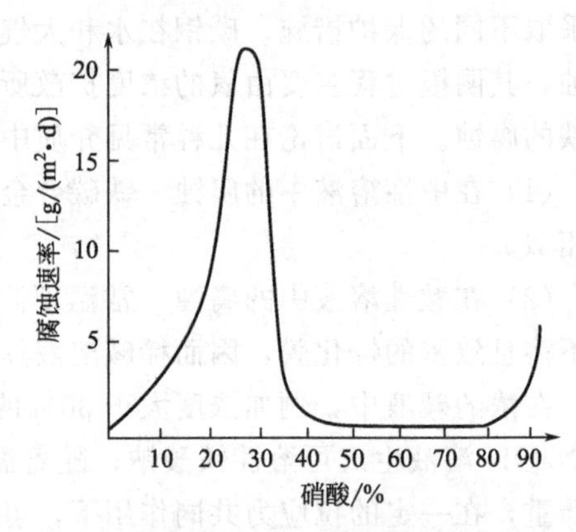

图 5-3 铁的腐蚀速率与硝酸浓度的关系

③ 硝酸 碳钢在硝酸中的耐腐蚀性与钝化特性的关系如图 5-3 所示，在硝酸中铁碳合金的腐蚀速率以 30%时为最大，当浓度大于 50%时腐蚀速率显著下降；如果浓度提高到大于 85%，腐蚀速率再度上升。在 50%～85%的硝酸中，铁碳合金比较稳定的原因就是因为它的表面钝化而使腐蚀电位正移。

碳钢在硝酸中的钝化随温度的升高而易被破坏，同时当浓度增加时，又会产生晶间腐蚀。为此，从实际应用的角度出发，碳钢与铸铁都不宜作为处理硝酸的结构材料。

④ 氢氟酸 碳钢在低浓度氢氟酸（浓度 48%～50%）中迅速腐蚀，但在高浓度（大于 75%～80%，温度 65℃以下）时，则具有良好的稳定性。这是由于表面生成铁的氟化物膜不溶于浓的氢氟酸中，在无水氢氟酸中，碳钢更耐蚀，然而当浓度低于 70%时，碳钢很快被腐蚀。因此，可用碳钢制作储存和运输 80%以上氢氟酸的容器。

⑤ 有机酸 对铁碳合金腐蚀最强烈的有机酸是草酸、甲酸（蚁酸）、乙酸（醋酸）及柠檬酸，但它们与同等浓度的无机酸（盐酸、硝酸、硫酸）的侵蚀作用相比要弱得多。铁碳合金在有机酸中的腐蚀速率随着酸中含氧量增大及温度升高而增大。

（4）在盐溶液中的腐蚀 铁碳合金在盐类溶液中的腐蚀与这种盐水解后的性质有密切关

系，根据盐水解后的酸碱性有以下三种情况。

① 中性盐溶液　以 NaCl 为例，这类盐水解后溶液呈中性，铁碳合金在这类盐溶液中的腐蚀，其阴极过程主要为溶解氧所控制的吸氧腐蚀，随浓度增加，腐蚀速率存在一个最高值(3%NaCl)，此后则逐渐下降，所以钢铁在高浓度的中性盐溶液中，腐蚀速率是较低的，但当盐溶液处于流动或搅拌状态时，因氧的补充变得容易，腐蚀速率要大得多。

② 酸性盐溶液　这类盐水解后呈酸性，引起铁碳合金的强烈腐蚀，因为在这种溶液中，其阴极过程既有氧的去极化，又有氢的去极化；如果是铵盐，则 NH_4^+ 与铁形成络合物，增加了它的腐蚀性；高浓度的 NH_4NO_3，由于 NO_3^- 的氧化性，更促进了腐蚀。

③ 碱性盐溶液　这类盐水解后呈碱性，当溶液 pH 值大于 10 时，同稀碱液一样，腐蚀速率较小，这些盐，如 Na_3PO_4、Na_2SiO_3 等，能生成铁盐膜，具有保护性，腐蚀速率大大降低而具有缓蚀性。

④ 氧化性盐溶液　这类盐对金属的腐蚀作用，可分为两类：一类是强去极剂，可加速腐蚀，例如 $FeCl_3$、$CuCl_2$、$HgCl_2$ 等，对铁碳合金的腐蚀很严重；另一类是良好的钝化剂，可使钢铁发生钝化，例如 $K_2Cr_2O_7$、$NaNO_2$ 等，只要用量适当，可以阻止钢铁的腐蚀，通常是良好的缓蚀剂。但结构钢在沸腾的浓硝酸盐溶液中易产生应力腐蚀破裂。

应该注意的是氧化性盐的浓度，不是它们的氧化能力的标准，而腐蚀速率也不都是正比于氧化能力，例如铬酸盐比 Fe^{3+} 盐是更强的氧化剂，但 Fe^{3+} 盐能引起钢铁更快的腐蚀，而铬酸盐却能使钢铁钝化。

(5) 在气体介质中的腐蚀　化工过程中的设备、管道常受气体介质的腐蚀，大致有高温气体腐蚀、常温干燥气体腐蚀、湿气体腐蚀等。常温干燥条件下的气体，如氯碱厂的氯气，硫酸厂的 SO_2 及 SO_3 等，对铁碳合金的腐蚀均不强烈，一般均可采用普通钢铁处理；而湿的气体，如 Cl_2、SO_2、SO_3 等，则腐蚀强烈，其腐蚀特性与酸相似。

(6) 在有机溶剂中的腐蚀　在无水的甲醇、乙醇、苯、二氯乙烷、丙酮、苯胺等介质中，碳钢是耐蚀的；在纯的石油烃类中，碳钢实际上也耐蚀，但当水存在时就会遭受腐蚀，例如石油储槽或其他有机液体的钢制容器，如果介质中含有水分，则水会积存在底部的某一部位，与水接触部位成为阳极，与油或有机液体接触的表面则成为阴极，而这个阴极面积很大，为油膜覆盖阻止了腐蚀；当油中含溶解氧或其他盐类、H_2S、硫醇等杂质，将导致阴极反应迅速发生，使碳钢阳极部位的腐蚀速率剧增。

总之，碳钢和普通铸铁的耐蚀性虽然基本相同，但又不完全一样，在一般可以采用铁碳合金的场合下，究竟是用碳钢还是铸铁，应根据具体条件并结合力学性能进行综合比较，有时还应通过试验才能确定。在使用普通碳钢和铸铁时，除了要考虑耐蚀性外，还应注意其他性能，例如普通铸铁属于脆性材料，强度低，不能用来制造承压设备，也不用来处理和储存有剧毒或易燃、易爆的液体和气体介质的设备。

三、高硅铸铁

在铸铁中加入一定量的某些合金元素，可以得到在一些介质中有较高耐蚀性的合金铸铁。高硅铸铁就是其中应用最广泛的一种。工业上应用最广泛的是含硅 14.5%～15%的高硅铸铁。

1. 性能

含硅量达 14%以上的高硅铸铁之所以具有良好的耐蚀性，是因为硅在铸铁表面形成一

层由 SiO_2 组成的保护膜，如果介质能破坏 SiO_2 膜，则高硅铸铁在这种介质中就不耐蚀。

一般来说，高硅铸铁在氧化性介质及某些还原性酸中具有优良的耐蚀性，它能耐各种温度和浓度的硝酸、硫酸、醋酸、常温下的盐酸、脂肪酸及其他许多介质的腐蚀。它不耐高温盐酸、亚硫酸、氢氟酸、卤素、苛性碱溶液和熔融碱等介质的腐蚀。不耐蚀的原因是由于表面的 SiO_2 保护膜在苛性碱作用下，形成了可溶性的 Na_2SiO_3；在氢氟酸作用下形成了气态 SiF_4 等而使保护膜破坏。

高硅铸铁性质为硬而脆，力学性能差，应避免承受冲击力，不能用于制造压力容器。铸件一般不能采用除磨削以外的机械加工。

2. 应用

由于高硅铸铁耐酸的腐蚀性能优越，已广泛用于化工防腐蚀，最典型的牌号是 STSi15，主要用于制造耐酸离心泵、管道、塔器、热交换器、容器、阀件和旋塞等。

总的来说，高硅铸铁质脆，所以安装、维修、使用时都必须十分注意。安装时不能用铁锤敲打；装配必须准确，避免局部应力集中现象；操作时严禁温差剧变，或局部受热，特别是开停车或清洗时升温和降温速度必须缓慢；不宜用作受压设备。

四、耐腐蚀低合金钢

低合金钢是指加入到碳钢中的合金元素的质量分数小于 3%的一类钢。耐腐蚀低合金钢是低合金钢中的一个重要类别，合金元素添加在钢中的主要作用是改善钢的耐腐蚀性。这类钢成本低、强度高、综合力学性能及加工工艺性能好，由于合金元素含量较低，耐腐蚀性低于不锈钢而优于碳钢，强度则显著高于奥氏体不锈钢，适用于中等腐蚀性的各种环境，如作为大气、海水、石油、化工、能源等环境中的设备、管道和结构材料等。

1. 合金元素对低合金钢耐腐蚀性的影响

低合金钢在其使用环境中通常都不能够钝化，合金元素的作用主要是提高表面锈层的致密性、稳定性和附着性．能够改善钢的耐蚀性的元素有铜、磷、铬、镍、钼、硅等，其作用如下。

(1) 铜　铜能显著改善钢的抗大气和海水腐蚀性能，铜促使钢表面的锈层致密且附着性提高，从而延缓进一步腐蚀，当铜与磷共同加入钢中时作用更显著。含铜 0.2%～0.5%的钢与不含铜的钢相比，在海洋性和工业性大气中的耐腐蚀性提高 50%以上。

(2) 磷　磷是改善钢的耐大气腐蚀性能的有效元素之一，促使锈层更加致密，与铜联合作用时效果尤为明显。磷的加入量一般为 0.06%～0.10%，加入量过多会使钢的低温脆性增大。

(3) 铬　铬是钝化元素，但在低合金钢中含量较低，不能形成钝化膜，主要作用仍是改善锈层的结构，经常与铜同时使用，加入量一般为 0.5%～3%。

(4) 镍　镍化学稳定性比铁高，加入量大于 3.5%时有明显的抗大气腐蚀作用，Ni 含量在 1%～2%时主要作用是改善锈层结构。

(5) 钼　在钢中加入 0.2%～0.5%的钼也能提高锈层的致密性和附着性，并促进生成耐蚀性良好的非晶态锈层。

(6) 碳　提高碳含量会使钢的强度升高，但由于 Fe_3C 数量增多，耐蚀性明显下降，因此耐腐蚀低合金钢中的碳含量一般不超过 0.10%～0.20%。

2. 耐腐蚀低合金钢的类别

根据耐腐蚀低合金钢的适用环境，主要分为以下几类：

① 耐大气腐蚀低合金钢（耐候钢）；

② 耐海水腐蚀低合金钢；

③ 耐硫酸露点腐蚀低合金钢；

④ 耐硫化物腐蚀破裂低合金钢；

⑤ 耐高温高压氢、氮、氨腐蚀低合金钢（抗氢钢）。

(1) 耐大气腐蚀低合金钢（耐候钢） 美国在20世纪30年代研制的Corten-A钢是最早的耐大气腐蚀钢，其成分特点是：碳含量控制在0.1%左右，加入少量Cu、P、Cr和Ni构成复合的致密腐蚀产物层以阻碍腐蚀反应，适量的Si对耐蚀性有益，Mn的主要作用是提高强度，有害的S控制在低水平。根据美国发表的15年工业大气腐蚀试验结果，Corten钢的腐蚀速率为0.0025mm/a，而碳钢为0.05mm/a；Corten钢屈服强度为343MPa，有良好缺口韧性和焊接性，广泛用作桥梁、建筑、井架等结构件。

我国的耐大气腐蚀低合金钢，主要有仿Corten钢系列、铜系、磷钒系、磷稀土系和磷铌稀土系等钢种。仿Corten-A的钢种主要有06CuPCrNiMo、10CrCuSiV、09CuPCrNi、09CuPCrNiAl、15MnMoVN等，仿Corten-B的主要有09CuPTiRE、10CrMoAl、14MnMoNbB等。

铜系钢主要有16MnCu、09MnCuPTi、15MnVCu、10PCuRE、06CuPTiRE等，这些钢种在干燥风沙地区与A3碳钢的耐蚀性差别不大，但在南方潮湿大气、海洋大气和工业大气环境中，Cu系低合金钢的腐蚀速率在0.01mm/a左右，耐蚀性比A3钢提高50%以上。这类钢的屈服强度均为343MPa左右，适用于制造车辆、船舶、井架、桥梁、化工容器等。

磷钒系钢有12MnPV、08MnPV，磷稀土系有08MnPRE、12MnPRE，磷铌稀土系有10MnPNbRE等，这些钢种利用我国的稀土元素富产资源，可改善钢中加磷导致的脆性，耐大气腐蚀性能一般比碳钢提高20%～40%。

(2) 耐海水腐蚀低合金钢

① 耐海水腐蚀钢的成分特点 钢在海水飞溅区和全浸区的腐蚀过程和影响因素有所不同，合金元素的作用也有差别。Si、Cu、P、Mo、W和Ni等元素都能改善钢在飞溅区和全浸区的耐蚀性．复合加入时效果更明显；Cr和Al主要提高全浸区的耐蚀性，Cr、Al、Mo、Si同时加入钢中耐蚀效果更佳。钢中加入Mn可提高强度，对耐蚀性影响不大。

② 国内外主要耐海水腐蚀钢种 国外耐海水腐蚀钢主要有Ni-Cu-P系、Cu-Cr系和Cr-Al系。美国的Mariner钢为Ni-Cu-P系，在海水飞溅区的耐蚀性比碳钢提高一倍，但因钢中含磷量较高，低温冲击韧性和焊接性较差，主要用于钢桩等非焊接结构。日本的MariloyG钢为Cu-Cr-Mo-Si系。对于飞溅区和全浸区海水均有良好耐蚀性，腐蚀速率约为碳钢的1/3，由于磷含量低，焊接性亦较好。法国的Cr-Al系低合金钢APS20A，兼具良好的耐大气和海水腐蚀性能，在全浸海水中耐蚀性比碳钢提高一倍以上。

我国耐海水腐蚀低合金钢主要有铜系、磷钒系、磷铌稀土系和铬铝系等类型，例如08PV、08PVRE、10CrPV等。含Cu、P的钢种一般耐飞溅区腐蚀性能较好，而含Cr、Al的钢种更耐全浸区腐蚀。

(3) 耐硫酸露点腐蚀低合金钢

① 硫酸露点腐蚀 在以高硫重油或劣质煤为燃料的燃烧炉中，燃料中的硫燃烧后转变为SO_2，SO_2与O_2可进一步反应生成SO_3。SO_2通常随燃气排出，但SO_3可以与燃气中的

水蒸气结合生成硫酸，凝结在低温部件上，造成腐蚀，称作硫酸露点腐蚀或露点腐蚀。它多发生在锅炉系统中温度较低的部位，如节煤器、空气预热器、烟道、集尘器等处，在硫酸厂的余热锅炉及石油化工厂的重油燃烧炉等装置中也时常发生。

露点腐蚀与燃气中的 SO_3 浓度有关，随 SO_3 浓度升高，露点升高，当金属表面温度低于露点时，就能够发生硫酸凝聚，凝聚硫酸浓度主要与燃气中的水含量和凝聚面温度有关。在露点以下，表面温度越高，凝聚硫酸浓度越高。

② 耐硫酸露点腐蚀钢种　国内外针对硫酸露点腐蚀的特殊性已开发了一系列耐硫酸露点腐蚀钢，其中的合金元素以 Cu、Si 为主，辅以 Cr、W、Sn 等元素，这些合金元素的作用主要是在钢表面形成致密、附着性好的腐蚀产物膜层，抑制进一步的腐蚀。例如我国的 09CuWSn 钢、09CrCuSb 钢（ND 钢）和日本的 CRIA 钢，耐硫酸露点腐蚀性能比普通碳钢高出几十倍。

(4) 耐硫化氢应力腐蚀开裂低合金钢　耐硫化氢应力腐蚀破裂钢的设计特点是：严格控制有害元素 P、S 的含量，控制 Ni 含量，淬火后进行高温回火以消除马氏体组织，加入 Mo、Ti、Nb、V、Al、B、稀土等元素促进细小均匀的球形碳化物形成，以弥散强化来补充高温回火损失的强度并提高抗裂性能。此外还设法改进冶炼工艺控制硫化物夹杂的形状、数量和分布。这类钢可以达到较高强度级别且具有良好的抗硫化氢应力腐蚀破裂性能，广泛应用于石油、石油化工等领域。我国的典型耐 H_2S 钢有 12MoAlV、10MoVNbTi、15Al3MoWTi、12CrMoV、07Cr2AlMo 等。

(5) 抗氢、氮、氨作用低合金钢

① 氢、氮、氨与钢的作用　氢或氢与其他气体的混合物，不论是常压的或高压的，也不论是常温的或高温的，都能对金属造成一定形式的破坏。氢致破坏是金属由于气体作用而造成破坏的最重要的形式之一，如氢脆、碳钢脱碳等。

在合成氨气氛中（温度在 520℃以下，一般为 480～520℃，压力一般为 32MPa），同时存在着氢、氮、氨。N_2 和 NH_3 分子在 400～600℃温度下，在铁的催化下会离解生成活性氮原子，氮原子渗入钢材，这就在钢铁表面一定深度范围内生成一层氮化层。氮化层硬而脆，使钢的塑性和强度降低，在应力集中处易产生裂纹，这就是所谓“氮化脆化”。

② 抗氢、抗氮低合金钢　操作温度低于 220℃的处理高压氢的设备不产生氢侵蚀，普通碳钢便可胜任。在常温下，碳钢的氢腐蚀临界压力高达 89.8MPa。但在中温（约 600℃）下处理高压氢的设备，选材必须考虑氢侵蚀问题。微碳纯铁具有良好的抗中温高压氢侵蚀性能，它的缺点是强度低。

普遍应用的中温抗氢钢以 Cr、Mo 为主加元素。钢中 Cr 含量提高，碳化物稳定性也提高，钢的抗氢腐蚀临界温度也随之提高。Mo 比 Cr 具有更好的抗氢性能。Mo 在晶界偏析降低了晶界能而使裂纹不易产生。

近年来研究了一些不含 Cr 的抗氢钢，这些钢以 Mo、V、Nb、Ti 等为合金元素，也具有良好的抗氢性能。

在合成氨设备中，除了要求材料具有良好的抗氢性能外，还要求具有良好的抗氮化性能。微碳纯铁不渗氮，可作为氨合成塔内件使用。在 Cr-Mo 钢中，只有含 Cr 量较高的 Cr5Mo 和 Cr9Mo 钢抗氮化脆化性能较好。

近年来发展的以 Nh、V、Ti、Mo 等为合金元素的抗氢、氮低合金钢种，不仅其抗氢侵蚀性能良好，而且还具有良好的抗氮化脆化性能。

五、不锈钢

（一）概述

1. 定义

不锈钢是指铁基合金中铬含量（质量分数）大于等于13%的一类钢的总称。在大气及较弱腐蚀性介质中耐蚀的钢称为不锈钢，而把耐强腐蚀性酸类的钢称为耐酸钢。通常，我们把不锈钢和耐酸钢统称为不锈耐酸钢，简称为不锈钢。所以，习惯上所称的“不锈钢”常包括耐酸钢在内。

2. 性能

不锈钢除了广泛用作耐蚀材料外，同时是一类重要的耐热材料，因为其具备较好的耐热性，包括抗氧化性及高温强度；奥氏体不锈钢在液态气体的低温下仍有很高的冲击韧性，因而又是很好的低温结构材料；因不具铁磁性，也是无磁材料；高碳的马氏体不锈钢还具有很好的耐磨性，因而又是一类耐磨材料。由此可见，不锈钢具有广泛而优越的性能。

但是必须指出，不锈钢的耐蚀性是相对的，在某些介质条件下，某些钢是耐蚀的，而在另一些介质中则可能要腐蚀，因此没有绝对耐蚀的不锈钢。

3. 分类

不锈钢按其化学成分可分为铬不锈钢及铬镍不锈钢两大类。铬不锈钢的基本类型是Cr13型和Cr17型钢；铬镍不锈钢的基本类型是18-8型和17-12型钢（前边的数字为含铬质量分数，后边数字为含Ni质量分数）。在这两大基本类型的基础上发展了许多耐蚀、耐热以及力学性能和加工性能提高的等各具特点的钢种。

不锈钢按其金相组织分类有马氏体型、铁素体型、奥氏体型、奥氏体-铁素体型及沉淀硬化型五类。

不锈钢按金相组织分类及提高耐蚀性的途径见表5-2。

不锈钢的品种繁多，随着近代科学技术的发展，新的腐蚀环境不断出现，为了适应新的环境，发展了超低碳不锈钢和超纯不锈钢，还发展了许多具有特定用途的专用钢。因而不锈钢是一类用途十分广泛，对国民经济和科学技术的发展都十分重要的工程材料。

4. 牌号

中国不锈钢的牌号是以数字与化学元素来表示的。

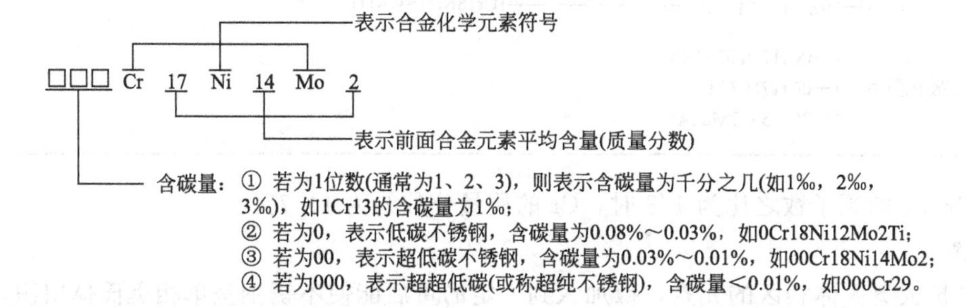

（二）主要合金元素对耐蚀性的影响

1. 铬

铬元素的电极电位虽然比铁低，但由于它极易钝化，因而成为不锈钢中最主要的耐蚀合金元素。不锈钢中一般含铬量必须符合Tamman定律（或$n/8$定律），即：在给定介质中，耐蚀组元 Cr 和 Fe 组成单相固溶合金，当 Cr/Fe 的原子数之比为 1/8、2/8、3/8、4/8、…、$n/8$（$n=1$、2、…、7）时，每当 n 增加 1，合金的耐蚀性将出现突然地阶梯式的升高，合金的电位亦相应地随之升高。铬含量越高，耐蚀性越好，但不能超过 30%，否则会降低钢的韧性。

表 5-2 不锈钢按金相组织分类及提高耐蚀性的途径

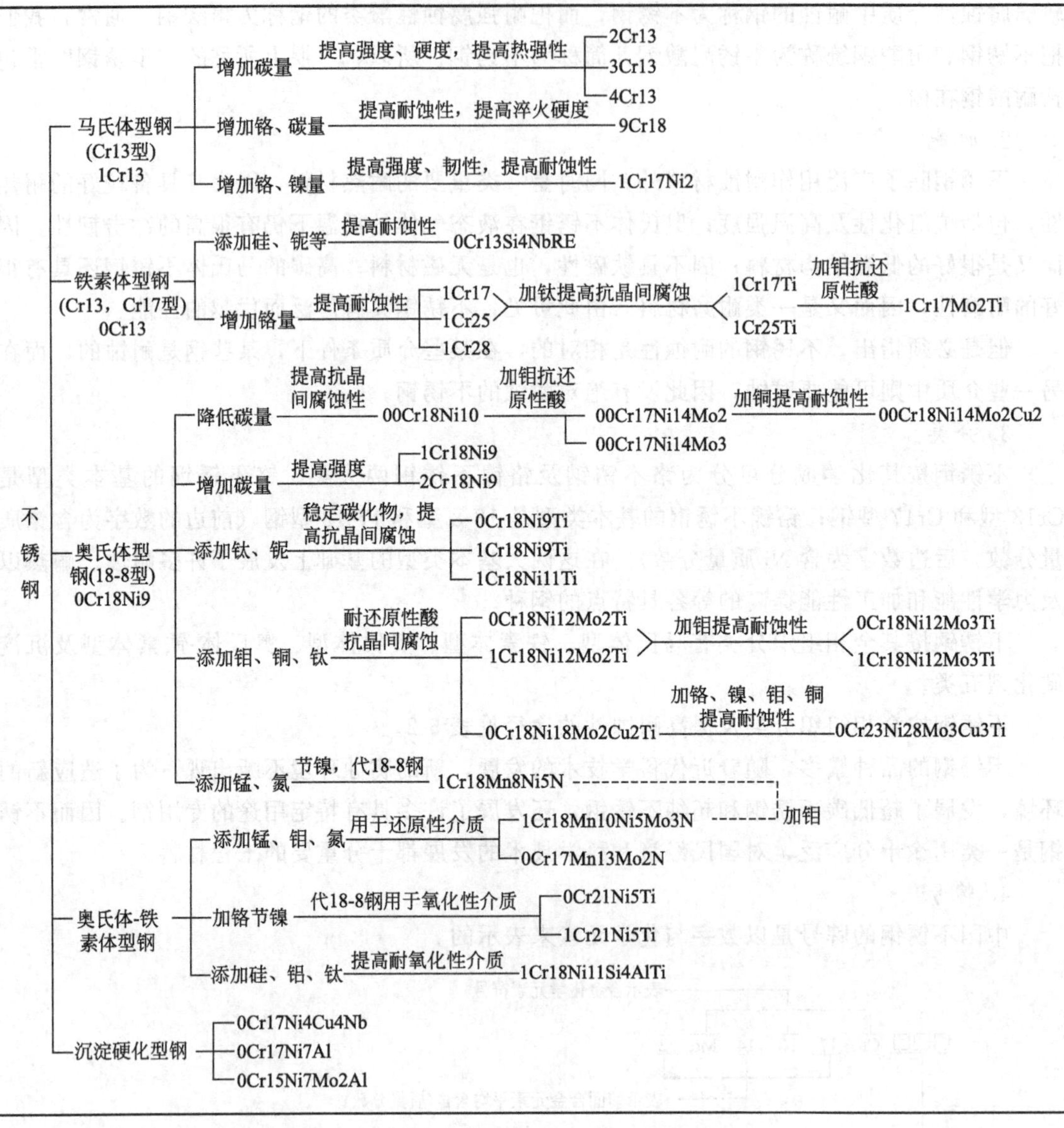

当 Cr/Fe 的原子数之比为 1/8 时，Cr 的质量分数约为 11.7%。

2. 镍

镍是扩大奥氏体相区的元素，镍加入到一定的量后能使不锈钢呈单相奥氏体组织，可改善钢的塑性及加工、焊接等性能。镍还能提高钢的耐碱性、耐热性。

3. 钼

由于钼可在 Cl^- 中钝化，可提高不锈钢抗海水腐蚀的能力，同时不锈钢中加钼还能显著提高不锈钢耐全面腐蚀及局部腐蚀的能力。

4. 碳

碳在不锈钢中具有两重性，因为碳的存在能显著扩大奥氏体组织并提高钢的强度，而另一方面钢中碳含量增多会与铬形成碳化物，即碳化铬，使固溶体中含铬量相对减少，大量微电池的存在会降低钢的耐蚀性。尤其是降低抗晶间腐蚀能力，易使钢产生晶间腐蚀，因而对要求以耐蚀性为主的不锈钢中应降低含碳量。大多数耐酸不锈钢含碳量＜0.08％，超低碳不锈钢的含碳量＜0.03％，随含碳量的降低，可提高耐晶间腐蚀、点蚀等局部腐蚀的能力。

5. 锰和氮

锰和氮是有效扩大奥氏体相区的元素，可以用来代替镍获得奥氏体组织。锰不仅可以稳定奥氏体组织，还能增加氮在钢中的溶解度。但锰的加入会促使含铬较低的不锈钢耐蚀性降低，使钢材加工工艺性能变坏，因此在钢中不单独使用锰，只用它来代替部分镍。在钢中加入氮在一定程度上可提高钢的耐蚀能力，但氮在钢中能形成氮化物，而使钢易于产生点蚀。不锈钢中氮含量一般在0.3％以下，否则钢材气孔量会增多，力学性能变差。氮与锰共同加入钢中起节省镍元素的作用。

6. 硅

硅在钢中可以形成一层富硅的表面层，硅能提高钢耐浓硝酸和发烟硝酸的能力，改善钢液流动性，从而获得高质量耐酸不锈钢铸件；硅又能提高抗点蚀的能力，尤其与钼共存时可大大提高耐蚀性和抗氧化性，可抑制在含 Cl^- 介质中的腐蚀。

7. 铜

在不锈钢中加入铜，可提高抗海水 Cl^- 侵蚀及抗盐酸侵蚀的能力。

8. 钛和铌

钛和铌都是强碳化物形成元素。不锈钢中加入钛和铌，主要是与碳优先形成 TiC 或 NbC 等碳化物，可避免或减少碳化铬（$Cr_{23}C_6$）的形成，从而可降低由于贫铬而引起的晶间腐蚀的敏感性，一般稳定化不锈钢中都加入钛。由于钛易于氧化烧损，因而焊接材料中多加入铌。

（三）应用

1. 铬不锈钢

铬不锈钢包括 Cr13 型及 Cr17 型两大基本类型。

（1）Cr13 型不锈钢　这类钢一般包括 0Cr13、1Cr13、2Cr13、3Cr13、4Cr13 等钢号，含铬量 12％～14％。

除 0Cr13 外，其余的钢种在加热时有铁素体-奥氏体转变，淬火时可得到部分马氏体组织，因而习惯上称为马氏体不锈钢。实际上 0Cr13 是铁素体钢，1Cr13 为马氏体-铁素体钢，2Cr13、3Cr13 为马氏体钢；4Cr13 为马氏体-碳化物钢。大多数情况下 Cr13 型不锈钢都经淬火、回火以后使用。

0Cr13 含碳量低，耐蚀性比其他 Cr13 好，在正确热处理条件下有良好的塑性与韧性。它在热的含硫石油产品中具有高的耐蚀性能，可耐含硫石油及硫化氢、尿素生产中高温氨水、尿素母液等介质的腐蚀。因此它可用于石油工业，还可用于化工生产中防止产品污染而压力又不高的设备。

1Cr13、2Cr13 在冷的硝酸、蒸汽、潮湿大气和水中有足够的耐蚀性；在淬火、回火后可用于耐蚀性要求不高的设备零件，如尿素生产中与尿素液接触的泵件、阀件等，并可制作汽轮机的叶片。

3Cr13、4Cr13 含碳量较高，主要用于制造弹簧、阀门、阀座等零部件。

Cr13 型马氏体钢在一些介质（如含卤素离子溶液）中有点蚀和应力腐蚀破裂的敏感性。

(2) Cr17 型不锈钢　这类钢的主要钢号有 1Cr17、0Cr17Ti、1Cr17Ti、1Cr17Mo2Ti 等。

这类钢含碳量较低而含铬量较高，均属铁素体钢，铁素体钢加热时不发生相变，因而不可能通过热处理来显著改善钢的强度。

由于含铬量较高，因此对氧化性酸类（如一定温度及浓度的硝酸）的耐蚀性良好，可用于制造硝酸、维尼纶和尿素生产中一定腐蚀条件下的设备，还可制作其他化工过程中腐蚀性不强的防止产品污染的设备。又如 1Cr17Mo2Ti，由于含钼，提高了耐蚀性，能耐有机酸（如醋酸）的腐蚀，但其韧性及焊接性能与 1Cr17Ti 相同。Cr17 型不锈钢较普遍地存在高温脆性等问题。

(3) 经济评价　铬不锈钢与铬镍不锈钢相比较，价格较低，但由于其脆性、焊接工艺等问题，化工过程中应用不是很多，多用于腐蚀性不强或无压力要求的场合。

2. 铬镍奥氏体不锈钢

铬镍奥氏体不锈钢是目前使用最广泛的一类不锈钢，其中最常见的就是 18-8 型不锈钢。18-8 型不锈钢又包括加钛或铌的稳定型钢种，加钼的钢种（常称为 18-12-Mo 型不锈钢）及其他铬镍奥氏体不锈钢。

在这类钢中，镍、锰、氮、碳等是扩大奥氏体相区的合金元素。含铬 17%～19%的钢中加入 7%～9%的镍，加热到 1000～1100℃时，就能使钢由铁素体转变为均一的奥氏体组织。由于铬是扩大铁素体相区元素，当钢中含铬量增加时，为了获得奥氏体组织，就必须相应增加镍含量。碳虽然是扩大奥氏体相区的元素，但当含碳量增加时将影响钢的耐蚀性，并影响冷加工性能。所以国际上普遍发展含碳量低的超低碳不锈钢，甚至超超低碳不锈钢，即使一般的 18-8 钢含碳量也多控制在 0.08%以下。

18-8 型不锈钢具有良好的耐蚀性能及冷加工性能，因而获得了广泛的应用，几乎所有化工过程的生产中都采用这一类钢种。

(1) 普通 18-8 型不锈钢　耐硝酸、冷磷酸及其他一些无机酸、许多种盐类及碱溶液、水和蒸汽、石油产品等化学介质的腐蚀，但是对硫酸、盐酸、氢氟酸、卤素、草酸、沸腾的浓苛性碱及熔融碱等的化学稳定性则差。18-8 型不锈钢在化学工业中主要用途之一是用以处理硝酸，它的腐蚀速率随硝酸浓度和温度的变化而变化。例如 18Cr-8Ni 不锈钢耐稀硝酸腐蚀性能很好，但当硝酸浓度增高时，只有在很低温度下才耐蚀。

(2) 含钛的 18-8 型不锈钢（0Cr18Ni9Ti、1Cr18Ni9Ti）　这是用途广泛的一类耐酸耐热钢。由于钢中的钛促使碳化物的稳定，因而有较高的抗晶间腐蚀性能，经 1050～1100℃在水中或空气中淬火后呈单相奥氏体组织。在许多氧化性介质中有优良的耐蚀性，在空气中的热稳定性也很好，可达 850℃。

(3) 含钼的 18-8 型不锈钢　这是在 18Cr-8Ni 型钢中增加铬和镍的含量并加入 2%～3%的钼，形成了含钼的 18-12 型的奥氏体不锈钢。这类钢提高了钢的抗还原性酸的能力，在许多无机酸、有机酸、碱及盐类中具有耐蚀性能，从而提高了在某些条件下耐硫酸和热的有机酸性能，能耐 50%以下的硝酸、碱溶液等介质的腐蚀，特别是在合成尿素、维尼纶及磷酸、磷铵的生产中，对熔融尿素、醋酸和热磷酸等强腐蚀性介质有较高的耐蚀性。

(4) 节镍型铬镍奥氏体不锈钢（如 1Cr18Mn8Ni5N）　是添加锰、氮以节镍而获得的奥氏体组织不锈钢，在一定条件下部分代替 18-8 型不锈钢，它可耐稀硝酸和硝铵腐蚀；可用于硝酸、化肥的生产设备和零部件。

(5) 含钼、铜的高铬高镍奥氏体不锈钢 这类钢有高的铬、镍含量并加钼与铜，提高了耐还原性酸的性能，常用作条件苛刻的耐磷酸、硫酸腐蚀的设备。

总之，18-8 型不锈钢如 0Cr18Ni9、0Cr18Ni9Ti、1Cr18Ni9Ti 等已大量用于合成氨生产中抗高温高压氢、氮气腐蚀的装置（合成塔内件）；用于脱碳系统腐蚀严重的部位；尿素生产中常压下与尿素混合液接触的设备；苛性碱生产中浓度小于 45 %，温度低于 120℃的装置；合成纤维工业中防止污染的装置；也常用作高压蒸汽、超临界蒸汽的设备和零部件；此外还广泛用于制药、食品、轻工业及其他许多工业部门。同时，由于它们在高温时具有高的抗氧化能力及高温强度，因而又常用作一定温度下的耐热部件。它们还有很高的抗低温冲击韧性，常用作空分、深冷净化等深冷设备的材料。近来，随着工业的发展，在一些环境苛刻的部位多采用超低碳的 00Cr18Ni10 钢。

铬镍奥氏体不锈钢是应用最广泛的不锈钢，这类钢品种多、规格全，不但具有优良的耐蚀性，还具有优异的加工性能、力学性能及焊接性能。这类钢根据合金量、材料截面形状及尺寸的变化价格相差很大。

3. 奥氏体-铁素体型双相不锈钢

奥氏体-铁素体型双相不锈钢指的是钢的组织中既有奥氏体又有铁素体，因而性能兼有两者的特征。由于奥氏体的存在，降低了高铬铁素体钢的脆性，改善了晶体长大倾向，提高了钢的韧性和可焊性；而铁素体的存在，显著改善了钢的抗应力腐蚀破裂性能和耐晶间腐蚀性能，并提高了铬镍奥氏体的强度。

奥氏体-铁素体型双相不锈钢又分为以奥氏体为基的 Cr-Mn-N 系和以铁素体为基的 Cr-Ni 系双相不锈钢。其中，Cr-Mn-N 系包括 0Cr17Mn13Mo2N 及 1Cr18Mn10Ni5Mo3N 等，Cr-Ni 系包括 00Cr18Ni5Si2、00Cr25Ni7Mo2、00Cr22Ni5Mo2 等。

该类钢兼有奥氏体和铁素体不锈钢的特点，与铁素体相比，塑性、韧性更高，无室温脆性，耐晶间腐蚀性能和焊接性能均显著提高；与奥氏体不锈钢相比，强度高且耐晶间腐蚀和耐氯化物应力腐蚀有明显提高。双相不锈钢有优良的耐孔蚀性能，也是一种节镍不锈钢。

4. 沉淀硬化型不锈钢

为了既能保持奥氏体不锈钢的优良焊接性能，又具有马氏体不锈钢的高强度，发展了沉淀硬化（PH）型不锈钢。它是在最终形成马氏体后，经过时效处理析出碳化物和金属间化合物产生沉淀硬化。如：0Cr17Ni4Cu4Nb（17-4PH）、0Cr17Ni7Al（17-7PH）等。这类钢具有很高的强度，如 17-4PH，其屈服强度可达 1290MPa。耐蚀性和一般不锈钢相似。

六、有色金属及其合金

为了满足各种复杂的工艺条件，除了大量使用铁碳合金以外，在生产过程中还应用一部分有色金属及其合金。有色金属和黑色金属相比，常具有许多优良的特殊性能，例如许多有色金属有良好的导电性、导热性，优良的耐蚀性，良好的耐高温性，突出的可塑性、可焊性、可铸造及切削加工性能等。

现简略介绍几种有色金属及其合金。

(一) 铝及铝合金

铝及铝合金在工业上广泛应用。铝是轻金属，密度 2.7g/cm^3，约为铁的 1/3。铝的熔点较低（657℃），有良好的导热性与导电性，塑性高，但强度低；铝的冷韧性好，可承受各种压力加工，铝的焊接性与铸造性差，这是由于它易氧化成高熔点的 Al_2O_3。铝的电极电位很低（$E^0_{Al^{3+}/Al}=-1.66V$），是常用金属材料中最低的一种。由于铝在空气及含氧的介质中能自钝化，在表面生成一层很致密又很牢固的氧化膜，同时破裂时，能自行修复。因此，铝在许多介质中都很稳定，一般说来，铝越纯越耐蚀。

铝在撞击时不会产生火花，可用铝制造储存易燃、易爆物料的容器。

1. 铝的耐蚀性能

铝在大气及中性溶液中，是很耐蚀的，这是由于在 pH=4～11 的介质中，铝表面的钝化膜具有保护作用，即使在含有 SO_2 及 CO_2 的大气中，铝的腐蚀速率也不大。铝在 pH>11 时出现碱性侵蚀，铝在 pH<4 的淡水中出现酸性侵蚀，活性离子如 Cl^- 的存在将使局部腐蚀加剧；水中如含有 Cu^{2+} 会在铝上沉积出来，使铝产生点蚀。

在非氧化性酸中铝不耐蚀，如盐酸、氢氟酸等，对室温下的醋酸有耐蚀性，但在甲酸、草酸等有机酸中不耐蚀。但浓硝酸对铝实际上不起作用，因此，可用铝制槽车运浓硝酸。铝的膜层在苛性碱中无保护作用，因此在很稀的 NaOH 或 KOH 溶液中就可溶解，但能耐氨水的腐蚀。

在一些特定的条件下，铝能发生晶间腐蚀与点蚀等局部腐蚀，如铝在海水中通常会由于沉积物等原因形成氧浓差电池而引起缝隙腐蚀。不论在海水还是淡水中，铝都不能与正电性强的金属（如铜等）直接接触，以防止产生电偶腐蚀。

在化学工业中常采用高纯铝制造储槽、槽车、阀门、泵及漂白塔；可用工业纯铝制造操作温度低于 150℃ 的浓硝酸、醋酸、碳铵生产中的塔器、冷却水箱、热交换器、储存设备等。

由于铝离子无毒、无色，因而常应用于食品工业及医药工业；铝的热导率是碳钢的 3 倍，导热性好，特别适于制造换热设备；铝的低温冲击韧性好，适于制造深冷装置。

2. 铝合金的耐蚀性能

铝合金的力学性能较铝好，但耐蚀性则不如纯铝，因此化工中用得不很普遍。一般多利用它强度高、质量轻的特点而应用于航空等工业部门。在化工中用得较多的是铝硅合金（含硅 11 %～13%），它在氧化性介质中表面生成氧化膜，常用于化工设备的零部件（铸件），这是由于铝硅合金的铸造性较好。

硬铝（杜拉铝）是铝-镁-硅合金系列，力学性能好，但耐蚀性差，在化工生产中常把它与纯铝热压成双金属板，作为既有一定强度又耐腐蚀的结构材料。

（二）铜及铜合金

铜的密度为 8.93g/cm^3，熔点为 1283℃，铜的强度较高，塑性、导电性、导热性很好。在低温下，铜的塑性和抗冲击韧性良好，因此铜可以制造深冷设备。铜的电极电位较高（$E^0_{Cu^{2+}/Cu}=+0.34V$），化学稳定性较好。

1. 铜的耐蚀性能

铜在大气中是稳定的，这是腐蚀产物形成了保护层的缘故。潮湿的含 SO_2 等腐蚀性气体的大气会加速铜的腐蚀。纯铜在含有 CO_2 的湿空气中，表面将产生碱性碳酸盐的绿色薄膜，又称铜绿。

铜在停滞的海水中是很耐蚀的，但如果海水的流速增大，保护层较难形成，铜的腐蚀加剧。铜在淡水中也很耐蚀，但如果水中溶解了 CO_2 及 O_2，这种具有氧化能力并有微酸性的介质可以阻止保护层的形成，因而将加速铜的腐蚀。由于铜是正电性金属，因此铜在酸性水溶液中遭受腐蚀时，不会发生析氢反应。

在氧化性介质中铜的耐蚀性较差，如铜在硝酸、浓硫酸中迅速溶解。铜在很稀的盐酸中，没有氧或氧化剂时尚耐蚀，随着温度和浓度的增高，腐蚀加剧；如果有氧或氧化剂存在则腐蚀更为剧烈。

在碱溶液中铜耐蚀，在苛性碱溶液中也稳定，氨对铜的腐蚀剧烈，因为转入溶液的铜离子会形成铜氨配位离子。

在 SO_2、H_2S 等气体中，特别在潮湿条件下铜遭受腐蚀。

由于铜的强度较低，铸造性能也较差，因而常添加一些合金元素来改善这些性能。不少铜合金的耐蚀性也比纯铜好。

总之，铜是耐蚀性很好的金属材料之一。

2. 铜合金的耐蚀性能

(1) 黄铜 黄铜是一系列的铜锌合金。黄铜的力学性能和压力加工性能较好。一般情况下耐蚀性与铜接近，但在大气中耐蚀性比铜好。

为了改善黄铜的性能，有些黄铜除锌以外还加入锡、铝、镍、锰等合金元素成为特种黄铜。例如含锡的黄铜，加入锡的主要作用是为了降低黄铜脱锌的倾向及提高在海水中的耐蚀性，同时还加入少量的锑、砷或磷可进一步改进合金的抗脱锌性能；这种黄铜广泛用于海洋大气及海水中作结构材料，因而又称为海军黄铜。

(2) 青铜 青铜是铜与锡、铝、硅、锰及其他元素所形成的一系列合金，用得最广泛的是锡青铜，通常所说的青铜就是指的锡青铜。锡青铜的力学性能、耐磨性、铸造性及耐蚀性良好，是中国历史上最早使用的金属材料之一。锡青铜在稀的非氧化性酸以及盐类溶液中有良好的耐蚀性，在大气及海水中很稳定，但在硝酸、氧化剂及氨溶液中则不耐蚀。锡青铜有良好的耐冲刷腐蚀性能，因而主要用于制造耐磨、耐冲刷腐蚀的泵壳、轴套、阀门、轴承、旋塞等。

铝青铜的强度高，耐磨性好，耐蚀性和抗高温氧化性良好，它在海水中耐空泡腐蚀及腐蚀疲劳性能比黄铜优越，应力腐蚀破裂的敏感性也较黄铜小，此外还有铜镍、铜铍等许多种类的铜合金。

(三) 镍及镍合金

镍的密度为 8.907g/cm³，熔点 1450℃，镍的强度高，塑性、延展性好，可锻性强，易于加工，镍及其合金具有非常好的耐蚀性。由于镍基合金还具有非常好的高温性能，所以发展了许多镍基高温合金以适应现代科学技术发展的需要。镍的电极电位 $E^0_{Ni^{2+}/Ni}=-0.25V$。

1. 镍的耐蚀性能

概括地说，镍的耐蚀性在还原性介质中较好，在氧化性介质中较差。

镍有较好的抗高温氧化性能。镍的突出的耐蚀性是耐碱，它在各种浓度和各种温度的苛性碱溶液或熔融碱中都很耐蚀，是耐热浓碱和熔融碱腐蚀的最好材料。因此，烧碱工业中常用纯镍制作碱的蒸馏、储藏和精制设备，以及熔融碱的容器。

镍在大气、淡水和海水中都很耐蚀。镍在许多有机酸中也很稳定，同时镍离子无毒，可用于制药和食品工业。

2. 镍合金的耐蚀性能

镍合金包括许多种耐蚀、耐热或既耐蚀又耐热的合金，它们具有非常广泛的用途，在许多重要的技术领域中获得了应用。常用的有以下几种。

(1) 镍铜合金 镍和铜可以形成任何比例的镍铜合金固溶体。铜的加入使镍的强度增加，硬度提高，塑性稍有降低，导热率增加。镍铜合金包括一系列的含镍70%左右、含铜30%左右的合金，即蒙乃尔（Monel）合金。我国常用的有Ni68Cu28Fe和Ni68Cu28Al，其中Ni68Cu28Fe是用量最大、用途最广、综合性能最佳的镍铜合金，相当于国外牌号Monel400，具有典型的单相奥氏体组织。这类合金是耐氢氟酸腐蚀的重要材料之一。在任何浓度的氢氟酸中，只要不含氧及氧化剂，耐蚀性非常好。

在化学和石油工业、制盐工业和海洋开发工程中，Ni68Cu28Fe合金较多用于制造各种换热设备、锅炉给水加热器、石油化工用管道、容器塔、槽、反应釜弹性部件以及制造输送浓碱液的泵、阀等。

该合金力学性能、加工性能良好，但价格较高。

(2) 镍钼铁合金和镍铬钼铁合金 这两个系列的镍合金，称为哈氏合金（Hastelloy合金）。哈氏合金包括一系列的镍、钼、铁及镍、钼、铬、铁合金，如以镍、钼、铁为主的哈氏合金A及哈氏合金B为例，在非氧化性的无机酸和有机酸中有高的耐蚀性；以镍钼铬铁（还含钨）为主的哈氏合金C，就是一种既能耐强氧化性介质腐蚀的又耐还原性介质腐蚀的优良合金。哈氏合金在苛性碱和碱性溶液中都是稳定的。

同时，这类合金的力学性能、加工性能、耐高温性能良好，可以铸造、焊接和切削，因此在许多重要的技术领域中获得了应用。

由于镍合金价格昂贵，镍又是重要的战略资源，在应用时要考虑到经济承受能力和必要性。

(四) 铅与铅合金

铅是重金属，密度为11.34g/cm^3，熔点低（327.4℃），热导率小；硬度低，强度小，不耐磨；容易加工，便于焊接，但铸造性差。

铅的耐蚀性与腐蚀产物的溶解度有关，如腐蚀产物硫酸铅、磷酸铅、碳酸铅和氧化铅（中性溶液中的腐蚀产物）的溶解度很低，所以铅对稀硫酸、磷酸、碳酸及中性溶液、水、土壤等的耐蚀性就高。相反，硝酸铅、醋酸铅、甲酸铅等溶解度大，所以铅就不耐硝酸、醋酸和其他一些有机酸。在碱中的产物铅酸钠、铅酸钾的溶解度也很大，所以铅也不耐碱。

由于铅很软，一般不能单独用作结构，大部分情况下，使用铅作为设备的衬里。在化工生产中广泛应用，常用于碳钢设备以衬铅、搪铅作为防腐层。

铅的毒性较大，目前工业生产中正在逐渐用其他材料取代铅的应用。

常用铅合金为硬铅，即铅锑合金，硬度和强度比铅高；铅中加入锑可以提高对硫酸的耐蚀性，但若锑含量过高，反而使铅变脆，因此用于化工设备和管道的铅合金以含锑6%为宜。硬铅的用途较广，可制造加热管、加料管及泵的外壳等。用于硫酸和含硫酸盐的介质中，弥补了铅耐磨性差的缺陷。

第二节 非金属材料的耐蚀性能及选用

非金属材料包括有机非金属材料和无机非金属材料两大类。有机非金属材料包括塑料、橡胶、涂料、木材等；无机非金属材料包括玻璃、石墨、陶瓷、水泥等。非金属材料具有金属材料所不及的一些优异性能，如塑料的质轻、绝缘、耐磨、隔热、美观、耐腐蚀、易成型；橡胶的高弹性、吸震、耐磨、绝缘等；陶瓷的高硬度、耐高温、抗腐蚀等。大多数非金属材料有着良好的耐蚀性能和某些特殊性能，并且原料来源丰富，价格比较低廉，成型工艺简便，故在生产中的应用得到了迅速发展。

一、概述

1. 一般特点

非金属材料与金属材料相比较，具有以下特点。

(1) 密度小，机械强度低　绝大多数非金属材料的密度都很小，即使是密度相对较大的无机非金属材料（如辉绿岩铸石等）也远小于钢铁。非金属材料的机械强度较低，刚性小，在长时间的载荷作用下，容易产生变形或破坏。

(2) 导热性差（石墨除外）　导热、耐热性能差，热稳定性不够，致使非金属材料一般不能用作热交换设备（除石墨外），但可用作保温、绝缘材料。同时非金属设备也不能用于温度过高、温度变化较大的环境中。

(3) 原料来源丰富，价格低廉　天然石材、石灰石等直接取自于自然，以石油、煤、天然气、石油裂解气等为原料制成的有机合成材料种类繁多，产量巨大，为社会提供了大量质优价廉的防腐材料。

(4) 优越的耐蚀性能　非金属材料一般具有优越的耐蚀性能，其耐蚀性能主要取决于材料的化学组成、结构、孔隙率、环境的变化对材料性能的影响等。

2. 非金属材料的腐蚀

有时非金属材料的破坏不一定是它的耐蚀性不好，而是由于它的物理、力学性能不好引起的，如温度的骤变、材料的各组成部分线膨胀系数的不同、材料的易渗透性或其他方面的原因，都有可能引起材料的破坏。

绝大多数非金属材料是非电导体，即使是少数导电的非金属材料（如石墨），在溶液中也不会离子化，所以非金属材料的腐蚀一般不是电化学腐蚀，而是纯粹的化学或物理的作用，这是与金属腐蚀的主要区别。金属的物理腐蚀只在极少数环境中发生，而对于非金属则是常见的现象。

当非金属材料表面和介质接触后，介质会逐渐扩散到材料内部。表面和内部都可能产生一系列变化，如聚合物分子起了变化，可引起物理机械性能的变化，即强度降低、软化或硬化等；橡胶和塑料受溶剂作用可能全部或部分溶解或溶胀；溶液侵入材料内部后，可引起溶胀或增重；表面可能起泡、变粗糙、变色或失去透明；高分子有机物受化学介质作用可能分解，受热也可能分解；在日光照射下逐渐变质老化等。而这些在金属材料中是少见的。

总之，非金属材料腐蚀破坏的主要特征是物理机械性能的变化或外形的破坏，不一定是失重，往往还会增重。对金属而言，因腐蚀是金属逐渐溶解（或成膜）的过程，所以失重是主要的。对非金属，一般不测失重，而以一定时间内强度的变化或变形程度来衡量破坏程度。

二、高分子材料

由分子量很大（一般在1000以上）的有机化合物为主要组分组成的材料称为高分子材料。高分子材料有塑料、橡胶、纤维、涂料、胶黏剂等。

(一) 塑料

塑料是以有机合成树脂为主要原料，再加入各种助剂和填料组成的一种可塑制成型的材料。它通常可在加热、加压条件下塑制成型。

1. 特性及分类

塑料有许多优点，如：密度小、有优异的电绝缘性能、耐腐蚀性能优良、有良好的成型加工性能等。但也有不耐高温、强度低、易变形、热膨胀系数大、导热性能差、易自然老化的缺点。

塑料的种类很多，分类的方法也不尽相同，最常用的分类方法是按它们受热后的性能变化，将塑料分为两大类。

(1) 热塑性塑料　加热时软化并熔融，可塑造成形，冷却后即成型并保持既得形状，而且该过程可反复进行。这类塑料有聚氯乙烯、聚乙烯、聚丙烯、聚苯乙烯、聚酰胺（尼龙）、聚甲醛、聚碳酸酯、氟塑料等。这类塑料加工成形简便，具有较高的力学性能，但耐热性和刚性比较差。

(2) 热固性塑料　初加热时软化，可塑造成形，但固化后再加热将不再软化，也不溶于溶剂。这类塑料有酚醛树脂、环氧树脂、氨基树脂、不饱和聚酯等。它们具有耐热性高、受压不易变形等优点，但力学性能不好。

2. 组成

塑料的主要成分是树脂，它是决定塑料物理、力学性能和耐蚀性能的主要因素。树脂的品种不同，塑料的性质也就不同。

为改善塑料的性能，除树脂外，塑料中还常加有一定比例的添加剂，以满足各种不同的要求。塑料的添加剂主要有下列几种。

(1) 填料　填料又叫填充剂，对塑料的物理、力学性能和加工性能都有很大的影响，同时还可减少树脂的用量，从而降低塑料的成本。常用的填料有玻璃纤维、云母、石墨粉等。

(2) 增塑剂　增塑剂能增加塑料的可塑性、流动性和柔软性，降低脆性并改善其加工性能，但使塑料的刚度减弱、耐蚀性降低。因此用于防腐蚀的塑料，一般不加或少加增塑剂。常用的增塑剂有邻苯二甲酸二丁酯、邻苯二甲酸二辛酯、磷酸三丁酯等。

(3) 稳定剂　稳定剂能增强塑料对光、热、氧等老化作用的抵抗力，延长塑料的使用寿命。常用的稳定剂有硬脂酸钡、硬脂酸铅等。

(4) 润滑剂　润滑剂能改善塑料加热成型时的流动性和脱模性，防止黏模，也可使制品表面光滑。常用的润滑剂有硬脂酸盐、脂肪酸等。

(5) 着色剂　着色剂能增加制品美观及适应各种要求。

(6) 其他　除上述几种添加剂外，为满足不同要求还可以加入其他种类的添加剂。如为使树脂固化，需用固化剂；为增加塑料的耐燃性，或使之自熄，需加入阻燃剂；为制备泡沫塑料，需用发泡剂；为消除塑料在加工、使用中，因摩擦产生静电，需加入抗静电剂；为降低树脂黏度、便于施工，可加入稀释剂等。

3. 常用塑料

(1) 聚氯乙烯塑料（PVC）　聚氯乙烯塑料是以聚氯乙烯树脂为主要原料，加入填料、稳定剂、增塑剂等辅助材料，经捏合、混炼及加工成型等过程而制得的。

根据增塑剂的加入量不同，聚氯乙烯塑料可分为两类，一般在100份（质量比）聚氯乙烯树脂中加入30～70份增塑剂的称为软聚氯乙烯塑料，不加或只加5份以下增塑剂的称为硬聚氯乙烯塑料。

硬聚氯乙烯塑料密度小，仅为普通碳钢的1/5，其热导率是普通碳钢的1/400～1/500，不适合做传热设备，但可做保温材料使用。

硬聚氯乙烯塑料与聚丙烯、聚乙烯等工程材料相比，具有良好的力学性能，但其强度与温度之间的关系非常密切，一般情况下只有在60℃以下方能保持适当的强度；在60～90℃时强度显著降低；当温度高于90℃时，硬聚氯乙烯塑料不宜用作独立的结构材料。当温度低于常温时，硬聚氯乙烯塑料的冲击韧性随温度降低而显著降低，因此当采用它制作承受冲击载荷的设备、管道时，必须充分注意这一特点。

硬聚氯乙烯塑料具有优越的耐腐蚀性能，总的说来，除了强氧化剂（如浓度大于50%的硝酸、发烟硫酸等）外，硬聚氯乙烯塑料能耐大部分的酸、碱、盐类，在碱性介质中更为稳定。在有机介质中，除芳香族碳氢化合物、氯代碳氢化合物和酮类介质、醚类介质外，硬聚氯乙烯塑料不溶于许多有机溶剂。

硬聚氯乙烯塑料的耐蚀性能与许多因素有关。温度越高，介质向硬聚氯乙烯内部扩散的速率就越快，腐蚀就越厉害；作用于硬聚氯乙烯的应力越大，腐蚀速率也越快。

硬聚氯乙烯塑料具有良好的切削加工性能和热成型加工性能。硬聚氯乙烯塑料在烘箱中加热至135℃软化，可在圆柱形木模上成型；硬聚氯乙烯塑料也可以焊接。它的焊接不同于金属的焊接，它不用加热到流动状态，也不形成熔池，而只是把塑料表面加热到黏稠状态，在一定压力的作用下黏合在一起。目前用得最普遍的仍为电热空气加热的手工焊。这种方法焊接的焊缝一般强度较低也不够安全，因此往往采用组合焊缝或外部加强。

由于硬聚氯乙烯塑料具有一定的机械强度、良好的成型加工及焊接性能，且具有优越的耐蚀性能，因此被广泛用作生产设备、管道的结构材料，是中国发展最快、应用最广的一种热塑性塑料。

软聚氯乙烯因其增塑剂的加入量较多，所以其物理、力学性能及耐蚀性能均比硬聚氯乙烯要差。软聚氯乙烯质地柔软，可制成薄膜、软管、板材以及许多日用品；可用作电线电缆的保护套管、衬垫材料，还可用作设备衬里或复合衬里的中间防渗层等。

(2) 聚乙烯塑料（PE） 聚乙烯由乙烯单体聚合而成。根据合成方法不同，可分为高压、中压和低压三种。高压聚乙烯相对分子质量、结晶度和密度较低（0.910～0.925g/cm^3），质地柔软，常用来制作塑料薄膜、软管和塑料瓶等。低压聚乙烯（密度0.94～0.95g/cm^3）质地刚硬，耐磨性、耐蚀性及电绝缘性较好，常用来制造塑料管、板材、绳索以及承载不高的零件，如齿轮、轴承等。

聚乙烯塑料的强度、刚度均远低于硬聚氯乙烯塑料，即使是强度较高的高密度聚乙烯，其拉伸强度也只是硬聚氯乙烯的2/3，因此不适宜作单独的结构材料，只能用作衬里和涂层。

聚乙烯塑料的机加工性能近似于硬聚氯乙烯，可以用钻、车、切、刨等方法加工。薄板可以剪切。

聚乙烯塑料热成型温度为105～120℃，可以用木制模具或金属模具热压成型。

聚乙烯塑料的使用温度与硬聚氯乙烯塑料差不多，但聚乙烯塑料的耐寒性很好。

聚乙烯焊接机理同聚氯乙烯，只是焊接时不能用压缩空气作载热介质，以避免聚乙烯塑料的氧化，而要用氮气或其他非氧化性气体。

聚乙烯有优越的耐腐蚀性能和耐溶剂性能，对非氧化性酸（盐酸、稀硫酸、氢氟酸等）、稀硝酸、碱和盐类均有良好的耐蚀性。在室温下，几乎不被任何有机溶剂溶解，但脂肪烃、芳烃、卤代烃等能使它溶胀；而溶剂去除后，它又恢复原来的性质。聚乙烯塑料的主要缺点是较易氧化。

聚乙烯塑料广泛用作农用薄膜、电器绝缘材料、电缆保护材料、包装材料等。聚乙烯塑料可制成管道、管件及机械设备的零部件；其薄板也可用作金属设备的防腐衬里。聚乙烯塑料还可用作设备的防腐涂层。这种涂层就是把聚乙烯加热到熔融状态使其黏附在金属表面，形成防腐保护层。聚乙烯涂层可以采用热喷涂的方法制作，也可采用热浸涂方法制作。

(3) 聚丙烯塑料（PP） 聚丙烯是丙烯的聚合物，通常为半透明无色固体，无臭无毒。聚丙烯是目前商品塑料中密度最小的一种，其密度只有0.9～0.91g/cm^3；虽然聚丙烯塑料的强度及刚度均小于硬聚氯乙烯塑料，但高于聚乙烯塑料，且其比强度大，故可作为独立的结构材料。

聚丙烯塑料的工业产品以等规物为主要成分，由于结构规整而高度结晶化，故熔点高达170℃，耐热性较好，连续使用温度可达110～120℃，但聚丙烯塑料的耐寒性较差，低温下易变脆（脆氏温度为－35℃），抗冲击强度明显降低。

聚丙烯塑料耐候性差，易老化，静电性高；线膨胀系数大，为金属的5～10倍，比硬聚氯乙烯约大一倍。因此当钢质设备衬聚丙烯时，处理不好易发生脱层现象；在管道安装时，应考虑设置热补偿器。

聚丙烯的热成型与硬聚氯乙烯相仿，也可焊接但不易控制。

聚丙烯塑料有优良的耐腐蚀性能和耐溶剂性能。除氧化性介质外，聚丙烯塑料能耐几乎所有的无机介质，甚至到100℃都非常稳定。在室温下，聚丙烯塑料除在氯代烃、芳烃等有机介质中产生溶胀外，几乎不溶解于所有的有机溶剂。

聚丙烯塑料可用作化工管道、储槽、衬里等，还可用作汽车零件、医疗器械、电器绝缘材料、食品和药品的包装材料等。若用各种无机填料增强，可提高其机械强度及抗蠕变性能，用于制造化工设备。若用石墨改性，可制成聚丙烯热交换器。

(4) 氟塑料 含有氟原子的塑料总称为氟塑料。随着非金属材料的发展，这类塑料的品种不断增加，目前主要的品种有聚四氟乙烯（简称F-4)、聚三氟氯乙烯（简称F-3）和聚全氟乙丙烯（简称F-46)。

① 聚四氟乙烯塑料（PTFE） 常温下聚四氟乙烯塑料的力学性能与其他塑料相比无突出之处，它的强度、刚性等均不如硬聚氯乙烯。但在高温或低温下，聚四氟乙烯的力学性能比一般塑料好得多。聚四氟乙烯的耐高温、低温性能优于其他塑料，其使用温度范围为－200～250℃。

聚四氟乙烯具有极高的化学稳定性，完全不与“王水”、氢氟酸、浓盐酸、硝酸、发烟硫酸、沸腾的氢氧化钠溶液、氯气、过氧化氢等作用。除某些卤化胺或芳香烃使聚四氟乙烯塑料有轻微溶胀现象外，酮、醛、醇类等有机溶剂对它均不起作用。对聚四氟乙烯有破坏作用的只有熔融态的碱金属（锂、钾、钠等)、三氟化氯、三氟化氧及元素氟等，但也只有在高温和一定压力下才有明显作用。另外，聚四氟乙烯不受氧或紫外线的作用，耐候性极好，如0.1mm厚的聚四氟乙烯薄膜，经室外暴露6年，其外观和力学性能均无明显变化。

聚四氟乙烯表面光滑，摩擦系数是所有塑料中最小的（只有0.04)，可用作轴承、活塞环等摩擦部件。聚四氟乙烯与其他材料的黏附性很差。几乎所有固体材料都不能黏附在它的表面，这就给其他材料与聚四氟乙烯黏结带来困难。

聚四氟乙烯的高温流动性较差，因此难以用一般热塑性塑料的成型加工方法进行加工，只能将聚四氟乙烯树脂预压成型，再烧结制成制品。

聚四氟乙烯塑料除常用作填料、垫圈、密封圈以及阀门、泵、管子等各种零部件外，还可用作设备衬里和涂层。由于聚四氟乙烯的施工性能不良，使它的应用受到了一定的限制。目前，聚四氟乙烯应用的主要问题是成型加工工艺复杂，黏结和焊接性能不好；作为衬里材料时，表面必须经特殊的活化处理；涂层多孔，作为防腐涂层不太理想，且其价格昂贵。

② 改性氟塑料　聚三氟氯乙烯（PCTFE）的强度、刚性均高于聚四氟乙烯，但耐热性不如聚四氟乙烯。

聚三氟氯乙烯的耐蚀性能优良，仅次于聚四氟乙烯；吸水率极低、耐候性也非常优良。高温时（210℃以上）有一定的流动性，其加工性能比聚四氟乙烯要好，可采用注塑、挤压等方法进行加工，也可与有机溶剂配成悬浮液，用作设备的耐腐蚀涂层。在防腐蚀中主要用作耐蚀涂层和设备衬里，还可制作泵、阀、管件和密封材料。

聚全氟乙丙烯（FEP）是一种改性的聚四氟乙烯，耐热性稍次于聚四氟乙烯，而优于聚三氟氯乙烯，可在200℃的高温下长期使用。聚全氟乙丙烯的抗冲击性、抗蠕变性均较好。

聚全氟乙丙烯的化学稳定性极好，除使用温度稍低于聚四氟乙烯外，在各种化学介质中的耐蚀性能与聚四氟乙烯相仿。聚全氟乙丙烯的高温流动性比聚三氟氯乙烯好，易于加工成型。可用模压、挤压和注射等成型方法制造各种零件，也可制成防腐涂层。

氟塑料在高温时会分解出剧毒产物，所以在施工时，应采取有效的通风方法，操作人员应戴防护面具及采用其他保护措施。

(5) 聚苯乙烯（PS）　聚苯乙烯由苯乙烯单体聚合而成。聚苯乙烯刚度大、耐蚀性好、电绝缘性好，缺点是抗冲击性差，易脆裂、耐热性不高。可用以制造纺织工业中的纱管、纱锭、线轴；电子工业中的仪表零件、设备外壳；化工中的储槽、管道、弯头；车辆上的灯罩、透明窗；电工绝缘材料等。

(6) 氯化聚醚（CPE）　氯化聚醚又称聚氯醚，具有良好的力学性能和突出的耐磨性能。吸水率低，体积稳定性好。氯化聚醚在温度骤变及潮湿情况下，也能保持良好的力学性能，它的耐热性较好，可在－30～120℃的温度下长期使用。氯化聚醚的耐蚀性能优越，仅次于氟塑料，除强氧化剂（如浓硫酸、浓硝酸等）外，能耐各类酸、碱、盐及大多数有机溶剂，但不耐液氯、氟、溴的腐蚀。

氯化聚醚的成型加工性能很好，可用模压、挤压、注射及喷涂等加工成型。成型件可进行车、铣、钻等机械加工。

氯化聚醚可用于制泵、阀、管道、齿轮等设备零件；也可用于防腐涂层，还可作为设备衬里。它的热导率比其他热塑性塑料低得多，是良好的隔热材料。例如，以它作衬里的设备，外部一般不需要额外的隔热层。

(二) 橡胶

通常把具有橡胶弹性的有机高分子材料称作橡胶。橡胶在较宽的温度范围内具有高弹性，在较小的应力作用下就能产生较大的弹性变形，其弹性变形量可达100%～1000%，而且回弹性好，回弹速度快。橡胶的用途很广，主要用来制作各种橡胶制品。橡胶具有良好的物理力学性能和良好的耐腐蚀及防渗性能，而且具备一些特有的加工性质，如优良的可塑性、可粘接性、可配合性和硫化成型等特性，同时，橡胶还有一定的耐磨性，具有较好的抗撕裂、耐疲劳性，在使用中经多次的弯曲、拉伸、剪切、压缩均不受损伤；有很好的绝缘性和不透气、不透水性。所以被广泛用于金属设备的防腐衬里或复合衬里中的防渗层，也是常用的弹性材料、密封材料、减震防震材料和传动材料。

1. 橡胶的分类

按照原料的来源，橡胶可分为天然橡胶和合成橡胶两大类。合成橡胶主要有七大品种：丁苯橡胶、顺丁橡胶、氯丁橡胶、异戊橡胶、丁基橡胶、乙丙橡胶和丁腈橡胶。习惯上按用途将合成橡胶分成两类：性能和天然橡胶接近、可以代替天然橡胶的通用橡胶和具有特殊性能的特种橡胶。通用橡胶主要用作工业制品和日用杂品，特种橡胶用于特殊环境（高低温、酸、油类、辐射等）使用的制品。

2. 橡胶制品的组成

人工合成用以制胶的高分子聚合物称为生胶。生胶要先进行塑炼，使其处于塑性状态，再加入各种配料，经过混炼成型、硫化处理，才能成为可以使用的橡胶制品。配料主要包括以下几类。

(1) 硫化剂　变塑性生胶为弹性胶的处理即为硫化处理，能起硫化作用的物质称硫化剂。常用的硫化剂有硫黄、含硫化合物、硒、过氧化物等。

(2) 硫化促进剂　胺类、胍类、秋兰姆类、噻唑类及硫脲类物质，可以起降低硫化温度、加速硫化过程的作用，称为硫化促进剂。

(3) 补强填充剂　为了提高橡胶的力学性能，改善其加工工艺性能，降低成本，常加入填充剂，如炭黑、陶土、碳酸钙、硫酸钡、氧化硅、滑石粉等。

生橡胶必须通过硫化交联才能得到有使用价值的硫化橡胶。

3. 常用橡胶

(1) 天然橡胶　天然橡胶是用从胶园收集的橡胶树的胶乳或自然凝固的杂胶，经加工凝固、洗涤、压片、压炼、造粒和干燥，制备成的各种片状或颗粒状的固体制品，它是不饱和异戊二烯的高分子聚合物，这是一种线型聚合物，只有经过交联反应使之成为网状大分子结构才具有良好的物理、力学性能及耐蚀性能。天然橡胶的交联剂多用硫黄，其交联过程称为硫化。硫化的结果使橡胶在弹性、强度、耐溶剂性及耐氧化性能方面得到改善，并能增加天然橡胶的品种。

根据硫化程度的高低，即含硫量的多少可分为软橡胶（含硫量2%～4%）、半硬橡胶（含硫量12%～20%）和硬橡胶（含硫量20%～30%）。软橡胶的弹性较好，耐磨，耐冲击振动，适用于温度变化大和有冲击振动的场合。但软橡胶的耐腐蚀性能及抗渗性则比硬橡胶差些。硬橡胶由于交联度大，故耐腐蚀性能、耐热性和机械强度均较好，但耐冲击性能则较软橡胶差些。

天然橡胶的化学稳定性能较好，可耐一般非氧化性酸、有机酸、碱溶液和盐溶液腐蚀，但在氧化性酸和芳香族化合物中不稳定。如对50%以下的硫酸（硬橡胶可达60%以下）、盐酸（软橡胶在65℃的30%盐酸中有较大的体积膨胀）、碱类、中性盐类溶液、氨水等都耐蚀。使用温度一般不超过65℃，如长期超过这一温度范围，使用寿命将显著降低。

(2) 合成橡胶　合成橡胶中有少数品种的性能与天然橡胶相似，大多数与天然橡胶不同，但两者都是高弹性的高分子材料，一般均需经过硫化和加工之后，才具有实用性和使用价值。合成橡胶在20世纪初开始生产，从40年代起得到了迅速的发展。合成橡胶一般在性能上不如天然橡胶全面，但它具有高弹性、绝缘性、气密性、耐油、耐高温或低温等性能，因而广泛应用于工农业、国防、交通及日常生活中。

① 丁苯橡胶 丁苯橡胶是最早工业化的合成橡胶，简称 SBR，是以丁二烯和苯乙烯为单体共聚而成。是产量最大的通用合成橡胶，具有较好的耐磨性、耐热性、耐老化性，价格便宜。主要用于制造轮胎、胶带、胶管及生活用品。

② 顺丁橡胶 是由丁二烯聚合而成。顺丁橡胶的弹性、耐磨性、耐热性、耐寒性均优于天然橡胶，是制造轮胎的优良材料。缺点是强度较低、加工性能差。主要用于制造轮胎、胶带、弹簧、减震器、耐热胶管、电绝缘制品等。

③ 氯丁橡胶 是由氯丁二烯聚合而成。氯丁橡胶的力学性能和天然橡胶相似，但耐油性、耐磨性、耐热性、耐燃烧性、耐溶剂性、耐老化性能均优于天然橡胶，所以称为“万能橡胶”。它既可作为通用橡胶，又可作为特种橡胶。其耐燃性是通用橡胶中最好的，但氯丁橡胶耐寒性较差（－35℃）、密度较大（为 1.23g/cm³），生胶稳定性差，成本较高；电绝缘性稍差。它主要用于制造低压电线、电缆的外皮及胶管、输送带等。

④ 丁腈橡胶 丁腈橡胶是丁二烯和丙烯腈两种单体的共聚物。主要优点是耐油，耐有机溶剂；丁腈橡胶的耐热、耐老化、耐腐蚀性也比天然橡胶和通用橡胶好，还具有较好的抗水性。耐寒性低，脆化温度为－10～－20℃；耐酸性差，对硝酸、浓硫酸、次氯酸和氢氟酸的抗蚀能力特别差；电绝缘性能很差；耐臭氧性差；弹性稍低。强度很低，只有3～4MPa。加入补强剂以后，可提高到 25～30MPa。丁腈橡胶以优异的耐油性著称，在现有橡胶中，其耐油性仅次于聚硫橡胶、聚丙烯酸酯橡胶和氟橡胶，广泛应用于各种耐油制品。如输油胶管、各种油封制品和储油容器衬里及隔膜等，耐油胶管、印刷胶辊和耐油手套等。

⑤ 硅橡胶 硅橡胶是由各种硅氧烷缩聚而成。所用的硅氧烷单体的组成不同，可得到不同品种的硅橡胶，其中以二甲基硅橡胶应用最广，它是由二甲基硅氧烷缩聚而成。硅橡胶的柔顺性较好；既耐高温又耐严寒，橡胶中它的工作温度范围最广（－100～300℃），具有十分优异的耐臭氧老化性能、耐光老化性能和耐候老化性能；良好的电绝缘性能。缺点是常温下其硫化胶的拉伸强度、撕裂强度和耐磨性能比天然橡胶及其他合成橡胶低，其价格也比较贵，限制了其应用。用于军事及航空航天工业的密封减震、电绝缘材料和涂料，以及医疗卫生制品。

⑥ 氟橡胶 以碳原子为主链、含有氟原子的高聚物。很高的化学稳定性，在酸、碱、强氧化剂中的耐蚀能力居各类橡胶之首，耐热性很好；缺点是价格昂贵、耐寒性差、加工性能不好。主要用于高级密封件、高真空密封件及化工设备中的里衬，火箭、导弹的密封垫圈。

三、无机非金属材料

（一）陶瓷材料

传统意义上的陶瓷主要指陶器和瓷器，也包括玻璃、搪瓷、耐火材料、砖瓦等。这些材料都是用黏土、石灰石、长石、石英等天然硅酸盐类矿物制成的。由于传统陶瓷材料的主要原料是硅酸盐产物，所以传统陶瓷又叫硅酸盐材料。

硅酸盐材料是工程中常用的一类耐蚀材料，包括化工陶瓷、玻璃、搪瓷等。这类材料一般均具有极好的耐蚀性、耐热性、耐磨性、电绝缘性和耐溶剂性，但这类材料大多性脆、不耐冲击、热稳定性差。其主要成分为 SiO_2。

1. 化工陶瓷

化工陶瓷按组成及烧成温度的不同，可分为耐酸陶瓷、耐酸耐温陶瓷和工业瓷三种。耐酸耐温陶瓷的气孔率、吸水率都较大，故耐温度急变性较好，容许使用温度也较高，而其他两类的耐温度急变性和容许使用温度均较低。

化工陶瓷的耐腐蚀性能很好，除氢氟酸和含氟的其他介质以及热浓磷酸和碱液外，能耐几乎其他所有的化学介质，如热浓硝酸、硫酸，甚至“王水”。

化工陶瓷是一种应用非常广泛的耐蚀材料，常用作耐酸衬里和耐酸地坪；陶瓷塔器、容器和管道常用于生产和储存、输送腐蚀性介质；陶瓷泵、阀等都是很好的耐蚀设备。但是，由于化工陶瓷是一种典型的脆性材料，其拉伸强度小、冲击韧性差、热稳定性低，所以在安装、维修、使用中都必须特别注意。应该防止撞击、振动、应力集中、骤冷骤热等，还应避免大的温差范围。

2. 玻璃

玻璃光滑，对流体的阻力小，适宜作为输送腐蚀性介质的管道和耐蚀设备，又由于玻璃是透明的，能直接观察反应情况且易清洗，因而玻璃可用来制作实验仪器。

玻璃的耐蚀性能与化工陶瓷相似，除氢氟酸、热浓磷酸和浓碱以外，几乎能耐一切无机酸、有机酸和有机溶剂的腐蚀。其耐蚀性能随其组分的不同有较大差异，一般说来玻璃中SiO_2含量越高，其耐蚀性越好。

但玻璃也是脆性材料，具有和陶瓷一样的缺点。

普通玻璃中除了SiO_2外，还含有较多量的碱金属氧化物（K_2O、Na_2O），因此化学稳定性和热稳定性都较差。工程中使用的是石英玻璃、高硅氧玻璃和硼硅酸盐玻璃。

石英玻璃不仅耐蚀性好（含SiO_2达99%），线膨胀系数极小，有优异的耐热性和热稳定性。加热700～900℃，迅速投入水中也不开裂，长期使用温度高达1100～1200℃。但由于熔制困难，成本高，目前主要用于制作实验仪器和有特殊要求的设备。

高硅氧玻璃含有95% SiO_2，具有石英玻璃的许多特性，线膨胀系数小，耐热性高，通常使用温度达800℃，具有与石英玻璃相似的良好耐蚀性。制作工艺和成本高于普通玻璃，但低于石英玻璃，是石英玻璃优良的替代品。

硼硅酸盐玻璃通常又称为硬质玻璃，含有79% SiO_2，加入12%～14% B_2O_3，只含有少量的Al_2O_3和Na_2O。B_2O_3提高了玻璃的制作工艺性和使用中的化学稳定性。这类玻璃耐热性差，使用温度为160℃，具有与石英玻璃相似的良好耐蚀性。

目前用于制造玻璃管道的主要有低碱无硼玻璃和硼硅酸盐玻璃，用于制造设备的为硼硅酸盐玻璃。这类玻璃由于价格低廉，故应用较广，也是制造实验室仪器的主要材料。

3. 搪瓷

搪瓷釉是一种化学组分复杂的碱-硼-硅酸盐玻璃，它是将石英砂、长石等天然岩石加上助溶剂（如纯碱、硼砂、氟化物等）以及少量能使瓷釉起牢固密实作用的物质，粉碎后在1130～1150℃的高温下熔融而成玻璃态物质。然后将上述熔融物加水、黏土、石英、乳浊剂等在研磨机内充分细磨，即成瓷釉浆。

搪瓷是将含硅量高的耐酸瓷釉浆均匀地涂覆在钢（铸铁）制设备表面上，经900℃左右的高温灼烧使瓷釉紧密附着在金属表面而制成的。

搪瓷设备兼有金属设备的力学性能和瓷釉的耐腐蚀性能的双重优点。除氢氟酸和含氟离子的介质、高温磷酸、强碱外，能耐各种浓度的无机酸、有机酸、盐类、有机溶剂和弱碱的腐蚀。此外，搪瓷设备还具有耐磨、表面光滑、不挂料、防止金属离子干扰化学反应污染产品等优点，能经受较高的压力和温度。

搪瓷设备有储罐、反应釜、塔器、热交换器和管道、管件、阀门、泵等，大量用于精细化工过程设备。

搪瓷设备虽然是钢制壳体，但搪瓷釉层本身仍属脆性材料，使用不当容易损坏，因此运输、安装、使用都必须特别注意。

4. 铸石

铸石是以天然岩石或某些工业废渣为主要原料，并添加角闪石、白云石、石灰石、萤石等为辅助材料，以及铬铁矿、钛铁矿等结晶剂，经配料、熔化、浇注成型、结晶、退火等工艺过程制得的一种基本是单一矿相的工业材料。其品种主要有辉绿岩铸石和玄武岩铸石，其中以辉绿岩铸石使用最多。

辉绿岩铸石是将天然辉绿岩熔融后，再铸成一定形状的制品（包括板、管及其他制品）。它具有高度的化学稳定性和非常好的抗渗透性。

辉绿岩铸石的耐蚀性能极好，除氢氟酸和熔融碱外，对一切浓度的碱及大多数的酸都耐蚀，它对磷酸、醋酸及多种有机酸也耐蚀。

辉绿岩板常用作设备的衬里。辉绿岩铸石的硬度很大，耐磨强度极高，故也是常用的耐磨材料（如球磨机用的球等），还可用作耐磨衬里或耐蚀耐磨的地坪。

铸石为脆性材料，受冲击载荷的能力很差，抗压强度较高，热稳定性差，不耐温度的急剧变化。

5. 天然耐酸材料

天然耐酸材料中常用作结构材料的为各种岩石。在岩石中用得较为普遍的则为花岗石。各种岩石的耐酸性决定于其中二氧化硅的含量、材料的密度以及其他组分的耐蚀性和材料的强度等。

花岗石是一种良好的耐酸材料。其耐酸度很高，可达97%～98%，高的可达99%。花岗石的密度很大，孔隙率很小。但是由于密度大，所以热稳定性低，一般不宜用于超过200～250℃的设备，在长期受强酸侵蚀的情况下，使用温度范围应更低，一般以不超过50℃为宜。花岗石的开采、加工都比较困难，且结构笨重。

花岗石可用来制造常压法生产的硝酸吸收塔、盐酸吸收塔等设备，较为普遍的为花岗石砌筑的耐酸储槽、耐酸地坪和酸性下水道等。

石棉又称“石绵”，指具有高抗张强度、高挠性、耐化学和热侵蚀、电绝缘和具有可纺性的硅酸盐类矿物产品。它是天然的纤维状的硅酸盐类矿物质的总称。石棉由纤维束组成，而纤维束又由很长很细的能相互分离的纤维组成。石棉具有高度耐火性、电绝缘性和绝热性，是重要的防火、绝缘和保温材料。石棉也属于天然耐酸材料，长期以来用于工业生产中，是工业上的一项重要的辅助材料，有石棉板、石棉绳等，也常用作填料、垫片。

6. 水玻璃耐酸胶凝材料

水玻璃耐酸胶凝材料包括水玻璃耐酸胶泥、砂浆和混凝土。

水玻璃耐酸胶泥是以水玻璃为胶合剂，氟硅酸钠为硬化剂，加入定量的填料调制而成的。水玻璃（又称泡花碱，即 $Na_2SiO_3 \cdot nH_2O$ 或 $K_2SiO_3 \cdot nH_2O$）是硅酸钠或硅酸钾的水溶液，常用的是硅酸钠溶液。填料为辉绿岩粉、石英粉等。按一定的比例调配，随配随用；在空气中凝结硬化成石状材料。这种材料的机械强度高、耐热性能好、化学稳定性也很好，具有一般硅酸盐材料的耐蚀性，耐强氧化性酸的腐蚀，但不耐氢氟酸、高温磷酸及碱的腐蚀，对水及稀酸也不太耐蚀，且抗渗性差。

关于水玻璃耐酸胶泥的配方，由于影响其性能的因素很多，故推荐的配比也不尽相同，所以最好是根据具体的材料和施工条件参照有关规程和其他文献资料进行一定的试验而后确定。

水玻璃胶泥常用作耐酸砖板衬里的黏结剂。水玻璃混凝土、砂浆主要用作耐酸地坪、酸洗槽、储槽、地沟及设备基础等。

(二) 碳-石墨材料

碳有三种同素异形体：无定形碳、石墨和金刚石。各种煤炭不具有晶体结构，为无定形碳；而石墨、金刚石是结晶形碳，具有晶体的特征且在一定的温度、压力下，无定形碳可转化为结晶形碳。在煤炭与天然石墨的化学组成中，除含有碳元素外，还有大量的矿物杂质。

由于碳-石墨制品具有一系列优良的物理、化学性能，而被广泛应用于冶金、机电、化工、原子能和航空等部门。随着原料和制造工艺的不同，可以获得各种不同性能的碳素制品，其密度、气孔率均有很大差异。碳素制品在制造过程中，有机物的分解，使其形成气孔，气孔的多少和特征对其微观结构、机械强度、热性能、渗透性和化学性能都有极大的影响。

在防腐中应用的主要是人造石墨。人造石墨是由无烟煤、焦炭与沥青混捏压制成型，于电炉中焙烧，在1400℃左右所得到的制品叫炭精制品，再于2400～2800℃高温下石墨化所得到的制品叫石墨制品。

石墨具有优异的导电、导热性能，线膨胀系数很小，能耐温度骤变。但其机械强度较低，性脆，孔隙率大。

石墨的耐蚀性能很好，除强氧化性酸（如硝酸、铬酸、发烟硫酸等）外，在所有的化学介质中都很稳定。

虽然石墨有优良的耐蚀、导电、导热性能，但由于其孔隙率比较高，这不仅影响到它的机械强度和加工性能，而且气体和液体对它有很强的渗透性，因此不宜制造化工设备。为了弥补石墨的这一缺陷，可采用适当的方法来填充孔隙，使之具有“不透性”。这种经过填充孔隙处理的石墨即为不透性石墨。

1. 不透性石墨的种类及成型工艺

常用的不透性石墨主要有浸渍石墨、压型石墨和浇注石墨三种。

(1) 浸渍石墨　浸渍石墨是人造石墨用树脂进行浸渍固化处理所得到的具有“不透性”的石墨材料。用于浸渍的树脂称浸渍剂。在浸渍石墨中，固化了的树脂填充了石墨中的孔隙，而石墨本身的结构没有变化。

浸渍剂的性质直接影响到成品的耐蚀性、热稳定性、机械强度等指标。目前用得最多的浸渍剂是酚醛树脂，其次是呋喃树脂、水玻璃以及其他一些有机物和无机物。

浸渍石墨具有导热性好、孔隙率小、不透性好、耐温度骤变性能好等特点。

(2) 压型石墨　压型石墨是将树脂和人造石墨粉按一定配比混合后经挤压和压制而成。它既可以看作是石墨制品，又可看作是塑料制品，其耐蚀性能主要取决于树脂的耐蚀性，常用的树脂为酚醛树脂、呋喃树脂等。

与浸渍石墨相比，压型石墨具有制造方便、成本低、机械强度较高、孔隙率小、导热性差等特点。

(3) 浇注石墨　浇注石墨是将树脂和人造石墨粉按一定比例混合后，浇注成型制得的。为了具有良好的流动性，树脂含量一般在50%以上。浇注石墨制造方法简单，可制造形状比较复杂的制品，如管件、泵壳、零部件等，但由于其力学性能差，所以目前应用不多。

2. 性能

石墨经浸渍、压型、浇注后，性质将引起变化，这时其表现出来的是石墨和树脂的综合性能。

(1) 机械强度　石墨板在未经“不透性”处理前，结构比较疏松、机械强度较低，而经过处理后，由于树脂的固结作用，强度较未处理前要高。

(2) 导热（电）性　石墨本身的导热（电）性能很好，树脂较差。在浸渍石墨中，石墨原有的结构没有破坏，故导热（电）性与浸渍前变化不大，但在压型石墨和浇注石墨中，石墨颗粒被热导率很小的树脂所包围，相互之间不能紧密接触，所以导热（电）性比石墨本身要低，而浇注石墨性能更差。

(3) 热稳定性　石墨本身的线膨胀系数很小，所以热稳定性很好，而一般树脂的热稳定性都较差。在浸渍石墨中，由于树脂被约束在空隙里，不能自由膨胀，故浸渍石墨的热稳定性只是略有下降。但压型石墨和浇注石墨的热稳定性与石墨相比要差得多。不过不透性石墨的热稳定性比许多物质要好，在允许使用温度范围内，不透性石墨均可经受任何温度骤变而不破裂和改变其物理、力学性能。不透性石墨的这一特点为热交换器的广泛使用和结构设计提供了良好的条件，也是目前许多非金属材料所不及的。

(4) 耐热性　石墨本身的耐热性很好，树脂的耐热性一般不如石墨，所以不透性石墨的耐热性取决于树脂。

总的说来，石墨在加入树脂后，提高了机械强度和抗渗性，但导热性、热稳定性、耐热性均有不同程度的降低，并且与制取不透性石墨的方法有关。

(5) 耐蚀性能　石墨本身在400℃以下的耐蚀性能很好，而一般树脂的耐蚀性能比石墨要差一些，所以，不透性石墨的耐蚀性有所降低。不透性石墨的耐蚀性取决于树脂的耐蚀性。在具体选用不透性石墨设备时，应根据不同的腐蚀介质和不同的生产条件，选用不同的不透性石墨。

3. 应用

不透性石墨的主要用途是在盐酸工业中制造各类热交换器，也可制成反应设备、吸收设备、泵类和输送管道等。还可以用作设备的衬里材料。

石墨制换热器目前用得比较广泛，价格与不锈钢相当或略低，但它可以用在不锈钢无法应用的场合（如含 Cl^- 的介质）。石墨作为内衬材料，价格比耐酸瓷板略贵。但在有传热、导静电及抗氟化物的工况下只能使用石墨作为衬里材料。

石墨材料在化工机器上用得最多的是密封环和滑动轴承，这主要是利用了石墨具有的自润滑减磨特性。石墨化程度高的制品，质软、强度低，一般适用于轻载条件。对于重载的摩擦副，如机械密封环，通常都使用石墨化程度低的制品，此时主要以其高的硬度和强度显示石墨耐磨的特性。

四、复合材料——玻璃钢

玻璃钢即玻璃纤维增强塑料，它是以合成树脂为黏结剂，玻璃纤维及其制品（如玻璃布、玻璃带、玻璃毡等）为增强材料，按一定的成型方法制成。由于它的比强度超过一般钢材，因此称为玻璃钢。

玻璃钢的质量轻、强度高，其电性能、热性能、耐腐蚀性能及施工工艺性能都很好，用此在许多工业部门都获得了广泛的应用。

(一) 玻璃钢的种类

玻璃钢的种类很多，有热固性玻璃钢和热塑性玻璃钢两种。通常可按所用合成树脂的种类来分类。即由环氧树脂与玻璃纤维及其制品制成的玻璃钢称为环氧玻璃钢；由酚醛树脂与玻璃纤维及其制品制成的玻璃钢称为酚醛玻璃钢等。目前，在防腐中常用的有环氧、酚醛、呋喃、聚酯四类玻璃钢。为了改性，也可采用添加第二种树脂的办法，制成改性的玻璃钢。这种玻璃钢一般兼有两种树脂玻璃钢的性能。常用的有环氧-酚醛玻璃钢、环氧-呋喃玻璃钢等。

热固性玻璃钢以热固性树脂为粘接剂的玻璃纤维增强材料，如酚醛树脂玻璃钢、环氧树脂玻璃钢、聚酯树脂玻璃钢和有机硅树脂玻璃钢等。热固性玻璃钢成形工艺简单、质量轻、比强度高、耐蚀性能好；缺点是：弹性模量低（1/5～1/10 结构钢）、耐热度低（≤250℃）、易老化。可以通过树脂改性改善性能，酚醛树脂和环氧树脂混溶的玻璃钢既有良好粘接性，又降低了脆性，还保持了耐热性，也具有较高的强度。热固性玻璃钢主要用于机器护罩、车辆车身、绝缘抗磁仪表、耐蚀耐压容器和管道及各种形状复杂的机器构件和车辆配件。

热塑性玻璃钢以热塑性树脂为粘接剂的玻璃纤维增强材料，如尼龙 66 玻璃钢、ABS 玻璃钢、聚苯乙烯玻璃钢等。热塑性玻璃钢强度不如热固性玻璃钢，但成形性好、生产率高，且比强度不低。

(二) 玻璃钢的主要组成

玻璃钢由合成树脂、玻璃纤维及其制品以及固化剂、填料、增塑剂、稀释剂等添加剂组成。其中合成树脂和玻璃纤维及其制品对玻璃钢的性能起决定性作用。

1. 合成树脂

(1) 环氧树脂　环氧树脂是指含有两个或两个以上的环氧基团的一类有机高分子聚合物。环氧树脂的种类很多，以二酚基丙烷（简称双酚 A）与环氧氯丙烷缩聚而成的双酚 A 环氧树脂应用最广。常用的环氧树脂型号为 6101（E-44）、634（E-42），均属此类。其性能特点如下。

① 力学性能高。环氧树脂具有很强的内聚力，分子结构致密，所以它的力学性能高于酚醛树脂和不饱和聚酯树脂等通用型热固性树脂。

② 附着力强。环氧树脂除了对聚烯烃等非极性塑料黏结性不好之外，对于各种金属材料如铝、钢、铁、铜；非金属材料如陶瓷、玻璃、木材、混凝土等；以及热固性塑料如酚醛、氨基、不饱和聚酯等都有优良的粘接性能，因此有万能胶之称。环氧胶黏剂是结构胶黏剂的重要品种。

③ 固化收缩率小。一般为 1%～2%，是热固性树脂中固化收缩率最小的品种之一（酚醛树脂为 8%～10%；不饱和聚酯树脂为 4%～6%；有机硅树脂为 4%～8%）。线胀系数也很小，一般为 6×10^{-5}/℃，所以固化后体积变化不大。

④ 工艺性好。环氧树脂固化时基本上不产生低分子挥发物，所以可低压成型或接触压成型。能与各种固化剂配合制造无溶剂、高固体、粉末涂料及水性涂料等环保型涂料。

⑤ 优良的电绝缘性。环氧树脂是热固性树脂中介电性能最好的品种之一。

⑥ 稳定性好，抗化学药品性优良。不含碱、盐等杂质的环氧树脂不易变质。只要储存得当（密封、不受潮、不遇高温），其储存期为 1 年。超期后若检验合格仍可使用。环氧固化物具有优良的化学稳定性。其耐碱、酸、盐等多种介质腐蚀的性能优于不饱和聚酯树脂、

酚醛树脂等热固性树脂。因此环氧树脂大量用作防腐蚀底漆，又因环氧树脂固化物呈三维网状结构，又能耐油类等的浸渍，大量应用于油槽、油轮、飞机的整体油箱内壁衬里等。

环氧树脂可以热固化，也可以冷固化。工程上多用冷固化方法固化。环氧树脂的冷固化是在环氧树脂中加入固化剂后成为不熔的固化物，只有固化后的树脂才具有一定的强度和优良的耐腐蚀性能。

环氧树脂的固化剂种类很多，有胺类固化剂、酸酐类固化剂、合成树脂类固化剂等。在玻璃钢衬里工程中，基于配制工艺及固化条件的限制，常选用胺类固化剂，如脂肪胺中的乙二胺和芳香胺中的间苯二胺。这些固化剂配制方便，能室温下固化，但都有毒性，使用时应加强防护措施。许多固化剂虽可在室温下使树脂固化，然而一般情况下，加热固化所得制品的性能比室温固化要好，且可缩短工期。所以，在可能条件下，以采用加热固化为宜。

固化后的环氧树脂具有良好的耐腐蚀性能，能耐稀酸、碱以及多种盐类和有机溶剂，但不耐氧化性酸（如浓硫酸、硝酸等）。

固化后的环氧树脂具有良好的物理、力学性能，许多主要指标比酚醛、呋喃等优越。强度高，尺寸稳定，施工工艺性能良好，但其使用温度较低，一般在80℃以下使用，价格稍高。

(2) 酚醛树脂　酚醛树脂以酚类和醛类化合物为原料，在催化剂作用下缩合制成的。根据原料的比例和催化剂的不同可得到热塑性和热固性两类。在化工中用的玻璃钢一般都采用热固性酚醛树脂。热固性酚醛树脂在防腐蚀领域中常用的几种形式：酚醛树脂涂料；酚醛树脂玻璃钢、酚醛-环氧树脂复合玻璃钢；酚醛树脂胶泥、砂浆；酚醛树脂浸渍、压型石墨制品。热固性酚醛树脂的固化形式分为常温固化和热固化两种。

用于酚醛树脂的固化剂一般为酸性物质，因此施工时应注意不宜将加有酸性固化剂的酚醛树脂直接涂覆在金属或混凝土表面上，中间应加隔离层。常用的固化剂有苯磺酰氯、对甲苯磺酰氯、硫酸乙酯等，这些固化剂有的有毒，挥发出来的气体刺激性大，施工时应加强防护措施。就其性能而言，它们各有特点。为了取得较佳效果也常用复合固化剂，如对甲苯磺酰氯与硫酸乙酯等。用桐油钙松香改性可以改善树脂固化后的脆性。

热固性酚醛树脂在常温下很难达到完全固化，所以必须采用加热固化。加入固化剂能使它缩短固化时间，并能在常温下固化。

酚醛树脂在非氧化性酸（如盐酸、稀硫酸等）及大部分有机酸、酸性盐中很稳定，但不耐碱和强氧化性酸（如硝酸、浓硫酸等）的腐蚀。对大多数有机溶剂有较强的抗溶解能力。

酚醛树脂的耐热性比环氧树脂好，可达到120～150℃，价格低，绝缘性好，但酚醛树脂的脆性大，附着力差，抗渗性不好，尺寸稳定性差。

(3) 呋喃树脂　呋喃树脂是指分子结构中含有呋喃环的树脂。常见的种类有糠醇树脂、糠醛-丙酮树脂、糠醛-丙酮-甲醛树脂等。

呋喃树脂的固化可用热固化，也可采用冷固化。工程上常用冷固化。

呋喃树脂固化时所用的固化剂与酚醛树脂一样，如苯磺酰氯、硫酸乙酯等。不同的只是呋喃树脂对固化剂的酸度要求更高，所以在施工时同样应注意不能和金属或混凝土表面直接接触，中间应加隔离层，也应加强劳动保护。

呋喃树脂在非氧化性酸（如盐酸、稀硫酸等）、碱、较大多数有机溶剂中都很稳定，可用于酸、碱交替的介质中，其耐碱性尤为突出，耐溶剂性能较好。呋喃树脂不耐强氧化性酸的腐蚀。

呋喃树脂的耐热性很好，可在160℃的条件下应用。但呋喃树脂固化时反应剧烈、容易起泡，且固化后性脆、易裂。可加环氧树脂进行改性。

(4) 聚酯树脂 聚酯树脂是多元酸和多元醇的缩聚产物，用于玻璃钢的聚酯树脂是由不饱和二元酸（或酸酐）和二元醇缩聚而成的线型不饱和聚酯树脂。

不饱和聚酯树脂的固化是在引发剂存在下与交联剂反应，交联固化成体型结构。

可与不饱和聚酯树脂发生交联反应的交联剂为含双键的不饱和化合物，如苯乙烯等。用作引发剂的通常是有机过氧化物，如过氧化苯甲酰、过氧化环已酮等。由于它们都是过氧化物，具有爆炸性，为安全起见，一般都掺入一定量的增塑剂（如邻苯二甲酸二丁酯等）配成糊状物使用。

不饱和聚酯树脂可在室温下固化，且具有固化时间短、固化后产物的结构较紧密等特点，因此不饱和聚酯树脂与其他热固性树脂相比具有最佳的室温接触成型的工艺性能。

不饱和聚酯树脂在稀的非氧化性无机酸和有机酸、盐溶液、油类等介质中的稳定性较好，但不耐氧化性酸、多种有机溶剂、碱溶液的腐蚀。

不饱和聚酯树脂主要用作玻璃钢。聚酯玻璃钢加工成型容易，可常温固化，综合性能好，价格低，是玻璃钢中用得最多的品种。但它的耐蚀性不够好，耐热性和强度都较差，所以在化工中应用不多。

2. 玻璃纤维及其制品

玻璃纤维及其制品是玻璃钢的重要成分之一，在玻璃钢中起骨架作用，对玻璃钢的性能及成型工艺有显著的影响。

玻璃纤维是以玻璃为原料，在熔融状态下拉丝而成的。玻璃纤维质地柔软，可制成玻璃布或玻璃带等织物。

玻璃纤维的抗拉强度高，耐热性好，可用到400℃以上；耐腐蚀性好，除氢氟酸、热浓磷酸和浓碱外能耐绝大多数介质；弹性模量较高。但玻璃纤维的伸长率较低，脆性较大。

玻璃纤维其主要成分为二氧化硅、氧化铝、氧化钙、氧化硼、氧化镁、氧化钠等，根据玻璃中碱含量的多少，可分为无碱玻璃纤维（氧化钠0～2%，属铝硼硅酸盐玻璃）、中碱玻璃纤维（氧化钠8%～12%，属含硼或不含硼的钠钙硅酸盐玻璃）和高碱玻璃纤维（氧化钠13%以上，属钠钙硅酸盐玻璃）。在化工防腐中无碱和低碱的玻璃纤维用得较多。

玻璃纤维还可根据其直径或特性分为粗纤维（其单丝直径一般为30μm）、中级纤维（单丝直径10～20μm）、高级纤维（其单丝直径3～10μm）、超级纤维（单丝直径小于4μm）、长纤维、短纤维、有捻纤维、无捻纤维等。

（三）耐蚀性能

一般说来，玻璃钢中的玻璃纤维及其制品的耐蚀性能很好，耐热性能也远好于合成树脂。因此，玻璃钢的耐蚀性能和耐热性能主要取决于合成树脂的种类。当然，加入的辅助组分（如固化剂、填料等）也有一定的影响。

合成树脂的耐蚀性能随品种的不同而不同。概括起来，环氧、酚醛、呋喃、聚酯树脂的共性是不耐强氧化性酸类，如硝酸、浓硫酸、铬酸等；既耐酸又耐碱的有环氧和呋喃树脂，呋喃耐酸耐碱能力较环氧好。酚醛和聚酯树脂只耐酸不耐碱，酚醛的耐酸性比聚酯好，与呋喃相当。以玻璃纤维为增强材料制得的玻璃钢由于玻璃纤维不耐氢氟酸的腐蚀，所以它的制品也不耐氢氟酸，抗氢氟酸必须选用涤纶等增强材料。

在实际选用玻璃钢时，除应考虑其耐蚀性外，还要考虑玻璃钢的其他性能，如力学性能、耐热性能等。

(四) 玻璃钢的成型方法及应用

玻璃钢的施工方法有很多，常用的有手糊法、模压法和缠绕法三种。

1. 手糊成型法

手糊成型是以不饱和聚酯树脂、环氧树脂等室温固化的热固性树脂为黏结剂，将玻璃纤维及其织物等增强材料粘接在一起的一种无压或低压成型的方法。它的优点是操作方便、设备简单，不受产品尺寸和形状的限制，可根据产品设计要求铺设不同厚度的增强材料；缺点是生产效率低，劳动强度大，产品质量欠稳定。由于其优点突出，因此在与其他成型方法竞争中仍未被淘汰，目前在中国耐腐蚀玻璃钢的制造中占有主要地位。

2. 模压成型法

模压成型是将一定质量的模压材料放在金属制的模具中，于一定的温度和压力下制成的玻璃钢制品的一种方法。它的优点是生产效率高，制品尺寸精确，表面光滑，价格低廉，多数结构复杂的制品可以一次成型，不用二次加工；缺点是压模设计与制造复杂，初期投资高，易受设备限制，一般只用于设备中、小型玻璃钢制品，如阀门、管件等。

3. 缠绕成型法

缠绕成型是连续地将玻璃纤维经浸胶后，用手工或机械法按一定顺序绕到芯模上，然后在加热或常温下固化，制成一定形状的制品。用这种方法制得的玻璃钢产品质量好且稳定；生产效率高，便于大批生产；比强度高，甚至超过钛合金。但其强度方向比较明显，层间剪切强度低，设备要求高。通常适用于制造圆柱体、球体等产品，在防腐方面主要用来制备玻璃钢管道、容器、储槽，可用于油田、炼油厂和化工厂，以部分代替不锈钢使用，具有防腐、轻便、持久和维修方便等特点。

玻璃钢的应用主要在以下几个方面。

1. 设备衬里

玻璃钢用作设备衬里既可单独作为设备表面的防腐蚀覆盖层，又可作为砖、板衬里的中间防渗层。这是玻璃钢在防腐中应用最广泛的一种形式。

2. 整体结构

玻璃钢可用来制作大型设备、管道等。目前较多用于制管道。随着化学工业的发展，大型玻璃钢化工设备的应用范围越来越广。

3. 外部增强

玻璃钢可用于塑料、玻璃等制的设备和管道的外部增强，以提高强度和保证安全。如用玻璃钢增强的硬聚氯乙烯制的铁路槽车效果很好。用得较为普遍的是用玻璃钢增强的各种类型的非金属管道。

用玻璃钢制成的设备与不锈钢相比来讲，价格要便宜得多，运输、安装费用也要少得多，是应用很广泛的工程材料。

第三节　正确选材的原则、方法

一、选材的原则

结构材料是化工机器设备的基础，正确合理地选择材料是保证正常发挥机器设备功能的重要环节。

要做到正确选材，不仅需要弄清机器设备在具体工作条件下对材料的主要要求，又要全面掌握各种材料的基本特性，还应结合经济性和具体应用场合进行综合分析。这不仅需要查阅有关各种材料的资料、数据和在特定介质中的腐蚀特性，而且要充分利用工作经验和工作程序。特别是化学工业，由于产品种类很多、生产工艺条件复杂，往往对材料提出了不同的要求，这就需要详细了解具体工艺过程的特点，分清各种要求的主次，逐一进行分析。

1. 充分了解腐蚀环境

腐蚀环境包括：

① 介质的相态；

② 溶液、气体、蒸气等介质的成分、浓度和性质（如氧化性、还原性等）；

③ 空气混入程度，有无其他氧化剂；

④ 混酸、混液和杂质的含量，特别不能忽视 Cl^- 等微量杂质；

⑤ 液体的静止及流动状态；

⑥ 混入液体中的固体物所引起的磨损和侵蚀情况；

⑦ 局部的条件变化（如温度差、浓度差）及不同材料的接触状态；

⑧ 设备的操作温度以及温度的变化范围，有无急冷、急热引起的热冲击和应力变化等；

⑨ 有无化学反应，以及反应生成物的情况；

⑩ 高温、低温、高压、真空、冲击载荷、交变应力等需要特别注意的环境条件。

2. 了解工艺条件对材料的限制

在医药、食品以及石油化工三大合成材料生产的某些过程中，对产品纯度有严格的要求，因此选材时必须注意防止某些金属离子对产品的污染；有时材料的腐蚀产物或被磨蚀下来的微粒，会引起化工过程不允许的副反应或造成某些催化反应的触媒中毒，那么这种材料就不能选用。

3. 了解设备的功能与结构

各种机器设备具有不同的功能与结构，对材料的要求也必然不同。例如，换热器除要求材料具有良好的耐蚀性外，还应有良好的导热性能；输送腐蚀液的泵要求材料具有良好的耐磨蚀性能和铸造性能，而泵轴既要耐磨蚀，又要有较高的疲劳极限等。

4. 了解运转及开停车的条件

操作条件、开停车速度、频率及安全措施等对设备材料也有要求，如开停车频繁、升降温波动大的设备，对材料还要求有良好的抗热冲击性能等。

二、选材的基本要点

在明确机器、设备所处工作条件对材料的主要要求后，可从以下几方面考虑。

1. 耐蚀性

在很多场合下，耐蚀性对材料的选择起决定性作用。选择时应注意以下几点：

① 材料的耐蚀性是在一定条件下相对而言的，因此，是否耐蚀必须针对具体使用条件来确定；

② 选材时，既要考虑其耐全面腐蚀的性能，又要考虑其耐局部腐蚀的性能，尤其对局部腐蚀敏感的一些材料（如不锈钢、铝合金等）在某些环境中，后者往往成为评定是否耐蚀的主要依据；

③ 当有异种金属彼此接触时，选材时应注意尽可能避免在电偶序中电位差别很大的金属相互接触，并注意在所处腐蚀环境中材料的相容性。

2. 物理机械性能

① 材料的使用场合不同，对其物理性能亦有不同的要求。如制作换热器的材料应主要考虑热导率；对于制作设备衬里用的材料或选用双金属制作设备时，则必须考虑材料的线膨胀系数。

② 对于压力容器，当温度不是很高时，对材料主要考虑应有足够的强度（σ_b 和 σ_s）及塑性（δ 和 ψ）；在高温下工作时，必须考虑材料有足够的蠕变极限 σ_n（或持久极限 σ_D）。

③ 对于承受交变或脉动载荷的设备、零部件，要优先考虑材料的疲劳强度。

④ 对于承受冲击（震动）载荷或低温下使用的设备、构件，则需特别重视材料的冲击韧性或脆性转变温度。

⑤ 对于彼此接触而又相对运动的机器零件或受高速流体（特别是含固体颗粒的流体）作用的零件，则必须考虑材料的耐磨性指标（硬度）或考虑用热处理的方法来提高材料的表面硬度。

值得注意的是，材料的力学性能数据都是在大气环境中取得的，在有腐蚀性介质作用时，某些性能（如疲劳极限）将显著下降。

3. 加工成型工艺性能

材料选定后，都要经过各种加工、成型或焊接等工艺才能制成具有一定形状、尺寸、精度、光洁度等要求的化工设备及零部件。铸、锻、压、焊接、机加工、热处理等性能是材料最主要的加工成型工艺性能，它们对机器设备的结构、功能、力学性能、耐蚀性及制造成本等都有着重要影响。当其他各种性能都符合要求时，若加工困难，仍会影响到材料的选择。

4. 材料的价格与来源

机器设备成本的很大一部分是材料的成本，因此必须考虑材料的价格与来源。一般，在满足使用要求的前提下，应选择那些价格较低、来源较广的材料。然而，采用廉价的材料不一定就是经济合理的，因为昂贵的材料往往具有良好的性能，而廉价的材料或加工费用很高，或使用寿命较短。所以考虑价格时，要把材料费用同设备加工制造、使用、维修、更新及寿命等结合起来考虑，进行总费用的经济分析、权衡。

第四节　合理设计与施工

一、设备设计中要考虑的几个主要问题及顺序

1. 材料的选择

在设计中应处理好材料的耐蚀性与材料费用（加工制造费用）的关系，使初始投资不致增加很多，同时在投入使用后，又不会因为腐蚀问题而导致计划外停车频繁，从而产生昂贵的维修更换费用。若选材不当，对使用效果影响很大，特别表现在不能保证装置的长期、安全运转和跑、冒、滴、漏问题等。

2. 防腐蚀措施的选择及其设计

如果考虑要采用设备衬里、涂层、复合材料、电化学保护或缓蚀剂等防腐蚀技术时，在设计上要有相应的体现：如应考虑在设备或装置的哪个部位应用；在结构上如何布置以便适

合要求等。当然也还要考虑到各种方法在经济上的合理性。

3. 防腐蚀结构设计

结构形式与局部腐蚀，如磨蚀、电偶腐蚀、缝隙腐蚀、应力腐蚀等的关系很大。应采用对防止腐蚀有利的结构。

4. 防腐蚀强度设计

强度设计和校核是设计中的重要步骤。对于均匀腐蚀的强度设计，常采用留取腐蚀余量的方法，但对于局部腐蚀，一般地考虑安全系数和许用应力来估算腐蚀余量是不够的，在设计中常将腐蚀与机械强度综合起来考虑，通过正确选材、合理的结构设计、加工工艺设计、施加涂层以及控制环境介质等措施来防止腐蚀发生。

5. 加工制造方法设计

金属材料在机械加工、锻造和挤压、铸造、焊接、热处理及零部件装配等过程中可能产生许多腐蚀隐患，因此必须重视加工制造工艺方法设计，要对制造过程提出技术条件和要求。

二、结构设计的原则

由于腐蚀形式的多样性及影响因素的复杂性，在设备设计时一般应遵循以下原则。

① 在保证使用性能的前提下，形状应尽可能简单。复杂的结构往往会增加许多间隙，引起液体或固体滞留、应力和温度分布不均匀，这些都会是缝隙腐蚀、浓差腐蚀、应力腐蚀、垢下腐蚀等局部腐蚀产生的源头；另一方面，如果要进行防腐施工，则复杂的形状会加大施工和检查的难度。

② 对容易产生腐蚀损坏的设备，一定要充分考虑制造与维修的方便与经济。特别是要考虑维修，因为腐蚀造成的局部维修与更换，几乎是不可避免的，尤其是大型设备，整体报废在经济上不合算，因此为了便于检查和局部维修、更换，可将整体结构设计成可分拆的形式。

③ 设备表面状态应当均匀、平滑、清洁，突出的紧固件数目越少越好。

④ 尽量避免缝隙、死角、坑洼、液体停滞、应力集中、局部过热等不均匀因素。

⑤ 尽可能避免不同金属相互接触。当不可避免时，接触表面要进行适当的防护处理。

⑥ 注意材料相容性和设备之间相互腐蚀性影响。

⑦ 采用覆盖层保护的设备（如衬里设备）要有足够的强度和刚度，避免使用中变形。

⑧ 方便设备清洗、维修和防腐蚀施工。

图 5-4 表示出了一些从防腐的角度来看较好和不好的典型结构设计。

三、建设施工中的防腐原则

1. 建设施工中的防腐通则

① 能热加工时不用冷加工。因为冷加工易造成残余应力而加速腐蚀，例如，热弯曲管比冷弯曲管要好，试验测出，低碳钢管冷弯曲成“U”字形时，其局部拉伸残余应力可达100MPa 以上。

② 加工中应避免或消除残余应力。例如，钢制圆筒，冷弯、焊接成形后，通过打、压、拉消除残余应力，或通过时效、热处理消除应力等。

③ 加工表面光滑，避免疤痕、凸凹缺陷。因为这些缺陷都是腐蚀源。

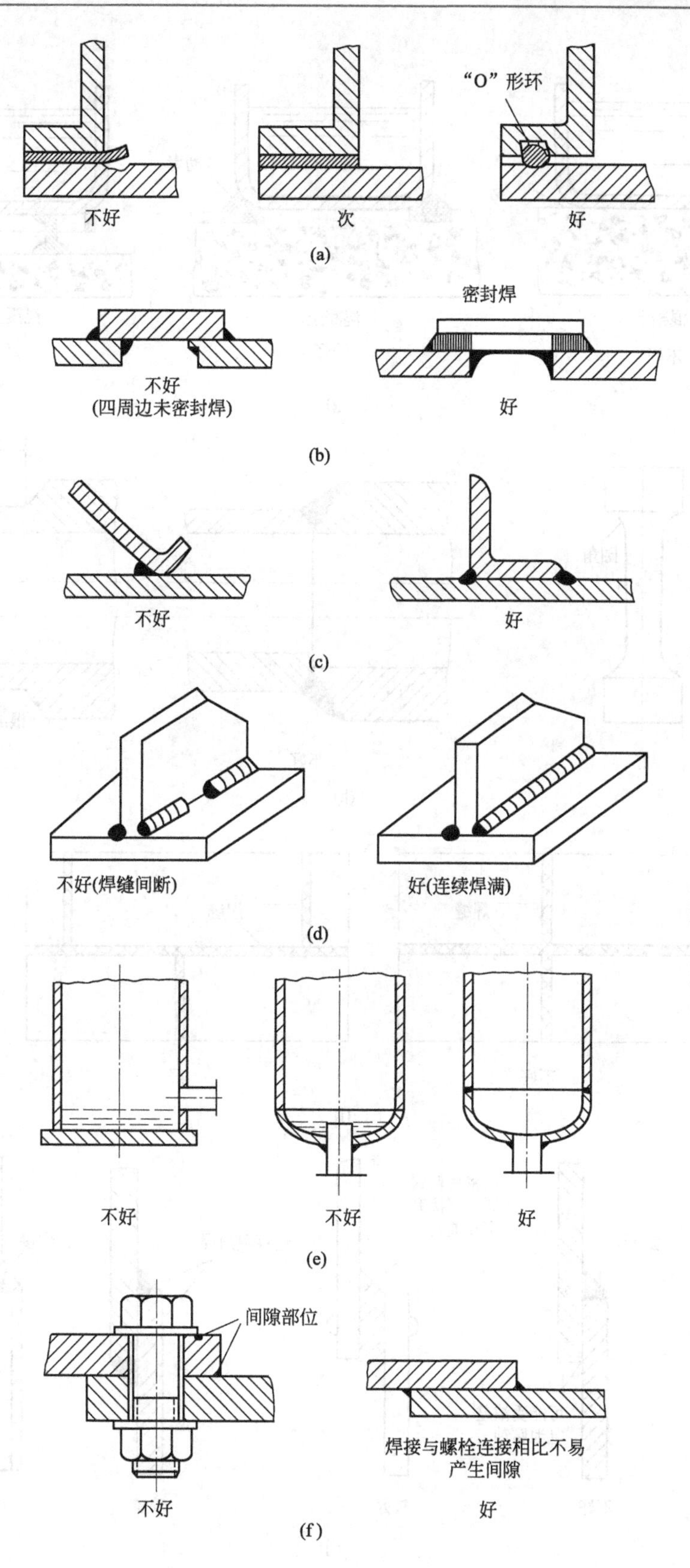

"O" 形环
不好
次
好
(a)
密封焊
不好
(四周边未密封焊)
好
(b)
不好
好
(c)
不好(焊缝间断)
好(连续焊满)
(d)
不好
不好
好
(e)
间隙部位
焊接与螺栓连接相比不易
产生间隙
不好
好
(f)

图 5-4

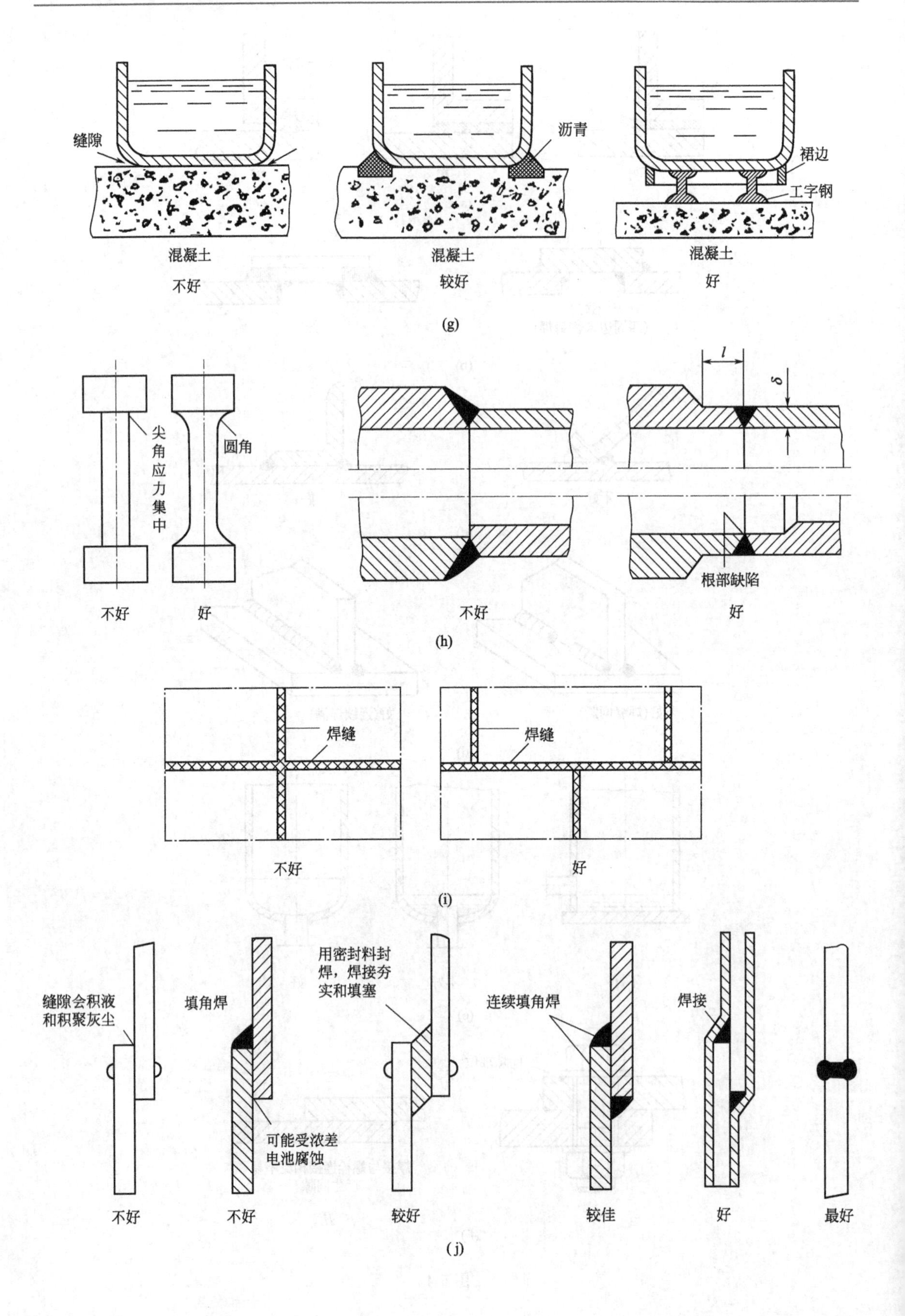
缝隙
混凝土
不好
沥青
混凝土
较好
裙边
工字钢
混凝土
好
(g)
尖角应力集中
圆角
不好
好
l
δ
根部缺陷
不好
好
(h)
焊缝
焊缝
不好
好
(i)
缝隙会积液和积聚灰尘
填角焊
用密封料封焊，焊接夯实和填塞
可能受浓差电池腐蚀
连续填角焊
焊接
不好
不好
较好
较佳
好
最好
(j)

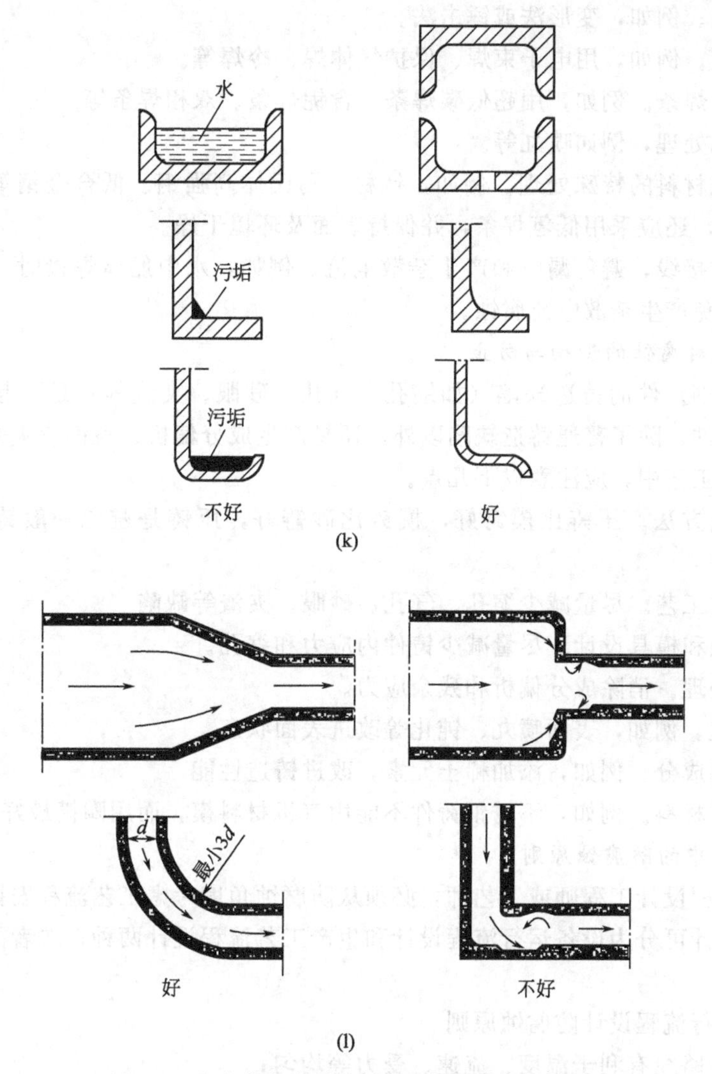

图 5-4　从防腐角度看较好和不好的典型结构设计

④ 避免温差悬殊的加工，因为过热会引起材料“过烧”，温差大也会产生工艺不均匀的残余应力。

⑤ 加工环境应干燥、通风、清洁。

⑥ 有腐蚀性介质的工序应设在流程的首或尾，这样有利于隔离操作或减少影响上下工序。

⑦ 工序间间隔周期长时，应做工序间防腐处理。

2. 焊接工艺中引起的应力腐蚀与防止

焊接是设备设施建造的主要工艺手段。由于焊接工艺的不正确，会造成构件受力不均匀、焊缝区织构疏松、晶粒粗大、脱碳等，工艺粗糙引起的焊疤、焊瘤、漏焊等以及接线的不正确产生杂散电流等，这些都会引起构件的局部腐蚀——应力腐蚀、晶间腐蚀、缝隙腐蚀、选择性腐蚀和杂散电流腐蚀等。因此焊接工程师必须对焊接工艺中所引起的腐蚀问题给予充分注意，防止方法一般有如下几种。

① 焊后热处理。例如，淬火、退火等。

② 松弛处理。例如，变形法或锤击法。

③ 改进工艺。例如，用电子束焊、保护气体焊、冷焊等。

④ 采用耐蚀焊条。例如，用超低碳焊条、含铌焊条、双相焊条等。

⑤ 表面强化处理，例如喷丸等。

⑥ 氢脆敏感材料的特殊处理。例如，钛材、马氏体高强钢、低合金钢等，除了用惰性气体保护焊以外，还应采用低氢焊条，并保持表面及环境干燥。

⑦ 焊件同体接线，避免漏电和产生杂散电流。例如，水中船体焊接时，地线必须连接在船体上，以避免产生杂散电流腐蚀。

3. 铸造工艺对腐蚀的影响与防止

普通铸铁（钢）件的铸造缺陷（如缩孔、气孔、砂眼、夹渣等）是引起腐蚀的主要因素；而不锈钢铸件，除了普通铸造缺陷以外，还易产生成分偏析、表面渗碳等缺陷而引起腐蚀。因此在铸造工艺中，应注意以下几点。

① 改进铸造方法。压铸比模铸好，模铸比砂铸好，压铸是避免一般铸造缺陷的最好方法。

② 精细铸造工艺。尽量减少缩孔、气孔、砂眼、夹渣等缺陷。

③ 改进造型和模具设计。尽量减少铸件内应力和缩孔。

④ 进行热处理。消除成分偏析和残余应力。

⑤ 表面处理。例如，表面喷丸、钝化等改进表面状态。

⑥ 改进材料成分。例如，添加稀土元素，改进铸造性能。

⑦ 改进模具材料。例如，不锈钢铸件不能用有机材料模，而用陶模最好。

4. 工艺流程中的防腐蚀原则

作为工艺流程设计工程师或工艺师，必须从防腐蚀角度考虑工艺流程安排，以杜绝腐蚀源。工艺流程设计可分为设备运行流程设计和生产工艺流程设计两种，二者的防腐蚀原则分别叙述如下。

(1) 设备运行流程设计防腐蚀原则

① 工艺运行路线有利于温度、流速、受力等均匀；

② 接触腐蚀介质或易于产生腐蚀的部位应与主体分开，或单件独立、易于拆卸、清洗、检修和更换；

③ 气、液体进出畅通，腐蚀产物或污秽能顺利排除。

(2) 生产工艺流程设计防腐蚀原则

① 有腐蚀性介质的工序应安排在首工序或尾工序执行，或工序隔离，以减少对其他工序的污染；

② 尽量采用常温常压生产工艺，避免高温高压工艺；

③ 生产环境应干燥、清洁、通风、无污染，以减少工序间腐蚀。

思考练习题

1. 金属耐蚀合金化的途径主要有哪些？

2. 含碳量对铁碳合金在酸中的耐蚀性有何影响？为什么？

3. 解释为什么在浓硫酸中铸铁的耐蚀性优于碳钢？

4. 什么是高硅铸铁？其耐蚀原理及耐蚀特点是什么？

5. 什么是耐蚀低合金钢？有什么优越性？

6. 耐大气腐蚀低合金钢常见的有哪些？为什么会提高耐大气腐蚀性能？

7. 什么是不锈钢？是如何分类的？

8. 简述 $n/8$ 定律（泰曼定律）的要点。解释为什么不锈钢中含铬量一般在13%以上。

9. 简述不锈钢的耐蚀特点。为什么其成分一般是含铬量高而含碳量低？

10. 奥氏体不锈钢的金相组织有什么特点？它有哪些优越的性能？

11. 以海水为循环冷却水的热交换器使用普通18-8不锈钢制造有何问题？说明理由。

12. 为什么铝在电解质中只有pH值在4～10范围内才具有耐蚀性？

13. 比较镍和铜的耐蚀特点，有什么共同点和不同点？

14. 铅的突出耐蚀特点及应用是什么？

15. 和金属材料相比，非金属材料有哪些特点？

16. 什么是塑料？是如何分类的？

17. 塑料有哪些主要特性？其基本组成是什么？

18. 硬聚氯乙烯塑料的耐蚀特点及使用温度是什么？

19. 聚乙烯塑料的耐蚀特点及使用温度是什么？在防腐中是如何应用的？

20. 聚丙烯塑料的耐蚀特点及使用温度是什么？在防腐中是如何应用的？

21. 聚四氟乙烯塑料的耐蚀特点及使用温度是什么？为什么在防腐中应用范围受到限制？是如何解决的？

22. 热固性塑料和热塑性塑料各有何特点？这两类塑料能重复应用吗？为什么？

23. 什么是玻璃钢？其基本组成是什么？

24. 简述环氧、酚醛、呋喃树脂的耐酸碱性。

25. 酚醛树脂可以直接涂刷在钢铁表面吗？为什么？

26. 天然橡胶按含硫量不同分为哪几类？各有什么特点？

27. 什么是硫化？有什么作用？

28. 硅酸盐材料一般具有哪些特点？在使用中应注意哪些问题？

29. 硅酸盐材料的一般耐蚀特点是什么？以耐酸陶瓷为例说明。

30. 什么是不透性石墨？主要有哪几种？各有什么特点？

31. 常用的金属防腐方法主要有哪些？

32. 正确选材应遵循哪些原则（或步骤）？

33. 对生产设施进行防腐蚀设计的主要目的是什么？

34. 腐蚀控制对结构设计的一般要求（或原则）是什么？

第六章 覆盖层保护

用耐蚀性能良好的金属或非金属材料覆盖在耐蚀性能较差的材料表面，将基底材料与腐蚀介质隔离开来，以达到控制腐蚀的目的，这种保护方法称为覆盖层保护，此覆盖层则称为表面覆盖层。

在金属表面使用覆盖层保护是防止金属腐蚀最普遍而且最重要的方法。它不仅能大大提高基底金属的耐蚀性能，而且能节约大量的贵重金属和合金。

保护性覆盖层的基本要求是：

① 结构致密，完整无孔，不透过介质；

② 与基体金属有良好的结合力，不易脱落；

③ 具有较高的硬度和耐磨性；

④ 在整个被保护表面上均匀分布。

在工业上，应用最普遍的表面覆盖层主要有金属覆盖层和非金属覆盖层两大类，此外还有用化学或电化学方法生成的覆盖层（如“发蓝”、“磷化”等）以及暂时性覆盖层等。覆盖层的详细分类如图 6-1 所示。

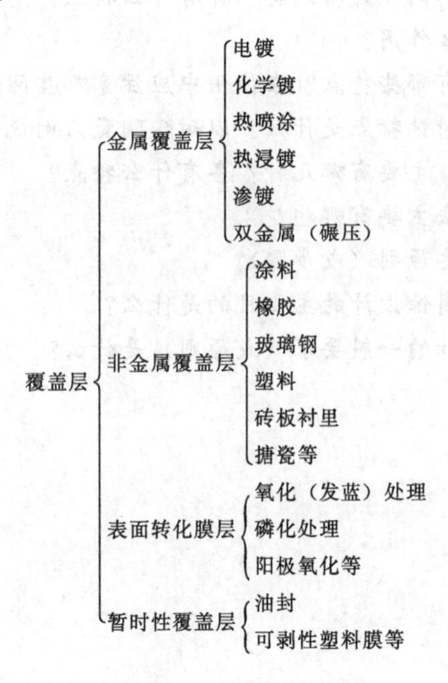

图 6-1 覆盖层的分类

第一节 表面处理技术

不论采用金属还是非金属覆盖层，也不论被保护的表面是金属还是非金属，在施工前均应进行表面处理，以保证覆盖层与基底金属的良好附着和黏结力。

一、钢铁表面处理对基底层的要求

钢铁工件在加工、运输、存放等过程中，表面往往带有氧化皮、铁锈、焊渣、尘土、油污等。要使覆盖层能牢固地附着在工件的表面上，在施工前就必须对工件表面进行清理，否则，不仅影响覆盖层与基体金属的结合力和耐蚀性，而且还会使基体金属继续腐蚀，使覆盖层剥落。

钢铁表面处理主要是采用机械或化学、电化学方法清理金属表面的氧化皮、锈蚀、油污、废漆、灰尘等，主要有以下要求：

① 钢结构表面应平整，施工前应把焊渣、毛刺等清除掉，焊缝应平齐，不应有焊瘤、熔渣和缝隙，如有，应用手提式电动砂轮或扁铲修平；

② 金属基体本身不允许有针孔、砂眼、裂纹等；

③ 金属表面应清洁，如果表面存在锈蚀、氧化物或被油、水、灰尘等污染，则会显著影响到覆盖层与金属表面的黏附力；

④ 金属表面应具有一定的粗糙度，适当提高表面粗糙度，可以增加表面与涂层（或胶黏剂）的接触面积，有利于提高黏结强度，但过大的粗糙度，在较深的凹缝处往往残留空气，反而使黏结强度降低。

二、钢铁表面处理工艺

钢铁表面的处理主要有手工、机械和化学除锈三类方法。

1. 手工除锈

用铁砂纸、刮刀、铲刀及钢丝刷等工具进行除锈。该方法劳动强度大，劳动条件差，除锈不完全，但因操作简便，仍在采用。只适用于较小的表面或其他清理方法无法清理的表面。

2. 机械除锈

这是一种利用机械动力以冲击和摩擦作用进行除锈的方法。常用的方法有利用风动刷、除锈枪、电动刷及电砂轮等机械打磨，或利用压缩空气喷砂以及高压水流除锈等。其中以喷砂法的质量好，效率高，已被广泛采用。喷砂法是在喷砂罐中通入0.5～0.6MPa的压缩空气，将带棱角的、质地坚硬的石英砂、金刚砂或河砂经喷嘴高速喷射到钢铁表面，依靠砂粒棱角的冲击或摩擦，将金属表面的铁锈、氧化皮及其他污垢清除掉，使表面获得一定的清洁度和不同的粗糙度。

和其他工艺相比较，手工打磨可以打出毛面但效率太低，化学清理则表面过于光滑，不利于提高结合力，喷砂处理是最彻底、最通用、最迅速、效率最高的清理方法。

3. 化学除锈和除油

（1）化学除锈　这是利用酸溶液和铁的氧化物发生化学反应，将其表面锈层溶解和剥离掉的一种除锈防腐，又称为酸洗除锈。这种方法对小型件和形状复杂工件除锈效率高，例如钢窗除锈、汽车外壳除锈、碳钢换热器防腐前除锈等，普遍采用酸洗的方法。但酸洗对钢铁有微量腐蚀损失，因此常在酸中加入一定比例的缓蚀剂。

化学除锈常用的酸洗液为硫酸、磷酸、硝酸、盐酸等。

表 6-1 中列出了一些钢铁酸洗工艺的例子。

表 6-1 钢铁表面酸洗除锈的配方和工艺条件

序号	1	2	3	4
配方	浓 H_2SO_4 75～100g 浓 HCl 180g，食盐 200～500g，缓蚀剂 3～5g，水 1000g	工业 H_2SO_4 占 18%～20%，食盐 4%～5%，硫脲 0.3%～0.5%，余量为水	浓 HCl 12～23g，硝酸 110～120g，若丁 1～2g，水 1000g	工业硫酸 15g，铬酸酐 150g，水 1000g
处理温度/℃	20～60	65～80	40～50	
处理时间/min	5～50	25～40	15～60	
适用范围	钢及钢铸件	清洗铸件的大块铁皮（铸铁件上有型砂时加 2%～5%氢氟酸）	高合金钢制件	精密零件，仪表零件

(2) 化学除油 金属表面的油污，会影响到表面覆盖层与基底金属的结合力，因此，不论是金属还是非金属的覆盖层，施工前均要除油。尤其是电镀，微量的油污都会严重影响到镀层的质量。对于酸洗除锈的工件，如有油污，酸洗前也应除油。

化学除油方法有多种，最简单的是用有机溶剂清洗，常用的溶剂有汽油、煤油、酒精、四氯化碳、三氯乙烯等。清理时可将工件浸在溶剂中，或用干净的棉纱（布）浸透溶剂后擦洗。由于溶剂多数对人体有害，所以应注意安全。

除用溶剂清洗外，还可用碱液清洗，即利用油脂在碱性介质下发生皂化或乳化作用来除油。一般用氢氧化钠及其他化学药剂配成溶液，在加热条件下进行除油处理。常用钢铁表面化学除油配方及工艺条件见表 6-2。

表 6-2 化学除油配方及工艺条件

编号	配方组成/(g/L)		清理温度/℃	清理时间/min
1	氢氧化钠	50	100	30～40
	磷酸三钠	30		
	水玻璃	5		
	碳酸钠	30		
	水	余量		
2	水玻璃	30～40	70～80	5～10
	OP 乳化剂	2～4		
3	氢氧化钠	30	85～95	20～30
	磷酸三钠	15		
	水玻璃	15		
	碳酸钠	5		
	水	余量		

4. 火焰除锈

利用钢铁和氧化皮的热膨胀系数不同，用炔-氧焰加热钢铁表面而使氧化皮脱落，此时铁受热脱水，锈层也便破裂松散而脱落。此法主要用于厚型钢结构及铸件等，而不能用于薄钢材及小铸件，否则工件受热变形影响质量。

5. 钢铁表面的化学转化

金属经表面清理后，采用化学处理方法，使金属表面生成一层薄的保护膜，使之在一段时间内不发生二次生锈，同时使金属基体有良好的附着力，此过程称为表面化学转化。

具体方法有氧化（即“发蓝”）、钝化和磷化。

三、钢铁表面处理质量要求及标准

钢铁表面处理质量对提高覆盖层质量、保证覆盖层与基底金属的良好附着和黏结力有重要影响。所以各国都制定了钢铁表面处理质量标准。

我国表面处理标准 HGJ 34—90《化工设备、管道外防腐设计规定》，于 1991 年 5 月实行。

设备、管道和钢结构表面处理等级以表示除锈方法的字母“Sa”、“St”、“F1”或“Pi”表示。

(1) 喷射或抛射除锈（Sa 级）有四个质量等级

① Sa1 级：设备、管道和钢结构表面应无可见的油脂和污垢，氧化皮、铁锈和涂料涂层等附着物已基本清除，其残留物应是牢固附着的。

② Sa2 级：设备、管道和钢结构表面应无可见的油脂和污垢，氧化皮、铁锈和涂料涂层等附着物已基本清除，其残留物应是牢固附着的。

③ Sa2 $\frac{1}{2}$级：设备、管道和钢结构表面应无可见的油脂、污垢、氧化皮、铁锈和涂料涂层等附着物，任何残留的痕迹仅是点状或条纹状的轻微色斑。

④ Sa3 级：设备、管道和钢结构表面应无可见的油脂、污垢、氧化皮、铁锈和涂料涂层等附着物，该表面应显示均匀的金属色泽。

(2) 手工和动力工具除锈（St 级）有两个质量等级

① St2 级：设备、管道和钢结构表面应无可见的油脂和污垢，并且没有附着不牢的氧化皮、铁锈和涂料涂层等附着物。

② St3 级：设备、管道和钢结构表面应无可见的油脂和污垢，并且没有附着不牢的氧化皮、铁锈和涂料涂层等附着物。除锈应比 St2 更彻底，底材的显露部分的表面应具有金属光泽。

(3) 火焰除锈（F1 级） 设备、管道和钢结构表面应无氧化皮、铁锈和涂料涂层等附着物，任何残留的痕迹应仅为表面变色（不同颜色的暗影）。

(4) 化学除锈（Pi 级） 设备、管道和钢结构表面应无可见的油脂和污垢，酸洗未尽的氧化皮、铁锈和涂料涂层的个别残留点允许用手工或机械方法除去，但最终表面应显露金属原貌，无再镀锈蚀。

设备、管道和钢结构外防腐表面处理等级标准及其应用见表 6-3。

表 6-3 金属表面处理质量标准等级

表面质量等极	标准	处理方法	防腐衬里或涂层类别
1 级 Sa3	彻底除净金属表面的油脂、氧化皮、锈蚀产物等杂质物，用压缩空气吹净粉尘； 表面无任何可见残留物，呈现均匀的金属本色，并有一定的粗糙度	喷砂法	金属喷度、衬橡胶；化工设备内壁防腐蚀涂层

续表

表面质量等级	标准	处理方法	防腐衬里或涂层类别
2级 Sa2 $\frac{1}{2}$	完全除去金属表面中的油脂、氧化皮、锈蚀产物等一切杂质,用压缩空气吹净粉尘。残存的锈斑、氧化皮等引起轻微变色的面积在任何 100mm×100mm 的面积上不得超过 5%	喷砂法 机械处理法 St3 级,化学处理法 Pi 级	衬玻璃钢衬砖板搪铅、大气防腐涂料; 设备内壁防腐涂料
3级 Sa2	完全除去表面上的油脂、疏松氧化皮、浮锈等杂质,用压缩空气吹净粉尘,紧附的氧化皮、点蚀锈坑或旧漆等斑点状残留物的面积在任何 100mm×100mm 的面积上不大于 1/3	喷砂法 人工方法 St3 级,机械方法 St3	硅质胶泥衬砖板;油基漆、沥青漆环氧沥青漆
4级 Sa1	除去金属表面上的油脂、铁锈、氧化皮等杂质,允许有紧附的氧化皮锈蚀产物或旧漆膜存在	人工处理 St2、St3 级	衬铅; 衬软聚氯乙烯板

四、非金属材料表面处理

1. *混凝土结构表面处理*

混凝土和水泥砂浆的表面作防腐覆盖层以前需要进行处理。要求表面平整，没有裂纹、毛刺等缺陷，油污、灰尘及其他污物都要清理干净。

新的水泥表面防腐施工前要烘干脱水，一般要求水分不大于 6%。如果是旧的水泥表面，则要把损坏的部分和腐蚀产物都清理干净；基层表面如有凹凸不平或局部蜂窝麻面，可用1：2 水泥砂浆修补平整，完全硬化干燥后再进行防腐层施工；在施工前要用钢丝刷刷基层表面，使表面粗糙平整，并除去浮灰尘土，以增加防腐层与基层的黏结力；基层上若有油污，应用丙酮、酒精等揩擦干净。

2. *木材表面处理*

在石油化工防腐中对木结构的表面处理要求不是很高的，不必像涂饰木器家具那样精细，但也必须进行适当的表面处理。在涂装前必须先将木材晾干或低温（7～80℃）烘干，使其水分含量在 7%～12%，否则会因水分的蒸发而使涂膜起泡，甚至剥落。木材要求刨光，清理尘垢（注意不能用水洗），然后再填腻子、砂纸打磨、涂漆。

第二节 金属覆盖层

一、概述

用耐蚀性较好的一种（或多种）金属或合金把耐蚀性较差的金属表面完全覆盖起来以防止腐蚀的方法，称为金属覆盖层保护。这种通过一定的工艺方法牢固地附着在基体金属上，而形成几十微米乃至几个毫米以上的功能覆盖层称为金属覆盖层。

根据金属覆盖层在介质中的电化学行为，可将其分为阳极（性）覆盖层和阴极（性）覆盖层。

(1) 阳极覆盖层 这种覆盖层在介质中的电极电位比基体金属的电极电位更负。其优点是，即使覆盖层的完整性被破坏，也可作为牺牲阳极继续保护基体金属免遭腐蚀。阳极覆盖层的保护性能主要取决于覆盖层的厚度，覆盖层越厚，其保护效果越好。例如在碳钢表面覆盖锌、镉、铝等金属基为此类。阳极覆盖层常用于保护大气、淡水、海水中工作的金属设备。

(2) 阴极覆盖层　这种覆盖层在介质中的电极电位比基体金属的电极电位更正。只有当它足够完整时，即没有孔或裂痕时，才能可靠地保护基体金属，否则覆盖层将会与基体金属在介质中构成腐蚀电池，加速基体金属的腐蚀。阴极覆盖层的保护性能取决于覆盖层的厚度与孔隙率，覆盖层越厚，孔隙率越低，其保护性能越好。一般情况下，碳钢表面覆盖镍、铜、铅、锡等都属于此类。

根据获得金属覆盖层的工艺方法一般可分为金属镀层和金属衬里两大类，见图 6-2。

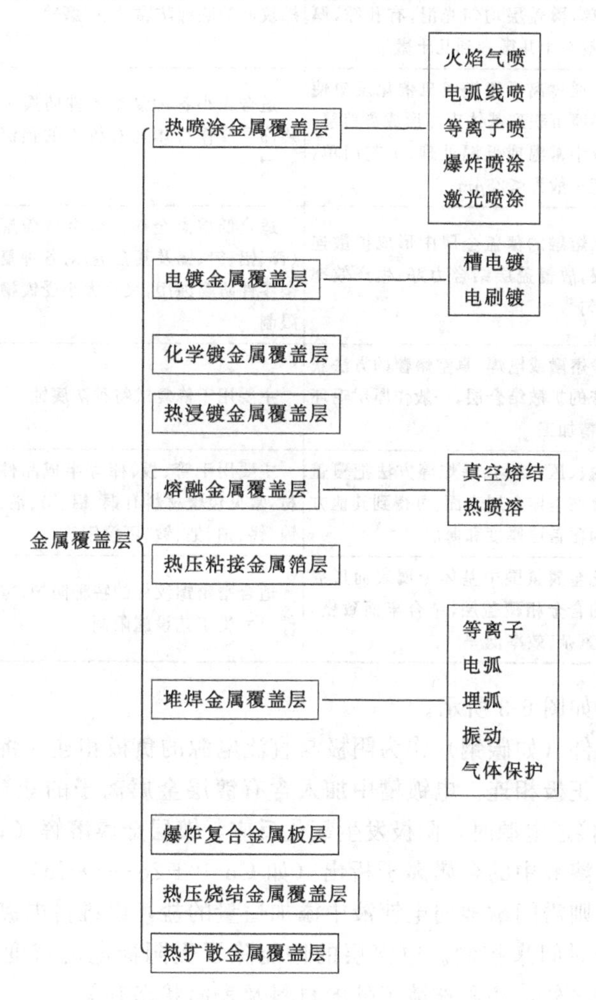

图 6-2　按工艺方法分类的金属覆盖层

二、常用金属覆盖层工艺方法及应用

常用工艺方法见表 6-4。

1. 电镀

将要电镀的工件作为阴极浸于含有镀层金属离子的盐溶液中，利用直流电作用从电解质中析出金属，并在工件表面沉积，从而获得金属覆盖层的方法称为电镀（或电沉积）。

用电镀方法得到的镀层多数是纯金属，如 Au、Pt、Ag、Cu、Sn、Pb、Co、Ni、Cd、Cr、Zn 等，但也可得到合金的镀层，如黄铜、锡青铜等。

表 6-4 金属覆盖层常用工艺方法简介

工艺方法名称	主要特点	适用范围	设计注意事项
热喷涂	金属熔化后高速喷涂到基体表面形成机械结合覆盖层，工艺灵活，各种材料金属均可喷涂，覆盖层粗糙多孔，厚度可达 5mm 以上	用于大面积钢件防腐蚀和尺寸修复等，有色黑色金属、有机与无机、从属陶瓷等均可喷涂，可用于各行业中	细管内腔或长深孔不能喷涂，覆盖层应封闭或熔融后使用
电镀(电沉积)和电刷镀	电解质溶液中通直流电在阴极表面形成电结晶覆盖层，大部分在水溶液中常温处理，工艺简单，覆盖层均匀光滑，有孔隙，厚度可控，一般在十几微米到几十微米	多用于大数量中小零件或精密螺纹件的装饰防腐蚀、耐磨等	深、盲孔或易存积液件及焊接组合件不能电镀，对于高强应力钢件要注意氢脆问题
化学镀	在溶质中通过离子置换或自催化反应使金属离子还原沉积到基体表面形成覆盖层，多在水溶液中常温或低温处理，工艺简单，覆盖层厚度一般为 $<25\mu m$	适合大小各种复杂零件防腐蚀装饰层或作金属与有机件的预镀底层	主要厚度受到限制，镀种少，目前主要有铜和镍及其合金等可用
热浸镀	零件浸入熔融的覆盖金属中形成扩散连接的黏结层，故覆盖层结合力好、生产效率高，但不均匀	适合低熔点金属及合金覆盖层(锌、铝、铅、锡及其合金)对各种复杂零件防腐蚀用，尺寸大小受镀槽限制	基体需耐覆盖层金属熔点以上 50℃，并对基体有热处理影响，不能存有液孔
熔结与堆焊	通过喷涂熔融或电焊、真空熔覆的方法获取熔融致密的扩散结合层，一般作厚层毛坯件，需磨削精加工	主要用于修复或特种防腐蚀	基体要耐热，注意热变形
热结与复合	通过轧、拔、压、热黏、爆炸等方法把覆盖层金属复合在基体金属表面，可得到其他方法达不到的覆盖层厚度和薄层	主要用于管、板、棒等半成品件材，常见包覆材料有铜、铝、铅、银、镍、锡、铂、钯、钛、不锈钢等	注意加工面的覆盖层修复
热扩散(热浸)	在热活化金属氛围中基体金属表面形成相互扩散的合金相覆盖层，结合牢而致密，性脆，工艺繁杂，效率低	适合精密螺纹件的特种防护，零件尺寸受工艺设施限制	基体要耐热，注意热变形和热处理影响

电镀装置示意图如图 6-3 所示。

电镀时将待镀工件（如碳钢）作为阴极与直流电源的负极相连，将镀层金属（如铜）作为阳极与直流电源的正极相连。电镀槽中加入含有镀层金属离子的盐溶液（如硫酸铜溶液）及必要的添加剂。当接通电源时，阳极发生氧化反应，镀层金属溶解（如 $Cu \longrightarrow Cu^{2+} + 2e$）；阴极发生还原反应，溶液中的金属离子析出（如 $Cu^{2+} + 2e \longrightarrow Cu$），使工件获得镀层。如果阳极是不溶性的，则需间歇地向电镀液中添加适量的盐，以维持电镀液的浓度。电镀层的厚度可由工艺参数和时间来控制。电镀层的性能除了受阴极电流密度、电解液的种类、浓度、温度等条件影响之外，还和被镀工件的材料及表面状态有关。

用电镀法覆盖金属有一系列优点，如可在较大范围内控制镀层厚度，镀层金属消耗较少；无需加热或温度不高；镀层与工件表面结合牢固；镀层厚度较均匀；镀层外表美观等。

2. 化学镀

利用置换反应或氧化还原反应，使金属盐溶液中的金属离子析出并在工件表面沉积，从而获得金属覆盖层的方法称为化学镀。

化学镀覆金属层工艺有如下优点。

① 不需要外加电源；

② 不受工件形状的影响，可在各种几何形态工件表面上获得均匀的镀层；

③ 所需设备及操作均比较简单；

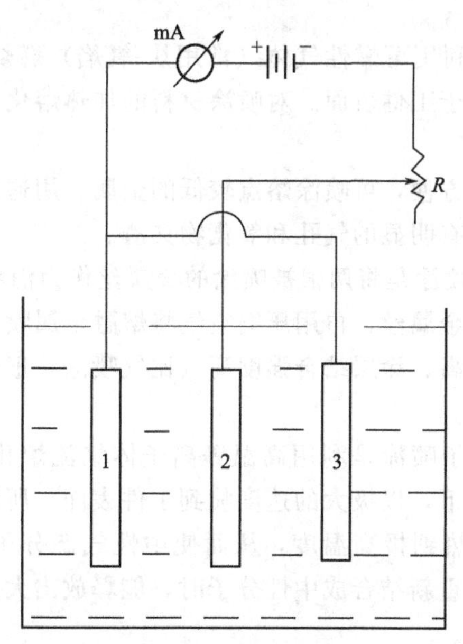

图 6-3　电镀装置示意图
1，3—阳极（镀层金属铜）；2—阴极（碳钢工件）

④ 镀层厚度均匀，致密性良好，针孔少以及耐蚀性优良等。

其缺点是：溶液稳定性较差，维护与调整比较麻烦；一般情况下镀层较薄（可采用循环镀的方法获得较厚的镀层）。

化学镀也和电镀一样，镀层的性能受镀液的浓度、温度、浸渍时间及被镀工件的表面状态等条件影响，而且对以上指标的控制要求更严。

在防腐中用得较多的是化学镀镍，即将工件放在含镍盐、次磷酸钠（NaH_2PO_2）及其他添加剂的弱酸性溶液中，利用次磷酸钠将 Ni^{2+} 还原为镍，从而在工件表面获得镀镍层。化学镀镍的工件，常用作抗碱性溶液的腐蚀。

近几年，化学镀覆金属层得到很大发展，不仅可镀单金属，而且可以化学镀覆合金和弥散复合层，镀液的稳定性也得到很大改善。

3. 喷镀

利用不同的热源，将欲涂覆的涂层材料熔化，并用压缩空气或惰性气体使之雾化成细微液滴或高温颗粒，高速喷射到经过预处理的工件表面形成涂层的技术，称为热喷涂（或喷镀）。由此形成的几十微米到几毫米厚的附着层统称为热喷涂覆盖层。

热喷涂的工艺和设备都比较简单，能喷镀多种金属和合金。该法主要用于防止大型固定设备的腐蚀，也可用来修复表面磨损的零件。

因热喷涂金属覆盖层是金属微粒相互重叠成多层的覆盖层，因此这种覆盖层是多孔的，耐蚀性能较差，若是阴极性覆盖层，则必须做封闭孔隙处理。此外，覆盖层仅仅依靠金属微粒楔入构件表面的微孔或凹坑而结合，与底层金属结合不牢。故对于操作温度波动较大或外部需要加热的设备，不宜采用热喷涂防腐。

喷涂前的工件要求表面干净，并有一定粗糙度，故多用喷砂除锈。

喷涂有多种方法，各有特点，但其喷涂过程、涂层形成原理和结构基本相同。用喷涂制备涂层的关键是热源和喷涂材料。喷涂的方法是根据热源来分类的，大致可分为气喷涂、电喷涂和等离子喷涂三种。

(1) 气喷涂 气喷涂是利用可燃性气体（常用炔-氧焰）燃烧熔化金属丝（喷涂材料），再用压缩空气将熔融金属喷于工件表面。对喷涂材料的加热熔化和雾化是通过线材火焰喷枪（气喷枪）实现的。

这种方法成本低、操作方便，可喷涂熔点较低的金属。用这种方法得到的涂层，其结构为明显的层状结构，其中含有明显的气孔和氧化物夹渣。

(2) 电喷涂 电（弧）喷涂是将两根被喷涂的金属丝作为消耗性电极，利用直流电在两根金属丝之间产生电弧熔化金属丝，再用压缩空气将熔融金属喷于工件表面。

这种方法成本低、效率高、涂层结合强度高（比气喷涂一般要提高50%以上），可喷涂熔点较高的金属或合金。

(3) 等离子喷涂 等离子喷涂是利用高温等离子体焰流熔化难熔金属和某些金属氧化物，在一定压力的气体吹送下，以极大的速度喷到工件表面。所谓等离子体是指利用电能将工作气体（Ar、N_2 等）加热到极高温度，从而使中性气态分子完全离子化，称为等离子体。当等离子体的正负离子重新结合成中性分子时，能释放出大量的能量，从而达到很高的温度以熔化或软化粉状材料。

用这种方法形成的涂层气孔少，涂层金属微粒氧化程度很小，并可牢固地附着到金属表面上，多用作耐高温的材料。

总之，热喷涂金属覆盖层在石油、化工、机械、电子、航空航天等各个领域都得到广泛应用。工业上用这种方法来喷涂 Al、Zn、Sn、Pb、不锈钢等，其中以喷 Al 用得较广，主要用于对高温二氧化硫、三氧化硫的防腐。

4. 渗镀

渗镀是利用热处理的方法将合金元素的原子扩散入金属表面，以改变其表面的化学成分，使表面合金化，以改变钢表面硬度或耐热、耐蚀性能，故渗镀又称为热扩散金属覆盖层（或表面合金化）。

例如，在防腐中应用较普遍的是渗铝，方法之一是在钢件表面喷铝后，再按一定的操作工艺在高温下热处理，使铝向钢表层内扩散，形成渗铝层。

此外还有渗铬、渗硅等，对于防止钢件的高温气体腐蚀有较好效果。

影响热扩散金属覆盖层的主要因素是：热扩散温度、热扩散时间、扩散元素与基体组成、扩散工艺方法等。

5. 热浸镀

热浸镀（热镀）金属覆盖层是将工件浸放在比自身熔点更低的熔融的镀层金属（如锡、铝、铅、锌等）中，或以一定的速度通过熔融金属槽，从而工件表面获得金属覆盖层的方法。

这种方法工艺较简单，故工业上应用很普遍，例如钢管、薄钢板、铁丝的镀锌以及薄钢板的镀锡等。

热镀只适用于镀锌、镀锡或间接镀铅等低熔点金属。

热镀锌的钢铁制品可以防止大气、自来水及河水的腐蚀，而镀锡的钢铁制品主要用于食品工业中，因为锡对大部分的有机酸和有机化合物具有良好的耐蚀性，而且无毒。但用这种方法不易得到均匀的镀层。

影响热浸金属覆盖层的主要因素是：热浸温度、浸镀时间、从镀槽中提出的速度、基体金属表面成分组成、结构和应力状态、浸镀金属液成分组成等。

6. 金属衬里

金属衬里就是把耐蚀金属衬在基底金属（一般为普通碳钢）上，如衬铅、钛、铝、不锈钢等。

生产中除采用单一金属制的设备外，为了防止设备腐蚀、节省贵重金属材料以及满足某些由单一金属难以满足的技术要求，还可采用在碳钢和低合金钢上衬不锈钢、钛、镍、蒙乃尔合金等以及使用复合金属板来制造容器、塔器、储槽等设备。

获得这种金属衬里的方法有很多，如塞焊法、条焊法、熔透法、爆炸法等。还有一种方法叫双金属，即利用热轧法将耐蚀金属覆盖在底层金属上制成的复合材料。如在碳钢板上压上一层不锈钢板或薄镍板，或将纯铝压在铝合金上，这样就可以使价廉的或具有优良力学性能的底层金属与具有优良耐蚀性能的表层金属很好地结合起来。这类材料一般都为定型产品。

第三节　非金属覆盖层

一、概述

在金属设备上覆盖上一层非金属材料进行保护是防腐蚀的重要手段之一。非金属覆盖层一般可分为有机非金属覆盖层和无机非金属覆盖层两类。

1. 有机非金属覆盖层

凡是由有机高分子化合物为主体组成的覆盖层称为有机覆盖层。根据目前使用的有机覆盖层材料和工艺方法，可将有机覆盖层进行归纳分类，见表 6-5。

表 6-5　有机覆盖层的分类

种　类	分　类	主要工艺方法
涂料覆盖层	油脂类(油基涂料覆盖层)	刷涂、浸涂、喷涂、电泳涂等
	树脂类(树脂涂料覆盖层)	
	橡胶类(橡胶涂料覆盖层)	
塑料覆盖层	乙烯塑料类	粉末喷涂、衬贴、挤衬、包覆、填抹等
	氟塑料类	
	醚酯塑料类	
	纤维素塑料类	
橡胶覆盖层	天然橡胶	衬贴、挤衬、包覆等
	合成橡胶	

有机高分子化合物都是由最基本的官能团组成的。官能团的性质和组成形态决定了有机高分子化合物的性能。因此有机覆盖层的性能与其所含官能团的性质是分不开的。

有机覆盖层的主要性能指标是耐温性能、耐老化性能和力学性能（如强度、抗冲击、耐磨损性等）。

2. 无机非金属覆盖层

凡是以非金属元素氧化物或金属与非金属元素生成的氧化物为主体构成的覆盖层称为无

机非金属覆盖层。由于其耐热、耐蚀和高绝缘等特点，近几年来得到广泛发展和应用。

按覆盖层结构和工艺方法不同，目前出现的无机覆盖层种类如图 6-4 所示。

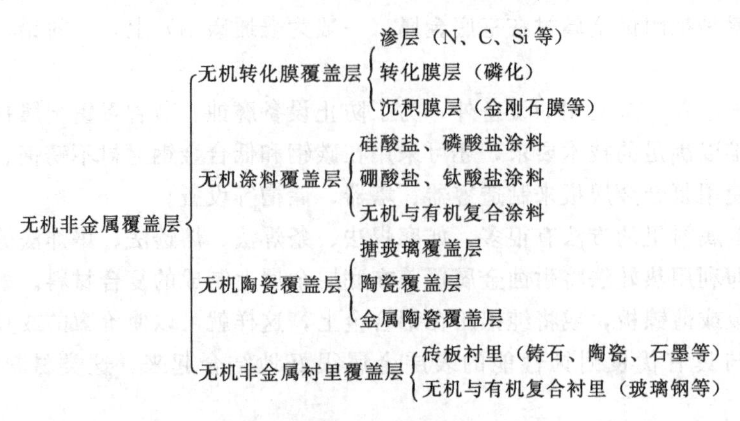

图 6-4　无机非金属覆盖层的分类

无机非金属覆盖层的主要组成是无机氧化物（如硅酸盐、磷酸盐等），经过胶合或高温熔融烧结而成。大多数无机非金属覆盖层的性能特点如下：

① 脆性大，冲击韧性差；

② 导热性差，导电性差而绝缘性好；

③ 热胀系数小，耐热震性差；

④ 耐高温，抗高温氧化性好；

⑤ 耐蚀性好，尤其是耐电化学腐蚀；

⑥ 在自然条件下使用寿命很长。

二、常用非金属覆盖层工艺方法及应用

（一）涂料覆盖层

涂料是目前防腐中应用最广的非金属材料品种之一。用涂料保护设备、管线是应用很广的一类防护措施。

由于过去涂料主要是以植物油或采集漆树上的漆液为原料经加工制成的，因而称为油漆。我国自古就有用生漆保护埋在土壤中棺木的方法。随着石油化工和有机合成工业的发展，为涂料工业提供了新的原料来源，如合成树脂、橡胶等。这样，油漆的名字就不够确切了，所以比较恰当地应称为涂料。不过习惯上涂料也常称为油漆。

1. 涂料的种类

涂料一般可分为油基涂料（成膜物质为干性油类）和树脂基涂料（成膜物质为合成树脂）两类。按施工工艺又可分为底漆、中间层和面漆，底漆是用来防止已清理的金属表面产生锈蚀，并用它增强涂膜与金属表面的附着力；中间层是为了保证涂膜的厚度而设定的涂层；面漆为直接与腐蚀介质接触的涂层。因此，面漆的性能直接关系到涂层的耐蚀性能。按涂料中是否含有颜料又可分为清漆和磁漆。没有加入颜料的透明体称为清漆，加入颜料的不透明体称为磁漆或色漆、调和漆等。

2. 涂料的组成

涂料的组成大体上可分成三部分，即主要成膜物质、次要成膜物质和辅助成膜物质，如图 6-5 所示。

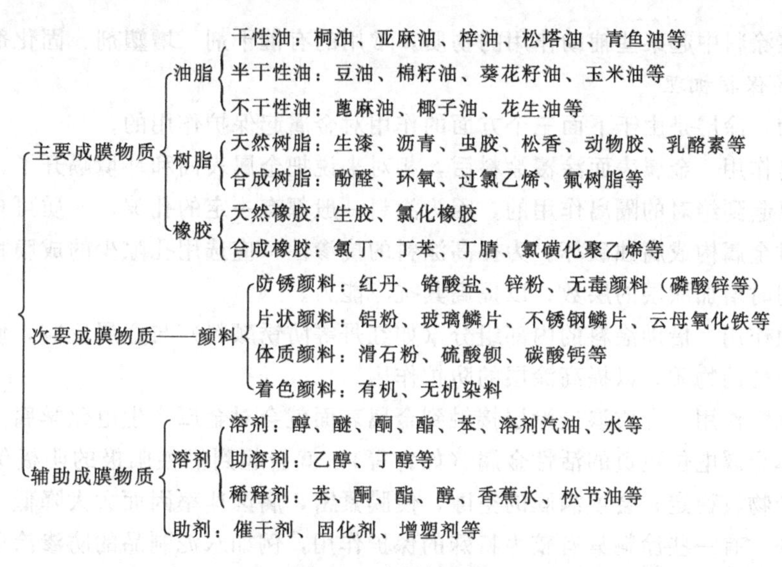

图 6-5 涂料的组成

(1) 主要成膜物质　作为主要成膜物质的是油料和树脂，在涂料中常用的油料是桐油、亚麻仁油等。树脂有天然树脂和合成树脂。天然树脂主要有沥青、生漆、天然橡胶等；合成树脂的种类很多，常用的有酚醛、环氧、过氯乙烯树脂等，详见常用的防腐蚀涂料。

(2) 次要成膜物质　次要成膜物质是各种颜料。除使涂料呈现装饰性外，更重要的是改善涂料的物理、化学性能，提高涂层的机械强度和附着力、抗渗性和防腐蚀性能。颜料分为防锈颜料、片状颜料、体质颜料和着色颜料四种。

① 防锈颜料　防锈颜料起防锈蚀作用，如红丹、锌粉、锌铬黄等，其中应用最早、应用量最大的是红丹，它属于铅系防锈颜料，能与基料（如亚麻油）反应生成各种铅皂而起缓蚀作用。

② 片状颜料　片状颜料能屏蔽（或阻挡）水、氧、离子等腐蚀因子的透过。相互平行交叠的片状颜料在漆膜中能切断毛细微孔，起到迷宫作用，延长腐蚀因子渗透的途径，从而提高涂层的防蚀能力。常用片状颜料有铝粉、玻璃鳞片、不锈钢鳞片、云母氧化铁、片状锌粉等。其中云母氧化铁，其主要成分是 Fe_2O_3，呈片状似云母，薄片的厚度约几微米，直径约数十微米至 100μm，配制成涂料后，能屏蔽水、氧的透过，也能阻挡紫外线的照射，因此不仅可以制底漆，也可制成灰色面漆和中间层涂料，实效良好，在国内外已广泛应用。

③ 体质颜料　防腐蚀涂料中除加入防锈颜料、片状颜料外，还常加入一些填充料（有时称之为体质颜料），如滑石粉、硫酸钡、碳酸钙等，其主要作用并非降低成本，而是提高漆膜的机械强度，减少漆膜干燥时的收缩以保持附着力，并能降低水汽透过率。

④ 着色颜料　主要起装饰、标志作用。

(3) 辅助成膜物质　辅助成膜物质只是对成膜的过程起辅助作用。它包括溶剂和助剂两种。

溶剂和稀释剂的主要作用是溶解和稀释涂料中的固体部分，使之成为均匀分散的漆液。涂料覆于基体表面后即自行挥发，常用的溶剂及稀释剂多为有机化合物，如松节油、汽油、苯类、酮类等。

助剂是在涂料中起某些辅助作用的物质，常用的有催干剂、增塑剂、固化剂等。

3. 涂层的保护机理

一般认为，涂层是由于下面三个方面的作用对金属起保护作用的。

(1) 隔离作用　金属表面涂覆涂料后，相对来说把金属表面和环境隔开了，但薄薄的一层涂料是难以起到绝对的隔离作用的，因为涂料一般都有一定的孔隙，介质可自由穿过而到达金属表面对金属构成腐蚀破坏。为提高涂料的抗渗性，应选用孔隙少的成膜物质和适当的固体填料，同时增加涂层的层数，以提高其抗渗能力。

(2) 缓蚀作用　借助涂料的内部组分（如红丹等防锈颜料）与金属反应，使金属表面钝化或生成保护性的物质，以提高涂层的防护作用。

(3) 电化学作用　介质渗透涂层接触到金属表面就会对金属产生电化学腐蚀，如在涂料中加入比基体金属电位更负的活性金属（如锌等），就会起到牺牲阳极的阴极保护作用，而且锌的腐蚀产物较稳定，会填满膜的空隙，使膜紧密，腐蚀速率因而大大降低。

除此以外，有一些涂料具有较为特殊的保护作用，例如水泥制品的防渗涂层、橡胶的防老化涂层、金属的耐磨涂层等。

4. 涂层系统

以防腐蚀为主要功能的涂料称为防腐蚀涂料，它们在许多场合往往有几道涂层，以组成一个涂层系统发挥功效，包括底漆、中间层和面漆。

(1) 底漆　底漆是用来防止已清理的金属表面产生锈蚀，并用它增强漆膜与金属表面的附着力。它是整个涂层系统中极重要的基础，具有以下特点。

① 对底材（如钢、铝等金属表面）有良好的附着力，其基料往往含有羟基、羧基等极性基团。

② 因为金属腐蚀时在阴极呈碱性，所以底漆的基料宜具耐碱性，例如氯化橡胶、环氧树脂等。

③ 底漆的基料具有屏蔽性，阻挡水、氧、离子的透过。

④ 底漆中应含有较多的颜料、填料，其作用是：a. 使漆膜表面粗糙，增加与中间层或面漆的层间结合；b. 使底漆的收缩率降低，因为底漆在干燥成膜过程中，溶剂挥发及树脂的交联固化，均产生体积收缩而降低附着力，加入颜料后可使漆膜收缩率变小，保持底漆的附着力；c. 颜料颗粒有屏蔽性，能减少水、氧、离子的透过。

⑤ 某些底漆中含有缓蚀颜料。

⑥ 一般底漆的漆膜不厚，太厚会引起收缩应力，影响附着力。

⑦ 底漆应黏度较低，对物面有良好的润湿性，且其溶剂挥发慢，可充分对焊缝、锈痕等部位深入渗透。

(2) 中间层　中间层的主要作用如下。

① 与底漆及面漆附着良好。漆膜之间的附着力并非主要是靠极性基团之间的吸引力，而是靠中间层所含的溶剂将底漆溶胀，使两层界面的高分子链紧密缠结。

② 在重防腐涂料系统中，中间层的作用之一是通过加入各种颜料，能较多地增加涂层的厚度以提高整个涂层的屏蔽性能。在整个涂层系统中，往往底漆不宜太厚，面漆有时也不宜太厚，因此中间层涂料可制成厚膜涂料。

(3) 面漆　面漆的主要作用如下。

① 面漆为直接与腐蚀介质接触的涂层。因此，面漆的性能直接关系到涂层的耐蚀性能。

② 防止日光紫外线对涂层的破坏。如面漆中含有的铝粉、云母氧化铁等阻隔日光的颜料，能延长涂层寿命。

③ 作为标志（如化工厂中不同管道颜色）、装饰等。

④ 某些耐化学品涂料（如过氯乙烯漆），往往最后一道面漆是不含颜料的清漆，以获得致密的屏蔽膜。

5. *防腐涂层的性能要求及选择要点*

防腐涂层应具备的条件和一般涂层有很多相同之处，但由于防腐涂层往往在较苛刻的条件下使用，因此在选择时，还要考虑下列因素。

① 对腐蚀介质的良好稳定性。漆膜对腐蚀介质必须是稳定的，不被介质分解破坏，不被介质溶解或溶胀，也不与介质发生有害的反应。选择防腐涂料时一定要查看涂料的耐蚀性能，此外还应注意使用温度范围。

② 良好的抗渗性能。为了保证涂层有良好的抗渗性，防腐涂料必须选用透气性小的成膜物质和屏蔽性大的填料；应用多层涂装，而且涂层要求达到一定的厚度。

③ 涂层具有良好的机械强度。涂层的强度尤其是附着力一定要强，单一涂料达不到要求时，可用其他附着力好的涂料作底漆。

④ 被保护的基体材料与涂层的适应性。如钢铁与混凝土表面直接涂刷酸性固化剂的涂料时，钢铁、混凝土就会遭受固化剂的腐蚀。在这种情况下，应涂一层相适应的底层。又如有些底漆适用于钢铁，有些底漆适用于有色金属，使用时必须注意它们的适用范围等。

⑤ 施工条件的可能性。有些涂料需要一定的施工条件，如热固化环氧树脂涂料就必须加热固化，如条件不具备，就要采取措施或改用其他品种。

⑥ 底漆与面漆必须配套使用方能起到应有的效果，否则会损害涂层的保护性能或造成很多的涂层质量事故，以及涂料及稀释剂的损失报废。具体的配套要求可查阅有关规程或文献。

⑦ 经济上的合理性。防腐涂料使用面积大、用量多，而且需要定期修补和更新，除特殊情况之外，应选用成本低、原料来源广的品种，主要还是考虑被保护设备的价值、对生产的影响、涂层使用期限、表面处理和施工费用等。

总之，选择涂料应遵循高效、高质、低耗、节约，减少环境污染及改善劳动条件等原则。

6. *涂料调配及涂覆方法*

(1) 涂料调配方法　涂刷操作前的涂料调配是合理使用涂料、保证涂层质量的重要环节。涂料调配前必须熟悉层次及涂层厚度。调配时应核对涂料类别名称、型号及品种，目测涂料的外观质量，要搅拌均匀，用铜丝筛过滤掉一些不宜使用的物质。先从底层涂料开始依次进行调配。

(2) 涂覆方法　涂料的涂覆方法有多种，可根据具体情况选择不同的涂覆方法。最简单的是涂刷法，这种方法所用的设备工具简单，能适用于大部分涂料施工，但施工质量在很大程度上取决于操作的熟练程度，工效较低；对于无法涂刷的小直径管子，可采用注涂法；喷涂法效率较高，但设备比较复杂，需要喷枪和压缩空气；热喷涂可以提高漆膜质量，还可以节约稀释剂，但需要加热装置；静电喷涂是一种利用高电位的静电场的喷漆技术，大大降低漆雾的飞散，比一般喷漆损耗小得多，改善了劳动条件，也提高了漆膜质量，但设备更为复杂，同时由于电压很高，必须采用妥善的安全措施；电泳涂装是一种较新型的涂装技术，它与电镀相似，适用于水溶性涂料。

7. 常用的防腐蚀涂料

涂料的种类很多，作为防腐蚀的涂料也有多种，下面是一些常用的防腐涂料。

(1) 红丹漆 红丹漆是以红丹为主要颜料的防锈底漆，对钢铁有很强防锈能力，常作为设备的底漆，但不宜作为面漆，因它质重易沉淀和老化，产生脱落现象。红丹的化学组成是 Pb_3O_4，可写成 $2PbO \cdot PbO_2$。

红丹与亚麻油配制成防锈底漆已有100多年历史，功效良好。在预处理除锈不充分（残留些铁锈）的钢表面上是最好的底漆。

红丹漆一般涂刷2～4道，要求漆膜光滑、明亮，无刷痕、流痕等现象。红丹漆中红丹粉的含量越高越好，若没有时，也可用红土粉（即铁丹或氧化铁）代替。红丹漆不能用于铝金属，因为红丹和铝能起化学反应，不仅不能使铝防锈，反而会促使铝的腐蚀。

(2) 银粉漆 银粉漆常用于地面设备和管道的面漆，同红丹漆配套使用，有时也用于空气干燥的地下设备和管道，它具有良好的金属光泽和防锈性能，能反射阳光的辐射热，也有利于采光。银粉漆是由高纯铝碾磨而成的铝粉、清漆和松香水按一定质量比调和而成。银粉漆一般随用随调，否则储存过久，可能会失去金属光泽。银粉漆一般涂刷2～4道。

(3) 环氧树脂涂料 环氧树脂涂料是以环氧树脂溶于有机溶剂中，并加入填料和适当的助剂配制而成的。使用时再加入一定量的固化剂。

环氧树脂涂料具有良好的力学性能和耐蚀性能，特别是耐碱性极好，耐磨性也较好，与金属及多种非金属的附着力很好，但不耐强氧化性介质。环氧树脂涂料按成膜要求不同可分为冷固型和热固型两种，一般热固型环氧涂料耐蚀性要比冷固型环氧涂料好。

环氧树脂涂料易老化，漆膜经日光紫外线照射后易降解，所以环氧涂料不耐户外日晒，漆膜易失去光泽，然后粉化，不宜用作面漆。

(4) 沥青漆 沥青漆又叫“水罗松”，是用天然沥青或人造沥青溶于有机溶剂中配制而成的胶体溶液（很多牌号的沥青漆加入了干性油和其他材料）。沥青漆的耐蚀性很好，牌号也很多，一般说来能耐酸、稀碱液、多种盐类，但不耐强氧化剂和有机溶剂，且漆膜对阳光稳定性差。沥青漆常用于潮湿环境下的设备、管道外部，防止工业大气、水及土壤的腐蚀，而一般涂料在这种条件下很容易鼓泡脱落。沥青漆的漆膜易风化破裂，反辐射热性能差，故不宜用作地面设备的涂料。含铝粉的沥青漆可提高耐候性，但在某些环境中的耐蚀性将有所降低。用石油沥青加入汽油以及桐油、亚麻仁油和定量的催干剂调制成的沥青漆，用于半水煤气柜内壁的防腐层（以红丹为底）效果很好。

(5) 过氯乙烯漆 过氯乙烯漆是以过氯乙烯树脂溶于有机溶剂中配制而成的。它具有良好的耐大气、海水、稀硫酸、盐酸、稀碱液等许多介质的腐蚀，但不耐许多有机溶剂，不耐磨、易老化，且与金属表面附着力差。过氯乙烯漆分磁漆、清漆、底漆，应配套使用，涂覆时应按底漆→磁漆→清漆的顺序进行。为改进漆膜性能，在底漆与磁漆及磁漆与清漆之间可采用过渡层，即底漆与磁漆或磁漆与清漆按一定的比例配成的涂料。

过氯乙烯漆以喷涂为宜，也可采用涂刷。涂层的层数视腐蚀环境而定，一般以6～10层为宜。

(6) 氯化橡胶漆 氯化橡胶漆是氯化橡胶与干性油、有机溶剂等配制而成的。可耐无机酸（包括稀硝酸）、碱、盐类溶液，氯、氯化氢、二氧化硫等多种气体的腐蚀。其漆膜坚硬且富有弹性，对金属的附着力好。

氯化橡胶漆具有以下优点：光泽度较高；初干较迅速；起始硬度高；耐酸性较好；价格较低。其缺点为：柔韧性较低；耐热性较差；耐紫外线性能较差，易变色及失光；含有一定的CCl_4。

(7) 生漆　生漆又称国漆、大漆，是采割漆树而得，在我国应用历史悠久。其耐蚀性能优越，能耐任何浓度的盐酸、稀硫酸、稀硝酸、磷酸等。在常温下能抵抗溶剂的侵蚀，耐磨性和抗水性都比较好，但不耐强氧化剂和碱的作用。生漆的耐热性也很好。

在生漆中加入填料可提高其机械强度，但也提高了黏度，给施工带来了困难，需加入稀释剂（如汽油）进行稀释。

生漆在化肥、纯碱系统中应用较多，但由于生漆毒性较大，使其应用受到了一定的限制。生漆施工必须加强劳动保护措施。此外，生漆干燥速度慢，是其缺点。

为减轻生漆的毒性及改善其某些性能，可通过与其他树脂混合进行改性，如与环氧树脂混合反应成为环氧类防腐漆；与乙烯类树脂混合反应生成漆酚乙烯类防腐漆等。

生漆经脱水缩聚用有机溶剂稀释后制成的漆酚树脂漆，既保持了生漆良好的耐蚀性能等优点，又减轻了毒性大的缺点。在化肥、氯碱等生产中曾广泛用作防腐涂层。它不耐阳光紫外线照射。这种涂料使用时必须配套，底漆、面漆、腻子均需要漆酚树脂配制。虽然毒性比生漆小得多，但施工中仍应加强劳动保护措施。

(8) 聚氨酯涂料　聚氨酯防腐涂料的性质接近于环氧涂料，其近似之处如下。

① 两者均为二组分涂料，临涂装时混合，在规定时间内用完，能在室温交联，漆膜能耐石油、盐液等浸渍，具有优良的防腐蚀性能。

② 两者均可制成无溶剂涂料或固体涂料，一次施工获得厚膜。

③ 两者均可制成粉末涂料。

④ 两者均可与煤焦沥青混合，制成既抗盐水等而价格也不贵的防腐蚀涂料，但色黑，缺乏装饰性。

聚氨酯与环氧的主要差别之处如下。

① 环氧系涂料在10℃以下固化缓慢，而聚氨酯涂料在0℃也能固化，寒冷低温时宜用聚氨酯涂料，夏暑宜用环氧涂料。

② 环氧抗碱性优良，聚氨酯的抗碱性虽也好，但稍低一些。

③ 环氧与铝等金属底材的附着力较高，聚氨酯稍低，但与橡胶的附着力以聚氨酯较高。

④ 一般环氧涂料层属刚性，聚氨酯则可调节配方，既可制刚性涂料，也可制成弹性涂料。

⑤ 环氧不耐日晒，易粉化，不宜用作面漆。聚氨酯则可制成底漆，也可制成面漆。

⑥ 双组分的环氧涂料的储藏稳定性好，久储不易变质。双组分的聚氨酯涂料，其中的多异氰酸酯组分储藏稳定性较差，必须密闭隔绝潮气，以免胶冻报废。

⑦ 环氧涂料容易涂成厚膜，并可在潮湿表面或水下施工。

8. 重防腐涂料

满足严重苛刻的腐蚀环境，同时又能保证长期的防护，重防腐涂料就是针对上述条件而研制开发出的新的涂料。重防腐涂料在化工大气和海洋环境里，一般可使用10年或15年以上，在酸、碱、盐等溶剂介质里并在一定温度的腐蚀条件下一般能使用5年以上。

(1) 富锌涂料　富锌涂料是一种含有大量活性填料锌粉的涂料。这种涂料一方面由于锌的电位较负，可起到牺牲阳极的阴极保护作用；另一方面在大气腐蚀下，锌粉的腐蚀产物比较稳定且可起到封闭、堵塞漆膜孔隙的作用，所以能得到较好的保护效果。以锌粉和水玻璃为主配制而成的无机富锌涂料就是其中的一种，它的耐水、耐油、耐溶剂、耐大气性能都很好。富锌涂料用作底层涂料，结合力较差，所以这种涂料对金属表面清理要求较高。为延长其使用寿命，可采用环氧、环氧酚醛等涂料作面漆，效果良好，无机富锌涂料的耐热性也较好。

(2) 厚浆型耐蚀涂料 该涂料是以云母氧化铁为颜料配制的涂料，一道涂膜厚度可达30～50μm，涂料固体含量高、涂膜孔隙率低，刷四道以上总膜厚可达150～250μm，可用于相对苛刻的气相、液相介质。成膜物质通常选用环氧树脂、氯化橡胶、聚氨酯-丙烯酸树脂等。在工业上主要用于储罐内壁、桥梁、海洋设施等混凝土及钢结构表面。

(3) 玻璃鳞片涂料 玻璃鳞片涂料是以耐蚀树脂为基础加20%～40%的玻璃鳞片为填料的一类涂料，其耐蚀性能主要取决于所选用的树脂，此树脂有三大类：双酚A型环氧树脂；不饱和聚酯树脂；乙烯基酯树脂。这些树脂以无溶剂形态使用，因此一次涂刷可得较厚涂层(150～300μm)，层间附着力好。

由于涂层破坏主要是因介质的渗透造成的，而由于大量鳞片状玻璃片在厚涂层中和基体表面以平行的方向重叠，从而延长了腐蚀介质的渗透路径，提高了涂层的机械强度、表面硬度和耐磨性、附着力；同时也减少了涂层与金属之间热膨胀系数的差值，可阻止因温度急变而引起的龟裂和剥落。

玻璃鳞片涂料一般用于需要长期防腐的场合，是一种高效重防腐涂料。目前我国对玻璃鳞片涂料的开发取得了很大进展，已能生产出较高水平的玻璃鳞片涂料。

涂料的耐蚀性一般是指漆膜，而如果漆膜被破坏、穿孔，绝大多数涂层对底层金属都不能起保护作用。涂层要做到完整无缺是很困难的，特别是大型结构的涂层，因此在工厂的实际使用中，对于与强腐蚀性物质接触的设备，一般不采用单独的涂料保护。而涂料保护层多用于大气、土壤、某些气体环境或腐蚀性并不很强烈的液体环境。

自涂料广泛用于工业化生产以来，防腐涂料取得了迅速的发展，主要表现在：

① 高分子化学、合成树脂的发展，提供了优良的成膜物质，如环氧树脂、聚氨酯树脂、氟树脂等，其耐蚀性远优于早期的油性漆。

② 用户方面，工艺的发展、提出新要求，促使涂料不断进步。如造船厂的保养车间底漆、汽车底的防石击涂料、石油化工厂的热交换器涂料等。

③ 施工应用方法迅速发展，使涂装技术本身已发展成为门类繁多、装备复杂的专门技术，同时也促进了涂料的进步。

④ 各国对防腐涂料做了大量的科学研究，促进了涂料的不断进步。

⑤ 政府部门对环保、劳动保护的要求，促使开发了无毒的、低表面能防污染涂料。

我国涂料工业开创至今已有近百年历史，取得了巨大发展，但较之国外先进水平尚存在很大差距。

(二) 橡胶覆盖层

橡胶材料在防腐技术中除了可以溶剂化和胶乳化制成涂料覆盖层之外，还可以通过其他工艺方法做成其他形式的橡胶覆盖层，例如，衬里覆盖层、热喷涂层等。因为橡胶具有较好的耐酸、耐碱和防渗性能，所以广泛用于过程装备中金属设备的衬里或作为其他衬里层的防渗层。

橡胶在防腐蚀技术中的应用如图6-6所示。

软质橡胶——衬里覆盖层
硬质橡胶——衬里覆盖层
粉末橡胶——热喷涂覆盖层
液体橡胶 { 胶乳化涂料——刷涂防护层；溶剂化涂料——刷涂防护层 }
助剂或胶黏剂

图 6-6　橡胶在防腐蚀技术中的应用

橡胶衬里技术已有百余年的历史，在防腐领域是一项重要的防护技术。目前用于衬里的橡胶中，天然橡胶约占 1/3，由于合成橡胶的发展，近年来采用合成橡胶板作设备衬里层，用量也越来越多。

生橡胶的品种很多（包括天然橡胶和合成橡胶），但因其强度和使用性能较差，为完善衬胶层性能，改善工艺性能和降低成本，一般要在生橡胶中添加各种配合剂，如：硫化剂、硫化促进剂、硫化活化剂、补强剂、填充剂、防焦剂、防老剂、增塑剂等，然后按所需性能选取最佳配方，进行胶料加工，压制出衬里橡胶板以供衬里使用。生橡胶必须通过硫化交联才能得到有使用价值的硫化橡胶。

橡胶衬里设备比不锈钢要便宜，与衬耐酸瓷板相当。

1. 橡胶衬里的材料

（1）衬里橡胶种类及其特性　橡胶分天然胶和合成胶两大类。目前用于衬里的仍多系天然胶。衬里施工用的橡胶板，是由橡胶、硫黄和其他配合剂混合而成的生橡胶板。橡胶衬里就是把这种生橡胶板按一定的工艺要求对衬贴在设备表面后，再经硫化而制成的保护层。

按含硫量的不同，天然橡胶板又分为硬橡胶板、半硬橡胶板和软橡胶板三类。含硫量40％以上的为硬橡胶，而含硫量 3％～4％左右的为软橡胶，含硫量介于两者之间大约在20％～30％的为半硬橡胶，这三类橡胶板都发展了一系列的牌号。

合成橡胶也可以与天然橡胶混炼，如丁苯橡胶与天然橡胶混炼，但耐蚀性和物理机械性能与天然橡胶没有明显区别，用于衬里时的操作程度也完全相同。按含硫量的不同也可制成硬橡胶板、软橡胶板和半硬橡胶板。

合成橡胶如氯丁橡胶、丁苯橡胶、丁腈橡胶、丁基橡胶、聚异丁烯（衬里时用胶水粘贴，不需硫化）、氯磺化聚乙烯等均可制成橡胶板。

（2）配合剂　生胶片是在原料橡胶中加入各种配合剂炼制而成的，添加配合剂是为了改善橡胶的力学性能和化学稳定性。生胶料的配合剂种类很多，作用也比较复杂，根据其作用可分为硫化剂、硫化促进剂、流化活性剂、补强剂、填充剂、防老剂、防焦剂、增塑剂、着色剂等。

硫化剂也叫交联剂，它使生橡胶由线型长链分子结构转变为大分子网状结构，即把生橡胶转化为熟橡胶，也称为硫化橡胶。熟橡胶较之生橡胶物理力学性能和耐蚀性都有一定的提高。其他配合剂也各有其不同作用，以满足对橡胶的使用性能要求。

（3）胶浆　胶浆是由胶料和溶解剂以一定的比例配制而成。胶料要求无油、无杂质，并与选用的橡胶板配套使用。胶浆配制时，先将胶料剪成小块，放入盛放已配好溶剂的胶浆桶内，立即采用机械或人工搅拌，直至胶料全部溶解，再将胶浆桶密封起来，待 48h 后才能贴衬使用。

常用溶剂有 120# 溶剂汽油和三氯乙烯等有机溶剂。三氯乙烯使用时毒性较大，应采取通风、防毒等措施。

2. 橡胶衬里的选用要点

(1) 软橡胶、硬橡胶、半硬橡胶的若干性能比较　软橡胶板弹性好，能适应较大的温度变化和一定的冲击振动，但软橡胶的耐蚀性和抗渗性比硬橡胶差，与金属的黏结强度不如硬橡胶，单独使用软橡胶板衬里的不多。

硬橡胶的耐蚀性、耐热性、搞老化和抗气体渗透性均较好，能适应较强的腐蚀介质和较高的温度，硬橡胶板的弹性较小，当温度剧变和受冲击时有发生龟裂的可能。硬橡胶板与金属的黏结强度高，可单独使用，也常用作软橡胶衬里的底层。

半硬橡胶板的耐蚀性与硬橡胶板差不多，耐寒性超过硬橡胶板，能承受冲击，与金属的黏结强度良好。一般在温度变化不剧烈和无严重磨损的场合采用半硬橡胶板。

(2) 衬里结构　橡胶衬里除了不太固定的设备衬单层硬橡胶外，一般都采用衬两层橡胶板。在有磨损和温度变化时可用硬橡胶板作底层，软橡胶板作面层。在腐蚀严重同时又有磨损的情况下，可用两层半硬橡胶板。但用于气体介质或腐蚀、磨损都不严重的液体介质的管道，也可只衬一层橡胶板。用作复合衬里的防渗层时，可衬 1～2 层硬或半硬橡胶板，或者衬一层硬或半硬橡胶板作面层的结构。如果环境特别苛刻，两层橡胶板难以适应时，也可考虑衬三层，其结构可按具体条件选用。敞口硫化的大型设备，用热水或盐类溶液加热，一般衬一层软橡胶板或一硬一软的三层衬里结构。以上所指的橡胶板的厚度，一般均为 2～3mm，如果采用 1.5mm 厚的橡胶板，考虑到衬里层太薄时，可适当增加层数，但一般不超过三层。

3. 衬里施工

(1) 施工程序　表面清理→胶浆配制→涂底浆→涂胶浆→铺衬橡胶板→赶气压实→检查(修补)→铺衬第二层橡胶板→检查（修补)→硫化处理→硬度检查→成品。

衬胶设备的表面要求平整、无明显凸凹处，无尖角、砂眼、缝隙等缺陷，转折处的圆角半径应不小于 5mm，表面清理也较严，铁锈、油污等必须清理干净。

设备表面清理后涂上 2～3 层生胶浆，把生橡胶片裁成所需的形状，在其与金属粘接的一面也涂上两层生胶浆，待胶浆干燥后，把生橡胶片小心地贴在金属表面上，用 70～80℃的烙铁把胶片压平，赶走空气，使金属与橡胶紧密结合，胶片之间采用搭接缝，宽度约为 25～30mm，也可用生胶浆粘接，并用烙铁来压平（此法即热烙冷贴法)。此外还有冷滚冷贴法、热贴法。经检查合格后进行硫化。

(2) 硫化　硫化就是把衬贴好橡胶板的设备用蒸汽加热，使橡胶与硫化剂（硫黄）发生反应而固化的过程。硫化后使橡胶从可塑态变成固定不可塑状态，经硫化处理的衬胶层具有良好的物理机械性能和稳定性。

硫化一般在硫化罐中进行，即将将衬贴好橡胶板的工件放入硫化罐中，向罐内通蒸汽加热进行硫化。实际操作中一般都是根据橡胶板的品种，控制蒸汽压力和硫化时间来完成硫化过程。

(三) 塑料覆盖层

目前，获取塑料覆盖层的方法除了厚板衬贴和热焊以外，还有以粉末热喷涂、流化床热浸涂、静电喷涂和内衬热轧等工艺方法做成塑料覆盖层的工艺。

塑料涂层是把有关树脂、助剂、填料等制成粉末后，附着在物体表面固化成层的。塑料涂层有如下优点：①无有机溶剂的弊端（污染、易造成火灾等)；②成膜可薄可厚（30～

500μm 以上)；③可用自动化施工；④形成覆盖层致密、耐久，防腐蚀性能优越。其缺点是：①工艺复杂，需要加温塑化、淬火等；②工装成本高，工件大小受到限制；③不易更换品种。

如空气喷涂法，即把相关塑料粉末通过特制喷枪喷到被预热的零部件上，塑料粉末受热初步塑化后，再进一步在烘烤炉中加热到全塑化后，再迅速冷却固化成层。

除了将塑料粉末喷涂在金属表面，经加热固化形成塑料涂层（喷塑法）外，也可用层压法将塑料薄膜直接黏结在金属表面形成塑料覆盖层。有机涂层金属板是近年来发展最快的，不仅能提高耐蚀性，而且可制成各种颜色、各种花纹的板材（彩色涂层钢板），用途很广。常用的塑料薄膜有：丙烯酸树脂薄膜、聚氯乙烯薄膜、聚乙烯薄膜等。

（四）砖板衬里

砖板衬里指的是用耐蚀砖板材料衬于钢铁或混凝设备内部，将腐蚀介质与被保护表面隔离开的方法。这是一种防腐性能好、工程造价高的防腐蚀技术。

砖板衬里技术包括材料、胶合剂、衬里结构的选择和施工技术等一系列问题。现择其要点分述如下。

1. 砖板材料的选择

(1) 要求　用于防腐蚀衬里的合格砖板材料，应符合以下要求：

① 对腐蚀介质有良好的耐蚀性，耐酸材料耐酸度应大于90%；

② 耐温差性能好；

③ 能耐一定的机械振动、磨刷等；

④ 耐压性能好；

⑤ 砖板的表面应平整，无裂缝凹凸等缺陷；

⑥ 砖板的断面应均匀致密，无气泡夹杂；

⑦ 花岗岩、辉绿岩吸水率应小于1%。

(2) 种类及性能　砖板衬里材料以无机材料为主，常用材料包括耐酸瓷板、耐酸砖、化工陶瓷、辉绿岩板、天然石材、人造铸石、玻璃、不透性石墨板等。

所有硅酸盐耐酸材料的耐酸性能都很好，耐酸砖、板和辉绿岩板等对于硝酸、硫酸、盐酸等都可采用。然而，耐碱性则辉绿岩板要好得多，它除熔融碱外对一般碱性介质都耐腐蚀。所以，在碱性的或酸、碱交替的环境中，以采用辉绿岩板衬里为宜。但是辉绿板的热稳定性又不及耐酸瓷板，在要求有一定的热稳定性和耐蚀性的条件下，则选择耐酸瓷板为宜，而耐酸瓷板中又以耐酸耐温瓷板的热稳定性最好。当需要耐含氟的介质（如含氟磷酸等）或需要一定的传热能力的衬里层时，则要选用不透性石墨衬里。

总之，材料的选择不仅要考虑耐蚀性，还要考虑其他的性能指标。除了耐酸度以外，最重要的指标为吸水率和热稳定性，要进行综合性的全面考虑后确定，并在施工前必须严格检查。

2. 胶合剂的选择

胶合剂的选择和施工，关系整个衬里层的质量，首先是选择要恰当。常用的胶合剂有水玻璃耐酸胶泥（一般也简称耐酸胶泥、硅质胶泥)、树脂胶泥和沥青胶泥等，其中用得最广的是水玻璃耐酸胶泥。

3. 衬里层结构的选择

砖板材料衬里层的损坏，多出现在接缝处，原因很多，很重要的一条就是接缝太多。只要很少的接缝不密实，腐蚀介质就会渗进去腐蚀设备的壳体。同时，砖板材料本身以及固化后的胶合剂都是脆性材料，比较容易开裂。所以，用砖板材料衬里的主要生产设备应该有防渗层，防渗层除了在衬里层渗漏时保护壳体外，还可在器壁与砖板材料衬里层之间起到一定的热变形补偿作用，这种有防渗层的砖板材料衬里层称为复合衬里。防渗层现在已多采用衬玻璃钢、衬橡胶、衬软聚氯乙烯等，特别是玻璃钢现已广泛用作复合衬里的防渗层。

砖板材料衬里除了腐蚀性不强的介质或干燥的气体或不太重要的设备外，很少采用单层衬里，至少两层。两层的灰缝要互相错缝，以减少介质通过灰缝渗透的可能性。衬里设备的管接头结构特别重要，这些部位最易渗漏，必须采取防渗措施。

4. 衬里施工及后处理

(1) 施工工序　基底处理→衬隔离层→衬第一层砖板→衬第二层砖板→养护。

(2) 基底处理　一般采用喷射除锈，除锈后要求基底表面无锈、无油污及其他杂质，并应干燥。

(3) 衬隔离层　基底处理合格后，干燥条件下要在24h内涂刷底胶，潮湿条件下要在8h内涂刷底胶，隔离层的铺衬和相应底胶的涂刷应符合对应的（玻璃钢、橡胶衬里）技术操作规程。

(4) 砖板衬里方法　砖板衬里施工方法有挤缝法、勾缝法、预应力法。挤缝法在耐蚀砖板胶泥砌筑中被广泛使用；勾缝法仅适用于砌筑最面层，且要求勾缝胶泥防腐级别要大于砌筑胶泥；预应力法可提高衬里层的耐蚀性，常用膨胀胶泥、加温固化等方法来实现。

(5) 养生　砖板衬里施工完毕后，要进行规定方法的自然固化或加热固化处理，固化养生后即可投入使用。须经加热固化处理的砖板衬里设备，加热时，衬里表面受热应均匀，严防局部过热，严禁骤然升降温度。

(6) 砖板衬里缺陷修复　砖板衬里施工过程中，可能会出现一些缺陷，应该在固化或热处理前进行修补，这时胶泥处于初凝状态（衬砌8h后左右），强度低，采取措施比较方便。

(7) 其他　衬里设备不能经受冲撞和振动，也不能局部受力，衬里以后不能再行施焊，否则会损坏衬里层，安装和使用时都必须十分小心。这些问题不仅对砖板材料衬里的设备必须注意，对于其他具有非金属覆盖层的设备如衬玻璃钢、衬塑料、衬搪瓷设备等也都是必须注意的问题。

(五) 玻璃钢覆盖层

玻璃钢用作设备衬里可单独作为设备表面的防腐蚀覆盖层，这是玻璃钢在防腐中应用最广泛的一种形式。

1. 玻璃钢的贴衬工艺

玻璃钢的贴衬，一般采用手糊法，手糊法分间断法、连续法两种。间断法是目前玻璃钢衬里施工的一种常用方法之一。

(1) 分层间断法施工工序　基层表面处理→涂第一遍底浆（干燥12～24h）→干燥至不粘手→打腻子→涂第二遍底浆（干燥12～24h）→涂浆并贴衬玻璃布（赶气压实）→干燥24h→表面再涂浆贴衬玻璃布（至要求层数）→常温下燥24h以上→表面处理后涂刷面漆2～3遍（每遍干燥12～24h）→常温养护七昼夜以上或加热固化处理。

(2) 基层处理

① 碳钢表面：除特殊情况外，要求喷砂除锈处理并达到二级喷砂除锈标准，即完全除去金属表面的油脂、氧化皮、锈蚀产物等一切杂质；可见的阴影条纹、斑痕残留物不超过单

位面积的5%。

② 混凝土表面：除掉一切油污、尘土、漆膜及其他杂物。

(3) 底浆（底漆）　底浆应满足对基层表面有较好的粘接强度，对基层无腐蚀作用，能与相应的树脂胶液结合。

(4) 腻子　腻子一定要刷涂平整、光滑。一般要求腻子采用与底漆相同的材料配制，而且应在涂刷完第一遍底浆之后进行刮涂。

(5) 贴衬玻璃布

① 贴衬玻璃布，应在底浆干燥后及时压实赶净气泡。

② 涂刷胶液应与贴布同时进行，即边涂刷胶液、边进行贴布；每次涂刷胶液的面积应不大于贴布面积的10%。树脂胶液黏度，应满足既能浸透玻璃布，又无流淌现象为宜。布与布之间间断搭接或搭接5cm左右，每层玻璃布都要使胶液浸透且赶净气泡。

③ 面漆：面漆所用材料应与衬布胶液材料相同，其黏度由浓到稀依次涂刷2～3遍，为了提高面漆的强度，降低收缩率，在面漆中应适量加入填充剂。

多层连续贴衬法，与分层间断贴衬法的施工过程基本上相同。除第一层贴衬要求分层间断施工，其余各层要求一次贴衬完。此种方法的特点是效率高、施工难度大，质量不如分层间断法稳定。

2. 贴衬玻璃钢常见缺陷及防治

(1) 固化不良　玻璃钢胶料不固化或固化不完全。具体表现在胶料涂刷数小时后仍未固化，有粘手现象；表面稍有固化，内部仍黏稠。

产生原因主要有：

① 固化剂加入量不够，如环氧树脂的固化剂纯度不够、酚醛树脂的固化剂酸度低等，使胶料固化慢或不固化；

② 树脂或固化剂过期变质；

③ 施工环境低于10℃时，树脂与固化剂反应迟缓；

④ 固化剂配比不正确或不配套，如不饱和聚酯树脂用的引发剂不配套或没有配套使用，再如只加引发剂而未加促进剂等；

⑤ 不饱和聚酯树脂胶料，在配制时使用了有阻聚作用的粉料，造成胶料固化慢或不固化，空气对不饱和聚酯树脂有阻聚作用，产生“厌氧”现象，使玻璃钢的表面发黏；

⑥ 树脂黏度大，配制胶料时搅拌困难，固化剂加入后没有搅拌均匀，造成局部不固化或局部早固化现象。

防治措施：首先查找原因。如是环境温度过低，应及时采取加热保温措施。如是原材料性能或配比问题，应及时调整或调换。缺陷部位铲除后，要用溶剂擦拭干净，再重新施工。

(2) 玻璃钢层实体缺陷　玻璃钢脱层、皱褶、起壳、层间有气泡，玻璃钢厚薄不均匀。具体表现在敲击表面有空响声；外观表面不平整，有明显的气泡脱层、皱褶。

产生原因主要有：

① 铺贴玻璃纤维布时松紧不均，黏结不实，基层阴阳角处未做成小圆角，易产生皱褶。滚压胶液时，窝藏在层间的气体未彻底排除，特别是阴阳角处及管孔周围附加层，易因此而产生气泡。

② 玻璃纤维布未做脱蜡处理，非浸润剂型玻璃纤维布表面吸附有水分或不干净，玻璃纤维布太厚，没有将厚边剪掉。

③ 基层的缺陷。

④ 有些固化剂为酸性物质，对水泥基层有腐蚀作用，使玻璃钢与基层之间失去黏结力。

防治措施：

① 基层阴阳角处宜做成适当的圆角或斜边。在阴阳角处或管孔周围部位，施工时应把玻璃纤维布裁开试铺，合适后，再刷胶铺贴。

② 切实保证混凝土基层质量、强度和含水率等符合规范要求，然后进行玻璃钢施工。

③ 在水泥基层上采用酸性固化剂配制胶液时，应先用环氧树脂做隔离层。

④ 采用间断法施工时，层间不要被污染。

(3) 玻璃钢露白　主要是由于玻璃钢胶料浸透不良，使得层间发白、粘接不牢或分层。具体表现在表面可看到白片、白点等胶料未浸透现象。

产生原因主要有：

① 施工现场防污染条件差，玻璃钢层间污染严重，又未做认真处理。

② 玻璃纤维布受潮或被污染；或采用了石蜡型玻璃纤维布，使用前脱蜡处理不好。

③ 胶液太稠或施工时间长，稀释剂挥发后胶料变稠；玻璃纤维布过密过厚，使胶料难以渗入布孔和玻璃纤维内部。

④ 胶液太稀，上胶后稀释剂挥发，玻璃钢含胶量不够。

⑤ 胶液搅拌不匀，含有未分散的粉团或过粗的填料颗粒，无法渗入玻璃纤维布孔眼。

⑥ 胶液涂刷不均匀、漏涂、漏压。

防治措施：

① 施工环境相对湿度不宜大于80%，以防层间受潮；施工现场应做好防尘工作。

② 宜选用非石蜡型玻璃纤维布；石蜡型玻璃纤维布应认真进行脱蜡处理；对受污染的玻璃纤维布进行清理。

③ 胶液稠度要合适；胶液自加入固化剂时起，应在0.5h内用完。

④ 填料粒度要合适，加入后应充分搅拌，尽量采用机械搅拌。

⑤ 不得漏涂、漏刮、漏压，要涂得薄，使胶液充分渗入玻璃纤维布孔眼与玻璃纤维布结合成整体。

⑥ 加强层间的质量检查和修补工作。最好的治理办法是加强层间的质量检查和补修，不要等到数层糊完后再来返修。

(六) 埋地钢管防腐覆盖层

埋在土壤中的钢质管道的腐蚀是一种电化学作用的结果，防止埋地管道的腐蚀常用的方法是用覆盖层把金属表面与腐蚀介质隔离开，它们与介质之间没有接触的机会，也就不存在发生电化学反应的可能了。

管道外部覆盖层，亦称防腐绝缘层（简称防腐层），其质量的优劣主要取决于它的黏结力和耐老化性。要得到性能良好的覆盖层，除选用合适的材料外，还需选用先进的施工工艺。其质量必须满足下述要求：

① 有良好的电绝缘性。

② 有一定的耐阴极剥离强度的能力。

③ 足够的机械强度。有一定的抗冲击强度，以防止由于搬运和土壤压力而造成的损伤；有良好的抗弯曲性，以确保管道施工时不致因受弯曲而损坏；有较好的耐磨性，以防止由于土壤摩擦而损伤；有足够的针入度指标；与管道黏结性能良好。

④ 有良好的稳定性。耐大气老化性能好；化学性能稳定；耐水性好，吸水率低；耐热性能好，确保其在使用温度下不变性、不流淌、不加速老化；耐低温性能好，确保在低温条件下不龟裂、不脱落。

⑤ 覆盖层破损后修补容易。

⑥ 抗微生物性能好。

常见外防腐层见表 6-6。

表 6-6 常见外防腐层

条件＼防腐层	石油沥青	煤焦油磁漆	聚乙烯胶黏带	挤出聚乙烯	熔结环氧粉末
底漆材料	沥青底漆	煤焦油底漆	压敏性胶黏剂或丁基橡胶	丁基橡胶玛蹄脂或乙烯共聚物	
防腐层材料	石油沥青，用玻璃网布作中间加强层，外包塑料布	煤焦油磁漆，用玻璃网布或玻璃毡作中间加强层，外缠玻璃毡	防腐胶黏带（内带），保护胶黏带（外带）	高（低）密度聚乙烯	环氧粉末
防腐层结构	3～5 层沥青，总厚 4～7mm	1～3 层磁漆，总厚 4～7mm	1 层底胶、1 层内带、1 层外带，总厚 1～4mm	1 层底胶，热挤出包覆高（低）密度聚乙烯，厚 2～4mm	涂料熔结在管壁上，形成薄膜，厚 0.3～0.5mm
适用温度/℃	－20～70	－20～70	－30～60	－40～70	－40～100
施工方法	工厂分段预制或现场机械化连续作业	工厂分段预制或现场机械化连续作业	工厂分段预制或现场机械化连续作业	挤出成型法工厂预制，热收缩套补口	用静电或等离子喷涂，工厂分段预制，现场环氧补口，或热收缩套补口
优缺点	技术成熟，机械强度及低温韧性较差，吸水率高，易受细菌腐蚀，施工劳动条件差，但成本低，我国目前应用最广	技术成熟，吸水率低，耐细菌腐蚀、机械强度及低温韧性差，施工劳动条件差，略有毒性，成本低，20 世纪 70 年代前国外应用较多	防腐性可靠，便于施工，速度快，对管材的焊接部位的包覆质量不易达标	力学性能、耐低温性及电绝缘性能强，其突出的优点是耐磨、抗冲击性强，对现场补口质量要求高，损耗小	力学性能和黏结性能强，耐阴极剥离及耐温性好，对施工质量要求严格，管道施工时应有保护措施，成本高，损耗小

1. *沥青防腐层*

石油沥青防腐涂层是较早使用的防腐层，在大多数干燥地带使用良好，环氧煤沥青和煤焦油磁漆具有较好的抗细菌腐蚀和抗植物根茎穿透能力，施工工艺较成熟，应用最广、量最大，取得了良好的效果。最常用的覆盖层有石油沥青玻璃丝布覆盖层和环氧煤沥青玻璃丝布覆盖层。

(1) 埋地管道防腐蚀常用材料

① 环氧煤沥青涂料　环氧煤沥青涂料是甲、乙双组分涂料，由底漆的甲组分加乙组分（固化剂）、面漆的甲组分加乙组分（固化剂）组成，并和相应的稀释剂配套使用。

② 玻璃丝布　玻璃丝布是覆盖层中的加强材料，经纬密度为（10×10）根/cm^2，厚度为 0.1～0.12mm，是中碱、无捻、平纹、两边封边、带芯轴的布卷。玻璃丝布的包装应有防潮措施，存放时注意防潮，受潮的玻璃丝布应烘干后使用。含蜡的玻璃布必须脱蜡。

③ 环氧煤沥青冷缠带　环氧煤沥青冷缠带是目前国内较常用的一种埋地管道防腐材料，它是由丙纶无纺布浸渍环氧煤沥青基材胶，再经分切、收卷后制成，冷缠带厚度分为普通型和

加厚型两种，冷缠带的标准分切宽度为250mm，每卷长度为30m，也可根据施工需要作调整。

④ 石油沥青　石油沥青不应夹有泥土、杂草、碎石及其他杂物，石油沥青选材要求应符合表6-7的规定。

表6-7　石油沥青的选材要求

管道种类	输送介质温度/℃	软化点(环球法)/℃	针入度(1/10mm)	延度/cm	备注
常温管道	≤50	95	5～20		建筑10号沥青
热油管道	51～80	125±5	5～17		管道防腐沥青
试验方法		GB 4507—1999	GB 4509—1998	GB 4508—2010	

⑤ 聚乙烯工业膜（塑料薄膜）　塑料膜不得有局部断裂、起皱和破洞，边缘应整齐，其幅宽应与玻璃丝布相同。

（2）埋地管道防腐层等级与结构　埋地管道的外防腐层分为普通、加强和特加强三级，施工时应根据土壤腐蚀性和环境因素确定涂料种类和防腐层等级，防腐层等级与结构见表6-8和表6-9。

表6-8　环氧煤沥青防腐层等级与结构

等　级	结　构	干膜厚度/mm
普通级	底漆-面漆-面漆	≥0.2
加强级	底漆-面漆、玻璃丝布、面漆-面漆	≥0.4
	定型胶-冷缠带(普通型)-定型胶	
特加强级	底漆-面漆、玻璃丝布、面漆-面漆、玻璃丝布、面漆-面漆	≥0.6
	定型胶-冷缠带(加厚型)-定型胶	

表6-9　沥青玻璃丝布防腐层各等级的结构

防　腐　等　级		普通级	加强级	特加强级
防腐层总厚度/mm		≥4	≥5.5	≥7
防腐结构		三布三油	四布四油	五布五油
防腐层数	1	底漆一层	底漆一层	底漆一层
	2	沥青1.5mm	沥青1.5mm	沥青1.5mm
	3	玻璃布一层	玻璃布一层	玻璃布一层
	4	沥青1.5mm	沥青1.5mm	沥青1.5mm
	5	玻璃布一层	玻璃布一层	玻璃布一层
	6	沥青1.5mm	沥青1.5mm	沥青1.5mm
	7	聚乙烯工业膜一层	玻璃布一层	玻璃布一层
	8		沥青1.5mm	沥青1.5mm
	9		塑料布一层	玻璃布一层
	10			沥青1.5mm
	11			塑料布一层

（3）埋地管道防腐蚀施工技术要求　以环氧煤沥青玻璃丝布防腐蚀施工为例，技术要求如下。

① 基底处理　钢管在涂覆前，必须进行表面处理，除去油污、泥土、原涂层等杂物，除锈标准一般应达到Sa2级以上。表面粗糙度宜在40～50μm，表面不得有焊瘤、棱角、毛

刺等缺陷。

② 涂刷底漆 钢管表面处理合格后，应尽快涂环氧煤沥青底漆，间隔时间不得超过 4～8h，涂刷时首先由专人按说明书调匀涂料，静置熟化 10～30min 后立即涂装，且管道两头应各留 100～200mm 不涂底漆，底漆层要求均匀、无漏涂、无气泡、无凝块，干膜厚度不小于 25μm。

③ 打腻子 对高于钢管表面 2mm 的焊缝两侧及其他不平整处，应先打腻子形成平滑过渡面。腻子由环氧煤涂料和滑石粉调成，在底漆表干后进行刮抹，避免缠玻璃布时形成空鼓。

④ 普通级 底漆或腻子表干后，涂第一道面漆，要求涂刷均匀、不漏涂，待第一道面漆实干后，方可涂第二道面漆。

⑤ 加强级 对加强级防腐层，涂第一道面漆后，随即缠玻璃丝布，布要拉紧，表面平整，无皱折和鼓包。压边宽度为 20～25mm，布头搭接长度为 100～150mm，并随即涂第二道面漆，要求漆量饱满，玻璃丝布所有网眼应灌满涂料。第二道面漆实干后，涂第三道面漆。也可在底漆表干后，用浸满环氧煤面漆的玻璃丝布直接缠绕，实干后，涂最后一道面漆。

⑥ 特加强级 特加强级结构的防腐层，在加强级施工的第三道面漆涂刷后，立即缠绕玻璃丝布，方法同上、方向相反，并涂刷第四道面漆，同样该面漆/玻璃丝布/面漆结构可用浸满面漆的玻璃丝布直接缠绕代替。第四道面漆实干后，涂刷第五道面漆。

⑦ 聚乙烯工业膜的包缠 待沥青层冷却到 100℃以下时方可包扎聚氯乙烯工业膜外保护层。外包聚氯乙烯工业膜应紧密适宜，无皱褶、脱壳等现象。压边应均匀，压边宽度应为 30～40mm，搭接长度宜为 100～150mm。

⑧ 养护 防腐层涂覆后，宜静置自然固化，在实干后（最好固化后），方可运输和施工。

干性指标：

表干——手指轻触防腐层不粘手或虽发黏，但无涂料粘在手指上；

实干——手指用力推防腐层不移动；

固化——手指甲用力刻防腐层不留痕迹。

2. 其他防腐覆盖层

聚乙烯黏胶带具有较好的防腐性，施工工艺方便，价格便宜，质量容易控制，国内有很多成功应用的实例。

熔结环氧粉末涂层具有很好的粘接力、防腐蚀性及较好的耐温性。其优异的抗阴极剥离性和涂层屏蔽作用，能很好地与阴极保护相配合，近年来在我国得到较大规模的应用。国产的环氧粉末主要性能指标为：固化时间在 230℃时小于或等于 1.5min；温度低于或等于 230℃时，固化时间为 30s。涂层质量达到石油行业标准 SY/T 0315—2005《钢质管道单层熔结环氧粉末外涂层技术标准》的要求，基本上可以达到国外同类标准。

包覆聚乙烯和聚乙烯泡沫夹克是我国 20 世纪 80 年代开发的技术，随着底胶和夹克材料的不断改进和提高，其整体性能不断提高。20 世纪 90 年代引进了三层 PE 作业线，三层 PE 夹克防腐层由环氧粉末、共聚物粘接剂和聚乙烯互熔为一体，并与钢质管道牢固结合，形成优良的防腐层，它克服了双层 PE 热熔胶粘接性不好的缺点，也克服了单层环氧粉末薄涂层的脆性缺点，成为一个理想的涂层。目前，环氧粉末、共聚物底胶和外包覆聚乙烯已实现了国产化。

三层 PE 防腐管主要特点是：

① 聚乙烯防腐性能极佳，可耐受在自然环境下存在的各种腐蚀；

② 具有较高的质价比；

③ 聚乙烯绝缘性能极好，而且在干燥条件下与长期浸水条件下电性能基本不变，可有效地防止杂散电流引起的电化学腐蚀；

④ 耐微生物腐蚀及深根植物根刺能力强，不会发生植物根穿透现象；

⑤ 强度高，可以直接用含有直径≤ϕ25mm 的非人工粉碎砾石的土回填而不会造成任何损伤；

⑥ 包覆管整体抗弯曲能力强；

⑦ 抗阴极剥离能力强，这对于阴极保护的管道来说十分重要；

⑧ 生产过程全部连续机械化，产品质量稳定，有利于全面质量控制；

⑨ 聚乙烯包覆钢管生产的全部原料都为大型企业生产，来源可靠，质量有保证；

⑩ 使用寿命长，在≤60℃的条件下可以使用 50 年以上。

二层 PE 钢管防腐是在三层 PE 的技术上发展而来的，在同等条件下，防腐性能等同于三层 PE 防腐管。其与三层 PE 防腐管主要区别在于：

① 结构上取消了最底层的环氧粉末层，只有胶黏层和最外层的聚乙烯防护壳；

② 节约了成本；

③ 适用于土壤成分不特别复杂的地段。

思考练习题

1. 什么是覆盖层保护？什么是表面覆盖层？是如何分类的？
2. 做覆盖层之前为什么要进行表面清理？要达到什么要求？
3. 表面清理的方法主要有哪些？喷砂清理有什么特点？
4. 金属覆盖层是如何分类的？为什么采用金属覆盖层时必须考虑其电化学性质？
5. 简述电镀的基本原理。
6. 当镀锌铁皮上存在“针孔”时，会产生什么现象？如果是镀锡铁皮呢？
7. 常用的非金属覆盖层主要有哪些？
8. 选择涂料覆盖层应考虑哪些因素？
9. 涂料是如何分类的？涂层体系是如何构成的？
10. 涂料覆盖层为什么能起保护金属的作用？
11. 玻璃钢常用的施工方法有哪几种？各有何特点？
12. 玻璃钢的主要应用是什么？
13. 玻璃钢衬里结构分哪几层？各有什么作用？
14. 大多数橡胶衬里后为何须经硫化处理？常用的硫化方法有哪些？
15. 砖板衬里的结构一般有哪几种形式？胶泥缝的形式有哪几种？
16. 砖板衬里时为何常加衬隔离层？
17. 对管道外部防腐绝缘层的质量要求是什么？为什么需要采取这些措施？

第七章

电化学保护

电化学保护是利用外部电流使金属电位发生改变，从而降低金属腐蚀速率的一种防腐技术。电化学保护是防止金属腐蚀的有效方法，具有良好的社会效益和经济效益，目前得到了广泛的应用和较快的发展。

按照电位改变的方向不同，电化学保护技术分为阴极保护技术和阳极保护技术两种。

第一节　阴极保护

一、阴极保护技术的分类、特点

1．阴极保护技术的分类

根据阴极电流的来源方式不同，阴极保护技术可分为牺牲阳极阴极保护和外加电流阴极保护两大类。

牺牲阳极阴极保护法就是将被保护的金属连接一种比其电位更负的活泼金属或合金，依靠活泼的金属或合金优先溶解（即牺牲）所释放出的阴极电流使被保护的金属腐蚀速率减小的方法。如图 7-1 所示。

外加电流阴极保护则是将被保护的金属与外加直流电源的负极相连，由外部的直流电源

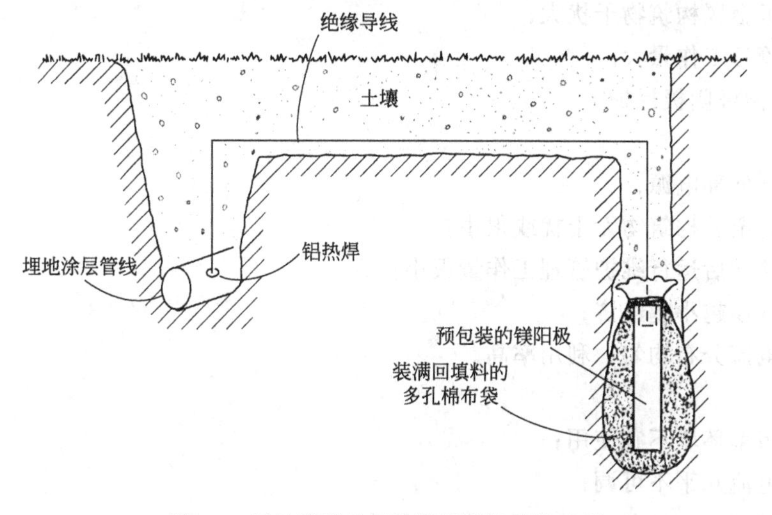

图 7-1　埋地管道的牺牲阳极阴极保护示例

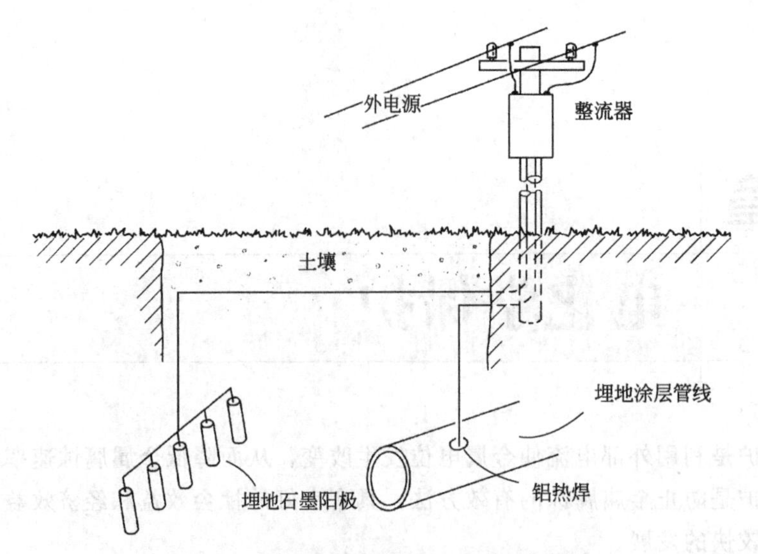

图 7-2 埋地管道的外加电流阴极保护示例

提供阴极保护电流，使金属电位变负，从而使被保护的金属腐蚀速率减小的方法。如图 7-2 所示。

2. 技术特点

(1) 外加电流阴极保护

优点：

① 输出电流、电压连续可调；

② 保护范围大；

③ 不受环境电阻率限制；

④ 工程规模越大越经济；

⑤ 保护装置寿命长。

缺点：

① 需要外部电源，且运行时耗电，后期投入较大；

② 对邻近金属构筑物干扰大；

③ 维护管理工作量大。

(2) 牺牲阳极阴极保护

优点：

① 不需要外部电源；

② 对邻近金属构筑物无干扰或很小；

③ 投产调试后运行维护管理工作量很小；

④ 工程规模越小越经济；

⑤ 保护电流分布均匀、利用率高。

缺点：

① 高电阻率环境不宜使用；

② 保护电流几乎不可调；

③ 投产调试工作复杂；

④ 对覆盖层质量要求较高；

⑤ 消耗有色金属。

二、阴极保护的原理和基本参数

1. 阴极保护原理

阴极保护原理可用图 7-3 所示的极化图加以说明。

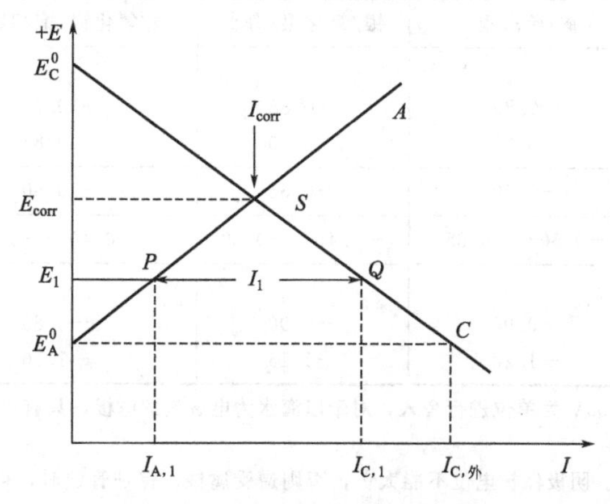

图 7-3 阴极保护原理示意图

当未进行阴极保护时，金属腐蚀微电池的阳极极化曲线 E_A^0A 和阴极极化曲线 E_C^0C 相交于点 S（忽略溶液电阻），此点对应的电位为金属的自腐蚀电位 E_{corr}，对应的电流为金属的腐蚀电流 I_{corr}。在腐蚀电流 I_{corr} 作用下，微电池阳极不断溶解，导致腐蚀破坏。

金属进行阴极保护时，在外加阴极电流 I_1 的极化下，金属的总电位由 E_{corr} 变负到 E_1，总的阴极电流 $I_{C,1}$（E_1Q 段）中，一部分电流是外加的，即 I_1（PQ 段），另一部分电流仍然是由金属阳极腐蚀提供的，即 $I_{A,1}$（E_1P 段）。显然，这时金属微电池的阳极电流 $I_{A,1}$，要比原来的腐蚀电流 I_{corr} 减小了。即腐蚀速率降低了，金属得到了部分的保护。差值（$I_{corr}-I_{A,1}$）表示外加阴极极化后金属上腐蚀微电池作用的减小值，即腐蚀电流的减小值，称为保护效应。

当外加阴极电流继续增大时，金属体系的电位变得更低。当金属的总电位达到微电池阳极的起始电位 E_A^0 时，金属上阳极电流为零，全部电流为外加阴极电流 $I_{C外}$（E_A^0C 段），这时，金属表面上只发生阴极还原反应，而金属溶解反应停止了，因此金属得到完全的保护。这时金属的电位称为最小保护电位。金属达到最小保护电位所需要的外加电流密度称为最小保护电流密度。

由此我们可得出这样的结论：要使金属得到完全保护，必须把阴极极化到其腐蚀微电池阳极的平衡电位。

2. 阴极保护的基本参数

（1）最小保护电位　如图 7-3 所示，阴极保护时，使金属结构达到完全保护（或腐蚀过程停止）时的电位值，其数值等于腐蚀微电池阳极的平衡电位（E_A^0）。常用这个参数来判断阴极保护是否充分。但实际应用时，未必一定要达到完全保护状态，一般容许在保护后有一定的腐蚀，即要注意保护电位不可太负，否则可能产生“过保护”，即达到析氢电位而析氢，引起金属的氢脆。

表 7-1 列出了几种金属在海水和土壤中进行阴极保护时采用的保护电位值。对于未知最

小保护电位的腐蚀体系中的金属，在采用阴极保护时，其保护电位可以采用比其自然腐蚀电位负一定值的方法确定。例如钢铁在含氧条件下电位负移200～300mV；钢铁在不含氧及有硫酸盐还原菌条件下电位负移400mV；铅电位负移100～250mV；铝在海水或土壤中电位负移100～200mV；铜电位负移100～200mV。

表7-1 一些金属的保护电位 单位：V

金属与合金	参比电极			
	铜/硫酸铜	银/氯化银/海水	银/氯化银/饱和氯化钾	锌/洁净海水
铁与钢				
a. 含氧环境	−0.85	−0.85	−0.75	+0.25
b. 缺氧环境	−0.95	−0.90	−0.85	+0.15
铅	−0.60	−0.55	−0.50	+0.50
铜基合金	−0.50～−0.65	−0.45～−0.60	−0.40～−0.55	−0.60～+0.45
铝				
a. 正的极限值	−0.95	−0.90	−0.85	+0.15
b. 负的极限值	−1.20	−1.15	−1.10	−0.10

注：1. 全部电位值均以0.05V为单位进行舍入，对于以海水为电解液的电极，只有当海水洁净、未稀释、充气时数据才有效。

2. 铝的保护电位可供参考。阴极保护电位不能太负，否则遭受腐蚀。保护管线时，可将铝/电解质的电位比其自然电位负0.15V。

(2) 最小保护电流密度 对金属结构物施行阴极保护时，为达到规定保护电位所需施加的阴极极化电流称为保护电流。相对金属结构物总表面积的单位面积上保护电流量称为保护电流密度。为达到最小保护电位所需施加的阴极极化电流密度称为最小保护电流密度。它和最小保护电位相对应，要使金属达到最小保护电位所需的保护电流密度不能小于此值。最小保护电流密度是阴极保护系统设计的重要依据之一。

最小保护电流密度的大小主要与被保护体金属的种类及状态（有无覆盖层及其类型、质量）、腐蚀介质及其条件（组成、浓度、pH值、温度、通气情况）等因素有关。这些影响因素可能会使最小保护电流密度由每平方米几毫安变化到几百个毫安。特别是在石油、化工生产中，介质的温度和流动状态很复杂，在对设备进行阴极保护时，最小保护电流密度的确定必须要考虑温度、流速及搅拌的影响。

(3) 分散能力及遮蔽作用 电化学保护中，电流在被保护体表面均匀分布的能力称为分散能力。这种分散能力一般用被保护体表面电位分布的均匀性来反映。

影响阴极保护分散能力的因素很多，诸如金属材料自身的阴极极化性能，介质的导电率及被保护体的结构复杂程度等。如果被保护体金属材料在介质中的阴极极化率大，而且介质的电导率也大时，那么这种体系的分散能力强。显而易见，被保护体的结构越简单，其分散能力也越好。

在阴极保护中，电流的遮蔽作用十分强烈，在靠近阳极的部位，优先得到保护电流，而远离阳极的部位得不到足够的保护电流，当被保护体的结构越复杂，这种遮蔽作用越明显。

减少遮蔽作用改善分散能力的措施有：

① 合理地布置阳极，适当增加阳极的数量；

② 适当增大阴、阳极的间距；

③ 在靠近阳极的部位采取阳极屏蔽层，增大该部位的电阻，适当增加该部位的电流

屏蔽；

④ 若被保护体为新制设备，则尽可能简化设备形状设计，使其凸出部位或死角部位尽量减少；

⑤ 采用阴极保护与涂层联合保护，被保护体表面的涂层增加了金属表面绝缘电阻，从而减少单位面积电流的需要量，提高分散能力；

⑥ 向腐蚀介质中添加适量阴极型缓蚀剂，与缓蚀剂联合保护；

⑦ 向介质中添加导电物，提高介质的导电性以改善电流的分散能力。如混凝土中钢筋的阴极保护，采用导电涂层。

三、阴极保护技术适用条件

由阴极保护原理可知，任何金属结构若要进行阴极保护，应具备以下条件。

① 环境介质必须导电。环境介质是构成阴极保护系统的一部分，保护电流必须通过这些导电介质才能形成一个完整的电回路。因此，阴极保护可在土壤、海水、酸碱盐溶液等介质中实施，不能在气体介质中实施。气液界面、干湿交替部位的保护效果不好。

② 阴极保护技术适用的介质腐蚀性不应太强，常见的有土壤、海水、淡水、中性盐溶液、碱溶液、弱酸溶液、有机酸等腐蚀性较弱的电解质溶液，应用最广泛的是土壤和海水介质。在强酸浓溶液中，因保护电流消耗太大（最小保护电流密度太大），一般也不宜使用阴极保护方法。

③ 被保护的金属材料在所处介质中应易于发生阴极极化，即：通以较小的阴极电流就可以使其电位较大地负移，否则采用阴极保护时消耗的电流大。常用的金属材料（如碳钢、铸铁、铅、铜及其合金等）都可采用阴极保护。

从理论上讲，不锈钢、铝及其合金也可以实施阴极保护，但要特别注意的是，对于介质中已处于钝态的金属（如不锈钢），若外加阴极极化可使其活化，则阴极保护会加速其腐蚀。

④ 被保护金属结构的几何形状不能过于复杂，否则保护电流分布不均，容易出现某些部位保护不足，而某些部位过保护的现象。

表 7-2 列出了阴极保护技术适用范围，供参考。

表 7-2 阴极保护适用范围

可防止的腐蚀类型	全面腐蚀，电偶腐蚀，选择性腐蚀，晶间腐蚀，孔蚀，应力腐蚀破裂，腐蚀疲劳，冲刷腐蚀等
可保护的金属	钢铁，铸铁，低合金钢，铬钢，铬镍（钼）不锈钢，镍及镍合金，铜及铜合金，锌，铝及铝合金，铅及铅合金
可应用的介质环境	淡水，咸水，海水，污水，海底，土壤，混凝土，NaCl，KCl，NH_4Cl，$CaCl_2$，NaOH，H_3PO_4，HAc，NH_4HCO_3，NH_4OH，脂肪酸，稀盐酸，油水混合液等
可保护的构筑物及设备	船舶，压载舱，钢桩，浮坞，栈桥，水下管线，海洋平台，水闸，水下钢丝绳，地下电缆，地下油气管线，油气井套管，油罐内壁，油罐基础及罐底（外表面），桥梁基础，建筑物基础，混凝土基础，换热器（管程或壳程），复水器，箱式冷却器，输水冷却器，输水管内壁，化工塔器，容器，储槽，反应釜，泵，压缩机

四、阴极保护系统

1. 外加电流阴极保护系统

外加电流阴极保护系统主要由被保护金属结构物（阴极）、辅助阳极、参比电极和直流电源及其附件（测试桩、阳极屏、电缆、绝缘装置等）组成。

(1) 辅助阳极　辅助阳极与外加直流电源的正极相连接，其作用是使外加电流从阳极经介质流到被保护结构的表面上，再通过与被保护体连接的电缆回到直流电源的负极，构成电的回路，实现阴极保护。

对外加电流阴极保护系统的辅助阳极有以下基本要求：

① 具有良好的导电性能；

② 阴极极化率小，能通过较大的电流量；

③ 化学稳定性好，耐腐蚀，消耗率低，自溶解量少，寿命长；

④ 具有一定的机械强度，耐磨损，耐冲击和震动，可靠性高；

⑤ 加工性能好，易于制成各种形状；

⑥ 材料来源广泛易得，价格低廉。

辅助阳极材料品种很多，按其溶解性分为：

① 可溶性阳极　可溶性阳极主要有钢铁和铝，其主导地位的阳极反应是金属的活性溶解 $Me \longrightarrow Me^{n+} + ne$；

② 微溶性阳极　微溶性阳极材料如铅银合金、硅铸铁、石墨、磁性氧化铁等，其主要特性是阳极溶解速度慢、消耗率低、寿命长；

③ 不溶性阳极　如铂、镀铂钛、镀铂钽、铂合金等，这类阳极工作时本身几乎不溶解。

此外，还有最近开发研制的导电性聚合物柔性阳极，尚未分类。

表 7-3 列出了常用辅助阳极材料的性能，供参考。

表 7-3　外加电流阴极保护用辅助阳极性能

阳极材料	工作电流密度/(A/m²)	消耗率/[kg/(A·a)]	适用介质
钢铁	0.1～0.9	6.8～9.1	水,土壤,化工介质
铸铁	0.1～0.9	0.9～9.1	水,土壤,化工介质
铝	0.1～10	<3.6	海水,化工介质
石墨(浸渍)	1～32(10～40)	<0.9(0.2～0.5)	水,土壤,化工介质
13%Si 铸铁	1～11	<0.5	水,土壤,化工介质
Fe-14.5%Si-4.5%Cr	10～40	0.2～0.5	水,土壤,化工介质
Fe_3O_4	10～100	<0.1	水,土壤,化工介质
Pb-6%Sb-1%Ag	160～220	0.05～0.1	海水,化工介质
Pb-Ag(1%～2%)	32～65	轻微	海水,化工介质
镀铂钛	110～1100(500～1000)	极微(6×10^{-6})	海水,化工介质
镀钌钛	>1100	极微	海水,化工介质
铂	550～3250(1000～5000)	极微(6×10^{-5})	水,化工介质

注：括号内数据为海水中使用的典型数值。

(2) 参比电极　电化学保护系统中，参比电极用来测量被保护体的电位，并将其控制在给定的保护电位范围之内。

对参比电极的基本要求是：

① 电位稳定，即当介质的浓度、温度等条件变化时，其电极电位应基本保持稳定；

② 不易极化，重现性好；

③ 具有一定的机械强度，适应使用环境；

④ 制作容易，安装和维护方便，并且使用寿命长。

阴极保护常用的参比电极的性能及适用范围列于表 7-4 中。

表 7-4 阴极保护用参比电极的电位及适用介质

电极名称	构 成	电位(SHE,25℃)/V	温度系数	适用介质
甘汞电极	$Hg/Hg_2Cl_2/KCl(0.1mol/L)$	+0.334	-0.7×10^{-4}	化工介质
	$Hg/Hg_2Cl_2/KCl(0.1mol/L)$	+0.280	-2.4×10^{-4}	化工介质
	Hg/Hg_2Cl_2/KCl(饱和)	+0.242	-7.4×10^{-4}	化工介质、水、土壤
	Hg/Hg_2Cl_2/海水	+0.296	—	海水
氯化银电极	Ag/AgCl/KCl (0.1mol/L)	+0.288	-6.5×10^{-4}	化工介质
	Ag/AgCl/KCl(饱和)	+0.196	—	土壤、水、化工介质
	Ag/AgCl/海水	+0.250	—	海水
氧化汞电极	Hg/Hg^{2+}/NaOH(0.1mol/L)	+0.17	—	稀碱溶液
	Hg/Hg^{2+}/NaOH(35%)	+0.05	—	浓碱溶液
硫酸铜电极	$Cu/CuSO_4$(饱和)	+0.315	-9.0×10^{-4}	土壤、水、化工介质
锌电极	Zn/盐水	−0.79①	—	海水,盐水
		−0.77±0.01	—	
	Zn/土壤	−0.80±0.1	—	土壤

① 用汞活化。

(3) 直流电源　在外加电流阴极保护系统中，需用有一个稳定的直流电源，能保证稳定持久的供电。

对直流电源的基本要求是：

① 能长时间稳定、可靠地工作；

② 保证有足够大的输出电流，并可在较大范围内调节；

③ 有足够的输出电压，以克服系统中的电阻；

④ 安装容易、操作简便，无需经常检修。

可用来作直流电源的装置类型很多，主要有：整流器、恒电位仪、恒电流仪、磁饱和稳压器、大容量蓄电池组以及直流发电设备，诸如热电发生器（TEG)、密封循环蒸汽发电机(CCVT)、风力发电机和太阳能电池方阵。其中以整流器和恒电位仪应用最为广泛。太阳能电池方阵是一种新型的直流电源，在近几年得到了开发应用。风力发电机是随机性较强的电源，需要增加调频、稳压等系统，不过在有条件地区使用是十分经济的。

(4) 附属装置　附属装置在外加电流阴极保护系统中也是不可少的。

① 阳极屏蔽层　外加电流阴极保护系统工作时，某些体系或被保护体的面积较大的时候，辅助阳极可能需要以较高的电流密度运行，结果在阳极周围的被保护体表面的电位变得很负，以致析出氢气，并使附近的涂层损坏，降低了保护效果。特别是在分散能力不好的情况下，为了使电流能够分布到离阳极较远的部位，往往需要在阳极周围一定面积范围内设置或涂覆屏蔽层，称为阳极屏蔽层。

目前使用的阳极屏蔽材料有如下三类。

a. 涂层。环氧沥青和聚酰胺系涂料、氯丁橡胶和玻璃钢涂料等。使用时可将涂料直接涂在被保护结构的表面上。

b. 薄板。常用聚氯乙烯、聚乙烯等薄板。使用时用螺钉将薄板固定在被保护结构上，用密封胶将安装孔密封。

c. 覆盖绝缘层的金属板。先在金属薄板上涂覆绝缘涂层，固化后再将板焊接在被保护结构上。

阳极屏蔽层的形状一般取决于阳极的形状。阳极屏的尺寸与阳极最大电流量及所用涂料种类有关，通常以确保阳极屏蔽层边缘被保护结构的电位不超过析氢电位为原则。

② 电缆 外加电流阴极保护系统中，被保护体、辅助阳极、参比电极与直流电源是通过电缆相互连接的。采用的电缆有输电电缆和电位信号电缆。

输电电缆可采用铜芯或铝芯电缆，为了减小线路上的压降，大多采用铜芯电缆。根据现场实际情况，电缆可采用架空或者埋地敷设方式，与其相应，要求电缆应具有耐化工大气的性能或具有防水、防海水渗透及耐其他介质腐蚀的性能，并且具有一定的强度。

③ 测试桩 测试桩主要用于阴极保护参数的检测，是管道维护管理中必不可少的装置，按测试功能沿线布设。测试桩可用于管道电位、电流、绝缘性的测试，也可用于覆盖层检漏及交直流干扰的测试。

2. 牺牲阳极阴极保护系统

牺牲阳极阴极保护系统仅需简单地把被保护体（阴极）和比它更活泼的金属（牺牲阳极）进行电气连接。

牺牲阳极阴极保护系统主要由被保护金属结构物（阴极）、牺牲阳极、参比电极及测试桩、电缆等组成。

此系统中最重要的元件是牺牲阳极材料，它决定了对被保护金属实施阴极保护的驱动电压、阳极的发生电流量，从而决定了被保护金属的阴极保护电位和阴极保护有效程度。

作为阴极保护用的牺牲阳极材料（金属或合金）需满足以下要求。

① 在电解质中要有足够负的稳定电位（应比被保护体表面上最活泼的微阳极的电位 E_a 还要负），才能保证优先溶解。但也不宜过负，否则阴极上会析氢并导致氢脆。

② 工作中阳极极化性能小，且使用过程中电位稳定，输出电流稳定。牺牲阳极在工作中，驱动电压是逐渐减小的，阳极极化性小，才能使驱动电压减小趋势降低，而有利于保护电流的输出。

③ 具有较大的理论电容量和较高的电流效率。牺牲阳极的理论电容量是根据库仑定律计算的。单位质量的金属阳极产生的电量则愈多，就愈经济。

④ 牺牲阳极在工作时呈均匀的活化溶解，表面上不沉积难溶的腐蚀产物，使阳极能够长期持续稳定地工作。

⑤ 材料来源广泛，容易加工制作且价格低廉。

适用于上述要求的牺牲阳极材料主要有镁及其合金、锌及其合金、铝合金。镁合金阳极适用于地下及淡水中的输油、输气、供排水管线等阴极保护防腐；铝合金阳极适用于海水介质中的船舶、机械设备、储罐内壁、海底管道、码头钢桩等设施的阴极保护；锌合金牺牲阳极主要用于淡海水介质中的船舶、海洋工程、海港设施以及低电阻率土壤中的管道等金属设施的阴极保护。

有些时候锰合金、钢铁也可作为牺牲阳极材料，如：铁可作铜的牺牲阳极，碳钢可保护海水中不锈钢和铜镍合金免遭缝隙腐蚀。

五、阴极保护的应用

我国阴极保护技术的应用研究开始于 1958 年，经过 50 多年的发展，开发了许多使用的阴极保护材料、设备和配套装置，引进了国际先进检测、监控技术和管理系统，陆续制定了一系列相关标准和规范。可以说，我国阴极保护技术和工程应用在许多方面已接近国际先进水平。在西气东输全长四千多公里的输送天然气的管道上也采用了阴极保护和涂层保护的联合保护措施。

1. *应用*

阴极保护主要用在水和土壤中的金属结构上，除可以用来防止电化学均匀腐蚀外，对孔蚀、应力腐蚀、缝隙腐蚀及晶间腐蚀等局部腐蚀也有很好的防护作用。

单独采用阴极保护对于大面积结构和设备需要消耗较大的电流，因此常与其他方法联合起来使用，可减少耗电量。

(1) 阴极保护与涂料的联合保护　对于大面积的结构，由于绝大部分阴极面积为涂料所覆盖，电流的消耗大为降低，同时又克服了单独采用涂料容易出现针孔和局部损坏等缺点。

(2) 阴极保护与缓蚀剂的联合保护　有些系统单独采用缓蚀剂或是效果不明显，或是用量太大，不经济；有时设备结构较复杂，若单独采用阴极保护，由于遮蔽作用，保护效果不好。此时采用阴极保护与缓蚀剂的联合保护就可得到比较理想的效果。

2. *经济评价*

根据已发表的数据，表面没有保护层的金属结构，进行阴极保护所需的费用约为结构物造价的1%～2%；如果表面有保护层，则所需的费用仅为造价的0.1%～0.2%。例如地下油、气管道阴极保护费用只占管道总投资的0.3%～0.6%，钢桩码头阴极保护费用为码头总造价的2%左右。

第二节　阳极保护

一、阳极保护的原理和特点

1. *原理*

阳极保护的基本原理就是：利用可钝化体系的金属阳极钝化性能，向金属通以足够大的阳极电流，使其表面形成具有很高耐蚀性的钝化膜，并用一定的电流维持钝化，利用生成的钝化膜来防止金属的腐蚀。如图7-4所示。

若某种活性-钝性金属在一定介质中（如第二种情况，金属可能处于活化态 b 点，也可能处于钝化态 d 点），此时可利用外部直流电源提供阳极电流，当达到临界电流密度 i_{CP} 时（对应的电位是临界电位 E_{CP}），金属发生从活化状态到钝化状态的转变，随后当电位继续升高时金属进入钝化状态，并用一定的电流维持钝化，金属的溶解速度会降至很低的值，并且在一定电位范围内基本保持这样一个溶解速度很低的值，此时对应的电流密度为维钝电流密度 i_P。

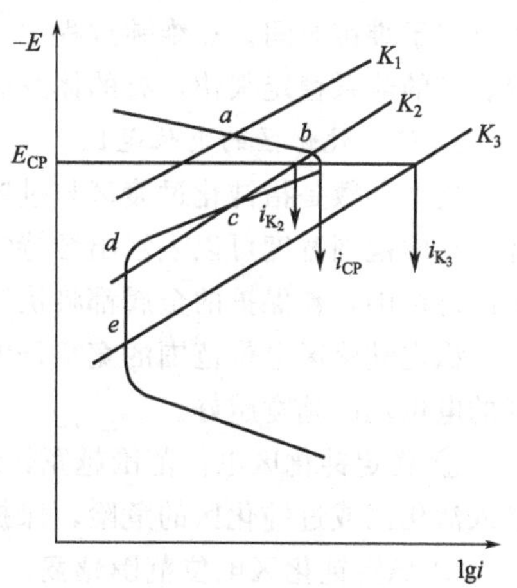

图7-4　阳极保护原理示意图

这种钝化叫做阳极钝化或电化学钝化。

2. *特点*

根据阳极电流的来源方式不同，阳极保护技术可以分为原电池法和外电源法两种。原电池法由于输出电流较小，局限性大，工业应用很少。

外电源法阳极保护是利用外部直流电源，将正极与被保护的金属构件连接，负极与辅助阴极相连，依靠外部的直流电源提供所需的阳极电流使金属构件发生阳极极化，使其建立并维持稳定的钝态，从而使金属构件得到保护。

外电源法所需用的直流电源设备，诸如整流器、恒电位仪等性能稳定、安全可靠，容量规格很多，可满足大多数体系的需要，故使用最为广泛。

二、阳极保护的基本参数

阳极保护的关键是使被保护金属建立和维持钝态。最主要的保护参数如下。

1. 临界电流密度（或致钝电流密度）i_{CP}

临界电流密度 i_{CP} 是指在外加电流阳极极化曲线上与活化-钝化转变的“鼻尖子”所对应的电流密度，也是金属在给定环境条件下发生钝化的所需最小电流密度。

临界电流密度越小越好。

① 临界电流密度小的体系，金属较易钝化，临界电流密度大的体系，则致钝困难；

② 临界电流密度越小，表示使金属钝化所需的电量就越小，可选用小容量的电源设备；

③ 临界电流密度越小，表示金属在建立钝化过程中的阳极溶解（电解腐蚀）就越小。

影响临界电流密度的因素除金属材料和介质条件（组成、浓度、温度、pH 值等）外，还与钝化时间有关。一般，如果使介质温度降低可使 i_{CP} 减小，如果在介质中添加适当的氧化剂也可使 i_{CP} 减小。

在应用阳极保护时，应当合理选择临界电流密度 i_{CP}，既要考虑减少电流设备的容量，又要考虑在建立钝化时不使金属受到太大的电解腐蚀。

2. 维钝电流密度 i_P

维钝电流密度 i_P 是使金属在给定环境条件下维持钝态所需的电流密度。

维钝电流密度越小越好。

① 维钝电流密度的大小，反映出阳极保护正常操作时耗用电流的大小。i_P 小的体系，电能消耗小，电源容量可减小。

② i_P 也代表处于阳极保护下的金属腐蚀电流密度，直接反映出保护的效果。i_P 小的体系，钝化后腐蚀速率小，保护效果好。

影响维钝电流密度的因素除金属材料和介质条件（成分、浓度、温度、pH 值等）外，也决定于维钝时间。在维钝过程中，维钝电流密度随着时间的延长而逐渐减小，最后趋于稳定。有的体系稳定很快，有的体系要经过较长的时间才能稳定。

3. 稳定钝化区的电位范围

这个参数是指钝化过渡区与过钝化区之间的电位范围，直接表示阳极保护电位的控制指标。它的范围宽度可以表示出维持钝化的难易程度，并可体现阳极保护的安全性和可靠性。超出此范围，被保护的金属都将快速溶解。

稳定钝化区电位范围的宽窄是电源控制装置选择的重要依据。阳极保护时希望稳定钝化区的电位范围越宽越好。

① 稳定钝化区电位范围越宽，表示能允许电位在较大的数值范围内波动，而不致发生进入活化区或过钝化区的危险，保护的可靠性就越高；

② 稳定钝化区电位范围越宽，表示对电位控制装置的控制精度要求、对参比电极的稳定性要求，以及对介质工艺条件稳定性要求都可以放宽，而且保护体系对形状复杂的设备的

适应能力可以得到加强，故这种体系最适宜采用阳极保护技术。

对于稳定钝化区电位宽的体系，有的情况下可以不必进行恒电位控制，只需采用普通的蓄电池或整流器直流电源，就可获得良好的保护效果。

通常为了便于控制电位，稳定钝化区电位范围宽度的要求为不小于 50mV。这个要求不仅考虑到对电源电位控制精度的要求，而且考虑到了参比电极的选择难度。

影响稳定钝化区电位范围的主要因素是金属材料和介质条件。

表 7-5 选列了金属在某些介质中的阳极保护参数。

表 7-5　金属在某些介质中的阳极保护参数

材料	介质	温度/℃	i_{CP}/(A/m²)	i_P/(A/m²)	钝化区电位范围[①]/mV
碳钢	发烟 H_2SO_4	25	26.4	0.038	—
	105% H_2SO_4	27	62	0.31	+1000 以上
	97% H_2SO_4	49	1.55	0.155	+800 以上
	67% H_2SO_4	27	930	1.55	+1000～+1600
	75% H_3PO_4	27	232	23	+600～+1400
	50% HNO_3	30	1500	0.03	+900～+1200
	30% HNO_3	25	8000	0.2	+1000～+1400
	25%NH_4OH	室温	2.65	<0.3	−800～+400
	60% NH_4NO_3	25	40	0.002	+100～+900
	44.2%NaOH	60	2.6	0.045	−700～−800
	20%NH_3+2%$CO(NH_2)_2$+2%CO_2,pH10	室温	26～60	0.04～0.12	−300～+700
304 不锈钢	80%HNO_3	24	0.01	0.001	—
	20%NaOH	24	47	0.1	+50～+350
	LiOH,pH9.5	24	0.2	0.0002	+20～+250
	NH_4NO_3	24	0.9	0.008	+100～+700
316 不锈钢	67%H_2SO_4	93	110	0.009	+100～+600
	115%H_3PO_4	93	1.9	0.0013	+20～+950
铬锰氮钼钢	37%甲酸	沸	15	0.1～0.2	+100～+500(Pt 电极)
Inconel X-750	0.5mol/L H_2SO_4	30	2	0.037	+30～+905
HastelloyF	0.5mol/L H_2SO_4	50	14	0.40	+150～+875
	1mol/L HCl	室温	约 8.5	约 0.058	+170～+850
	5mol/L H_2SO_4	室温	0.30	0.052	+400～+1030
锆	0.5mol/L H_2SO_4	室温	0.16	0.012	+90～+800
	10% H_2SO_4	室温	18	1.4	+400～+1600
	5% H_2SO_4	室温	50	2.2	+500～+1600

① 除特别注明外，表中电位值均为相对于饱和甘汞电极。

4. 分散能力

阳极保护中分散能力是指阳极电流均匀分布到设备各个部位的能力，可以采用设备表面各部位电位的均匀性来表示。分散能力的好坏关系到保护系统中所需辅助阴极的结构、数量、布置等问题，是辅助阴极设计的重要参数。如果阴极布置不当，将会造成被保护体局部不能钝化，而产生严重的电解腐蚀，而无法实现阳极保护的目的。

影响分散能力的因素十分复杂。对于大多数体系来讲，若被保护体结构简单，表面平坦，电流遮蔽作用小；阳极（金属）的极化率大或表面电阻高（如钝化后或有涂层），分散能力就好；腐蚀介质电导率高，分散能力相应较强；介质温度的影响则较为复杂，当温度升高时，溶液的电导率增加应当有利于分散能力的改善，但升温还会使大多数体系的 i_{CP} 和 i_P 增大，综合作用的结果却使分散能力下降；对流动介质，当流速低时，顺着液流方向有利于分散能力的改善，但若流速较大或有搅拌，则常使 i_{CP} 和 i_P 增大。从而不利于分散能力的提高。

一般来讲，阳极保护时的分散能力比阴极保护时的要好，这是因为：阳极保护大多用于导电良好的强电解质溶液中，溶液的电导率高；还因为阳极保护时的 i_P 常常比阴极保护时保护电流密度小；且阳极保护时金属表面形成的钝化膜使表面的阻抗大为增强。

在实际应用中，对于阳极保护而言，分散能力的好坏更为重要。这是因为对于给定的阴极保护体系，有阴极电流就有保护，只是保护度大小问题；而对于给定的体系阳极保护时，如果电流分散能力不好，如前所述，被保护体有些部位得不到足够的阳极电流，不仅不能完全钝化，甚至还可能发生电解腐蚀。因此，分散能力在阳极保护技术应用中是一个十分重要的参数。

阳极保护时，体系的分散能力致钝阶段要比维钝阶段差许多，所以在设计辅助阴极时只需考虑能够使整个设备建立钝化即可，只要能建立钝化，其分散能力就可满足维钝时的需要。

三、阳极保护技术的适用条件

阳极保护不仅可以防止均匀腐蚀，而且还可以防止孔蚀、晶间腐蚀、应力腐蚀破裂及选择性腐蚀等局部腐蚀，是一种经济有效的腐蚀控制措施，可使金属材料的腐蚀率降低1～3个数量级，但它在应用上有一定的局限性。

① 阳极保护仅适用于活性-钝性金属。在某种电介质溶液中，通过一定阳极电流能够引起钝化的金属，原则上都可以采用阳极保护技术来防止腐蚀。例如，石油化工和冶炼生产设备中的碳钢、不锈钢、钛等材料在液体肥料、硫酸、磷酸、铬酸、有机酸及碱液等介质中可以应用阳极保护技术。对不能钝化的金属如果增高电位，反而会使腐蚀显著加速。

② 阳极保护不适用于气相保护，只能保护液相中的金属设备，而且要求介质必须与被保护的构件连续接触，液面尽量稳定；介质中卤素离子（特别是 Cl^-）含量必须很小，若超过一定的限量时，则不能采用；导电性差的介质难以达到保护目的；在引起溶液电解或副反应激烈的介质中也不宜采用。

③ 有些体系，虽然能够钝化，但维钝电流太大，或虽然维钝电流不大，但钝化电位范围太窄，以致失去实用价值。因此要求 i_{CP}、i_P 这两个参数要小，钝化区电位范围不能过窄。

表7-6列出了阳极保护技术的适用范围，供参考。

表7-6 阳极保护适用范围

材料	介质
钢铁	硫酸，发烟硫酸，含氯硫酸，磺酸，铬酸，硝酸，磷酸，醋酸，甲酸，草酸，氢氧化钾，氢氧化钠，氢氧化铵，碳化氨水，碳酸氢铵，硝酸铵，硝酸钾，碳酸钠，氢氧化铵+硝酸铵+尿素，氮磷钾复合肥料
铬钢	除上述介质外，还有尿素熔融液
铬镍(钼)钢	除对铬钢适用的介质外，还有乳酸，氢氧化锂，氨基甲酸铵，硫酸铝，含 NH_4^+、K^+、Ca^{2+}、PO_4^{3-}、SO_4^{2-}、NO_3^-、Cl^-、尿素的复合肥料(可防孔蚀)，硫酸铵，硫氰酸钠
铬锰氮钼钢	甲酸、草酸、尿素熔融物(氨基甲酸铵)，硫酸，醋酸
钛及其合金	硫酸，盐酸，硝酸，醋酸，甲酸，尿素熔融物(氨基酸铵)，$H_2SO_4+ZnS+Na_2SO_3$，磷酸，草酸，氨基磺酸，氯化物
镍及其合金	硫酸，盐酸，硫酸盐，熔融硫酸钠(对Inconel600)
锆	稀硫酸，盐酸
钼	盐酸

四、阳极保护系统

外电源法阳极保护系统由被保护体（阳极）、辅助电极（阴极）、参比电极、直流电源及连接电缆、电线（输电电缆、信号导线）共五部分组成。

1. 辅助阴极

辅助阴极连接在直流电源的负极，其作用是与电源、被保护设备（阳极）、设备内的电解液一起构成一个完整的电回路。这样电流就可以在回路中流通，达到被保护的设备的金属表面上，实现阳极保护。

阳极保护所用的辅助阴极材料有很多种，辅助阴极材料或者应具有良好的电化学稳定性，或者易于阴极极化，能够获得阴极保护而使耐蚀性得到提高。

现场常用的阴极材料列于表 7-7。

表 7-7　阳极保护现场常用的辅助阴极材料

介质	辅助阴极材料
浓硫酸、发烟硫酸	铂，包铂黄铜，金，钽，硅铸铁，哈氏合金 B、C，铬镍不锈钢，铬镍钼不锈钢，K 合金
稀硫酸	银，铝青铜，铜，铅，石墨，高硅铸铁，钛镀铂
碱	碳钢，镍，铬镍不锈钢
氨及氮肥溶液	碳钢，铝，铬钢，高铬钢，铬镍不锈钢，哈氏合金 C
盐溶液	碳钢，铝，铬镍不锈钢，哈氏合金

阴极结构的设计及安装，要使阴极具有足够的强度和刚度，与阳极保持一定距离并尽量分布均匀，从设备引出时要有优良的绝缘与密封性能。

2. 参比电极

阳极保护的控制与保护效果的判定主要根据被保护设备的电位值，而电位值的测量就是通过参比电极获取的。在阳极保护系统中，目前使用的参比电极主要是金属/难溶盐电极、金属/氧化物电极和金属电极等，见表 7-8。对阳极保护系统中参比电极的要求是：

① 牢固可靠；

② 在腐蚀性介质中不易溶解；

③ 其电位能保持稳定。

表 7-8　阳极保护系统中所用的参比电极

电　极	适用环境	电　极	适用环境
甘汞电极	各种浓度的硫酸，纸浆蒸煮釜	Pt(铂)电极	硫酸
Ag/AgCl	新鲜硫酸或废硫酸，尿素-硝酸铵，磺化车间	Bi(铋)电极	氨溶液
$Hg/HgSO_4$	硫酸，羟胺硫酸盐	316L 不锈钢电极	氮肥溶液
Pt/PtO	硫酸	Ni 电极	氮肥溶液，镀镍溶液
Au/AuO	酒精溶液	Si 电极	氮肥溶液
Mo/MoO_4	纸浆蒸煮釜，绿液或黑液	Pb 电极	碳化塔

3. 直流电源

在阳极保护中，电源的作用是为设备提供阳极保护电流，用于致钝和维钝。原则上，只要容量足够，任何形式的直流电源均可选用，但实际上采用较多的是可调式的整流器或恒电位仪。一般情况下，直流电源要求输出电压为6～8V，输出电流为50～3000A。大容量者输出电压可增至12V。

4. 连接电缆、电线

连接电缆从直流电源的正、负极分别接至阳极和阴极，并安设开关，分别称作阳极电缆和阴极电缆。

设计阴、阳极电缆时，需考虑致钝时的载流量、电缆压降和现场环境的腐蚀等因素。

五、阳极保护的应用

阳极保护是一门较新的防腐蚀技术。我国阳极保护技术的研究始于1961年，在阳极保护技术的应用研究方面取得了不少进展。20世纪60年代，对碳酸氢铵生产系统中的碳化塔设备进行了阳极保护技术的研究与工业应用，达到了世界先进水平。随后，研究成功300℃高温碳钢制三氧化硫发生器的恒电位法阳极保护技术和循环极化法阳极保护技术。1984年，我国自行研制的阳极保护管壳式不锈钢浓硫酸冷却器在现场中间实验成功，1987年投入市场。

近年来，我国自行研制成功硫酸铝蒸发器钛制加热排管阳极保护技术，不仅使均匀腐蚀速率大为降低，而且完全控制了氢脆的发生，并提高了传热效率。

阳极保护所需的费用约占设备造价的2%。

六、阳极保护与阴极保护的比较

阳极保护与阴极保护的比较见表7-9。

表7-9 阳极保护与阴极保护的比较

项目		阳极保护(只适用于活化-钝化金属)	阴极保护(适用于一切金属)
介质腐蚀性		中等到强	弱到中等
相对成本	设备费	高	低
	安装费	高	低
	操作费	很低	中等到高
电流分散能力		很高	低
整流器		恒电位	恒电流
外加电流值		非常低，通常是被保护设备的腐蚀率的直接尺度	高，与阴极还原反应电流有关，不代表腐蚀率
操作条件		可用电化学测试精确而迅速地确定	通常由实际试验确定

思考练习题

1. 什么是覆盖层保护？什么是表面覆盖层？是如何分类的？
2. 做覆盖层之前为什么要进行表面清理？要达到什么要求？
3. 表面清理的方法主要有哪些？喷砂清理有什么特点？
4. 什么是电化学保护？分为哪几种？
5. 什么是阴极保护？分为哪几种方法？
6. 阴极保护的基本参数有哪些？怎样确定合理的保护参数？

7. 选用牺牲阳极应符合哪些条件？

8. 阴极保护的应用条件是什么？

9. 解释下列术语：

(1) 最小保护电位；(2) 最小保护电流密度；(3) 完全保护；(4) 有效保护；(5) 过保护

10. 什么是阳极保护？其原理是什么？

11. 阳极保护的应用条件是什么？

12. 阳极保护的基本参数有哪些？

13. 实现钝化的方法有哪些？这些方法能否都称为阳极保护？

14. 试比较阴极保护和阳极保护方法的特点和优缺点。

15. 外加电流阴极保护系统的主要部分有哪些？如何连接？

16. 阳极保护系统大致可分为哪几大部分？

第八章

介质处理——缓蚀剂

从防腐蚀机理上看，防腐方法之一就是对环境（或腐蚀）介质进行处理。介质处理主要是通过减少或除去其中的有害成分，降低介质对金属的腐蚀作用，或加入缓蚀剂抑制金属的腐蚀。

在此主要介绍缓蚀剂的应用。

第一节　概　　述

一、缓蚀剂的定义及技术特点

1. 缓蚀剂的定义

以适当的浓度和形式存在于环境（介质）中，可以防止或减缓金属材料腐蚀的化学物质或复合物质称为缓蚀剂或腐蚀抑制剂。这种保护金属的方法通称为缓蚀剂保护。

缓蚀剂的用量较少，一般为百万分之几到千分之几，个别情况下用量可达1%～2%。

应当注意的是，那些仅能阻止金属的质量损失而不能保证金属原有物理机械性能的物质是不能称为缓蚀剂的。例如，吡啶和α-吡咯在用量极其微小时都可降低碳钢在硫酸中的溶解速度，但它们却促进钢的氢脆，降低钢的强度；硫脲也明显降低钢和铁在硫酸、盐酸和硝酸中的溶解速度，但也促进钢的氢脆，因此不是钢在这些介质中的缓蚀剂。

对有缓蚀作用的化学物质作出科学和严格的区分具有明显的工程经济意义。

缓蚀剂主要用于那些腐蚀程度属中等或较轻系统的长期保护（如用于水溶液、大气及酸性气体系统），以及对某些强腐蚀介质的短期保护（如化学清洗介质），而对某些特定的强腐蚀介质环境可能要通过选材和缓蚀剂相互配合，才能保证生产设备的长期安全运行。

缓蚀剂保护作为一种防腐蚀技术，在这些年来得到了迅速的发展，被保护金属由单一的钢铁扩大到有色金属及其合金，应用范围由当初的钢铁酸洗扩大到石油的开采、储运、炼制；化工装置、化学清洗、工业循环冷却水、城市用水、锅炉给水处理以及防锈油、切削液、防冻液、防锈包装、防锈涂料等。

2. 缓蚀剂保护的技术特点

由于缓蚀剂是直接投加到腐蚀系统中去的，因此采用缓蚀剂保护防止腐蚀和其他防腐蚀手段相比，有如下明显的优点。

① 设备简单、使用方便。

② 投资少、见效快。可基本不增加设备投资，基本上不改变腐蚀环境，就可获得良好的防腐蚀效果。

③ 保护效果高和能保护整个系统设备。缓蚀剂的效果不受被保护设备形状的影响。

④ 对于腐蚀环境的改变，可以通过相应改变缓蚀剂的种类或浓度来保证防腐蚀效果。

采用缓蚀剂后由于对金属的缓蚀效果突出，常常可使用廉价的金属材料来代替价格昂贵的耐蚀金属材料，如石油炼制过程中存在着 $HCl-H_2S-CO_2-H_2O$ 系统的腐蚀，若采用高效缓蚀剂，整个炼制系统设备就可用碳钢制造，而使用寿命同样可以足够长。

但是，缓蚀剂的应用也有一定的局限性。

① 缓蚀剂的应用条件具有高度的选择性和针对性，如对某种介质和金属具有较好效果的缓释剂，对另一种介质或金属就不一定有效，甚至有害。有时同一介质但操作条件（如温度、浓度、流速等）改变时，所使用的缓蚀剂也可能完全改变。为了正确选用适用于特定系统的缓蚀剂，应按实际使用条件进行必要的缓蚀剂评价试验。

② 缓蚀剂会随腐蚀介质流失，也会被从系统中取出的物质带走，因此，从保持缓蚀剂的有效使用时间和降低其用量考虑，一般只能用于封闭体系或循环和半循环系统。高效缓蚀剂在使用剂量很低（一般指百万分之几到百万分之十几）时，可用于一次性直流、开放系统。

③ 对于不允许污染的产品及生产介质的场合不宜采用。选用缓蚀剂时要注意它们对环境的污染，尤其应注意它们对工艺过程的影响（如是否会影响催化剂的活性）和对产品质量（如颜色、纯度和某些特定质量指标）的影响。

④ 缓蚀剂一般不适用于高温环境，大多在150℃以下使用。

缓蚀剂保护技术由于具有良好的防腐蚀效果和突出的经济效益，已成为防腐蚀技术中应用最为广泛的技术之一。尤其在石油产品的生产加工、化学清洗、大气环境、工业循环水及某些石油化工生产过程中，缓蚀剂已成为最主要的防腐蚀手段。但是缓蚀剂技术同其他防腐蚀技术一样，也只能在适应其技术特点的范围内才能发挥其功效。因此，充分了解缓蚀剂技术的特点，对合理有效地发挥缓蚀剂作用是至关重要的。

二、缓蚀剂的分类

缓蚀剂种类繁多，有各种分类方法。为了使用和研究的方便，通常有以下几种分类方法。

① 按缓蚀剂对电化学过程所产生的主要影响（抑制作用）分为阳极型、阴极型、混合型三类。

阳极型缓蚀剂的作用主要是减缓阳极反应，增加阳极极化，使腐蚀电位正移，常见的阳极控制形式为促进钝化，所以这类缓蚀剂多为无机强氧化剂，如铬酸盐、亚硝酸盐、钼酸盐、钨酸盐、钒酸盐、硼酸盐等。

阴极型缓蚀剂主要是减缓阴极反应，增加阴极极化，使腐蚀电位负移。锌、锰和钙的盐类如 $ZnSO_4$、$MnSO_4$、$Ca(HCO_3)_2$ 以及 Na_2SO_3、$SbCl_3$ 等，都属于阴极型缓蚀剂。

混合型缓蚀剂则既能增加阳极极化，又能增加阴极极化。例如含氮、含硫及既含氮又含硫的有机化合物等均属这一类。

② 按缓蚀剂的化学组成不同分为无机缓蚀剂和有机缓蚀剂两大类。

这种分法在研究缓蚀剂作用机理和区分缓蚀物质品种时有优点，因为无机物和有机物的缓蚀作用机理明显不同。

无机类缓蚀剂：硝酸盐、亚硝酸盐、铬酸盐、重铬酸盐、磷酸盐、多磷酸盐、硅酸盐、三氧化二砷、钼酸盐、亚硫酸钠、碘化物、三氧化锡、碱性化合物等；

有机类缓蚀剂：醛类、胺类、亚胺类、腈类、联氨、炔醇类、杂环化合物、咪唑啉类、有机硫化物、有机磷化物等。

③ 按使用的介质特点分为酸性溶液、碱性溶液、中性水溶液、非水溶液缓蚀剂等。

④ 按用途不同分为酸洗缓蚀剂，油气井压裂缓蚀剂，石油、化工工艺缓蚀剂，蒸汽发生系统缓蚀剂，材料储存过程用缓蚀剂等。

⑤ 按缓蚀剂膜的种类，可分为氧化型膜缓蚀剂、吸附膜型缓蚀剂、沉淀膜型缓蚀剂和反应转化膜型缓蚀剂。

实际上，这些分类方法相互间均有内在的联系，如图 8-1 所示。

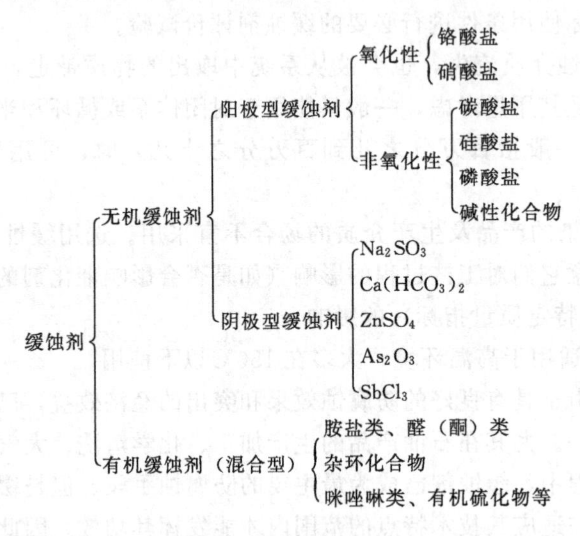

图 8-1 缓蚀剂的分类

三、缓蚀剂的作用机理

对于缓蚀剂的作用机理，目前大致有以下几种理论：电化学理论、吸附理论、成膜理论、协合效应等。这些理论相互间均有内在的联系。

1. 电化学理论

从电化学的观点出发，腐蚀反应是由阳极反应和阴极反应共同组成的，缓蚀剂之所以能减轻腐蚀就是在某种程度上抑制了阳极反应或阴极反应的结果。如图 8-2 所示。

未加缓蚀剂时，阳极和阴极的极化曲线相交于 S_0 点，腐蚀电流为 I_0，加入缓蚀剂后，阴阳极曲线相交于 S 点，腐蚀电流为 I_1，I_1 比 I_0 要小得多，可见缓蚀剂的加入可明显减缓腐蚀。

(1) 阳极型缓蚀剂　这类缓蚀剂能增加阳极极化，使腐蚀电位正移［见图 8-2(a)］。氧化性缓蚀剂主要是促使金属钝化，它们适用于可钝化的金属，如中性介质中的铬酸盐、亚硝酸盐等。一些非氧化性的缓蚀剂，如苯甲酸盐、正磷酸盐、硅酸盐、碳酸盐等在中性介质中，只有在溶液中有溶解氧的情况下，才能起到阳极抑制剂的作用。

阳极型缓蚀剂浓度足够时，缓蚀效率很高，当浓度不足时，金属表面会产生坑坑洼洼的

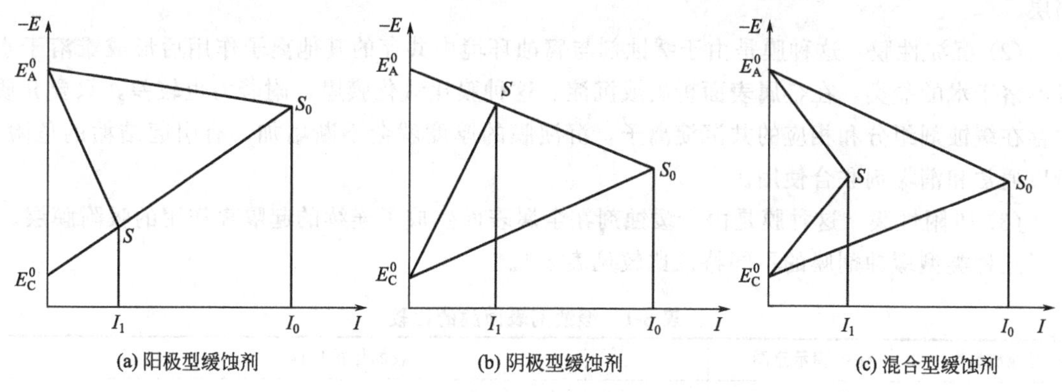

(a) 阳极型缓蚀剂　(b) 阴极型缓蚀剂　(c) 混合型缓蚀剂

图 8-2 缓蚀剂抑制电极过程的三种类型

痕迹，并且有时也会导致腐蚀率的增大，故这类缓蚀剂亦被称作“危险缓蚀剂”。

(2) 阴极型缓蚀剂　这类缓蚀剂能增加阴极极化，使腐蚀电位负移［见图 8-2(b)］。常见的阴极控制形式为使阴极过程变慢，或使阴极面积减小，从而降低腐蚀速率，它的添加量不够，不会加速腐蚀而较为安全。

$ZnSO_4$、$MnSO_4$、$Ca(HCO_3)_2$ 等，能与阴极反应产物 OH^- 作用生成难溶性的化合物，它们沉积在阴极表面上，使阴极面积减小而抑制腐蚀。

砷盐、锑盐和铋盐一类的缓蚀剂，在酸性溶液中，由于其阳离子在阴极上被还原成 As 或 Bi，强烈地增大了氢去极化过程的超电压，从而抑制了金属的腐蚀。

在以耗氧腐蚀为主的场合，如果加入亚硫酸钠（Na_2SO_3）能起到减少阴极去极剂（氧）的作用，所以 Na_2SO_3 也属于阴极型缓蚀剂，常用于锅炉给水的脱氧处理。

(3) 混合型缓蚀剂　这类缓蚀剂既能增加阳极极化，又能增加阴极极化。此时虽然腐蚀电位变化不大（可能正移，也可能负移），但腐蚀电流却可减少很多［见图 8-2(c)］。例如含氮、含硫及既含氮又含硫的有机化合物等均属这一类，其缓蚀机理可用吸附理论解释。

2. 吸附理论

吸附理论认为：缓蚀剂之所以能保护金属是因为这些物质在金属表面生成了连续的起隔离作用的吸附层。多数有机缓蚀剂是按吸附机理起缓蚀作用的，其分子结构被认为是由两部分组成的，一部分是容易被金属表面吸附的极性基（亲水基），另一部分是非极性基（疏水的或亲油的），当缓蚀剂加入腐蚀介质中时，通过缓蚀剂分子中极性基团的物理吸附或化学吸附作用，使缓蚀剂吸附在金属表面，这样就改变了金属表面的电荷状态和界面性质，使金属的能量状态处于稳定化，从而增大了腐蚀反应的活化能，使腐蚀速率减慢。另一方面非极性基团能在金属表面做定向排列，形成了一层疏水性的保护膜，阻碍着与腐蚀反应有关的电荷或物质的移动，结果就使得腐蚀介质被缓蚀剂分子排斥开来，使介质和金属表面隔开，因而也使腐蚀速率减小。

3. 成膜理论

成膜理论认为缓蚀剂之所以有效地保护金属，是因为在金属表面上生成了一层难溶的膜层，这层产物可由缓蚀剂与金属作用形成，有的可由金属、缓蚀剂与腐蚀产物相互作用形成。缓蚀剂膜可分为下面三种类型。

(1) 氧化性膜　这种膜是缓蚀剂直接或间接地氧化被保护的金属，在其表面形成金属氧化膜而抑制金属腐蚀。氧化性膜一般比较致密而牢固，对于金属的溶解形成很好的扩散阻挡层。

(2) 沉淀性膜 这种膜是由于缓蚀剂与腐蚀环境中共存的其他离子作用后形成难溶于水或不溶于水的盐类，在金属表面析出或沉淀。这种膜比氧化膜厚，附着力也较差，只要介质中存在缓蚀剂组分和相应的共沉淀离子，沉淀膜的厚度就会不断增加，有引起结垢的危险，所以通常和消垢剂联合使用。

(3) 吸附性膜 这种膜是由于缓蚀剂在金属表面生成了连续的起隔离作用的吸附膜层。

三种类型缓蚀剂膜的不同特征比较见表 8-1。

表 8-1 缓蚀剂表面膜的比较

缓蚀剂类型	保护膜示意图	膜的保护性能
氧化膜型		薄而致密，与金属的结合力强，防腐蚀效果好
沉淀膜型		厚而多孔，与金属的结合力较差，缓蚀效果较差，可能造成结垢
吸附膜型		与不洁净的金属表面吸附不好，在酸性介质中效果较好

4. 协合效应

工业上实际使用的缓蚀剂通常是由两种或多种缓蚀物质复合组成的，并具有协和作用(Synergism)。

目前缓蚀剂发展方向之一是采用复合缓蚀剂，两种或更多种缓蚀剂共同加入腐蚀介质中，以利用它们各自的优势，减少它们各自的局限性。通常是阳极和阴极缓蚀剂结合使用，许多含有两种阴极抑制剂的混合配方能增加阴极的极化作用，并有效控制腐蚀。在少数情况下，两种阳极缓蚀剂联合能获得非常好的钝化作用。使用复合缓蚀剂的缓蚀率比各单一组分的叠加还要大很多。这种作用称之为协合作用。协合作用的发现，使缓蚀剂的研究、应用提高到一个新水平，但其作用机理尚未被人们完全认识清楚。

第二节 缓蚀剂的选择和应用

一、缓蚀剂的选择条件

工业缓蚀剂在保证所要求的缓蚀率的前提下，通常首先选择易得、无毒、价廉的化学物质作缓蚀剂。

缓蚀剂的选择应符合下列条件。

① 抑制金属腐蚀的缓蚀能力强或缓蚀效果好。在腐蚀介质加入缓蚀剂后，不仅金属材料的平均腐蚀速率值 [$g/(m^2 \cdot h)$] 要低，而且金属不发生局部腐蚀、晶间腐蚀、选择性腐蚀等。

② 使用剂量低，即缓蚀剂使用量要少。

③ 腐蚀介质工艺条件的适当波动（介质浓度、温度、压力、流速、缓蚀剂添加量）时，缓蚀效果不应有明显降低。

④ 缓蚀剂的化学稳定性要强。缓蚀剂与溶脱下来的腐蚀产物共存时不发生沉淀、分解等反应，不明显影响缓蚀效果。当时间适当延长时，缓蚀剂的各种性能不应出现明显的变化，更不能丧失缓蚀能力。

⑤ 溶解性要好。缓蚀剂的水或油溶性要好，不仅使用方便、操作简单，而且也不会影响金属表面的钝化处理。

⑥ 缓蚀剂的毒性要小。选用缓蚀剂时要注意它们对环境的污染和对微生物的毒害作用，尽可能采用无毒级缓蚀剂。这不仅有利于使用者的健康和安全，也有利于减少废液处理的难度和保护环境。

⑦ 缓蚀剂的原料来源要广泛，价格力求低廉。

二、缓蚀率及影响因素

1. 缓蚀率

缓蚀剂的选择可以查相关手册，或者根据具体使用缓蚀剂的腐蚀环境，来进行条件模拟试验。

缓蚀剂的缓蚀效果是用金属试片在有、无缓蚀剂的介质中的腐蚀速率按下式来计算缓蚀率（η）：

$$\eta=(V_{无}-V_{有})/V_{无}\times 100\%$$

式中　η——缓蚀（效）率；

$V_{有}$——加入缓蚀剂时试片的腐蚀速率；

$V_{无}$——不加缓蚀剂时试片的腐蚀速率。

根据上式可以评价不同缓蚀剂的相对优劣。适用于某一特定要求的缓蚀剂要根据具体指标来选定。如一般化学清洗要求缓蚀剂能使腐蚀速率降至10mm/a以下（特定场合要求降至1～2mm/a），循环冷却水缓蚀剂要使腐蚀速率降至0.1～0.15mm/a。另外，还要求缓蚀剂不产生局部腐蚀。

对缓蚀效率较高的缓蚀剂还要对其他性能进行测定。缓蚀剂性能的主要评价项目应该包括：缓蚀效率与缓蚀剂添加量的关系和缓蚀剂的后效性能等。此外，对使用效果有一定影响的其他性能，例如：溶解性能、密度、发泡性、表面活性、毒性以及其他处理剂的协调性等，也应有一定的评定和了解。

2. 影响因素

影响缓蚀剂缓蚀效果（或缓蚀率）的因素主要有以下几种。

（1）缓蚀剂的浓度　大多数情况下，当缓蚀剂的浓度不太高、且温度一定时，缓蚀率随缓蚀剂的浓度的增加而增加。实际上几乎很多有机及无机缓蚀剂，在酸性及浓度不高的中性介质中，都属于这种情况。

应当注意的是，对大部分氧化型缓蚀剂，当用量不足时会加速金属腐蚀，因此对于这类缓蚀剂，添加量要足够，否则是危险的。

（2）环境温度　一般来说，在温度较低时，缓蚀效果较好，当温度升高时，缓蚀率便显著下降。这是由于温度升高时，缓蚀剂的吸附作用明显降低，因而使金属腐蚀加速。大多数有机及无机缓蚀剂都属于这一情况。

（3）介质流速　在大多数情况下，介质流速增加，缓蚀率会降低，有时甚至会加速腐蚀。但当缓蚀剂在介质中不能均匀分布而影响保护效果时，增加介质流速则有利于缓蚀剂均匀地分布到金属表面，从而使缓蚀效率提高。

三、缓蚀剂的应用

虽然具有缓蚀作用的物质种类繁多，但真正能用于工业生产的缓蚀剂品种则是有限的。这首先是因为商品缓蚀剂需要具有足够高的效率，价格要合理，原料来源要广。此外，工业应用的不同环境和工艺参数也对工业用的缓蚀剂提出了许多具体的技术要求。实际上工业应用的缓蚀剂，根据使用的具体环境，还有更具体的技术要求和限制条件，这意味着缓蚀剂是要经过逐层筛选的，只有那些能符合要求条件的品种才是优良缓蚀剂。

如何正确地把缓蚀剂加入到被保护的生产系统中去，是缓蚀剂应用中的一项重要工作。使用方法得当，效果就显著，否则效果就差，甚至没有效果。加入的方法力求简单、方便，更重要的是能够使缓蚀剂均匀地分散到被保护金属设备或构件的各个部位上去。对带有压力的设备或生产系统，可以采用泵强制注入。对无压力的设备，可采用在加料口直接加入。

缓蚀剂的实际应用介绍如下。

1. 在水系统中的应用

缓蚀剂已用来保护工业循环冷却水系统、采暖设备与管道、饮用水系统、水冷却器等。所谓水质稳定技术是指通过添加具有缓蚀、消垢和杀菌灭藻作用的各种化学药剂以控制循环冷却水系统的腐蚀、结垢和生物繁殖，从而保证设备安全运转的技术。水质处理中常用的缓蚀剂有：有机磷酸盐、聚磷酸盐、硅酸盐、锌盐、铬酸盐、亚硫酸盐和重铬酸盐等。

2. 在酸系统中的应用

生产中金属材料及设备和酸类的接触是难免的。例如为了除去钢铁表面上的铁鳞和铁锈要进行酸浸；工业设备除垢、除锈要酸洗；油井为了提高出油的速度，要向地下油层内注入酸以溶解岩层；酸的储运工具等。通常要采用酸性介质的缓蚀剂以保护与酸接触的金属材料。

酸性介质的缓蚀剂可分为两大类。

(1) 无机缓蚀剂　如含 As^{3+}、Sb^{3+}、Bi^{3+}、Sn^{2+} 的盐类和碘化物等。

(2) 有机缓蚀剂　作为酸性介质缓蚀剂的有机化合物有醛、炔醇、胺、季铵盐、硫脲、杂环化合物（吡啶、喹啉、咪唑啉）、亚砜、松香胺、乌洛托品、酰胺、若丁等。

许多酸性介质缓蚀剂采用无机物与有机物多组分的复合物。

3. 在石油天然气开采中的应用

在原油、天然气内含有 H_2S、CO_2、有机酸等造成采油采气的管道和设备的腐蚀，硫化氢中氢的存在使金属穿孔或形成层状剥落，更危险的是造成应力腐蚀破裂与氢损伤。抗硫化氢气体的缓蚀剂是研究最多的一类缓蚀剂，已有许多商品，如兰 4-A、咪唑啉、粗喹啉、1014、氧化松香胺等。

4. 在炼油工业中的应用

由于原油中含有无机盐、硫化物、环烷酸等，对炼油厂中的常压、减压设备和管线、油罐等造成严重腐蚀，广泛采用尼凡丁-18、Nacol 65 AC、4502 等缓蚀剂加以控制。

5. 在油、气输送管线及油船中的应用

广泛采用烷基胺、二胺、酰胺、亚硝酸盐、铬酸盐、有机重磷酸盐、氨水、碱等。

6. 在其他方面的应用

碱性介质溶液中：硅酸钠、8-羟基喹啉、间苯二酚、铬酸盐等；

中性水溶液：多磷酸盐、铬酸盐、硅酸盐、碳酸盐、亚硝酸盐、苯并三氮唑、2-硫醇苯并噻唑、亚硫酸盐、氨水、肼、环己胺、烷基胺、苯甲酸钠；

盐水溶液中：磷酸盐＋铬酸盐、多磷酸盐、铬酸盐＋重碳酸盐、重铬酸钾；

气相腐蚀介质：亚硝酸二环己胺、碳酸环己胺、亚硝酸二异丙胺等；

混凝土中：铬酸盐、硅酸盐、多磷酸盐；

微生物环境：烷基胺、氯化酚盐、苄基季铵盐、2-硫醇苯并噻唑；

防冻剂：铬胺盐、磷酸盐。

四、缓蚀技术应用举例

1. 循环冷却水系统

工业循环冷却水系统，经过较长一段时间的运行后，系统内各种热交换设备的传热面上就会产生水垢、锈垢、生物黏泥、金属腐蚀产物等污垢，导致设备换热效率下降。同时，由于污垢的存在，引起垢下腐蚀，严重时造成传热管穿孔，缩短设备的使用寿命。解决腐蚀、结垢和生物黏泥三大危害的综合措施是采用水质稳定技术。该技术的核心是在工业水中加入水质稳定剂。水质稳定剂由三部分组成：

缓蚀剂——控制腐蚀用；

阻垢剂——控制结垢用；

杀菌灭藻剂——控制微生物生长用。

为了提高装置工作效率，使其高效、安全、稳定、长周期地经济运行，需要注意以下几方面的事项。

(1) 日常运行维护

① 定期测定循环水的水质，如 pH、Ca^{2+} 和 Mg^{2+} 含量、浊度、硬度等。

② 定期分析循环水中的菌藻种类，必要时进行杀菌灭藻。

③ 按照操作要求，定期补加循环水处理药剂。

(2) 不停车清洗　某石化厂循环冷却水系统在线清洗处理的步骤如下：

① 关闭排水阀，换热器阀开到最大；

② 投放油污剥离剂，运行 4h；

③ 投放清洗剂（硅油消泡剂＋硫酸＋缓蚀剂 JN-961）清洗 48～54h；

④ 加三聚磷酸钠和硫酸镍预膜处理 24h；

⑤ 缓蚀处理后，正常运行。

2. 设备的化学清洗

(1) 化学清洗的目的

① 节能　工业装置和生活用的设备，例如锅炉、换热设备、水冷系统等，在使用过程中会逐渐形成各种类型的水垢、锈垢、油垢和生物垢。由于污垢的热导率远远低于金属，造成了燃料的巨大浪费。

② 安全　锅炉和换热器在使用过程中逐渐形成的各类水垢、锈垢和油垢等，由于这些污垢的热导率不良，致使炉管温度升高，降低了钢材的强度，常常发生爆管事故，影响锅炉安全运行。同时，由于结垢，使流体的流通截面减少，增加了强制循环换热设备的动力消耗和设备的垢下腐蚀。

实例证明，结垢会影响腐蚀的发生和发展，加剧腐蚀的进程，使换热设备的列管在短期内由于垢下腐蚀而报废，同时给安全运行带来了隐患。

③ 节水 工业用水以工业冷却水用量最大，其用量约占总用水量的67%，其中石油、化工、钢铁工业最高，达总用水量的85%～90%。采用循环冷却水是节约工业用水的重要途径。但是，循环冷却水系统由于冷却水不断蒸发，使水中盐分逐渐增加，在换热表面上变成水垢沉积下来。尤其在我国北方地区，地下水硬度大、碱度大，结垢倾向更为突出。

水质稳定技术和化学清洗技术之间的关系是工业水“防”垢与“治”垢的关系。两套技术的配套是节水的重要措施。

(2) 循环酸洗的基本流程 设备的常规化学清洗，绝大多数是使用以“三酸”（盐酸、硝酸、氢氟酸）为除垢剂的循环清洗流程。

循环酸洗的基本流程如下：

碱洗→水冲洗→酸洗→中和→水冲洗→钝化

(3) 化学清洗缓蚀剂 进行化学清洗时，清洗主剂——酸，不仅可溶解污垢，同时也能溶解金属，使金属遭受腐蚀。为了能达到既能除去金属设备表面的污垢，同时又不腐蚀金属，因此，在酸洗液中，加入极少量的酸洗缓蚀剂即可显著地抑制酸对金属的腐蚀。

钢铁的酸洗除锈是常见的表面处理工艺，每种酸洗液的配方中都使用缓蚀剂和各种助剂，使用时可根据具体情况组配。

思考练习题

1. 什么是缓蚀剂？什么是缓蚀剂保护？该方法有什么特点？
2. 缓蚀剂的分类方法有哪几种？
3. 通常储运工程中使用的缓释剂主要有哪些类型？
4. 试举例分别说明阳极型缓蚀剂、阴极型缓蚀剂的作用机理。
5. 缓蚀剂的选用原则是什么？
6. 为什么需要同时使用多种缓蚀剂来进行金属材料的防腐？

第九章

油气储运设施腐蚀与防护

第一节　金属储罐的防腐

我国石油、石化行业拥有大量的钢质储油罐，储罐主要分布在油田、战略储备库、油气储运公司和炼化企业。无论油罐大小，其设计使用寿命一般都为20年。但由于其储存的油品往往含有有机酸、无机盐、硫化物及微生物等杂质，会对钢铁造成腐蚀，所以油罐往往会因此缩短使用寿命5年左右，有的严重者使用一年左右就报废了。据有关资料报道，对九个油田的调查统计，共有油、气、水储罐11449座，1986年一年因腐蚀造成穿孔、介质泄漏1615次（外腐蚀681次、内腐蚀934次），腐蚀情况相当严重，其后果不仅造成产品介质的损失、维修费用增加、影响生产的连续性，而且造成其附近地下水污染，碳氢污染物很难清除，可能会长期滞留。因此，环境污染问题需特别给予重视。

据2010年统计，西部某油田，设计寿命为15年的原油罐有时只能使用5～8年，实际使用寿命距离15～20年的设计寿命还有不小的差距。设计寿命为10年的污水罐有时只能使用3～5年，每年因腐蚀穿孔导致的储罐、管线大修费用就达5亿元。华北某油田一个采油厂因腐蚀造成储罐、管线的更换维修费用每年近1亿元。这种腐蚀穿孔现象不仅使油品泄漏，造成能源浪费以及污染、火灾、爆炸等危险的发生，而且由于腐蚀会引起油品的胶质、酸碱度、盐分增加，影响油品的使用性。所以对油罐的腐蚀机理及其防护方法进行研究是很有必要的。

可见因腐蚀造成的损失和危害是十分惊人的，因此解决储罐的腐蚀问题已迫在眉睫。

一、原油储罐

（一）概况

我国近年来已建设了很多原油储备库，其中浮顶原油罐容积为5×10^4～$20\times10^4m^3$，以$10\times10^4m^3$居多。原油来自四面八方，国外来油成分复杂，甚至是高含硫原油。

油田原油罐大部分以拱顶罐为主，储存的介质既有原油也有污水，容积从几百到几万立方米。油田原油罐存在较多的沉积污水，沉积污水含SO_4^{2-}、CO_3^{2-}、H_2S、CO_2等，有较高的矿化度（西部某油田污水的矿化度为3144.92～18194.91mg/L），温度一般在40～70℃，一些稠油罐的温度会达到90℃。

从整个油罐来看，罐底存在水，由于在水中有害杂质的作用下，引起该部位的腐蚀较重，罐顶及油面以上的罐壁由于受到油中有害气体的侵蚀腐蚀较重。相对经常浸没在原油中的部位腐蚀不重。原油罐内腐蚀如图 9-1 所示。

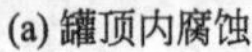

(a) 罐顶内腐蚀

(b) 罐底内腐蚀

图 9-1 原油罐内腐蚀

(二) 原油储罐腐蚀典型部位及机理分析

1. 拱顶原油罐

拱顶原油罐的腐蚀包括内腐蚀和外腐蚀。

内腐蚀部位可分为水相及油水界面、原油液相及罐顶部气相。内腐蚀最严重的部位是罐底板，其次是与气相接触的罐顶。外腐蚀包括罐底板外腐蚀、罐顶外腐蚀和罐壁外腐蚀。

拱顶原油罐不同部位的腐蚀有以下特征。

(1) 罐底内腐蚀　包括罐底板内侧腐蚀、罐底内侧角焊缝腐蚀。

罐底板内侧腐蚀以点蚀为主，大多为溃疡状的成片坑点腐蚀，容易造成穿孔。一般来说，罐底变形、凹陷处和人孔附近都是最容易出现点蚀的部位。造成腐蚀的原因是罐底沉积水和沉积物，水中的氯离子、溶解氧、硫酸盐还原菌及温度都会成为腐蚀因素。钢材组织的不均匀（焊接热影响区）也会产生腐蚀。当罐中有加热盘管时，油罐底部的盘管处于高盐分污水中，还会发生严重的结垢和垢下腐蚀。罐底和加热管有时 3～4 年就会穿孔，最大腐蚀速率可达到 2mm/a。如果储罐基础施工中土质密度未达标罐底会因收发油负重不同而出现变形，涂层可能出现细微裂纹或局部脱落，使涂层较快失效，从而加快腐蚀速度。

(2) 罐壁内腐蚀　罐壁接触油介质的部分腐蚀较轻，一般为均匀腐蚀。腐蚀严重的区域主要发生在油水界面以下和油与空气交界处以上。罐壁油水分界线以下区域是水介质，腐蚀程度略轻于罐底，油与空气交界处以上属于气相，与罐顶腐蚀程度类似。罐壁与罐底相交处（该部位指罐壁内侧与底部沉积物或水相接触的部位）也是腐蚀的严重部位，也是涂层防腐的薄弱部位，一般为均匀腐蚀。角焊缝腐蚀一般表现为焊缝下边缘出现微小裂纹。主要是因为由于受力情况复杂，故罐底角焊缝处的腐蚀极易引起强度不足而失稳或焊缝的脆性开裂失效。

(3) 罐顶内腐蚀　对于拱顶罐，罐顶内侧腐蚀集中在罐顶与罐壁结合部位。罐顶内侧较罐壁内侧腐蚀严重，以局部腐蚀为主，腐蚀因素主要是氧气、水蒸气、硫化氢、二氧化碳及温度变化等。由于温度的变化，水蒸气易在罐顶形成水膜，水膜中含有各种腐蚀成分，同时由于油罐的呼吸作用，氧气不断地进入罐内并很容易通过凝结水液膜扩散到金属表面。罐顶内侧腐蚀与油品的类型、温度、油气空间的大小有关。如果储罐位于沿海或工业污染地区，海洋中的盐类和工业污染物也会随呼吸过程进入罐中。罐顶焊缝较多，支撑也较多，这些都给防腐蚀施工带来困难，防腐蚀质量也很难保证。

(4) 拱顶罐外腐蚀　罐顶外侧腐蚀主要发生在罐顶焊缝部位。主要是由于罐顶受力变形后，表面凹凸不平，凹陷处积水发生电化学腐蚀所致。腐蚀呈连片的麻点，严重时可造成穿孔。一般情况下，焊缝处因承受拉应力，失效破坏更加明显。

原油罐若带有保温层，其外腐蚀就变得很复杂。罐顶外侧如果有保温层，由于量油管、呼吸阀、盘梯和平台的存在，保温层的防水很难达到理想状态，保温层下进水就不可避免，这是罐顶外腐蚀的主要原因。内腐蚀加上外腐蚀，罐顶减薄很快，有时还会出现施工检修人员掉进罐里的恶性事故。保温层下罐壁焊有很多支撑、龙骨，这些都会影响到罐壁防腐涂层的质量（影响到漆膜的连续性和致密性），旋梯支撑会影响外护层制作。保温层一旦进水，就会浸湿保温材料，由于水分不易挥发，罐壁将长期处于潮湿状态，再加上温度的作用就会引起较严重的腐蚀，要解决罐壁外腐蚀，首先要解决保温层的防水问题。

拱顶罐罐底板的外腐蚀与浮顶罐罐底板的外腐蚀类似。

罐底板外侧腐蚀机理为既有微电池引起的均匀腐蚀，又有宏电池（氧浓差）引起的局部腐蚀。此外，罐壁下部圈板和底板还遭受相对严重的微生物腐蚀。由于原油在开采、集输过程中难以避免地会把一些杂质带入储罐中并且沉积在罐底部，这些物质包括岩屑、铁锈、乳化重质油等，也就是平时所说的油泥。沉积的油泥中含有盐分，而罐底又往往处于无氧环境中，其温度、pH 值都十分适合硫酸盐还原菌的生长，从而引起针状或线状的细菌腐蚀。因此，储罐的内壁下部和底板是电化学和微生物共同作用引起的腐蚀，也是整个罐体腐蚀中最为严重的部位。

2. 浮顶原油罐

(1) 浮顶原油罐内腐蚀　浮顶原油罐内腐蚀最严重的部位是罐底板，罐底板处于水相，其腐蚀形态为局部腐蚀，以蚀坑为主。主要原因如下。

① 原油沉积水的腐蚀。类似于拱顶原油罐罐底内腐蚀。

② 外浮顶支柱对罐底的破坏。南方某炼化公司的两座油罐清罐后都发现了罐底穿孔，而且穿孔部位都是在支柱和罐底板接触的地方。这有两方面原因，一是由于浮盘支柱紧压底板，不论是新建还是检修时，该部位都不易进行涂层防腐施工，即使涂覆也达不到质量要求；二是支柱对底板的冲击破坏，原油储罐付油时如果出现实际油位低于起伏液位的情况，浮盘支柱就会对底板造成冲击。即使采取了涂层防腐，这个冲击也会对涂层造成破坏。目前采取的措施是在冲击部位焊加强垫板，以减小支柱对底板的冲击力。

(2) 浮顶原油罐外腐蚀　浮顶原油罐外腐蚀以外边缘板和罐底板外侧最为严重。浮顶罐外边缘板的腐蚀，尤其是在南方多雨潮湿地区最突出，南方某炼化公司 $5\times10^4\mathrm{m}^3$ 原油罐的边缘板腐蚀形态为均匀减薄，腐蚀产物如千层饼状。测试结果表明，板厚腐蚀减薄达 30%以上，腐蚀还向罐壁发展，给安全运行带来极大隐患。有资料表明，约有 25%的油罐失效是由边缘板腐蚀造成的。罐底板外侧接触的是沥青砂，沥青砂具有良好的隔水效果，但是早几年建成的储罐几乎都没有注意到罐底外边缘板的翘起进水问题，外边缘板翘起后，边缘板与基座之间就会形成较大的缝隙，由罐壁流下来的雨水沿缝隙进入罐底板与基座之间。由于罐底板的起伏变形，在底板与基座之间形成了很多通道和空间，致使雨水能够进入到罐底板的中心部位，雨水的进入会引起氧浓差腐蚀，而且这种腐蚀很难停止，腐蚀形态呈溃疡状。过去国内对油罐罐底外边缘板防水的习惯做法是沥青灌缝或覆以沥青砂，但投入使用后检查发现成功的很少，也有的用橡胶沥青或环氧玻璃布进行防水，但前者的耐老化性能差，粘接强度不够；后者的弹性差，使用后发生开裂、拉脱等现象，效果并不理想。

（三）常用的防腐蚀措施

储罐常用的防腐蚀措施一是涂料防护法，二是阴极保护法。

1. 涂料防护法

涂料防腐的原理是用覆盖层将金属与介质隔开，从而对金属起到保护作用。首先，覆盖层保证没有微孔，若有的话，老化后容易出现龟裂、剥离等现象；其次，原油中沙砾的冲击，人工进罐作业都会在一定程度上对罐体覆盖层造成损伤，使裸露的金属暴露在介质中。裸露部分形成小阳极，覆盖层部分成为大阴极而产生局部腐蚀电池，则会更快地破坏漆膜。因此使用防腐涂层进行保护应符合储罐防腐蚀设计要求。

用于油罐内壁的防腐蚀涂料应有如下性能：

① 良好的耐油性，应在－50～＋50℃范围内耐原油、汽油、柴油、煤油、石脑油、渣油、污水等介质的腐蚀；

② 耐大气和水汽腐蚀；

③ 能耐 120～150℃温度，以防用蒸汽清扫方法清罐时漆膜脱落；

④ 良好的导静电性能，因为石油产品属于非极性介质，在运输和储存过程中，由于摩擦往往会产生静电，引起着火或爆炸，为此在油罐用防腐涂料中常加入导静电填料如石墨粉、炭黑、金属粉、有机碳纤维粉等，制成导静电防腐蚀涂料，使其电阻率在 $10^8\Omega\cdot m$ 以下（表面电阻率应为 10^8～$10^{11}\Omega$）；

⑤ 良好的物理机械性能，油罐用防腐涂料应有较强的附着力，抗冲击，常温固化，不龟裂，便于施工。通常要求涂层涂刷 3～4 道，漆膜总厚度 250～300μm。

2. 涂料＋阴极保护法

储罐防腐总体上讲是拱顶罐单独使用涂层或涂层加阴极保护，浮顶罐采用涂层加阴极保护联合措施。

（1）拱顶罐　拱顶罐底板内侧、罐顶下表面及罐壁油水线以下采用防腐蚀涂料，如环氧底漆＋环氧面漆，富锌底漆＋环氧类或聚氨酯类面漆，涂层干膜厚度大于 250μm。罐底板有时会采用牺牲阳极，但不普遍。拱顶罐带有保温层时，罐顶和罐外壁采用的是环氧防腐底漆加保温层。拱顶罐不带保温层时，一般采用耐候性较好的涂料，如富锌底漆＋环氧云铁中间漆＋丙烯酸聚氨酯（氯化橡胶、氟碳等）。有人在罐底上表面使用导静电涂料加牺牲阳极，结果罐底出现了快速腐蚀，只 2 年罐底就出现了穿孔，所以这样做是不合理的。

（2）浮顶罐　浮顶罐罐底板上表面采用防腐涂层加牺牲阳极保护，下表面采用无机富锌或无机富锌＋环氧涂层，辅以深井阳极或网状阳极的阴极保护。浮顶罐船舱在焊接成型及安装后是密闭的环境，不论是预涂装还是成型后涂装，密闭环境都要经过补涂或涂覆过程，由于空间狭小，对涂料的要求更高。现在常用的涂料为无溶剂环氧涂料、水性无机富锌涂料、水性环氧涂料。无溶剂环氧涂料和水性无机富锌涂料相对比较成熟，水性环氧涂料只在近几年才使用。加热盘管因加热介质温度的不同，对涂层的耐温性要求也有所不同。一般情况下，采用有机硅涂料较多，也有采用酚醛环氧涂料的。环氧改性有机硅底漆和面漆耐温性达

300℃，而且耐油性优异，可用于加热盘管。

3. 其他措施

① 尽量缩短清罐周期，及时清理油泥。不给各种微生物创造适宜的生存环境，避免造成腐蚀。进行清罐操作时，应对罐壁细致清理，避免人为对覆盖层造成伤害。

② 确保雨水排疏设施畅通，积水不达到罐基表面。

③ 检查量油孔、呼吸阀与油罐结合部位的密封状况，如有材质失效、变形、老化或者损坏的情况，应更换密封部件。

④ 储罐若采用拱顶结构，日常操作时应当尽量避免罐位大幅度地变化，以避免呼吸量增大带入空气。

总之，目前原油储罐防腐主要采用了阴极保护与防腐涂层两种方法。但是，腐蚀与防护工作要想收到好的效果，除了着眼防腐工艺以外，还应从日常管理着手，加强现场调查和监控监测，积累数据，找出规律来指导现场防腐工作，形成一个良性的腐蚀防护管理体系。只有这样才有可能找到罐体防腐最为经济有效的方法，实现油罐长周期安全平稳运行。

研究储罐腐蚀常用挂片的方法，但挂片法只能给出平均腐蚀量，是一个相对的概念，实际对储罐起破坏作用的是局部腐蚀。近年来的腐蚀监控技术在一定范围内得到了应用，对于及时掌握腐蚀状况起到了一定的作用。

（四）高含硫原油储罐防腐蚀方案

依据《中石化公司关于加工高含硫原油储罐防腐蚀技术管理规定》要求，原油罐的罐内防腐蚀范围包括：罐内底板、罐内壁（圈板的上、下部各 2m）和浮顶。具体要求如下：

① 罐内底板采用涂层＋牺牲阳极联合保护，要求涂层不导静电，涂层厚度不小于 120μm；

② 其余部位采用抗静电涂层保护，涂层总厚度不小于 180μm。新罐建议采用金属热喷涂＋抗静电涂料封闭措施。

原油罐内防腐涂料的选用要求：

① 罐底板可选用环氧树脂类、聚氨酯类、无机硅酸锌底涂＋改性环氧面涂（建议新罐采用），或其他类型的非金属涂料；

② 内壁原则上可采用环氧抗静电涂料、环氧氯磺化聚乙烯抗静电涂料、聚氨酯抗静电涂料、漆酚改性抗静电涂料等；

③ 浮顶及罐壁上部 2m 圈板建议选用丙烯酸聚氨酯抗静电涂料面涂；

④ 封闭涂料建议采用丙烯酸聚氨酯抗静电封闭涂料；

⑤ 抗静电涂料建议采用添加金属粉末作为导电剂的涂料。

原油罐内防腐表面前处理方法及标准：表面清理后应进行喷砂除锈，涂料施工要求达到 GB 8923.1—2011《涂覆涂料前钢材表面处理　表面清洁度的目视评定　第 1 部分：未涂覆过的钢材表面的锈蚀等级和处理等级》中的 Sa2½级，金属热喷涂要求达到 GB 8923.1—2011 中的 Sa3 级。

原油罐的外防腐范围包括：罐外壁、罐外顶和罐外底。原油罐外底的防腐措施，可在以下三种方案中任选一种：

① 环氧煤沥青防腐涂料＋阴极保护；

② 无机富锌漆＋基础防渗处理；

③ 环氧煤沥青漆＋基础防渗处理。

对新建的原油罐，外底建议采用：

① 环氧煤沥青防腐涂料＋阴极保护；

② 有保温的原油罐外壁采用防锈漆底涂＋保温；

③ 无保温的外壁应采用外防腐涂层，涂层厚度不小于 80μm；

④ 罐顶外壁应采用耐候性能优良的面层涂料。

原油罐外防腐涂料的选用要求：

① 对一般大气腐蚀环境，可采用普通调合漆；

② 对化工大气及沿海地区腐蚀严重的环境应采用漆酚树脂漆、环氧煤沥青漆、过氯乙烯涂料、氯磺化聚乙烯涂料、聚氨酯涂料、丙烯酸聚氨酯涂料或有机、无机富锌漆等，并要求有良好的底涂和面涂配套；

③ 罐顶外壁宜采用丙烯酸聚氨酯等耐候性能优良的面层涂料。

二、轻质油罐

(一) 概况

轻质油罐主要是指储存汽油、柴油、煤油等轻质油品的储罐。这类油料储罐的典型腐蚀环境如图 9-2 所示。

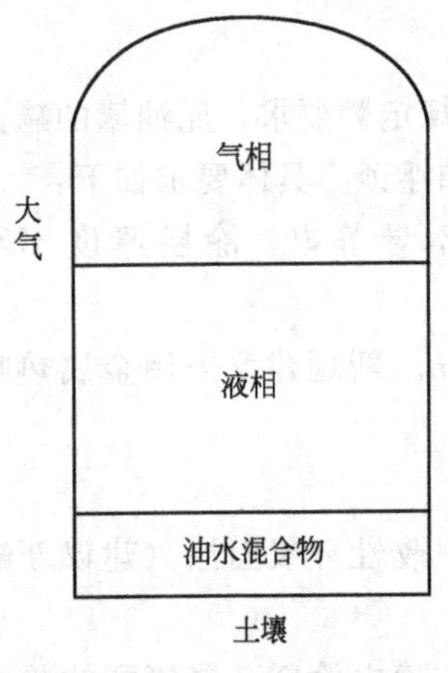

图 9-2 轻质油罐腐蚀环境

罐体外壁腐蚀类似于拱顶原油罐的腐蚀。油罐内部则容易发生几种形式的腐蚀。挥发性高的轻质油品如汽油等比挥发性低的重质油品腐蚀性强，特别是在气相部位，腐蚀更严重。由于氧在轻油中的溶解度很高，一部分溶解氧可以进入罐底水中，所以罐底仍存在轻度的电池微腐蚀和氧浓差电池腐蚀。而且这类油料储罐的具体腐蚀情况也随介质而不同。如果对其防腐不好或不防腐，经过一段时间后储罐表面出现大面积的腐蚀层或腐蚀穿孔，使储罐的使用寿命大为缩短。有的油罐使用过程中出现穿孔、开裂，给生产造成不必要的损失，同时严重影响了安全生产。由于罐体腐蚀严重，产生了大量的锈蚀产物，污染了油品。这种现象在储存轻质油品的油罐较为严重。

另外，石油产品尤其是轻质油品在其生产、储存、使用时常常发生摩擦、冲击、碰撞、挤压，在油罐喷射、晃动、加注、冲洗等过程中，极易产生大量静电荷并引起静电燃爆，此类破坏是十分危险的。

下面对固定顶轻质油罐的典型部位腐蚀环境及机理进行分析。

(二) 轻质油罐腐蚀典型部位及机理分析

油罐的内腐蚀与储存介质的种类、性质、温度和油罐形式等因素有关。油罐内部存在两个腐蚀环境，一个是液相，另一个是气相。对于温度低于 100℃且存在水相的油罐，液相又分为两层，除油层外在油罐底部通常有水层。

一般汽油罐腐蚀最重，煤油罐次之，柴油罐较轻。从油罐的部位来看，罐顶及油面以上气相空间部位的腐蚀最重，罐底水相部位次之，罐壁油相部位较轻。

凡油相和气相交替变化最频繁的罐壁部位，腐蚀也较重。一般顺罐壁向上腐蚀逐渐加重。

(1) 罐顶及罐壁上部　这个部位不直接接触油品，属于气相腐蚀。根据大气腐蚀机理，其实质属于电化学腐蚀范畴，腐蚀是通过冷凝水膜，在有害气体如 SO_2、CO_2、H_2S 等的作用下，形成腐蚀原电池。由于水膜薄，氧容易扩散，耗氧腐蚀起主导作用。在罐壁气液结合面处的腐蚀，是氧浓差电池条件下的腐蚀，是罐壁腐蚀最严重的部位之一。自支撑固定顶在高应力区域有时存在应力腐蚀。

(2) 罐壁中部　罐壁中部直接与油品接触，其腐蚀主要是油品的化学腐蚀，这个部位腐蚀程度最轻。但对于液位经常变化的油罐，气液结合面处的腐蚀比较严重。

(3) 罐壁下部和罐底板上表面。这个部位是油罐内腐蚀最严重的部位，主要是电化学腐蚀。由于储存和运输过程中水分积存在罐底板上，形成矿化度较高的含油污水层，造成电化学腐蚀。通常含油污水中含有 Cl^- 和硫酸盐还原菌，同时溶有 SO_2、CO_2、H_2S 等有害气体，腐蚀性极强。在罐壁下部和罐底板上表面油水结合面处，存在氧浓差腐蚀。当底板上设置加热盘管时，由于温度和焊接形成的电偶因素会加剧局部腐蚀。由于罐底存在向外的坡度，因此在罐壁和罐底结合处，腐蚀最严重，是防腐重点保护区域。罐底板上表面除了存在均匀腐蚀外，局部腐蚀（特别是点腐蚀、坑腐蚀）非常严重，是造成底板穿孔的主要原因。

(4) 裸露的固定顶和罐壁　属于大气腐蚀。根据大气腐蚀机理，其实质属于电化学腐蚀范畴，腐蚀是通过冷凝水膜，在有害气体如 SO_2、CO_2、H_2S 等的作用下，形成腐蚀原电池。由于水膜薄，氧容易扩散，耗氧型腐蚀起主导作用。工业大气和海洋大气条件下，腐蚀最为严重。

(5) 油罐底板下表面　主要为土壤腐蚀和水腐蚀。另外，由于基础中心部位和周边的透气性存在差别，也会引起氧浓差电池，中心部位成为阳极而被腐蚀；地下的杂散电流也会加剧底板腐蚀；接地极可引起电偶腐蚀，采用锌接地极可以有效减小电偶腐蚀。

此外，在油罐内部结构不密闭处，如间断焊焊缝处，存在缝隙腐蚀。

（三）常用的防腐蚀措施

1. 正确选用防腐涂料

涂层保护对于轻质油品储罐来说是最实用也是最经济的保护措施。

(1) 油罐外壁防腐涂料　地面油罐和比较干燥的半地下油罐，要用红丹防锈漆作为底漆，银粉漆或调合漆作为面漆。银粉漆作为轻油罐的面漆，它具有金属光泽，除防锈外还能反射阳光起到降低蒸发损耗的作用。耐大气型氯磺化聚乙烯涂料在原油罐上应用效果也很好。

沥青船底漆主要含煤焦油沥青、氧化亚铜和氧化锌等物质。用它作为油库、地下和半地下油库的油罐外壁涂料效果较好，具有很好的防潮抗水和防霉性能。

(2) 罐底外测防腐涂料　罐底外侧常用红丹防锈漆作底漆，而漆为热涂沥青。沥青具有良好的耐水和防腐性能，材料易得，施工简便。但是先涂沥青层然后进行安装焊接，容易把焊缝附近的涂层烧掉。为了克服这一缺点，可采用环氧富锌漆作为防腐涂料。使用玻璃布加强的煤焦油沥青漆，逐步得到推广应用。

环氧富锌漆主要成分是锌粉和环氧树脂，这种涂料和银粉（实际是铝粉）涂料一样，兼有屏蔽效果和阴极保护作用。

(3) 金属油罐内防腐涂料　采用防腐涂料保护油罐有着悠久的历史，涂料或衬里一直成功地用于常压储罐的内防腐。

长效防腐涂料具有优异的防腐性能，在条件苛刻的情况下，用它涂装油罐能使用10年以上。所以尽管使用长效防腐涂料费用较高，但总的经济效果是好的。

罐顶内部建议采用环氧系列防腐涂料，如国产 870 系列常温固化防腐涂料、环氧煤沥青防腐涂料，因为环氧类涂料附着力好、耐腐蚀和耐溶剂侵蚀。

罐壁采用的防腐涂料有环氧煤焦油、环氧树脂、呋喃树脂、富锌涂料等。鳞片衬里是用鳞片状细微玻璃片进行增强的一类长效防腐涂料。

罐底内侧应用最广泛的是煤焦油沥青漆，涂层的寿命主要取决于表面预处理的质量。为了得到良好的保护效果，罐底涂层一般是比较厚的，两层涂料之间还可以外加一层加强的玻璃纤维布。

(4) 使用导静电涂料　在 20 世纪 90 年代初防腐涂料一般采用耐蚀性好的涂料防护，如环氧树脂漆或聚氨酯漆等，有效地保护了油罐，对油品的质量无影响。但是这些涂料都有高绝缘性。由于油流输送时与管道和罐壁摩擦产生静电，使罐内静电压升高，易产生静电火花而引起油罐爆炸。因此对油罐内壁防腐的涂料不仅要有良好的耐蚀性，更应具有导静电性。目前我国使用比较多的、综合效益比较好的是环氧玻璃鳞片导静电涂料。

按照国标有关规定，油罐内表面应采用导电涂料。关于是否一定采用导静电涂料，还存在不同看法。据报道，国外从未有过关于油罐内壁涂料要求导静电的规范和法规，英国、美国和日本等国家也都不要求油罐内壁涂导静电涂料。目前，原油罐使用导静电涂料已被否定，成品油罐是否一定采用还存有争议。

2. 阴极保护的应用

阴极保护主要用于与沥青砂基础接触，受土壤腐蚀的储罐底板。其目的是补充涂层之不足，以防止涂层空白点的金属腐蚀。阴极保护是国内外公认控制腐蚀的一种经济有效的方法。不加阴极保护储罐底板一般使用 7～10 年就会腐蚀穿孔。采用阴极保护后，一般设计使用 20～30 年。

3. 热喷铝＋防腐涂料

这种方法实际上就是在第一种方法实施之前，先在罐壁上用热喷涂的方法喷一层铝。在轻烃罐内内壁表面原采用金属热喷涂的方法，做 300μm 厚铝防腐层，采用 E44 环氧银粉漆作封闭层。在大气中铝是耐蚀的，甚至有 SO_2 和 CO_2 气体存在时影响也很小，但附着在铝表面的污染物可能形成氧的浓差电池而产生点蚀。这种方法有两大优点：其一是热喷铝与基体金属的结合力比有机涂料好；其二是铝对于钢质罐壁有阴极保护作用。

4. 应用缓蚀剂

添加缓蚀剂的关键在于合理地选择。在含有水和 H_2S 的轻烃液体中通常使用吸附型膜缓蚀剂。

用于成品油罐的缓蚀剂，按其在油罐中起作用的部位不同，可分为挥发性、油溶性和水溶性三种缓冲剂。

(1) 挥发性缓蚀剂　用于减缓罐顶气相空间金属的腐蚀。常用易挥发的低分子有机胺和有机亚硝酸盐，如二乙基胺、亚硝酸环已胺等。

(2) 油溶性缓蚀剂　要求易溶于油且不能促进水的乳化，与油品添加剂不发生作用。油溶性缓蚀剂常用胺类和咪唑啉类化合物。

(3) 水溶性缓蚀剂　用于油罐底部水垫层的防腐蚀，常用的缓蚀剂有亚硝酸盐类、聚磷酸盐类、氢氧化铵和苯甲酸铵的混合物等。亚硝酸钠和硼酸钠的混合物（亚硝酸钠：硼酸钠为 7：3）具有杀菌和防腐的双重作用，罐底水加入 2%的此种粉剂，几乎能完全控制罐底的水相腐蚀。

5. 适当增加腐蚀严重部位的钢材厚度

适当增加腐蚀严重部位如罐底和罐顶的厚度可以提高防腐能力，但不应超过钢板总厚度的20%。

6. 定期检查

做好每年至少一次的油罐外部检查，每年对油罐至少进行一次测厚检查。对腐蚀严重的储罐，如汽油、煤油等腐蚀严重的半成品罐采用一年一次开罐检查，发现问题及时修补。

7. 罐顶内部除去腐蚀性成分也是有效的内防腐措施

水和氧是引起油罐内腐蚀的主要因素。如果能除去水和氧，则大大减轻储罐内腐蚀，可以通过压力罐、惰性气体覆盖、保持浮顶罐密封等办法有效的防腐。

此外，在考虑经济性的前提下，可以考虑必要的材质升级。

三、油罐防腐施工案例

国内某炼油工程储运区共有储罐11台，公称容积分别为5000m^3、3000m^3、1000m^3。根据设计图纸要求金属表面除锈等级为Sa2½级；涂漆要求见表9-1。

表9-1 储罐防腐施工要求

防腐部位	涂层结构	材料名称	涂刷道数	涂层厚度
罐底板下表面	钢板边缘底漆	可焊性无机富锌底漆	2道	80μm
	底漆	环氧煤沥青底漆	1道	50μm
	面漆	环氧煤沥青面漆	2道	200μm
内防腐	底漆	环氧耐油导静电底漆	1道	50μm
	中间漆	环氧耐油导静电中间漆	1道	100μm
	面漆	环氧耐油导静电面漆	2道	100μm
外防腐	底漆	环氧富锌底漆	1道	50μm
	中间漆	环氧云母氧化铁中间漆	1道	100μm
	面漆	可涂覆聚氨酯弹性漆	2道	100μm

注：1. 罐底边缘与罐基础连接处的防水涂料由专业防水涂料厂负责施工。
2. 根据SSEC要求，防腐底漆、中间漆、面漆由指定涂料生产厂方供货。

1. 防腐范围及要求

罐底板下表面要求钢板边缘50mm内涂装可焊性涂料，其余部位涂装环氧煤沥青底面漆。罐底板材料先按图纸排版切割下料，然后运至防腐施工场地进行Sa2.5级喷砂处理；表面处理合格后在防腐施工场地及时涂装防腐漆（包括钢板边缘可焊性无机富锌底漆）。

内防腐包括：罐底板上表面、罐壁内表面以及罐顶内表面。所有内防腐施工在罐体安装完毕后进行现场喷砂处理，喷砂处理合格后在现场及时涂装防腐底漆、中间漆、面漆。

外防腐包括：罐壁外表面、罐顶外表面、盘梯平台、各种孔洞及管接口处的附属钢结构。所有外防腐在喷砂场地进行喷砂处理，喷砂合格后及时涂装防腐底漆和中间漆。钢板周边、钢结构端部预留50mm不得涂刷。

2. 防腐施工及要求

防腐涂料采用高压无气喷涂方法进行涂装。防腐材料必须按照总包方指定的生产厂家选用，不得任意更改，并应在保质期内使用；对于不合格的材料应及时更换，防腐施工期间材料生产厂方应进行现场技术服务。所有焊缝在水压实验合格前不允许涂刷防腐涂料（罐底板下表面的焊缝除外）。

喷砂处理合格后，按以下程序喷涂涂料。

（1）环境控制　防腐施工环境温度宜为4～38℃，相对湿度要求在80%以下，确保钢板温度高于露点3℃。如果环境条件达不到以上要求，停止涂料施工，或采取加热升温达到要求后继续作业。

（2）涂料材料准备　使用前先记录批号、确认涂料种类；检查包装，如果包装有损坏或泄漏，不要使用或请涂料生产厂家代表确认可以使用后才能使用；打开包装后要检查涂料外观，观察是否有胶化、变色等不正常现象，如有不正常，不要使用或请涂料生产厂家代表确认可以使用后才能使用。

（3）调配　按照产品说明书规定的比例或在生产厂家代表的指导下进行涂料的调配，结合现场施工经验严格控制涂料的黏度，以便于喷涂施工。必要时加入适量稀释剂或固化剂并充分搅拌。

（4）预涂　用刷涂的方式对边角等喷涂难以接近的部位进行预涂。预涂后马上进行喷涂。

（5）喷涂　选择0.38～0.53mm的喷嘴，泵压比为45∶1，进气口压力为3～4MPa/cm²（根据现场需求进行调节），调整喷涂距离、手法及喷嘴角度，确保各种涂料每道漆膜的厚度。

（6）厚度检查　目测漆膜表面是否喷涂均匀，有无漏喷、干喷等缺陷。每道涂层的漆膜检测都采用测厚仪测量，如果漆膜太厚或太薄，调整喷涂速度或稀释剂比例，直到符合设计要求的厚度。漆膜厚度高于100μm以上容易产生龟裂。喷涂时一定要控制厚度和涂装道数。

（7）质量控制　每道涂层施工后首先在施工现场进行自检，自检合格后报请总包方进行质量共检，共检合格后由总包方报请监理单位现场负责人员进行最后检查。每次质量检查，都采用漆膜测厚仪进行漆膜厚度控制，每道工序的施工必须在上道工序报检合格后方可进行下道工序的施工。

（8）修补　如有漏喷、干喷、龟裂等缺陷需要现场修补。视不同情况调整稀释剂比例及喷涂距离进行修补。

3. 防腐漆的检测要求

① 底层、中间层、面层的层数和厚度，应符合设计要求；防腐涂层厚度采用测厚仪检测，干膜总厚度不得出现负偏差。

② 底层、中间层、面层的漆膜，不得有咬底、裂纹、针孔、分层剥落、漏涂和返锈等缺陷。

③ 漆膜外观应均匀、平整、丰满和有光泽，面层颜色由用户和设计共同协商确定。

④ 防腐涂层厚度按照规范要求采用漆膜测厚仪检测，应对原材料逐张板进行检测。

第二节　油田集输设施腐蚀与防护

油气集输系统指的是油井采出液从井口经单井管线进入计量间，经计量后进入汇管，最后进入油气集中联合处理站，处理后的原油进入原油外输管道长距离外输。根据油品性质和技术工艺要求，有些原油还要经过中转站加热、加压，再进入汇管。该系统中的油田建设设施主要包括油气集输管线、加热炉、产水管线、阀门、泵以及小型原油储罐等。其中以油气集输管线和加热炉的腐蚀对油田正常生产的影响最大。

油田集输系统的腐蚀是指原油及其采出液和伴生气在采油井、计配站、集输管线、集中处理站和回注系统的金属管线、设备、容器内产生的内腐蚀以及与土壤、空气接触所造成的外腐蚀。油田生产过程中内腐蚀造成的破坏一般占主要地位。由于油田所处地理位置及生产环节的不同，其腐蚀特征和腐蚀影响因素也不同。因此，有针对性地采取防腐措施，减缓大气、土壤和油气集输介质的腐蚀是十分必要的。

一、油田采出液的腐蚀特性

水是石油的天然伴生物。在油田开发过程中，为了保持地层压力、提高采收率，普遍采用注水开发工艺。水对金属设备和管道会产生腐蚀，尤其是含有大量杂质的油田水对金属会产生严重的腐蚀。初期采出液中含水很少，常注清水；中后期需要注入油层的水量逐年上升，导致采出液中含水量随之提高，采出液的腐蚀速率呈明显的上升趋势。如 2000 年中原油田采出液的腐蚀速率上升到 0.602mm/a，比 1994 年的 0.25mm/a 上升了 1.41 倍，而且呈逐年递增趋势。严重的腐蚀问题干扰了油田的正常生产，影响着油田的发展，控制腐蚀已成为一个亟待解决的问题。

油田采出液的腐蚀主要受采出液内溶解氧含量、二氧化碳和硫化氢、微生物、pH 值等因素影响。

1. 溶解氧

油田水中的溶解氧在浓度小于 1mg/L 的情况下也能引起碳钢的腐蚀。因此，SY/T 5329—1994《碎屑岩油藏注水水质推荐指标及分析方法》中规定，油层采出水中溶解氧浓度最好小于 0.05mg/L，不能超过 0.10mg/L；清水中的溶解氧要小于 0.50mg/L。油田采出水中本来不含有氧或仅含微量的氧，但在后来的处理过程中，与空气接触而含氧。浅井中的清水也含有少量的氧。

碳钢在室温下纯水中的腐蚀速率小于 0.04mm/a，只有轻微的腐蚀。如果水被空气中的氧饱和后，腐蚀速率增加很快，其初始腐蚀速率可达 0.45mm/a。几天之后，形成的锈层起到阻碍氧扩散的作用，碳钢的腐蚀速率逐步下降，自然腐蚀速率约为 0.1mm/a。这类腐蚀往往是较均匀的腐蚀。

氧气在水中的溶解度是压力、温度和氯化物含量的函数。氧气在盐水中的溶解度小于在淡水中的溶解度。但是，碳钢在含盐量较高的水中出现局部腐蚀，腐蚀速率可高达 3～5mm/a。中性或近中性盐水中，溶解氧在腐蚀过程中的去极化作用是十分显著的。油田采出水属于高矿化度的盐水，本来腐蚀性就较强，在含有溶解氧后，腐蚀将更为严重。

油田水中的溶解氧是碳钢产生腐蚀的因素，但不是唯一的因素，还有许多其他因素也会影响腐蚀速率，因此必须综合考虑油田水水质对腐蚀的影响。

2. 二氧化碳和硫化氢

油田大多数采出液中溶有一定的二氧化碳和硫化氢。其中二氧化碳主要来自三方面：

① 由地层中的有机物质生物氧化作用过程产生；

② 为提高采收率而注入气体强化采油；

③ 采出液中 H_2CO_3 减压、升温分解。

硫化氢一方面来自含硫油田伴生气在水中的溶解，另一方面来自硫酸盐还原菌的分解。

3. 微生物

微生物腐蚀是指在微生物生命活动参与下所发生的腐蚀过程。凡是同水、土壤或湿润空气相接触的金属设施，都可能遭到微生物的腐蚀。在油田生产中由于微生物的腐蚀造成油管、套管及注水管的严重堵塞和锈蚀穿孔，导致采油工作难以顺利进行。

微生物腐蚀主要有以下特征：

① 微生物的生长繁殖需要具有适宜的环境条件，如一定的温度、湿度、酸度、环境含氧量及营养源；

② 微生物腐蚀并非微生物直接腐蚀金属，而是微生物生命活动的结果直接或间接地参与了腐蚀过程；

③ 微生物腐蚀往往是多种微生物共生、交互作用的结果。

微生物主要按以下四种方式参与腐蚀过程：

① 微生物代谢产物的腐蚀作用，微生物代谢产物包括无机酸、有机酸、硫化物、氨等；

② 促进腐蚀的电极反应动力学过程，如硫酸盐还原菌的存在能促进金属腐蚀的阴极去极化过程；

③ 改变金属周围环境的氧浓度、含盐量、酸碱性等，从而形成氧浓差局部腐蚀电池；

④ 破坏保护性覆盖层或缓蚀剂的稳定性，例如地下管道有机纤维覆盖层被分解破坏，亚硝酸盐缓蚀剂因细菌作用而氧化等。

与腐蚀有关的微生物主要是细菌类，其中最主要的是直接参与自然界硫、铁循环的细菌，即硫氧化细菌、硫酸盐还原菌、铁细菌等。另外，某些霉菌也能引起腐蚀。上述细菌按其生长发育中对氧的要求分属好氧性和厌氧性两类。前者需要有氧存在时才能生长繁殖，称为好氧性细菌，如硫氧化菌、铁细菌等；后者主要在缺氧条件下生长繁殖，称为厌氧性细菌，如硫酸盐还原菌。

随着我国二次采油技术的发展，在绝大多数油田集输系统的油井和注水井中发现有大量的硫酸盐还原菌（SRB）存在。SRB 的繁殖可使系统 H_2S 含量增加，腐蚀产物中有黑色的 FeS 等存在，导致水质明显恶化，水变黑、发臭，不仅使设备、管道遭受严重腐蚀，而且还可能把杂质引入油品中，使其性能变差。同时，FeS、$Fe(OH)_2$ 等腐蚀产物还会与水中成垢离子共同沉积成污垢而造成管道堵塞。此外，SRB 菌体聚集物和腐蚀产物随注水进入地层还可能引起地层堵塞，造成注水压力上升、注水量减少，直接影响原油产量。

二、集输管线的内腐蚀

随着天然气和石油的不断开发，全世界的生产需求不断增长，油气集输也在与日俱增，油气的管道网也越来越庞大，伴随而来的是油气集输管道的腐蚀问题也越来越严峻。

我国最大的生产石油基地大庆油田，因为管道的严重腐蚀，每年需要置换的管道，达到 700 多公里，该工程耗资巨大。以中原油田为例，1992 年单井管线穿孔 1889 次，每年每千米平均 2.4 次。其中，在集输支线中，已有 66 条穿孔，因腐蚀累计更换 9.63km，占总长度的 5.7%；集输干线中，已有 45 条穿孔，因腐蚀累计更换 55.7km，占总长度的 22.2%。

集输管道腐蚀分为外壁腐蚀和内壁腐蚀两种现象。集输管线的内腐蚀与原油含水率、含砂量、产出水的性质、工艺流程、流速、温度等有密切关系。存在着以下腐蚀类型。

1. 集输管线的管底部腐蚀

剖开管子后发现管子底部存在着连续或间断的深浅不一的腐蚀坑。在这些腐蚀坑上面，有的覆盖有腐蚀产物及垢，有的呈现金属基体光亮颜色，腐蚀形态为坑蚀或沟槽状。这种腐蚀与管道内输送介质含水率有关，在含水率低于60%时，油与水能形成稳定的油包水型乳状液，即使伴生气中含CO_2，因为管线接触的是油相，腐蚀很轻微；另外，含水低时的产出液中一般不含SRB，细菌腐蚀的可能性极小。含水率大于60%时，出现游离水，此时管线内液体为“油包水＋游离水”或“油包水＋水包油”的乳状液。当含水继续升高时，游离水的量可形成“水垫”，托起油包水乳状液。此时管线底部为水，中部为油包水，上部为伴生气。管线的底部直接接触水，如果水中含有CO_2、SRB或O_2，底部的腐蚀必然严重得多。在管线不同部位挂片证实，底部腐蚀速率为中上部的2～70倍。

2. 输送量不够的管线腐蚀

在管线设计规格过大、输液量小、含水率高、输送距离远的情况下，管线多发生腐蚀穿孔、使用周期缩短的问题。含水率超过70%，流速低于0.2m/s时腐蚀更为严重。管线内的环境适合于SRB生长时，SRB可造成管线底部点蚀穿孔。

3. 油井出砂量大的区块的管线腐蚀

油井出砂量大的区块腐蚀非常明显，在流速低的情况下，砂在重力作用下沉积于管线底部。随着油气压力时大时小、时快时慢的脉动，采出液不停地冲刷管线的底部，形成冲刷腐蚀，从而加剧了管线的腐蚀穿孔。

4. 掺水工艺的集输管线腐蚀

集输过程中掺入清水后，由溶解氧引起的腐蚀非常严重。一般情况下，集输管线污水中不含有溶解氧。在流程不密闭或管线液量不够以及油井需掺水降黏时掺入含氧清水后，可能会使输送介质中含有溶解氧而引起腐蚀，即使含有微量氧，腐蚀也是很严重的，氧腐蚀是不均匀腐蚀。某采油厂一集输管线，1985年投产后运行一直正常，后来因管线上游液量不够，在1989年掺入了含氧的清水，掺水一年半后发生穿孔，更换后的新管线穿孔周期更短，只有5个月。后采取掺入经过处理不含氧的水以及使用内防腐管线后，腐蚀才得到控制。

5. 含CO_2采出水的腐蚀

在油田采出水中常含有CO_2，其腐蚀严重的程度与CO_2分压、水中HCO^-的含量、O_2、温度等有关。

6. 管线材质的影响

管线的材质对腐蚀的影响很大，螺旋焊缝钢管一般比无缝钢管腐蚀严重，其原因是有的螺旋焊缝钢管含有超标的非金属夹杂物，如MnS等。

7. 内防腐层质量的影响

内防腐层材质、质量不好或根本未进行内涂覆的管线比合理采取内防腐层的管线腐蚀要严重得多。

8. 流速的影响

腐蚀穿孔多发生在管线中下游，这是因为中下游层流趋势更明显。流速较慢时，细菌腐蚀和结垢或沉积物下的腐蚀更加突出，加快了腐蚀速率。

三、联合站设备的腐蚀

联合站是进行油、气、水三相分离及处理的场所，一般分为水区和油区两大部分。水区腐蚀比较严重，油区腐蚀常发生在水相部分或气相部分，如三相分离器底部、罐底部、罐顶部以及放水管线、加热盘管等。原油罐腐蚀在本章第一节中做了较详尽的阐述，这里不再赘述。

1. 三相分离器的腐蚀

三相分离器的腐蚀穿孔往往发生在焊缝区及其附近，原因有以下两点。

① 焊条材质选择或使用不当时（尤其是焊条耐蚀性比钢板基体差时），由于材质的不同，焊缝区成为阳极，基体成为阴极。因焊缝区相对面积小，这样就构成了大阴极小阳极的腐蚀电池。焊缝区的腐蚀速率同未形成此种腐蚀电池时相比，可增加几十倍甚至上百倍，焊缝可很快溶解穿孔。

② 焊缝附近的热影响区，其金相组织不均匀，表现为树枝状组织，珠光体含量高，因此电化学行为活泼，易遭受腐蚀。

2. 污水罐及污水处理设备的腐蚀

污水罐及污水处理设备的腐蚀与含油污水水质、处理量以及不同工艺流程有关。国内各油田中，污水腐蚀比较有代表性的要数中原油田。从注水罐及缓冲罐内分层挂片试验结果可以看出，缓冲罐内腐蚀速率从罐底到罐顶逐渐上升，而注水罐内腐蚀的数据恰好相反，这反映了罐内腐蚀的两种不同机理。对缓冲罐而言，从腐蚀形态看，介质腐蚀性的变化主要受氧气扩散控制的影响，罐顶部位含氧量较高，而罐底含氧量低，所以造成罐顶的高腐蚀。对注水罐而言，由于油区来的水 CO_2 分压较高，造成罐底 CO_2 的分压较高，而且罐底同时存在 CO_2、O_2、细菌等，这也是造成注水罐罐底腐蚀较严重的原因。如中原油田一联合站，1979 年 7 月投产，由于流程不密闭，运行 8 个月后缓冲罐壁就出现穿孔，此后，沉降罐进出口管线、过滤罐出口管线也相继腐蚀穿孔，两年内穿孔几十次，严重时一周穿孔 3 次。

当处理量不足时，污水在站内停留时间过长，致使 SRB 繁殖严重，站内容器、管线因微生物腐蚀引起多处穿孔。

3. 加热炉的腐蚀

在原油集输系统中，加热炉的腐蚀也是一个不容忽视的问题。大多数加热炉以原油作为燃料，燃烧后绝大部分燃烧物以气态形式通过烟囱排出炉外，只有少部分灰垢残留在炉内。

引起加热炉腐蚀的原因有以下三方面。

① 当原油中含有硫化物时，燃烧后会生成 SO_2 等，它们与烟气中的水蒸气作用生成酸蒸气，然后与凝结的水作用生成液态硫酸或亚硫酸。

② 水蒸气的露点一般在 35～65℃之间，酸蒸气的露点比水蒸气高，通常在 100℃以上。加热炉的空气预热器一般为管式空气预热器，金属管壁温度对酸露点腐蚀至关重要。当金属管壁的温度低于酸露点时，在壁面上会形成较多的稀硫酸、亚硫酸盐溶液，这些溶液大量吸附烟灰并发生反应形成大量致密坚硬的积灰，加速了金属管壁的腐蚀。

③ 原油燃烧后留下的不可燃部分主要是钠、钾、钒、镁等金属的固体盐，还有碳素在燃烧不完全的情况下残留下来的微粒以及燃料油中不能蒸发汽化的部分重质烃类加热后分解留下的残炭。后者形状近似球形，直径大致为 10～200μm。这些积灰堵塞烟道，严重恶化传热性能，并加重管壁腐蚀。

四、油田集输系统腐蚀的防护措施

油田集输系统的内腐蚀控制的基本原则为：因地制宜，一般实行联合保护。所谓因地制宜，是指在调查现场管道、设施内介质腐蚀性等各方面参数的基础上，提出相应、有效、经济的保护方法。在油气田生产中，主要采用以下防护措施。

1. 根据不同介质和使用条件，选用合适的金属材料

在油田采油和集输系统中，出于经济性的考虑，在一般情况下油田通常采用普通钢，辅以其他防腐手段（如采用防腐层）。油田地面工程常用的碳钢和低合金钢如下。

① 适用于输气管道的钢材。有 10、20、30、Q235（A3、A3R）、09MnV、16Mn、16MnSi 等。

② 适用于原油输送管道的钢材。有 Q235、10、20、15、25、09Mn2V、16Mn、1.5MnV、09MnV 等。

③ 适用于石油储罐、容器的钢材。除适用于原油输送管道的钢材外，还有 Q235（A3R）和 16MnR。

④ 耐大气腐蚀的低合金钢。有 16MnCu、10MnSiCu 等。

2. 选用合适的非金属材料（如玻璃钢衬里及玻璃钢管线）及防腐层

耐蚀非金属材料很多，如防腐层、玻璃钢衬里、工程塑料、橡胶、水泥、石墨、陶瓷等，这些材料在油田广泛用在衬里和耐蚀部件上。除防腐层外，用量最大的是玻璃钢，如玻璃钢抽油杆、玻璃钢管等。

玻璃钢管诞生于 20 世纪 50 年代，现在其制造技术和工艺不断改善，质量和性能不断提高。玻璃钢的重量轻、比强度高、耐腐蚀、电绝缘、耐瞬时高温、传热慢、隔声、防水、易着色、能透过电磁波，是一种功能和结构性能兼优的新型材料。此外，它与金属材料相比还有以下优点：

① 材料性能的可设计性；

② 成型工艺的一次性；

③ 成型的方便性。

玻璃钢管由于具有耐腐蚀性强、管内壁光滑、输送能耗低等一系列优点，目前已广泛应用于腐蚀性较强的油田地面生产系统。玻璃钢管的缺点是不耐高温，最高使用温度不能超过 200℃，能燃烧、不防火。

油气集输管线、注水管线、污水处理管线和油管及套管等都可使用玻璃钢管。国外陆上油田（如壳牌公司），玻璃钢管主要用作出油管线和注水管线；在海上油田，玻璃钢管主要用于各种水管，如冷水管、注水管、污水处理管等。我国也有几个油田在腐蚀较强的环境中用玻璃钢管代替钢管。如：胜利油田为防止污水对管道的严重腐蚀，1991 年 6 月至 9 月在新建的坝河污水站安装了直径为 80～450mm 的不同规格的玻璃钢管道 2440m，管件 178 个，安装、试压、投产一次成功，多年来运行良好。经验表明，对强腐蚀介质，宜采用玻璃钢管，尤其是在强腐蚀区的站内短管道系统和施工条件复杂的站外较长管道，玻璃钢管更有优越性。

油田储油罐的罐顶、罐底，以及储水罐的内壁常用手糊法施工，一般常用四层玻璃布间隔涂树脂胶料，总厚度不小于 1mm。该衬里有较好的防腐性能和较好的机械强度，但其缺点是当底材表面处理不好时局部黏结力不好，可能造成鼓泡或者大片脱落，因此在很多地方还不如玻璃鳞片涂料实用。

3. 介质处理

主要是去除介质中促进腐蚀的有害成分，调节介质的 pH 值，降低介质的含水率等，以降低介质的腐蚀性。

此外，还可在介质中添加少量阻止或减缓金属腐蚀的物质，如缓蚀剂、杀菌剂和阻垢剂

等，以减少介质对金属的腐蚀。

在本书第八章对缓蚀剂有详细介绍。

油田系统中常常采用合适的杀菌剂来控制细菌产生的破坏。目前，油田采用的杀菌剂主要有季铵盐类化合物（氯化十二烷基二甲基苄基铵）、氯酚及其衍生物、醛类化合物以及其他类型杀菌剂。油田系统在使用杀菌剂时会产生抗药性，因此应当注意间歇用不同类型的药剂轮换使用。

结垢是油田水质控制中遇到的最严重的问题之一。结垢可以发生在采油系统、油田水处理系统和注水系统等部位。水垢的沉积会引起设备和管道的局部腐蚀，使之短期内穿孔而破坏。水垢的种类很多，影响因素也比较复杂，油田通常根据水介质组成及结垢类型来选用阻垢剂，抑制水垢的形成，从而减轻因结垢产生的腐蚀。油田常用的阻垢剂主要有EDTMPS（乙二胺四亚甲基磷酸钠）、DCI-01复合阻垢缓蚀剂、DDF水质稳定剂、改性聚丙烯酸、CW-1901缓蚀阻垢剂、NS系列缓蚀阻垢剂、W-331阻垢缓蚀剂、CW-1002水质稳定剂、CW-2120缓蚀阻垢剂等。

4. 合理的防腐蚀设计及改进生产工艺流程以减轻或防止金属的腐蚀

在油田生产的设计工作中，如果忽视了从防腐蚀角度进行合理设计，常常会使金属弯曲应力集中，出现某些部位液体的停滞、局部过热、电偶电池形成等问题，这些都会引起或加速腐蚀，一般只要在设计时增加一定的腐蚀裕量即可。而对于局部腐蚀，则必须根据具体情况，在设计、加工和操作过程中采取有针对性的对策。

油田中不少腐蚀问题是与生产工艺流程分不开的，如果工艺流程和布置不合理，就很可能造成许多难以解决的腐蚀问题。因此，在考虑工艺流程的同时，必须充分考虑发生腐蚀的可能性和防护措施。油田中常用的通过改进工艺流程而防腐的措施主要有以下几种。

① 除去介质中的水分以降低腐蚀性。常温干燥的原油、天然气对金属腐蚀很小，而带了水分时则腐蚀加重，在工艺流程中应尽量降低原油、天然气的含水量。

② 采用密闭流程，坚持密闭隔氧技术，使水中氧的含量降低至0.02～0.05mg/L，以降低油田污水的氧腐蚀。

③ 严格清污分注，减少垢的形成，避免垢下腐蚀。

④ 缩短流程，减少污水在站内停留的时间。

⑤ 对管线进行清洗，清除管线内的沉积物，以减少管线的腐蚀

5. 阴极保护

在油田生产系统中，常采用阴极保护的方法来抑制油管、站内理地管网及储罐罐底的腐蚀。阴极保护法一般有两种形式：外加电流阴极保护和牺牲阳极阴极保护。站内埋地管网及储罐罐底的阴极保护在本书的第五章和第六章已分别详细叙述。

油田区域阴极保护系统的结构形式一般有两种。

① 以油水井套管为中心，分井定量给套管提供保护电流，各井间电位的差异用所谓阴极链（即均压线）来平衡。这种系统比较节约电能，容易实现自动控制。缺点是投资大，易产生电位不平衡而造成干扰。

② 把所保护区域地下的金属构筑物当一个阴极整体，整个区域是一个统一的保护系统。阴极通电点一般设在保护站就近的管道上，各类管道既是被保护对象，又起传送电流的作用，油井套管是保护系统的末端。这种保护系统的优点是避免了干扰的产生，投资少。缺点是保护电流不易分配均匀，对阳极的布置要求较严格，电能消耗较多。

在实际应用中常采用划小保护区域的方法来达到电流的平衡和良好的保护效果，例如把联合站与油水井套管分开（绝缘法兰），作为两个单独的区域进行保护或保护一部分，将联合站的进出管线均加装绝缘法兰，原有接地改为锌接地避免电流的流失，在保护区域（联合站）内设置2～4组高硅铸铁深井辅助阳极及浅埋阳极地床，经测试保护站内的埋地管网及储罐罐底各点电位均达到要求，取得了良好效果。

以上每一种防腐蚀措施，都有其相应的应用范围和条件，各有优缺点。需视具体保护对象，配合使用，取长补短。油田目前常用的是以上五种方法联合保护的方式。如管线内腐蚀控制，视介质腐蚀性、管线寿命、工艺参数等一般采用添加化学药剂、介质处理、选用合适的防腐层、改进生产工艺流程等联合保护。当然有的保护对象根据其特定所处环境及条件，也可以采用单一保护措施。如套管内部及油管采用添加化学药剂的保护方法。

第三节 气田集输系统的腐蚀与防护

原油、天然气从井口采出经分离、计量，集中起来输送到处理厂，含 CO_2 和 H_2S 的天然气也有直接进入输气干线的情况。在集输过程中管线设备受到湿天然气的电化学腐蚀和外壁土壤腐蚀、大气腐蚀，其中最危险的是 H_2S 腐蚀，其次是 CO_2 腐蚀。

一、气田集输系统的腐蚀

天然气田集输系统中的设备、管线，由于所处腐蚀环境因素比较复杂，特别是大气、土壤、输送介质、水的影响，其内外壁产生比较严重的腐蚀，内腐蚀造成的破坏一般占主要地位。气田集输系统腐蚀主要有三个显著特点：

① 气、水、烃、固共存的多相流介质；

② 高温和高压的环境；

③ 主要腐蚀介质为气相 CO_2、H_2S、O_2 等。

往往具有以下腐蚀特征。

1. 局部坑点腐蚀

(1) 氯离子影响 腐蚀点都在最低洼处。氯离子极易穿透 $CaCO_3$、$FeCO_3$ 以及 $Fe(OH)_2$ 或 γ-FeOOH 膜，使局部区域活化。氯离子浓度越大，活化能力越强。氯离子使金属的阳极溶解更加容易，从而以热力学方式加速材料的腐蚀。

在疏松的硫化铁锈垢中含有 H_2S-HCl 溶液，使锈垢与腐蚀钢材之间生成一层 $FeCl_2$。由于中间介入一层 $FeCl_2$ 而破坏了致密的硫化铁保护膜，从而加速了腐蚀。

(2) 硫及多硫化物沉积 当开采高含 H_2S 气井时会发生此种腐蚀。随着气流压力和温度的降低，地层流体中的多硫化物发生分解反应，而产生的元素硫在金属壁上沉结，与硫化铁膜产生竞争，阻止保护性硫化铁膜形成；同时，元素硫又腐蚀电池中的氧化剂。因此在金属容器或管道底部形成局部坑点腐蚀。

2. 气相腐蚀

(1) 甲醇影响 生产中为抑制集气系统的水合物形成而注入甲醇。天然气沿着集气管道的流动而逐渐冷却，气流中甲醇和水汽在管道上部的金属表面冷凝形成凝聚相。由于甲醇比水挥发性高，故在凝聚相中水含量低，阻碍了管壁上形成硫化铁保护膜，因此由甲醇造成的局部坑点腐蚀，一般在管道中段。

(2) H_2S和CO_2比值影响　由H_2S和CO_2比值影响的腐蚀使管道底部两侧的腐蚀最显著，而在管道底部管壁没有显著腐蚀。H_2S和CO_2溶于凝析水中形成混合酸，H_2S和CO_2的比值对腐蚀性质和生成的腐蚀产物均有影响。当H_2S和CO_2比值为1∶1时，生成致密的硫化亚铁腐蚀产物，当H_2S∶CO_2≤1∶20时，主要生成疏松的碳酸铁腐蚀产物，使金属反复暴露在酸性环境中而加速腐蚀。

3. 硫化氢的腐蚀

管道中硫化氢的腐蚀机理在本书第三章中已有介绍。

4. 二氧化碳的腐蚀

CO_2腐蚀机理在第三章中已详述。

二、气田集输系统腐蚀的防护措施

气田大多自然条件恶劣，硫化氢腐蚀、二氧化碳腐蚀、土壤腐蚀随区域变化很大，为保证气田建设工程质量和使用寿命，应吸取已开发气田的防腐蚀经验和教训，超前开展调研工作，针对具体的气田开发现场，进行必要的研究和试验，对不同气井和区域的腐蚀性做出综合评价。同时，对具体的防腐蚀方案、施工工艺以及防腐蚀工程管理制定出实施细则，建立防腐蚀工程系统管理程序和归口体系，做到防腐蚀工程必须由具有一定防腐蚀施工经验的专业队伍施工，加强工程管理人员的防腐蚀专业培训工作，完善和补充防腐蚀工程的各项规章制度，协调防腐蚀科研、设计、施工三方面的工作，形成科研、设计、施工、质量监督、生产管理一体化的运行机制，将气田防腐蚀作为一个系统工程来规划和管理。

目前，防腐主要措施是采用抗蚀金属材料，表面涂层保护，加注缓蚀剂，除去水、氧和其他杂质以及通过适当的系统和设备设计尽量避免或减轻各种加速腐蚀的因素等。这些措施应该在着手开发油气田时就决定，如井下管柱及地面设备管线是否采用昂贵的抗蚀材料或进行涂层保护、井身结构及完井时是否下封隔器等。特别是海上油气田开发，如果最初决定的措施不当，补救起来就有一定困难。因此，在油气田开发方案制定时，就必须根据首先完钻的第一、第二口井的资料预测今后腐蚀性的大小，从而确定最经济的防护措施。

三、国内外气田集输系统防腐实例

(一) 川东北高含硫气田集输系统防腐实例

从1995年以来，川东北地区先后在渡口河、罗家寨、铁山坡构造的飞仙关气藏发现了一批高产气井，天然气分析测试表明，三个构造带天然气为高酸性气体，H_2S含量6.4%～17%，CO_2含量4%～12%，这是我国从未遇到过的气田开发难题。与已开发的卧龙河、中坝等含硫气田相比，该气藏酸性气体含量高于卧龙河气田、中坝气田，而且不像卧龙河气田、中坝气田有对管材具有缓蚀作用的凝析油，其腐蚀环境更加恶劣。

在川东北气田H_2S和CO_2共存的条件下，影响腐蚀的主要因素是水中Cl^-含量、元素硫、H_2S和CO_2分压及温度等。由于元素硫析出并可能沉淀在井筒、油管、处理设施和集气管线中加重腐蚀和堵塞，对腐蚀防护提出新的要求，需要进一步研究H_2S、CO_2、Cl^-和元素硫共存条件下的腐蚀行为及元素硫对缓蚀剂的影响等。

目前举措：含硫气井（H_2S含量小于8%）材质的选择，井下主要采用抗硫碳钢和低合金钢油套管，地面集输管线和设备主要采用20#碳钢等，同时加注缓蚀剂减缓电化学腐蚀；地面污水的输送管大量地应用了玻璃钢管。生产环境保持在80～90℃。

(二) 法国拉克气田集输系统防腐实例

拉克气田位于法国西南，原始层压力达 66.15MPa，井口压力 41.21MPa，井口温度 90℃。气田所产天然气为酸性气体，气体成分：CH_4 含量为 74%、H_2S 含量为 15%、CO_2 含量为 9%、汽油含量为 25g/m^3 及水含量为 10g/m^3。

1. 拉克气田集气管道系统腐蚀情况

拉克气田集气管道系统腐蚀情况表明，腐蚀发生在管道中气体流速最低的部位。流速高的部位没有发现腐蚀现象。拉克气田集气管道的腐蚀提供了一个“气体流速，相流改变与管道腐蚀相关”的实例。从理论上探讨相流改变与管道内腐蚀分布的关系，结果表明管道内连续液膜的形成对管道起保护作用。对于一定直径的管道，在一定流速下，流体形成“环状”，由此对管道起一定保护作用。这一观点得到多相流理论的支持。酸气集气系统的设计和腐蚀控制需要根据生产条件确定一种适当的流体速度，既提高生产率，又能使管道的腐蚀得到控制。为此采用 O. Baker 的研究成果，作为一双相系统计算“层流”和“环流”之间的边界条件。

2. 腐蚀监测

根据拉克气田环境、酸性气气质、集输系统及工艺特点，建立了相应的监测体系。

① 试片重量损失检测。

② 超声波检测，用于高于地面的管线、有效点或低点检测管壁厚度。

③ 用放射源（钴 60、铯 137）检测井口阀门，节流阀等。必要时采用伽马射线检测评价腐蚀量。应用“透度计”（penetrometer）区别各腐蚀区域的几何形状和分布。

④ 整个集输系统由设置的安全阀分为若干段，若发生事故可分段隔离。集输系统设置一百多个检测点，用伽马（γ）射线系统检测管壁厚度。

3. 拉克气田集输系统防腐蚀工艺技术

拉克气田集输系统腐蚀原因：一是 H_2S 引起的脆裂；二是集输系统中的水的存在增大了金属的总体腐蚀，包括重量损失腐蚀、坑蚀等。根据其腐蚀的特性选用抗腐蚀材料、气液分离、缓蚀剂处理相结合的防腐蚀工艺技术。

① 采用抗硫化物应力开裂材料。集输系统相关设备采用酸性气田用低碳钢，对管道采用等级为该材料的 B 级。金属材料抗拉应力应低于最大工作压力屈服强度的 60%。管道采用轧制、无缝、B 级型钢。管道用标准电焊，焊管在 650℃温度下退火 20min。采用射线进行检测。

② 酸性气体经采油树和间接加热器两级降压，在最大压力为 130kgf/cm^2（1kgf/cm^2 = 98.0665kPa）下，由分离器分离除水。气体含水最高可达 10g/m^3，分离器脱水 8g/m^3。另外 2g/m^3 水分别以液态和气态存留天然气和汽油中，并以最大流速通过集输管线进入装置。

③ 缓蚀处理。经分离器除水后，进入集输管道之前，由注入装置注入 30×10^{-6} L/m^3 有机缓蚀剂及三甘醇（根据环境进行调节）抗水合物制剂，每 1000m^3 的酸性气体加入 0.5～1L。

④ 根据不同直径的管道确定其最低流速。如：管径 101.6mm 的管线通过的最低气量为 25.5×10^4 m^3/d；管径 150mm 的管线最低气量为 53.8×10^4 m^3/d。

国外高含硫气田集输系统较多采用清管工艺清除垢物，配合缓蚀剂处理工艺，达到除垢、防堵、防腐蚀的目的。加拿大 Grizzly Vallay 气田采用清管器，同时加注缓蚀剂除去垢物。Shell 公司采用清管器清管并建立计算机处理清管程序，使其达到最优化。

此外，还较多采用“低碳钢＋气液分离＋缓蚀剂”配套的腐蚀控制方案，必要时采用清管器配合。法国拉克气田、Shell加拿大湿酸气集输系统、加拿大Grizzly Valley酸气集输系统均采用这一方案并根据具体情况增加脱水或加热等工艺环节。

第四节 油气管道腐蚀与防护

一、油气长输管道的腐蚀现状

输送油气的管道大多需要穿越不同类型的土壤、河流、湖泊。由于土壤的多相性，冬季、夏季的冻结、熔化，地下水位的变化、植物根茎对涂层的穿透及微生物、杂散电流等复杂的埋地条件，给管道造成复杂的腐蚀环境。而所输送的介质也或多或少地含有腐蚀性成分，因而管道内壁和外壁都可能遭到腐蚀。一旦管道腐蚀穿孔，即造成油气漏失，不仅使运输中断，而且会污染环境，甚至可能引起火灾，造成危害。因此，防止管道腐蚀是管道工程的重要内容。

不同的地貌环境，不同组成的土壤的腐蚀性差别很大。例如：黏土、沼泽、淤泥土、矿渣、煤渣与相邻砂土、石灰质、砾石等交界处；穿越河流、铁路、公路点；穿出地面交界处、水线附近。盐浓度不同（含盐量3%左右的土壤腐蚀最重）的土壤的腐蚀较重；酸性土壤比中、碱性土壤腐蚀重；温度高比温度低腐蚀重；含有细菌的土壤如淤泥土腐蚀重；受杂散电流干扰的管道腐蚀重等。

总而言之，管道外壁腐蚀视管道所处环境而异。架空管道易受大气腐蚀；土壤或水环境中的管道，则易受土壤腐蚀、细菌腐蚀和杂散电流腐蚀。这些内容在第三章中已有详细讲述，这里不再赘述。

根据调查统计，在我国管道事故中，腐蚀造成的破坏约占30%。我国东部几个油田各类管道因腐蚀穿孔达2万次/年，更换管道数量400km/a。四川天然气管道，1971年5月～1986年5月的15年间，因腐蚀导致的爆炸和燃烧事故达83起，经济损失达6亿多元。

二、油气管道的腐蚀控制方法

为了保证管道长期安全输送和防止管道泄漏，各国政府和管道企业都制定有管道防腐规程，作为管道防腐应遵循的准则。减缓地下管线腐蚀的主要方法是涂层保护和电化学保护。

涂层一般是电绝缘材料，通常它在金属表面形成一层连续的膜而起到保护作用。涂层的作用是将金属与周围的电解质溶液隔离（防止电解质溶液与金属接触），使两者之间增加一个很高的电阻，从而阻止电化学反应的发生。实际上，不管质量如何，所有涂层都存在漏点，即缺陷，它是在涂覆、运输和安装预制管线过程中形成的。管道服役过程中涂层的老化、土壤的应力、管线在地下的移动也会造成涂层缺陷。管道服役过程中涂层的老化还会导致其从金属表面剥离，导致金属暴露于地下环境。即使管道表面绝大多数可以得到保护，由于缺陷或剥离处有较高的腐蚀速率，也会导致管线泄漏和破裂。因此，涂层很少单独用于埋地管线，一般与阴极保护系统联合保护，涂层的功能是减少金属管道裸露的面积，从而减少阴极保护所需要的电流。

电化学保护包括阴极保护和排流保护。

在有杂散电流的环境中，利用排除杂散电流对被保护构筑物施加阴极保护称为排流保护，通常排流方法有3种，即直流排流、极性排流和强制排流。

三、国内油气管道腐蚀与防护现状

对于油气管道外腐蚀保护，国内油气管道干线大多采用防腐层与外加电流阴极保护进行外腐蚀控制；站场设施（储罐、管网等）大多只采用涂层保护。近两年来，中国石油新建管道站场基本上都施加了区域性阴极保护。

除部分油气田集输管道和储油罐外，油气管道大都没有采用内腐蚀控制措施；部分储罐内部安装了牺牲阳极阴极保护系统。

管道干线阴极保护系统一般每月检测沿线保护电位；以前，涂层检测与维护则相对被动，一般在发现问题（如阴极保护电位异常、管体腐蚀）后，进行检测和维护。近年来，油气管道运营管理者逐渐关注腐蚀控制系统管理，已经开始系统地检测维护。

站场设施腐蚀控制系统除区域阴极保护系统定期检测外，基本不进行检测。一般是在发现腐蚀迹象后或随站场设施的改造进行涂层的更新。

尽管采取了相应的腐蚀控制措施，但管道系统的腐蚀事故仍时有发生，特别是管理相对薄弱的长输管道站场设施和油气田管网。即使是保护较好、管理较为规范的长距离输送管道干线，近年来也发生了多次腐蚀穿孔事故。在东北管网大修现场，发现管体表面发生了较为严重的外腐蚀现象。据不完全统计：目前在役油气管道腐蚀事故频次约为0.875～1.375次/(a·1000km)，高于国外0.08～0.16次/(a·1000km)。

四、管道常用外防腐涂层

长输埋地油气管道采用防腐涂层和阴极保护联合的方式进行保护，其防腐涂层一般具有良好的绝缘性、抗渗透性、抗冲击性等，阻止周围环境中的水分和氧进入，达到防止腐蚀的目的。长输油气管道分为线路和站场两部分，线路管道防腐层一般采用性能优异、工厂预制的防腐涂层，例如三层聚乙烯防腐层、熔结环氧防腐层等；站场管道的管径大小不一、弯头众多，其防腐层无法全部工厂预制，一般选择易于现场施工的防腐涂层，例如无溶剂液态环氧防腐层、冷缠胶带防腐层等。管道补口防腐处理一般采用现场施工方式，补口防腐一般选择与主管道防腐层相似或性能相近且易于现场施工的材料，例如辐射交联聚乙烯热收缩带、无溶剂液态环氧等。

1. 沥青类

沥青是防腐层的原料，分为石油沥青、天然沥青和煤焦油沥青。我国沥青防腐层以石油沥青用量最多。

石油沥青防腐层主要应用在管道上，其结构为石油沥青＋玻璃丝布，分为普通级（“三油三布”）、加强级（“四油四布”）和特加强级（“五油五布”），在沥青层中增加玻璃丝布有利于增强防腐层的力学性能。一般来说，对于地下水位低、地表植被较差的沙质土壤地段，较适合采用石油沥青防腐层。对一般构件可以用浸涂、浇涂和抹涂的方法施工。

我国从20世纪50年代起，开始使用石油沥青对管道进行防腐，20世纪80年代中期以前建设的管道工程几乎无一例外地采用了加强级石油沥青防腐层。石油沥青吸水率高，不宜在高水位或沼泽地带使用。施工中现场的环境温度、熬制沥青的温度和涂覆时间间隔等因素控制不好，都会影响质量。此外，因土壤应力的影响，管道防腐层表面会出现深浅不一的凹坑。因新型管道防腐材料的出现及环境保护要求，20世纪90年代起管道防腐已很少使用石油沥青防腐层。

煤焦油磁漆是由高温煤焦油分馏得到的重质馏分和煤沥青，添加煤粉和填料，经加热熬制所得的制品。该材料具有以下基本特点：①吸水率低，抗水渗透；②优良的化学惰性，耐溶剂和石油产品侵蚀；③用它生产的煤焦油磁漆电绝缘性能好。煤焦油磁漆主要的缺点是低温发脆，热稳定性能差。

由于煤焦油磁漆具有优良的防腐性能，又比较经济实用，特别是适用于穿越沙漠、盐沼地等特殊环境，20世纪90年代初期和中期，我国曾大量使用煤焦油磁漆作为埋地管道防腐涂层，例如，塔中—轮南的原油管道和天然气管道、轮南—库尔勒输油管道复线和天然气管道、靖边—西安天然气管道等。

但是煤焦油磁漆防腐层对温度比较敏感，施工熬制和浇涂的过程中容易逸出有害物质，对环境和人体健康有影响。所以，它的应用受到了一定局限性，20世纪90年代后期，由于环境保护因素，国内已经很少使用。

由于近年来新型、性能优异的防腐层出现以及环境保护要求逐渐严格，新建管道已基本上不再采用沥青类防腐层。

2. 聚烯烃类（三层PE、三层PP、聚乙烯胶带、聚丙烯胶带）

聚烯烃防腐层所用材料主要是聚乙烯（PE）塑料和聚丙烯（PP）塑料，塑料中可以加入增塑剂、抗老化剂、抗氧化剂、光稳定剂等助剂及适量填料。聚乙烯和聚丙烯均为结晶态的热塑性塑料，是一种非极性大分子，因此其机械强度较高。聚丙烯防腐层发展比聚乙烯防腐层发展晚，管道防腐上聚乙烯防腐层用量较聚丙烯防腐层大。

（1）复合结构聚烯烃防腐层　聚乙烯是乙烯的高分子聚合物，根据聚合工艺条件的不同，聚乙烯可分为高压聚乙烯、中压聚乙烯和低压聚乙烯三类产品。国内外有关聚乙烯的标准规范对其使用温度均限制在70℃以内。复合结构聚乙烯防腐层的发展经历了二层结构和三层结构两个阶段。

二层结构聚乙烯防腐层是基于隔离的机理发展起来的，底层为胶黏剂，一般为沥青丁基橡胶或乙烯共聚物，面层为聚乙烯挤出包覆或缠绕层。挤出聚乙烯绝缘电阻高，能抗杂散电流干扰，突出的优点是力学性能好，能承受长距离运输、敷设过程以及岩石区堆放时的物理损伤，耐冲击性强。但由于二层结构聚乙烯防腐层与管体的黏结性能稍差，随着管道运行条件的不断变化，逐渐暴露出易损坏、易剥离、屏蔽阴极保护电流等缺陷。国内在油田小管径管网工程中采用过二层结构聚乙烯防腐层，在长输大管径油气管道中很少采用该类防腐层。

三层结构聚乙烯防腐层底层为熔结环氧粉末（FBE），中间层为胶黏剂，面层为挤出聚乙烯。20世纪80年代，由欧洲率先研制和推出的三层PE复合结构发展了FBE和PE的优点，使防腐层的性能更加完善。环氧粉末在三层结构中的主要作用是形成连续的涂膜，与钢管表面直接黏结，具有很好的耐化学腐蚀和抗阴极剥离性。环氧粉末不仅与基层金属有极优异的黏结性能，还可以与中间层有极强的黏结力。中间层黏结剂是通过线型聚烯烃接枝形成了部分极性基团，这些极性基团与环氧粉末的环氧基团反应形成化学键，使中间层和底层形成良好的黏结。面层聚烯烃是非极性物质，黏结剂中的非极性基团与面层聚烯烃由于是同一类材料，根据黏结理论中的相似相溶的原理，在一定温度下达到充分熔融后，它们之间融为一体，产生了极强的黏结力。高密度聚烯烃树脂具有极强的力学性能和优异的耐蚀性能，所以在最外层起机械保护作用以及隔水阻氧，防止各种介质的腐蚀作用。

对于复杂地域、多石区及苛刻的环境，选用三层结构聚乙烯具有重要意义。这种防腐层虽然一次投资较高，但其绝缘电阻值极高，管道的阴极保护电流密度只有 3～5$\mu A/m^2$，1座阴极保护站可保护上百千米的管道，可大幅度降低安装和维修费用。因此，从防腐蚀工程总体来说可能是经济的。

由于底层 FBE 提供了涂层系统对管道基体的良好黏结，而聚乙烯则有着优良的绝缘性能和抗机械损伤性能，使得三层结构聚乙烯成为世界上公认的先进涂层，很快得到广泛应用。我国自 20 世纪 90 年代中期开始应用以来，已有上万千米管道采用了三层 PE 防腐涂层，例如陕京输气管道、西气东输管道等，如今已成为新建大型管道工程防腐涂层的首选，近年来新建长输管道几乎无一例外地选用了三层结构聚乙烯防腐层。

(2) 三层聚丙烯防腐层　聚丙烯是丙烯的高分子聚合物，根据—CH_3 在主链平面排列的不同，分为等规、间规和无规聚合物。在没有外力作用下，聚丙烯甚至在 150～160℃还能保持形状不变，推荐的聚丙烯最高使用温度为 110～120℃。聚丙烯不仅具有优异的物理机械性能，而且具有优良的耐蚀性能，无机物除氧化性介质外，对聚丙烯都没有破坏作用。室温下，所有的有机溶剂都不能溶解聚丙烯。

三层聚丙烯防腐层借鉴了三层聚乙烯做法，选择聚丙烯材料作为外防腐层。三层聚丙烯防腐层较三层聚乙烯防腐层有以下优点：耐高温性能好、耐腐蚀性能好、不易发生环境应力开裂。但作为管道防腐层的缺点是低温易脆，因此，聚丙烯防腐层不适用于严寒地区，这也限制了聚丙烯防腐层的应用。我国输油气管道工程中没有大规模采用三层聚丙烯防腐层的实例，仅在克拉 2 管道工程中有过应用实例。

(3) 冷缠胶黏带类聚烯烃防腐层　冷缠胶黏带类聚烯烃防腐层主要有聚乙烯冷缠胶带和聚丙烯冷缠胶带两种。

聚乙烯胶带是将聚乙烯塑料以薄片状挤出，并涂覆一层黏结剂（通常为丁基橡胶黏胶）制成。聚乙烯胶黏带防腐体系是由一道底漆、一层内防腐带、一层外保护带构成。具有极好的耐水性及抗氧化性能，吸湿率低；绝缘性好，抗阴极剥离，耐冲击，耐温范围广，在 −30～80℃温度范围内使用性能稳定。聚乙烯胶带一般使用机械工具在现场自然温度下缠绕到管道上形成防腐层。

聚烯烃胶带防腐层在国内主要应用于管道防腐层的修复，例如，东北热油管道防腐层修复采用了聚乙烯冷缠胶带，常温输气管道防腐层修复采用了聚丙烯冷缠胶带。新建管道工程线路防腐很少采用胶带类防腐层，仅在站场防腐层现场施工时，采用这类防腐层作为外护带。

3. 环氧类（熔结环氧粉末、液态环氧）

环氧树脂中具有醚基（—O—）、羟基（—OH）和较为活泼的环氧基。醚基和羟基是高极性基团，会与相邻的基材表面产生吸力；环氧基能与多种固体物质的表面，特别是金属表面的游离键起化学反应，形成化学键，因而环氧树脂的黏结性特别强。环氧基官能团一般不会起化学反应，通常要借助于固化剂参与的固化反应将树脂中的环氧基打开，使环氧树脂的分子结构间接或直接地连接起来，交联成体型结构，所以，固化剂也称为交联剂。固化后的环氧树脂由于含有稳定的苯环和醚键，分子结构紧密、化学稳定性好，表现出优异的耐蚀性能。虽然环氧树脂中含有亲水的羧基，但它与聚酯、酚醛树脂中的羟基不同，只要配方得当，通过交联结构的隔离作用，能获得良好的耐水性。

熔结环氧粉末（Fusion Bonded Epoxy，FBE）是一种热固性材料，由环氧树脂和各种助剂制成，它通过加热熔化、胶化、固化，附着在金属基材的表面，它形成的表面涂层具有黏结力强、硬度高、表面光滑、不易腐蚀和磨损，其使用温度可达－60～100℃，适用于温差较大的地段，特别是耐土壤应力和抗阴极剥离性能最好等优点。在一些环境气候和施工条件恶劣的地区，如沙漠、海洋、潮湿地带选用 FBE 防腐层有其明显的优势。但它也存在一些自身的缺点：如防水性较差，不耐尖锐硬物的冲击碰撞；施工运输过程中，很难保证涂层不被破坏；现场修补困难，且涂覆工艺严格。

自 20 世纪 60 年代初问世以来，单层熔结环氧粉末防腐层发展很快，在国外管道上以北美地区应用最为广泛，曾连续多年占各类防腐层用量的第一位。目前国内仅有少量管道单独采用环氧粉末，主要用作复合涂层的底层。

液体环氧涂料分为溶剂型和无溶剂型两种，主要区别在于无溶剂环氧涂料在涂料制造及施工应用过程中不需要采用挥发性有机溶剂作为分散介质。无溶剂环氧涂料是采用低黏度环氧树脂、颜填料、助剂等经高速分散和研磨而制成漆料，以低黏度改性胺作为固化剂而组成的双组分反应固化型防腐涂料。与溶剂型环氧涂料相比，突出优点在于能够减少有机溶剂挥发对空气的污染。另外，无溶剂环氧涂料挥发少，在密闭系统中施工时可以大大减少通风量；反应固化过程中收缩率极低，具有一次性成膜较厚、边缘覆盖性好、内应力较小、不易产生裂纹等特点。

油气管道上使用的无溶剂环氧防腐层分为普通级和加强级，其中普通级干膜厚度不小于 400μm，加强级不小于 550μm。无溶剂液体环氧涂料既可以在工厂预制防腐层，也可以在野外施工，施工方法一般采用喷涂、刷涂、滚涂和刮涂。国内在东北管网防腐层大修部分管段就采用了无溶剂液体环氧涂料。

4. 新型多功能防腐、防水材料

通过筛选，选用了一种新型多功能防腐、防水材料（简称 TO-树脂）。应用在钢质地下管道外壁防腐，该材料施工方便、性能优越、质量可靠，其物理力学性能及防腐、防水、耐老化等各项化学性能用于该条件下是可以满足要求的。

TO-树脂作为地下管道外防腐材料性能优越，是由它本身的分子结构决定的。因为该防腐材料是在黏合剂的基础上，从化学分子结构的设计起，先合成带活性官能团的液体聚合物，再加入带反应基团橡胶和复合型固化剂及各种功能活性添加剂，令其在金属表面进行化学反应，常温固化成网状结构高分子材料。在其网格中既有树脂链段，又有橡胶链段，最终固化成的膜界于树脂、橡胶材料之间，因此其综合性能优异，它既是涂料，又是黏合剂和绝缘材料，这是我国所有防腐材料都不具备的。

虽然采用 TO-树脂防腐（特加强型）比沥青防腐费用提高了 77%，但是按照沥青防腐层的使用寿命为 8 年，TO-树脂防腐使用 30 年（科研部门提供的数据）计，采用 TO-树脂可以提高使用寿命 2～3 倍，节约了防腐费用，效益是可观的。更重要的意义在于采用该材料防腐（在有效期内），可以延长管道的使用寿命，可以避免因管线腐蚀造成水泄漏，影响生产。

通过几年的使用，证明该材料有以下特点。

① 附着力强，与金属粘接强度可达 18MPa 以上，这是其他管道防腐材料达不到的。

② 韧性和抗冲击性强，涂层反复弯曲，不脱层、无裂纹。

③ 施工工艺简便、涂层常温固化，不受场地环境的限制，既可机械化生产，又可现场施工。金属基面除锈要求不高，达到 St2 级即可。对补口、损伤部位施工，比其他材料简便，而且质量容易保证。只在要补口、损伤部位涂上涂料包上玻璃布，即可形成牢固的

整体。

④ 根据有关资料记载，埋地管线可以使用 30 年以上。常年暴露在日光下可达 10 年。使用温度从 $-60 \sim 150$℃可长期使用。以上几点是沥青、环氧煤沥青、聚乙烯涂层所不具备的。

⑤ 耐介质性好。在海水、汽油、原油、饱和氢氧化钙水溶液、一般的 20%酸中，浸泡一年没有变化。所以说该材料用在一般土壤上作为埋地钢质管道外防腐是较好的涂料。

五、管道内防腐技术

1. 常规防腐体系

为了有效地防止管道的内腐蚀，国外普遍采用防腐蚀的内涂层，涂层技术对油气井的生产影响相对较小，成本低、使用方便，因此在防腐蚀过程中应用也很广泛。在管道容器的内壁采用树脂、塑料等涂层衬里保护，已成为防止腐蚀的常用方法。该种方法用无机和有机胶体混合物溶液，通过涂覆或其他方法覆盖在金属表面，经过固化在金属表面形成一层薄膜，使物体免受外界环境的腐蚀。

管道防腐层选择应考虑以下几个重要因素。

① 合理的设计。包括根据环境选择适合的防腐层，进行合理的结构设计等。

② 较好的表面处理。依据防腐层品种进行相应的表面处理，特别是修复防腐层应强调有良好的表面处理。

③ 足够的防腐层厚度，无防腐层缺陷。

④ 对防腐层局限性的认识。由于没有一种防腐层能适应任何环境，因此在应用中对防腐层的优点和缺点要有足够的认识，才能避免造成防腐层的过早失效。

环氧防腐体系涂层是我国现有在耐油、耐水、耐污水方面经常采用的常规防腐体系。在这些系统中，如果条件相对不苛刻可以使用几年。但是经过几年的使用涂层结构发生变化，出现抗渗性下降，涂层开裂、鼓包、粉化等现象。例如在石油化工的储油罐、水罐、污水罐、循环水塔钢结构的使用上就证明了这一点。在这些系统中采用环氧防腐体系使用寿命在 5～8 年，常规的涂料成分决定了这一点。因为常规体系涂料中很大部分填料是无机物质，如钛白粉、氧化铁、锌粉等，这些物质在涂层中一是起到增加涂层厚度的作用（填充物）；二是增加涂层的抗渗性及耐蚀性，但是长久使用还是有一定的问题；三是面漆涂层中这些填料加进后在形成的防腐涂层中只是靠分子键物理地结合在一起，防腐的抗渗性随时间的延长下降较快；四是加进去的填料一般为 $30 \sim 50\mu m$ 粒径或片状，这就构成了涂料表面层的相对不平整性，表面比较粗糙，在流动的液体中增加了液体的阻力，使输送管道的能耗增加。随着时间的延长涂层的抗冲击性下降，导致涂层破坏。

2. 高性能体系

钛纳米聚合物涂料体系经独特工艺制取的纳米钛粉，能大大提高普通涂料的耐磨、耐腐蚀等性能。

20 世纪 90 年代初采用了环氧液体涂料内挤涂工艺及环氧粉末涂装作业线。此外，对腐蚀严重的旧管道进行返修，采用涂覆固化法、塑料管穿插法、软管翻转法、预成形二次固化法等工艺技术，使管道恢复正常使用，具有较好的经济效益。

六、管道防腐案例

天津渤西油气处理厂油气长输管线全长 6.05km。为了保证在设计年限内正常运转，原油管线加聚氨酯泡沫塑料保温，外加聚乙烯塑料作防护层；天然气管线外包覆 2.7mm 聚乙烯作防腐层。两种防腐管线再加锌合金、镁合金作牺牲阳极保护，管道保护电位－1.0V，保护电位分布非常均匀。

1. 保护电位的确定

管道沿线属于盐渍土壤，主要为淤泥土质和粉砂土质。地下水位高且 Cl^- 含量大。土壤电阻率 0.28～1.2Ω·m，管地电位－0.68V，属于极强的腐蚀环境。根据国内阴极保护工程保护度的测定结果，若取－0.85V 为最小保护电位，其实际保护度只有 65%～75%，因此为得到较好的保护效果，取在自然电位 0.68V 的基础上负移 200～300mV，即 0.95V 或更负为最小保护电位。靠近渤西长输管线的华北石油管道，其保护电位在－1.0～－1.1V，如果渤西管线的保护电位在－0.85V，则两管线间存在 150～250mV 的电位差。这时渤西管线会产生阴极干扰，渤西管线成为阳极，当涂层破坏时，造成阴极干扰腐蚀。因此，为排除阴极干扰，将管线的最小保护电位负移至－0.95V 或更负，以保持电位平衡。

2. 阳极材料及数量的确定

由于土壤电阻率较低，且管道外防腐层质量较好，而锌阳极又有自动调节输出电流大小的作用，因此选用锌合金阳极，共 53 支。为了尽快达到保护电位，在 2km、4km 处加两组镁合金阳极，每组 4 支。施工后经实测，单支锌阳极接地电阻为 1～2Ω，输出电流 20mA；镁合金阳极接地电阻为 0.3～0.6Ω，单支镁合金阳极输出电流在 200～300mA，是单支锌阳极的 10 倍多。

目前锌阳极输出电流较小，主要是由于管道保护电位已被极化至－1.05V，锌阳极的开路电位－1.12V，仅差 70mV，且目前防腐绝缘质量较好，锌阳极能自动调节输出电流的大小，因此输出电流不大。随保护年限的增加，防腐绝缘层老化，锌阳极输出电流会有所增加。锌阳极的使用寿命 20 年以上。镁阳极输出电流较大，消耗快，主要是由于 Mg-Fe 之间驱动电位高，且土壤电阻率很低，因此发生电流很大。经核算其寿命仅为 7 年。土壤电阻率<10Ω·m 时，不宜用镁阳极。利用镁阳极因有较大的驱动电位，使管道迅速进入保护状态，大大缩短极化时间，避免了由管线铺设到管线被极化至保护电位期间腐蚀的产生。

3. 阳极分布及埋设

为充分利用阳极的输出电流，采用单支分散分布。阳极埋设深度大于 1.5m，水平式埋设。由于管道绝缘层质量较好，阳极距离管线 300～500mm，不会互相影响，可同沟埋设，提高施工速度。

4. 实测结果

① 保护电位－1.0V，保护电流密度开始时 $0.12mA/m^2$，半年多运行下降为 $0.06mA/m^2$，采用牺牲阳极保护是相当经济的。

② 由于阳极分散均匀布置，阳极输出电流不会受到组内阳极电场的干扰作用，电流分布均匀，因此阴极保护电位分布十分均匀，各处电位达到－1.0V 或更负，保证管线处于良好的保护状态。每公里在测试桩内均压，保证油、气管保护电位也十分相近。

③ 由于地处潮湿含盐高的土壤，土壤电阻率很低，使阳极电床的接地电阻小，有利于阳极的电流输出；又由于防腐绝缘层电阻高，阳极输出电流小，使用寿命增加，阳极寿命大于 20 年。

七、管道防腐管理及发展

(一) 管道防腐层检漏技术

1. 管道表面检测

管道防腐层检漏方法可分为管道表面检测和地面检测。

管道表面检测是根据漏点或金属微粒能形成低电阻通路及防腐层中的过薄点会产生电击穿的原理发出报警来进行检测。根据使用电压不同可分为低压检漏与高压检漏两种方法。低压检漏方法使用直流电压低于100V的低压湿海绵检漏仪，仅适用于检测厚度在0.025～0.5mm防腐层中的漏点，为非破坏性检验，不能检测出防腐层过薄的位置。高压检漏方法使用直流电压为900～20 000V的电火花检漏仪，用于检测任意厚度的管道防腐层，为破坏性试验，能检测出防腐层过薄的位置。以下主要介绍常用的电火花检漏仪。

电火花检漏仪亦称为针孔检测仪，它是用来检测油气管道、电缆、金属储罐、船体等金属表面防腐涂层施工的针孔缺陷以及老化腐蚀所形成的微孔、气隙点。目前已成为石油工程建设质量检验评定的专业工具之一。

(1) 原理　当电火花检漏仪的高压探头贴近管道移动时，遇到防腐层的破损处，高压将此处的气隙击穿，产生电火花，火花放电瞬间，脉冲变压器原边电流瞬间增大。此电流使报警采样线路产生一负脉冲，触发单稳延时电路，再经驱动开关使音频振荡器起振，扬声器即发出报警声响。

(2) 电火花检漏的方法　检测时将高压枪的接地线接到被测管道防腐层的导电体上，打开电源开关，戴上高压手套，按住高压枪按钮，仪器显示输出电压，调节旋钮，根据防腐层的厚度选择合适的电压，也可根据各行业提供的检测标准自行选择电压，调节增益旋钮，使显示器的输出电压与测试该管道涂层厚度的电压检测标准相一致，将毛刷探极在被测管线上移动，若看到火花并有声光报警，此处即为防腐层针孔。

(3) 电火花检漏仪的结构　电火花检漏仪（图9-3）分为四个部分：主机、电源、高压脉冲发生器和报警系统。高压枪：内装倍压整流元件，是主机和探头的连接件；探头附件：探头分为弹簧式、铜刷式和导电橡胶三种。

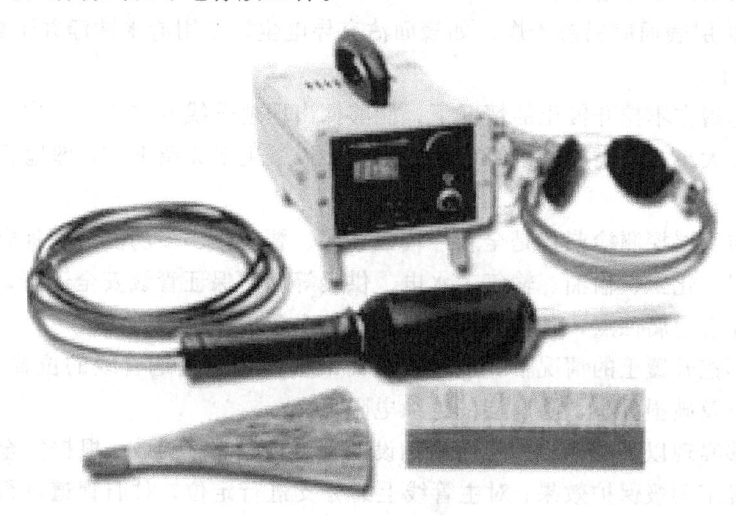

图9-3　电火花检漏仪

(4) 电火花检漏仪的使用

① 电源检查。打开主机电源，液晶表头显示检漏仪内蓄电池组电压，电压指示灯点亮，液晶表头显示电压应大于 6.0V（A 型仪器）或 8.4V（B 型仪器），否则应及时充电方可使用。

② 主机充电。主机内高能蓄电池充电时，将交流 220V 电源插头插入后面板充电插座。前面板的电源开关指示灯和充电指示灯同时发光，仪器即实行快速智能充电，充足自停（充电时间为 3h 左右），充足一次可供仪器使用 8h 左右。

③ 检测时将高压枪的多芯插头插入主机高压输出插座，插接必须良好。

④ 把高压枪的接地线接到被测防护绝缘层的导电体上。

⑤ 用毛刷探头检漏时，将毛刷探头螺杆旋入高压枪顶端的连接孔；用弹簧探头检漏时，将探头钩旋入高压枪顶端连接孔，连接器套在探头钩上，弹簧套在被测管道表面，且试拉一下，使弹簧能沿管道表面顺利滑动。

⑥ 根据防护层厚度选择合适的测试电压，也可根据各行业提供的检测标准自行选择检测电压。检测者打开电源开关，戴上高压手套，按住高压枪输出按钮，仪器内微电脑自动变换，电源电压指示灯熄灭，输出高压指示灯点亮，液晶表头显示转换为输出高压值，调节高压输出旋钮，使液晶显示值为所需的高压值（每次使用完毕后，输出调节旋钮应调到最小）。松开高压输出按钮，仪器处于待机状态。

⑦ 试把毛刷探头（或探头钩）靠近或碰触被测物导电体，能看到放电火花，并有声光报警，探头离开被测物体时声光报警相应消失，说明仪器工作正常，即可开始检漏。

⑧ 检测完毕，关闭仪器电源，探头必须与高压枪的地线直接短路放电，仪器应恢复到开机前的状态。

注意事项

① 检测过程中，检测人员应戴上绝缘手套，任何人不得接触探极和被测物体，以防触电和击伤。

② 用弹簧探极检漏时，探极不能拉伸过长，防止失去弹性。

③ 野外使用时，仪器内的高能蓄电池的电压不得低于 8.0V，否则应停止使用，立即充电，不致因过放电而损坏电池。

④ 被测防护层表面应保持干燥，如表面沾有导电尘，要用清水冲净并干燥后进行检测。

2. 地面检测

地面检测是指在不挖开覆土的情况下，能够探出埋地管线的位置、走向、深度、防腐层破损点以及破损大小、防腐层的绝缘电阻的方法。以下主要介绍 FJ-10 埋地管道防腐层探测检漏仪

埋地管道防腐层探测检漏仪是全新一代数字式、智能化、多功能的埋地管道防腐层探测检漏仪。是油田、化工、输油、输气、水电、供暖等部门保证管线安全运行，提高单位经济效益，提前发现管道腐蚀点，预防腐蚀泄漏事故的必备检测仪器。

该仪器在不挖开覆土的情况下，能够方便而准确地探出埋地管线的位置、走向、深度、防腐层破损点以及破损大小、防腐层的绝缘电阻。

该仪器能够实现以下功能：用于对新铺设的管道进行竣工验收；根据安全规程对管道进行定期检测，确定阴极保护效果；对主管线上的分支进行定位；对旧管道进行检测，确定管道防腐层状况；对施工区段开挖破土前进行地下管线分布检查，防止施工时破坏地下油、

气、水、电等管线。

(1) 检漏原理 埋于地下的防腐管道，其防腐层若有破损，当发射机向地下管道发送特定的电磁波信号时，在地下管道防腐层破损点处与大地形成回路，并向地面辐射，在破损点正上方辐射信号最强，根据这一原理通过检漏仪检测可找出管道防腐层的破损点。

(2) 检漏方法 检漏方法通常采用的是“人体电容”法。它是用人体做检测仪的感应元件沿管道走向检测。两名检测员戴好金属手表，将检测线夹在表带上，两人成横向（或纵向）保持3～5m的距离［两人所形成的位置与管线垂直（或平行），但必须保证一人走在管线的正上方］前进，调节灵敏度和增益大小，保持检测仪静态信号在0～50mV之间。两人向前行走时，若检测到的信号和音响变化都很小，说明该管段防腐层状态良好，当检测到的信号和音响都明显增大且检测信号大于所设定的漏点信号时，说明该处防腐层破损，计数器计数一次。

（二）油气管道阴极保护系统运行管理

1. 管道阴极保护技术

近年来我国的阴极保护技术发展较快，在阴极材料、保护参数的遥测遥控、保护电源等方面的技术日趋完善。在保护电源方面完善地提高了恒电位仪设备，采用开关电源、信号传输接口技术、计算机技术，实现了无*IR*降管地电位测量技术，从而实现了自动化控制无人值守管理，提高了管理水平。

当前管道阴极保护实际运行电流参数为：对于三层PE防腐层采用1～8$\mu A/m^2$，环氧粉末防腐层采用5～12$\mu A/m^2$。实际上新建的以三层PE为主防腐层的输油气站间管道实际运行输出电压和电流均小于10V/10A。这种情况使得实际管道的阴极保护运行功率需求大幅度减小。

长期以来，电源因素制约着无电地区埋地管道阴极保护的发展，对于地处西部的输油、输气、输水管道就更加突出。而西部和一些管道所经过地区有着丰富的太阳能资源，那么就应充分利用这些资源。目前太阳能光伏发电技术在我国已经成熟，阴极保护采用太阳能光伏电源系统供电，是解决无电地区金属管道阴极保护的最佳方法之一。

这里主要介绍一下目前普遍采用的太阳能阴极保护供电系统，如图9-4所示。

太阳能阴极保护供电系统是由太阳能电池阵列、充放电控制器、蓄电池组、恒电位仪、阴极保护体系等组成。如图9-5所示。

白天有阳光时，光电池将吸收的阳光转换成电能，给蓄电池组充电，并给恒电位仪供电。夜晚无阳光时，由蓄电池组给恒电位仪供电。恒电位仪能自动调节管线对地的电流，达到自动恒定电位的目的，可使在一定距离内管线电位达到起保护作用的电位。当金属管道的保护层完好无损即未被腐蚀时，仅从电源取很小的电流，而当管线有腐蚀发生时，为保持电位的恒定，就需要更大的功率。

控制器的主要功能是防止太阳能电池方阵对蓄电池组过充电或防止蓄电池组对负载过放电，同时保证对太阳能电池阵列起到最大功率点控制的作用。对铅酸蓄电池来说充电到单体电池平均电压2.38～2.42V时起停止充电或涓流充电，蓄电池组放电时，根据不同的放电率放电到单体电池平均电压U=1.8～2.0V控制停止放电，以保护蓄电池。而太阳能光伏发电系统，必须设置控制调节转换装置，并起到如下的作用：①当蓄电池组过充或过放时，可以报警或自动切断电路，保护蓄电池组；②按需要设置高精度的恒压或恒流装置；③当蓄电池组有故障时，可以自动切换接通备用蓄电池组，以保证负载正常用电；④当负载发生短路

图 9-4 新型太阳能阴极保护电源系统

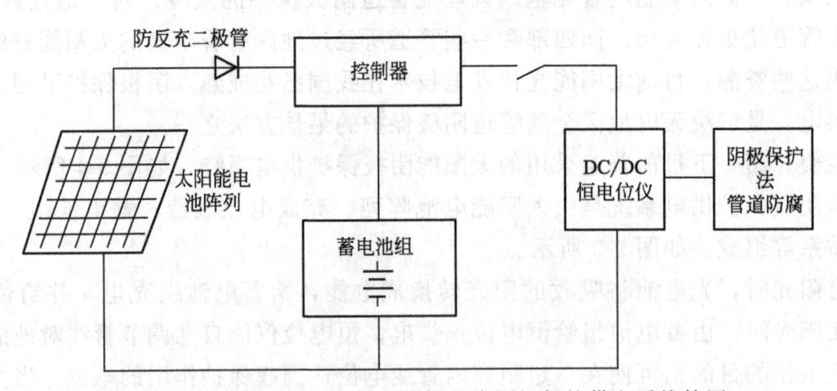

图 9-5 太阳能全数字高频开关恒电位阴极保护供电系统简图

时，可以自动断开。

2. 油气管道阴极保护系统运行管理

为保证油气管道的安全运行，需要对阴极保护参数进行连续的监控，以全面掌握其长期运行状况并及时发现异常情况。而实际情况是测控现场往往极为分散、偏僻、所处环境恶劣，而且测控现场之间以及测控现场与测控中心之间的距离也比较遥远，各个测控现场的控制又相对独立。因此，常常出现的情况是受地理条件、投资、技术等诸因素限制难于实时监控，只能采取人工巡查的方式进行管理，出现故障隐患难以及时发现。因此。建立一套远程监控的油气管道阴极保护系统是一个理想的解决方案。

第五节　物联网技术在管道防腐上的应用

一、物联网技术

受益于无线移动通信技术的快速发展以及互联网技术的迅速普及，起源于感知、传感技术的物联网技术为阴极保护参数的远程监控、预警提供了有力支撑。物联网（Internet of Things，IOT）是在计算机互联网的基础上，利用射频识别（Radio Frequency Identification，RFID）、红外感应器、全球定位系统、激光扫描器等信息传感设备，按约定的协议，把任何物品与互联网连接起来，进行信息交换和通信，以实现智能化识别、定位、跟踪、监控和管理，构造一个覆盖世界上万事万物的实物互联网，是在互联网基础上延伸和扩展的网络。通过物联网可以在任何时间、任何地点把任何事物实时联入网络、从而达到进行主动信息交换的目的。可见，从技术上可将物联网分为如图 9-6 所示的三个层次，一个是感知层，即以二维码、RFID、读写器、传感器为主，实现“物”的识别；二是传输（网络）层，即通过现有的网络（广域网、局域网、专用网等）实现数据的传输与计算；三是应用（控制）层，即智能化的后台数据处理，将数据进行分类、处理、分析，实现人、物间的对话，它是物联网中的数据处理中心。

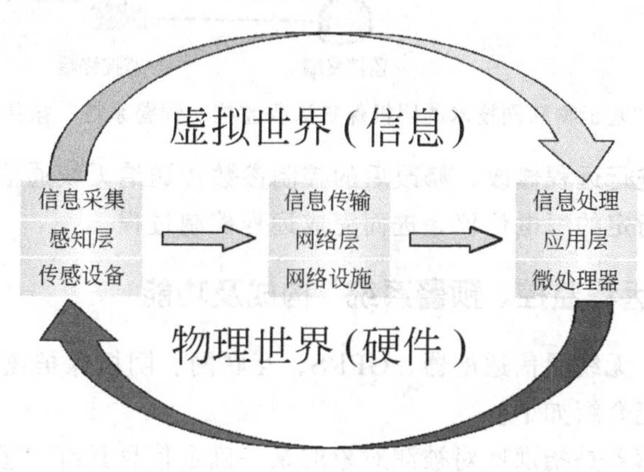

图 9-6　物联网的技术分层

二、基于物联网技术的阴极保护远程监控、预警系统

图 9-7 以外加电流法阴极保护为例给出了“基于物联网技术的阴极保护远程监控、预警系统”拓扑结构图。该系统是利用物联网技术对远端阴极保护油气管道进行监控，并完成对阴极保护运行状态评估、隐患预警等功能的智能化系统；它是将传统的监控、预警技术与计算机网络技术、现代通信技术相结合的一种新型设备管理系统。该系统具有以下功能：①远程实时监控、报警（手机短信报警和终端报警）；②远程故障诊断、处理；③远程在线维护、调试；④数据集成分析、共享共用；⑤可追溯管理。

如图 9-7 所示，阴极保护信号（参数）首先被传送至无线通信适配器进行通信协议格式转换，然后传送至阴极保护监控中心；同时，无线通信适配器判定阴极保护参数正常与否，若异常则通过手机短信报警；其次，监控中心对阴极保护参数进行最终分析、处理以及故障诊断，实现远程维护、管理等，从而完成远程监测过程。相反，监控中心或监控终端也可对

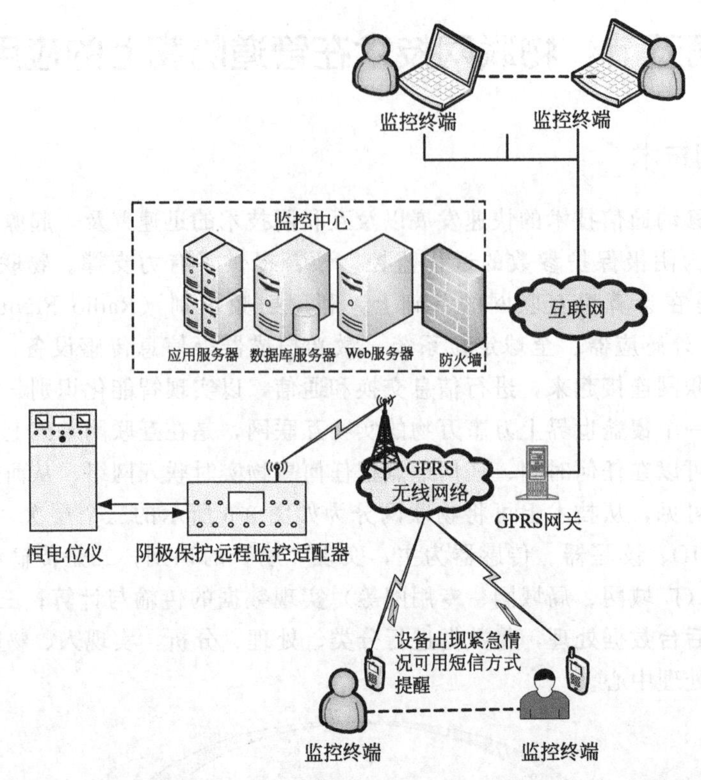

图 9-7 “基于物联网技术的阴极保护远程监控、预警系统”拓扑结构图

恒电位仪的控制参数进行远程修改，修改后的控制参数传送给无线通信适配器进行通信协议格式转换，并传送给指定的恒电位仪，进而完成远程控制过程。

三、“阴极保护远程监控、预警系统”构成及功能

该系统由传感器、无线通信适配器、GPRS、互联网、阴极保护监控中心及监控终端几部分组成，各部分功能介绍如下。

(1) 传感器　传感器是指那些对被测对象的某一确定信息具有“感受与检出”功能、并按照一定规律转换成与之对应的有用信号的元器件或装置，通常是将非电量信号转换成电量信号。阴极保护油气管道中的参比电极与恒电位仪即为具有“感受与检出”功能的阴极保护传感器，由它得到阴极保护运行参数中的控制电位、监测电位等，是物联网中信息的来源。

(2) 无线通信适配器　在“阴极保护远程监控、预警系统”中无线通信适配器起到数据传输中枢的作用，阴极保护运行参数的远程传送以及远端油气管道控制指令的接收均由该装置完成，它主要由信号收发及协议转化装置、无线网络收发装置组成。图 9-8 以阴极保护信号传输（监测、控制）过程说明了其功能。

(3) 网络　图 9-7 中给出的网络是 GPRS、互联网，即广域网，它还包括卫星通信网、广播电视网、公众电话网等，是广义上的物联网网络基础；由于应用环境和目的不同，还可能涉及局域网、专用网，前者包括无线局域网 WLAN、Bluetooth、ZigBee 等，这类网络适合小范围内的信息传输和处理，如企业网、校园网等；后者如电网、气象、军用等行业的专业网络，是实现某些行业的智能物联网项目的网络基础。

GPRS（通用分组无线业务，General Packet Radio Service）无线通信技术和以往连续

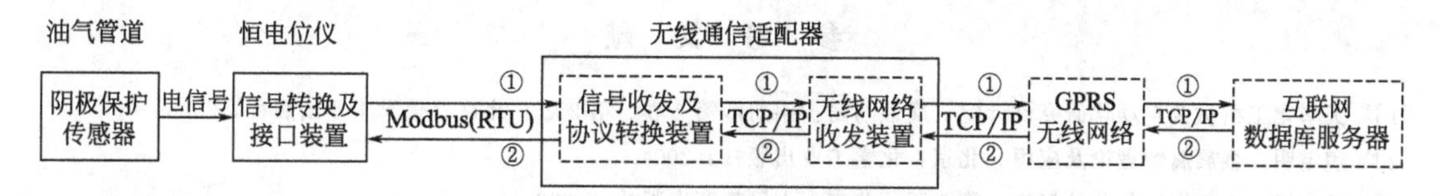

图 9-8　阴极保护信号传输（监测、控制）过程示意图

①上传监测参数（数据）；②下传控制指令（数据）

在频道传输的方式不同，该系统是以封包（Packet）方式来传输。GPRS 与现有的 GSM 语音系统的最根本区别是 GSM 是一种电路交换系统，而 GPRS 是一种通用分组交换系统。GPRS 具有资源利用率高、覆盖广、传输速率高、接入时间短、支持基于标准数据通信协议的应用、运行成本低、可靠性高等特点，非常适合油气管道的阴极保护远程监控、预警。

（4）阴极保护监控中心　由一台或多台计算机和网络设备组成，是整个远程监控、预警系统的中枢。它由 Web 服务器、数据库服务器和应用服务器三种类型服务器组成。该监控中心用于管理与阴极保护物联网适配器的通信，以及与监控终端的网络数据传输，并对阴极保护运行参数进行管理、监测和评估，及时、准确预警异常，为故障的诊断和维修方案的制订提供技术支持。其主要功能包括：①通过物联网连接各资源节点，设置监控终端使用权限；②建立中心数据库，提供基本的远程设备状态监控、数据分析、异常预警服务；③当监测到发生故障时，监控中心迅速启动故障诊断程序对故障进行远程诊断，并将分析、比较、判断得出故障原因和故障处理意见返回至监控终端，实现快速处理。

（5）阴极保护监控终端　包括测控现场监控终端、监控中心工程师/测控现场工程师手机监控终端两种类型。测控现场监控终端是连接互联网的计算机，其功能主要有：①可根据监控中心分配的权限为现场人员提供直观的图形、数据界面，监控本测控现场范围内油气管道的阴极保护运行状态；②接收监控中心发送来的异常预警信息及故障原因和故障处理意见；③检索监控中心数据库服务器中本测控现场范围内的所有的历史数据，为生产决策提供参考。

为确保异常预警信号的及时接收，该系统还设置了手机监控终端，监控中心工程师和测控现场工程师均可通过所携带手机随时、随地接收异常预警信息。

思考练习题

1. 原油浮顶罐内腐蚀主要发生在哪些部位？腐蚀原因是什么？
2. 油罐内防腐涂层材料应满足哪些技术要求？
3. 油气长输管道常用外防腐涂层有哪些？试说明各自的优缺点。
4. 简述电火花检漏仪工作原理。

参 考 文 献

[1] 天华化工机械及自动化研究设计院．腐蚀与防护手册//第2卷．第2版．北京：化学工业出版社，2008.
[2] 魏宝明．金属腐蚀理论及应用．北京：化学工业出版社，2004.
[3] 叶康民．金属腐蚀与防护概论．第3版．北京：人民教育出版社，1993.
[4] 陈旭俊，黄惠金，蔡亚汉．金属腐蚀与保护基本教程．北京：机械工业出版社，1988.
[5] 方坦纳 M G. 腐蚀工程．左景伊译．北京：化学工业出版社，1982.
[6] 刘秀晨，安成强．金属腐蚀学．北京：国防工业出版社，2002.
[7] 林玉珍，杨德钧．腐蚀和腐蚀控制原理．北京：中国石化出版社，2007.
[8] 陈匡民．过程装备腐蚀与防护．北京：化学工业出版社，2001.
[9] 张志宇，段林峰．化工腐蚀与防护．北京：化学工业出版社，2005.
[10] 初世宪，王洪仁．工程防腐蚀指南．北京：化学工业出版社，2006.
[11] 张清学，吕今强．防腐蚀施工管理及施工技术．北京：化学工业出版社，2005.
[12] 丁丕治．化工腐蚀与防护．北京：化学工业出版社，1990.
[13] 王凤平，康万利，敬和民．腐蚀电化学原理、方法及应用．北京：化学工业出版社，2008.
[14] 虞兆年．防腐蚀涂料和涂装．北京：化学工业出版社，2002.
[15] 张远声．腐蚀破坏事例100例．北京：化学工业出版社，2000.
[16] 于福州．金属材料的耐腐蚀性．北京：科学出版社，1982.
[17] 肖纪美，曹楚南．材料腐蚀学原理．北京：化学工业出版社，2002.
[18] 涂湘缃．实用防腐蚀工程施工手册．北京：化学工业出版社，2000.
[19] 秦国治，田志明．防腐蚀技术及应用实例．北京：化学工业出版社，2002.
[20] 吴继勋．金属防腐蚀技术．北京：冶金工业出版社，1998.
[21] 杨德均，沈卓身．金属腐蚀学．北京：冶金工业出版社，1999.
[22] 吴荫顺，曹备．阴极保护和阳极保护．北京：中国石化出版社，2007.
[23] 胡茂圃．腐蚀电化学．北京：冶金工业出版社，1991.
[24] 左禹，熊金平．工程材料及其耐蚀性．北京：中国石化出版社，2008.
[25] 杨启明，李琴，李又绿．石油化工设备腐蚀与防护．北京：石油工业出版社，2010.
[26] 王巍，薛富津，潘小洁．石油化工设备防腐蚀技术．北京：化学工业出版社，2011.
[27] 中国石油管道公司．油气管道腐蚀控制实用技术．北京：石油工业出版社，2010.
[28] 崔之健，史秀敏，李又绿．油气储运设施腐蚀与防护．北京：石油工业出版社，2009.
[29] 中石化集团公司．发布中石化公司关于加工高含硫原油储罐防腐蚀技术管理规定（试行）．2001.